传统村落人居环境研究：
以涪江流域为例

杨　剑　熊英伟　著

U0252459

科学出版社

北　京

内 容 简 介

本书是重点研究涪江流域传统村落人居环境的一本专著，内容涉及传统村落的概念与内涵、体系与构成、建筑营造、保护与发展等诸多方面。全书共 6 章，包括：绪论、涪江流域传统村落体系、涪江流域传统村落的构成、涪江流域传统村落的建筑营造、传统村落人居环境保护与发展、涪江流域传统村落概况总览。

本书可供规划设计单位、科学研究机构、政府管理部门从事城乡规划、建筑设计、遗产保护的人员及大中专院校相关专业的师生参考。

图书在版编目（CIP）数据

传统村落人居环境研究：以涪江流域为例/杨剑，熊英伟著. —北京：科学出版社，2021.9

ISBN 978-7-03-067333-6

Ⅰ. ①传… Ⅱ. ①杨… ②熊… Ⅲ. ①村落－居住环境－研究－四川 Ⅳ. ①X21

中国版本图书馆 CIP 数据核字（2021）第 000689 号

责任编辑：叶苏苏 / 责任校对：宁辉彩
责任印制：罗 科 / 封面设计：义和文创

科 学 出 版 社 出版
北京东黄城根北街 16 号
邮政编码：100717
http://www.sciencep.com
四川煤田地质制图印刷厂印刷
科学出版社发行 各地新华书店经销
*
2021 年 9 月第 一 版 开本：787×1092 1/16
2021 年 9 月第一次印刷 印张：23 1/4
字数：566 000
定价：249.00 元
（如有印装质量问题，我社负责调换）

前　　言

传统村落，亦称古村落，是指拥有一定自然与文化遗产价值，能反映一定历史时期的生产生活方式和社会经济状况，具有一定的审美艺术、科学研究价值，携带一定的民俗文化传统，并对促进当地经济发展起着重要作用的村落。传统村落具有厚重的历史积淀和浓郁的人文情怀。随着社会经济的发展和科学技术的进步，传统生产生活方式逐步被先进技术取代，传统村落赖以生存的经济基础发生剧烈变化，诸多传统村落日渐消逝，加强传统村落保护的呼声越来越高。同时，由于传统村落是先人们遗留下来的宝贵财富，通过对传统村落及其人居环境的研究，可以了解不同历史背景下的村落发展特色，这既是对历史的回顾，也是对文化和技艺的继承，更对现在及将来社会发展和城乡规划具有重要的借鉴作用。因此，对传统村落人居环境的研究具有重大的历史和现实意义。

国内外众多学者对我国的传统村落进行了多方位、多角度的深入研究，发表和出版了大量与传统村落相关的论文和书籍。本书立足于传统村落及其与人居环境的关系，以涪江流域为研究对象，深刻解析传统村落人居环境的发展和保护情况。首先，对涪江流域传统村落的历史沿革与现状进行系统梳理，调查传统村落建筑物分类分布情况，分析村落体系构成与层级特征；然后，从村落的规模、空间形态、生态环境、景观形象、公共建筑与布局等方面，研究涪江流域传统村落的构成要素及其各自特征；接着，对涪江流域传统村落多民族、多地域性的建筑营造进行剖析，从传统村落的建筑形制、结构形式、装饰装修等方面阐明该地域的民居特色；最后，通过对涪江流域传统村落的特点、保护利用现状及价值分析，探讨发展与保护之间的关系，提出涪江流域传统村落人居环境保护与发展的建议和措施。

涪江流域传统村落人居环境研究课题由杨剑教授负责，历经数载，收获颇丰。本书是传统村落人居环境研究成果的系统总结，杨剑、熊英伟共同执笔完成，由杨剑统编定稿。本书包括绪论、涪江流域传统村落的构成、涪江流域传统村落的建造营造、传统村落人居环境保护与发展、涪江流域传统村落概况总览等六章。

由于本书涉及的涪江流域传统村落发展历史较为久远，范围较为广泛，内容和体系较为复杂，书稿虽然经过多次修改和调整，但疏漏之处在所难免，敬请读者提出宝贵意见。

作　者

2021 年 6 月

目　　录

扫描二维码
查看本书彩图

第1章 绪 论

1.1 基 本 概 念

涪江，因流域内绵阳在汉高祖时称涪县而得名（廖波，2018）。涪江流域位于中国西南地区，是长江的二级支流，嘉陵江右岸的一级支流；横跨四川省、重庆市，是川渝地区一条重要的河流，在城乡发展、生产生活、农业灌溉、通航等方面都发挥着不可替代的作用。涪江流域水资源的开发利用最早可追溯到唐代的折脚堰和云门堰灌溉工程，现在的武都引水工程被赞誉为"第二个都江堰"。

涪江源头位于岷山主峰的雪宝顶北坡，地处四川省绵阳市平武县与阿坝藏族羌族自治州松潘县交界处，整个河流呈西北至东南走向，流经平武县城后，于江油市武都镇进入丘陵地带，经涪城区、游仙区、三台县、射洪市等地，至遂宁市船山区老池镇出川，后又向东南流经重庆市潼南区、铜梁区等地，最后在重庆市合川区汇入嘉陵江（图1-1）。

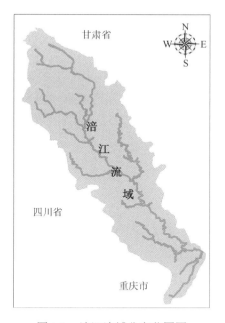

图 1-1 涪江流域分布范围图

来源：自绘

1.1.1 研究视角

传统村落是包含社会经济、历史文化、生态环境等各种因素的复杂系统，是人工环境与自然环境共生的人居环境（王倩，2019）。传统村落的研究是全方位、多方面的系统研究，其研究内容在不断扩展，研究方法和研究手段在不断更新。涪江流域传统村落的研究，选取历史印象、建筑艺术、乡村振兴三个视角，非常具有代表性。通过研究传统村落的历史印象，能够总结涪江流域传统村落的基本特征。建筑作为物质载体，是传统村落人居环境的重要因素，研究传统村落的建筑及其艺术，可为涪江流域传统村落的保护和发展提供借鉴与启示。乡村振兴战略作为传统村落保护与发展的战略支撑，可以引导涪江流域传统村落人居环境保护与发展理论研究（陈晓华和程佳，2018）。

1.1.1.1　历史印象的视角

在人们的固定印象中，传统村落通常被"以貌取村"。历史印象为传统村落的抽象表现、意识形态、"内在情感"，与村落个性息息相关，是"传统"留在人们内心深处的意识形态的外在表现形式，就像传统村落的灵魂，指引着传统村落的演变和发展方向（任凌奇等，2015）。一般来说，能够引起人们广泛关注的传统村落的第一印象是建筑形式上的表现，即传统村落建筑通常具有规模宏大、结构复杂、装饰华丽等特征，如山西静升王家大院（图 1-2）、福建客家族土楼围屋（图 1-3）。这些村落的强烈示范作用以及留在人们脑海里的深刻印象，使得大多数人在听说或者接触传统村落的时候形成了某些无形的思维定式，因此人们对那些具备这些特征的村落会给予更多的关注。

图 1-2　山西静升王家大院　　　　　　　　　　图 1-3　福建客家族土楼围屋
　　　来源：自绘　　　　　　　　　　　　　　　　　来源：自绘

通过现场调研，并进行梳理和分析，总结出涪江流域传统村落具备以下基本特征。

（1）大多数传统村落分布于涪江流域中上游，以绵阳地区为主要的集中地。据统计，涪江流域的 86 个传统村落主要分布在重庆市和四川省的绵阳市、德阳市、遂宁市、阿坝藏族羌族自治州，其中重庆市的传统村落有 6 个；绵阳市的传统村落有 60 个，德阳市有 9 个，遂宁市有 10 个，阿坝藏族羌族自治州有 1 个。

（2）村落的居民主要为藏族、羌族、汉族，有少量回族。不同地区的传统村落具有不同的地方特色和民族文化，其建筑也因民族的差异而各具特色。

（3）民风淳朴，商业化较少。由于涪江流域的传统村落具有悠久的历史沿革，其建筑环境、村落选址、传统风貌都没有什么大的变动，具有独特的民俗民风，村落的居民大多保持着传统的生活方式,具有浓厚的乡土民情,淳朴善良,村落多未被商业化改造,基本保持着原有的村落格局。

(4)村落建筑较为质朴、简单、大方,少有华丽装饰。涪江流域中上游大部分传统村落以川北民居传统装饰为主。现在的传统村落建筑部分由土木结构向砖混结构转变,大多是传统穿斗木结构和榫卯结构,多具有川北民居风格。

(5)空间构成较为单纯,建筑形式多为行列式布局,建筑的变化形式不大。传统村落的建筑布局比较单一,村落主要是集聚分布,体现了传统村落的群居特征,建筑多为传统民居建筑,建筑样式单一,变化不大。

(6)建筑材质以木质结构和砖砌较多。不同民族的传统村落建筑材质和结构有所不同,以穿斗木结构和砖混结构为主。一些保存下来的传统民居历史悠久,还是以前的土房子。

(7)村落的村域面积较大,但是建筑面积普遍较小。由于历史的发展,传统村落的居民大多聚居在一起,村落的村域范围普遍较大,含有大面积的山、林、水、田等自然生态要素,自然资源禀赋、生态环境良好,居民居住的范围只占了村域范围的一小部分,由乡村道路与外界联系起来。

1.1.1.2 建筑艺术的视角

1)传统村落在建筑学领域的研究阶段

在建筑学领域,对传统村落的研究侧重于村落建筑本体。富有特色的古建筑的细节,其无一不展现出古人的建造智慧和对礼教的遵从:门楼的精致雕刻、大门的厚重柱础的由繁至简、染坊间的精细刻画,甚至青石地面的铺装,林林总总事无巨细地诠释了细节决定成败(吉少雯和林琢,2017)。

由于研究的重点不同,建筑学领域对传统村落的研究主要为建筑本身的创作服务,包括空间结构、建筑艺术、建筑材料、建筑风格等方面。因此,为了发掘设计方法、提炼创作素材等,建筑学者对传统村落的研究以具有规模体量、建筑空间复杂、建造工艺精美等要素的村落为研究对象,而那些缺乏以上因素的村落就很自然地被人们理解为不成熟不完善的变体,被置于研究视域边缘。这种状况的存在,限制了建筑学者对传统村落研究的深度与广度。

建筑学者对传统村落的研究始于 20 世纪 30 年代末,按时间顺序可分为三个阶段(表 1-1)。

表 1-1 建筑学者对传统村落的研究阶段

阶段	成果
第一阶段(20 世纪 30~40 年代)	20 世纪 30 年代末,"营造学社"由于内迁,其学社成员刘敦桢、刘致平等对四川、云南的传统村落进行了一系列调查,此为对村落进行系统研究的起步阶段
第二阶段(20 世纪 50~60 年代)	1956 年刘敦桢出版了《中国住宅概说》,1957 年张仲一等出版了《徽州明代住宅》,1958 年同济大学出版了《苏州旧住宅参考图录》,这些书籍的相继出版代表了这个阶段的标志性成果
第三阶段(20 世纪 80 年代至今)	学术界以及高校、文保等单位的研究人员经过长年的艰苦研究,取得了丰硕的成果,有关民居及村落研究的著作 600 余部、论文 2000 余篇主要是在这个阶段发表的

2）传统村落在建筑学领域的研究成果

（1）物质技术方面：研究对象从独立民居逐步发展为村落整体，包括建筑样式、力学构造、装饰布局、街道肌理等各方面。代表性研究：秦鹤洋等（2015）的基于空间意象的传统村落空间设计方法探讨；王勤熙等（2015）的太谷县北洸村传统民居空间形态浅析；温天蓉等（2015）的传统村落空间形态的参数化规划方法初探。

（2）生态旅游方面：1986 年，阮仪三在周庄的总体规划中明确提出"保护古镇，建设新区，发展经济，开辟旅游"的方针，论述了如何做好传统村落的保护与旅游开发（庄春地，1999；阮仪三和邵甬，1999）。此后，针对传统村落的保护、更新，如何利用传统村落自身资源，做好旅游开发、振兴当地乡村经济等，学者们做了大量研究。张大玉（2014）以北京密云古北水镇民宿区为例，通过分析传统村落的布局、环境、结构等，探索如何在保护前提下，充分利用现有资源进行再生利用；王盈（2014）以海口羊山地区博学村为例，研究以发展特色旅游促进传统村落的保护与开发模式，并探讨了其普遍的实践意义；段威和雷楠（2014）以浙江天台张家桐村为例，研究基于微介入策略的传统村落保护与更新。

（3）人文环境方面：中国，一个拥有悠久农耕文明史的国度，在这宽广的土地上遍布着众多由来已久、形态各异的传统村落（张迪妮和李佳利，2018）。传统村落，在静态方面是传统历史文化、建筑空间格局的表征者，是传统建筑艺术的携带者；在动态方面，体现出了传统村落与周围自然环境、居民生产生活方式的融合发展过程。传统村落是一定历史时期的传统文化在不断发展中与当代文化的穿越交织，不断形成新的传统文化和建筑格局，包含了人与自然相处过程中形成的物质环境和人文环境。因此，从人文环境的角度出发研究传统村落具有十分重要的现实意义。

对传统村落人文环境的研究以 20 世纪 90 年代为分水岭，在这之前，传统村落以自给自足的自然经济形态为主，受外来经济发展影响较小，学者多以传统村落的变化过程为主线，以自然人文环境、社会文化对传统村落影响及居民生活的改变为主要研究内容。20 世纪 90 年代以后，研究内容则侧重于城市化进程这一重要经济因素对传统村落形态及功能的影响。其中较为典型的是薛力（2001）以江苏省为例，根据空心村在苏北至苏南呈现出的初期到晚期的不同特征，探讨了城市化进程对乡村聚落发展及村落形态变化的影响。

（4）保护发展方面：传统村落作为农耕文化的代表，近年来正不断引起各方的重视。有人称之为"记得住的乡愁"，也有人说它承载着中华文明的基因与血脉，"反映一定历史时空的社会物质文化与精神文化的发展状况，承载着珍贵的历史记忆、民族及地域文化信息"（张东锋，2017）。现阶段，城镇化进程加速了传统村落的衰败，如何保护和复兴传统村落已经成为亟待解决的问题（王允双等，2019）。不仅要在总结前人经验的基础上保护传统村落，更要结合当今政策和当前实际情况，传承和发展传统村落的文化与历史记忆。

中华文化源远流长，是国家灵魂的象征。传统村落承载着古老悠久的历史文化，是经过岁月洗礼和历史沉淀形成的人类聚居地。传统村落集人的思想意志和周围的自然环境于一体，是居民文化信仰、家族血缘、生产生活方式的体现。传统村落的文化被不断地继承和发扬，传承至今，是人类珍贵的非物质文化遗产。对传统村落的保护，除了保护其传统建筑风貌以外，更要保护其文化价值，它是一个村落的精神信仰，是一个村落的灵魂。要在保护的基础上进行发展，挖掘其特色，传统村落才能够一直保留下去。

1.1.1.3 乡村振兴的视角

乡村振兴战略是在 2017 年 10 月中国共产党第十九次全国代表大会报告中提出来的。该战略指出"三农问题"——农业农村农民问题是关系国计民生的根本性问题，必须要认真对待；要坚持农业农村优先发展，巩固和完善农村基本经营制度，保持土地承包关系稳定并长久不变，第二轮土地承包到期后再延长 30 年；确保国家粮食安全，把中国人的饭碗牢牢端在自己手中；加强农村基层基础工作，培养造就一支懂农业、爱农村、爱农民的"三农"工作队伍（陈玲，2017）。

2017 年 12 月中央农村工作会议提出了实施乡村振兴战略的目标任务和基本原则。按照党的十九大提出的决胜全面建成小康社会、分两个阶段实现第二个百年奋斗目标的战略安排，明确实现乡村振兴战略的目标任务是：到 2020 年，乡村振兴取得重要进展，制度框架和政策体系基本形成；到 2035 年，乡村振兴取得决定性进展，农业农村现代化基本实现；到 2050 年，乡村全面振兴，农业强、农村美、农民富全面实现（王永乐，2018）。乡村振兴的最终目标，就是要不断提高村民在产业发展中的参与度和受益面，彻底解决农村产业和农民就业问题，确保当地群众长期稳定增收、安居乐业（孙蒙蒙，2018）。

1）乡村振兴战略解读

2018 年中央发布的一号文件详细阐述了乡村振兴战略，并且对乡村振兴战略进行了系统部署。乡村振兴战略的实施对于传统村落的保护与发展有着重要意义，在此背景下可以更好地对传统村落进行研究。蔡继林（2018）对乡村振兴战略进行了如下深度解读。

（1）从三个方面分析乡村振兴战略：①从历史发展方面看，新中国成立到现在的乡村振兴，国家从消除贫困、解决农民温饱问题到全面提升乡村建设水平，解放生产力、发展生产力，最终就是为了实现全面小康。国家提出乡村振兴战略的五年计划，顺应了时代的发展，满足了广大人民群众的需求。努力提升乡村建设水平，提高农民经济收入，使人们生活品质得到提升，让民众主动参与到乡村振兴中来，共建美好生活，共创幸福小康。②从国家博弈方面看，如今的中国正在不断强大，国外势力想要抑制中国的发展，国际关系变得复杂多变。中国作为一个农业大国，目前正处在发展中国家的行列，中国的农村面积广大，农业人口众多，乡村振兴可以有效地改变中国的产业结构，实现中国整体的产业结构调整和经济发展，实现内生为主、外向为辅的发展模式，乡村振兴战略是当下解决中国矛盾的一个好战略。③从中国发展的方面看，乡村振兴是中国发展的重要决策，它可以解决国内发展不平衡、不充分的矛盾，协调城市与农村的发展，改变城乡二元发展结构。农村与城市的贫富差距悬殊使中国的发展失衡，所以乡村振兴可以缓解城市发展问题，使国家均衡发展，将城市与农村协同发展与融合，促进国家经济稳步向前，这是国家发展的内在要求，也是乡村振兴战略的目的。

（2）用两大行动来实施乡村振兴战略：①幸福美丽乡村行动。我国很多乡村开始开展幸福美丽乡村规划，目的就是响应国家号召"绿水青山就是金山银山""打响蓝天保卫战""治污不力一票否决"，解决农村环境问题，改善生态环境，严格控制有害气体、污水的排放，保护人们赖以生存的家园。挖掘乡村特色，发展乡村特色产业，促进乡村居民的经济收入，同时带动乡村的旅游业发展，为乡村注入更多的活力。让更多在外打工的农民回到家乡，通过家乡的产业发展创造经济收入，使他们不再为了生活远离自己的家人和故乡而到城市打拼，解决乡村居民的就业问题。②平安和谐乡村行动。主要是打击违法乱纪、扫黑除恶、贪污腐败等，还乡村一个平安和谐的居住环境。严厉打击网络、电信欺诈行为，保护百姓的生命和财产安全；健全国家法律法规，整顿一切危害人民安全和社会和谐的行为；健全公众参与体制机制，让群众自发参与到乡村建设中，形成符合时代发展的农村治理体系。

（3）用两大标准来评价乡村振兴战略：①从普通百姓的角度评价，主要是通过百姓生活的民生指数来评价。百姓切身体会到的生活改变就是国家乡村振兴战略的表现，百姓的感受是最真实和最直观的，他们最有发言权。具体可以表现在农村的环境是否改善、百姓的收入是否提高、生活品质和幸福指数是否提升等方面。让百姓来评价乡村振兴战略是最有说服力的也是最有代表性的，群众的参与可以促进国家的发展，让国家的根基更牢固。②从城乡空间格局的角度评价，主要是通过城乡的发展系数来评价。城乡的二元结构问题，使国家的贫富差距增大，矛盾日益加剧。为了实现国家的长治久安和可持续发展，解决城乡差距大的问题是促进城乡发展的重要因素。为了实现乡村振兴战略目标，要让城乡协同发展，挖掘乡村特色的产业，增加居民收入，缩小与城市的发展差距。总之，评价乡村振兴战略的发展系数，重点在乡村，重点在融合，重点在提升。

2）乡村振兴视角下的传统村落保护与发展

2018 年 9 月，中共中央、国务院印发的《乡村振兴战略规划（2018—2022 年）》明确指出，历史文化名村、传统村落、少数民族特色村寨、特色景观旅游名村等自然历史文化特色资源丰富的村庄，是彰显和传承中华优秀传统文化的重要载体（沈啸，2018）。在新时代，树立文化自信，实现乡村振兴，建设美丽乡村，均彰显了保护传统村落的重要价值。建设美丽乡村，使村民的家乡变得更美，从而增强其幸福感和获得感，在保护传统村落的同时也要发展，让村落的特色不断发扬，村民的生活越来越好（林升文，2019）。

（1）传统村落保护与发展目标。传统村落是中华文化悠久历史的传承，它保存着中华民族传统的民族记忆和地方特色，是一个民族的根基，承载着各族人民的家乡情怀。《住房城乡建设部　文化部　国家文物局　财政部关于切实加强中国传统村落保护的指导意见》（简称《关于切实加强中国传统村落保护的指导意见》）（建村〔2014〕61 号）指出：近一个时期以来，传统村落遭到破坏的状况日益严峻，加强传统村落保护迫在眉睫……遵循科学规划、整体保护、传承发展、注重民生、稳步推进、重在管理的方针，加强传统村落保护，改善人居环境，实现传统村落的可持续发展。通过贯彻落实指导意见，各地区的传统村落保护也取得了一定的成绩。

（2）传统村落保护与发展概况。传统村落是乡村的历史博物馆，它具有悠久的历史文化。《关于切实加强中国传统村落保护的指导意见》出台后，各地陆续开始开展传统村落的保护与发展工作，通过建设"幸福美丽乡村"等措施来促进乡村振兴。为了加强传统村落人居环境建设，中共中央办公厅、国务院办公厅于 2018 年 2 月印发了《农村人居环境整治三年行动方案》，明确指出：改善农村人居环境，建设美丽宜居乡村，是实施乡村振兴战略的一项重要任务，事关全面建成小康社会，事关广大农民根本福祉，事关农村社会文明和谐。在实施乡村振兴、开展新农村建设的同时，各级政府也高度重视传统村落的保护和修复，投入大量财力物力人力，完善公共服务设施，拆除违章搭建，改善脏乱差的环境，建设新村，修复古建。

但是，通过实地调研发现，许多古民居、古建筑在整改中被拆除，在修复保护过程中遭到破坏的也不在少数。一些历史建筑因为缺乏相应的保护措施已经被拆除或者损毁，传统村落整体的保护还没有完全展开，很多村落只是保留着历史街区和历史建筑，不去拆除它，但是并没有很好地进行保护。随着时间的流逝，如果政府不采取一定的措施来保护和发展传统村落，越来越多的历史记忆将会消逝。

除此之外，一些村落打着乡村振兴的幌子，盲目地招商引资，同时拆除了大量的民居和历史建筑，新建现代民居，修建一些没有文化价值的建筑吸引游客，丧失了传统村落的肌理，毁坏了村落原有的历史风貌。

（3）传统村落保护与发展举措。

①对传统村落开展全面调查工作。在申报"中国传统村落"过程中，有关部门花费了很多精力对传统村落的基本情况，包括自然环境、人文环境、空间格局、建筑风貌等进行了详细的调查，但是对传统村落的调查还是存在一些问题：深入全面调查的较少，大多是各方面大致调查，忽略了很多非物质文化遗产的调查。在传统村落调查时，除了对村落风貌、肌理以及建筑、街道格局等进行拍照、记录以外，还应包括风俗民情、传统手工艺等非物质文化方面的内容，特别是对家族族谱的整理，可以梳理出村落的历史发展过程，这些都是调查过程中不容忽视的部分。

②保护传统村落文化。传统村落的文化是珍贵的历史记忆，必须引起重视。地方政府要建立相关的政策措施来保护村落的文化遗产，建立历史文化遗产名录，坚决抵制毁坏历史建筑、古文物等行为，采取一定的惩戒措施来防止破坏行为的产生；要定期对村落的文化遗产进行巡查和检查，如有损坏要及时修缮，保护历史建筑原有的风貌。历史建筑作为传统村落的一部分，不可缺失。因此保护传统村落文化的同时也要注重对村落民居建筑的保护。

③规范传统村落的修复改造。对传统村落的修复和改造，可以从以下几个方面来进行。

对于价值较高的建筑，如历史建筑、祠堂、寺庙等，在不改变原有结构和肌理的基础上进行修缮。对历史建筑的修缮要注意避免造成再次损坏。世界文化遗产公约实施守则指出，对文物建筑"只做或者不做一点适应性的改动"，意思就是不要大面积改动建筑的结构，以修复为主，尽量使用原材料进行修复，保持建筑原有的风貌，旧建筑的砖瓦石料、门窗饰物拆除下来后要统一编号，尽可能在原来的位置按原样重新安装回去，实在不能使用的才修补、更换，如榫卯节点、斗拱、门窗、柱础少量残缺的部分，杜绝"大拆大建"的方式，搜集与保留古建筑的构件用于修复和改造，不得融入与历史相斥的元素。传统村落古建筑的修复难度大、时间长，要由经验丰富、有一定古建筑知识的工人组建的专业团队来修缮。

保持传统村落的自然格局和传统风貌，避免新建筑的引入而破坏原有的风貌。保护空间的肌理和建筑的界面，一切的发展都是在保护的基础上进行的。尽量在原有的地址上进行修复和整治，保护传统村落肌理的同时在一定程度上进行更新。

传统村落生活设施落后，居民生活不方便，基础设施不完善，缺少公共服务设施。因此要改善传统村落居民的生活条件，完善村落设施建设，提高村落防灾减灾的能力。为了实现传统村落的可持续发展，必须要保护与发展同时进行，提升传统村落的人居环境。

传统村落与周围环境关系密不可分，两者是相互关联的。保护生态环境和自然山水，除了保护传统村落以外，周边的自然山水也要保护，这样的传统村落保护才更完整，村落才更有灵气。

④重建农村人文气息。传统村落的居民世世代代聚居在一起，有着自己的生产生活方式和风俗民情，但是随着时代的发展，居民的生产生活方式也受到了外界的干扰。近年来，传统村落的"空心化"现象严重。很多年轻劳动力为了生活不得不选择外出谋生，留下年迈的老人和年龄尚小的孩子在家。村落失去了原有的生机与活力，很多老人还保留着各种传统的手工技艺，这些非物质文化遗产缺少传承人，古老的记忆面临流失的风险。

传统村落居民的思想和生产生活方式受到现代社会的影响，变得更加复杂和多元，人们重视物质方面的东西，而忽略了精神层面的东西。因此，要更多地关注传统村落原始的生产生活方式，恢复村落淳朴善良、热情好客的民风，让传统的手工技艺得到年轻人的传承，使越来越多的年轻人成为手工艺人，传承古老技艺，发扬民族传统文化。这样不仅可以带来经济收入，还带来了生机和活力，促进了传统村落的发展，使保护和发展齐头并进。

1.1.2　传统村落的概念

1.1.2.1　村落

"村落"的概念产生于很久以前，它在古时表示村庄或者泛指乡村、乡下。

1）指村庄

《三国志·魏志·郑浑传》中有记载"入魏郡界，村落齐整如一，民得财足用饶"；唐代诗人张乔在其《归旧山》一诗中曾曰"昔年山下结茅茨，村落重来野径移"（杨力，2016）；宋代叶适所写的《题周子实所录》"余久居水心村落，农襄圃笠，共谈陇亩间"；清代郑燮写的《山中卧雪呈青崖老人》"银沙万里无来迹，犬吠一声村落闲"，这些历史记载中的"村落"都是指"村庄"的意思。

2）泛指乡村

宋代张孝祥所写的《刘两府》"某以久不省祖茔，自宣城暂归历阳村落"；鲁迅的《伪自由书·中国人的生命圈》"村落市廛，一片瓦砾"，这些记载的村落泛指乡村。

村落指的是由人群聚集形成的聚居地，它可以是一个聚居群体或者多个聚居群体的集合，包括自然村和行政村。一般规模较大的村落或者几个村落合并形成场镇和集镇。村落的概念从不同角度阐述，不尽相同。从社会学角度来说，村落是指农业人群与其居住空间相结合，产生的具有某种统一的生活方式、居住方式及文化信仰的特殊群体和社会组织类型；从规划学角度来说，村落是指各乡村聚落采用不同围合方式形成一定规模的聚落结合体，这种结合体常常表现为农业人口高度集中，经济形态主要为自给自足的自然经济，生产方式以传统农耕方式为主。

1.1.2.2 传统村落

传统村落又称为古村落，是指拥有一定自然与文化遗产价值，能反映一定历史时期该地生产生活方式和社会经济状况，具有一定的审美艺术价值、科学研究价值，携带一定的民俗文化传统，并对促进当地经济发展起着重要作用的村落。我国颁布的相关法律法规中，对传统村落的概念均做出过不同解释。2002年10月颁布的《中华人民共和国文物保护法》明确了历史文化村镇的定义，这标志着历史村落正式被立法保护。2012年4月，《住房城乡建设部 文化部 国家文物局 财政部关于开展传统村落调查的通知》（建村〔2012〕58号）指出："传统村落是指村落形成较早，拥有较丰富的传统资源，具有一定历史、文化、科学、艺术、社会、经济价值，应予以保护的村落。"传统村落的评定要依照《传统村落评价认定指标体系（试行）》进行，符合相关条件的村落才能被评为传统村落。2012年12月，《住房城乡建设部、文化部、财政部关于加强传统村落保护发展工作的指导意见》（建村〔2012〕184号）中指出："传统村落是指拥有物质形态和非物质形态文化遗产，具有较高的历史、文化、科学、艺术、社会、经济价值的村落。"2017年11月，《中华人民共和国文物保护法》第五次修正，指出保存文物特别丰富并且具有重大历史价值或者革命纪念意义的城镇、街道、村庄，由省、自治区、直辖市人民政府核定公布为历史文化街区、村镇，并报国务院备案。

1.1.2.3 村落环境

系统的组成部分即为系统的元素。村落里能被人们亲眼所见的物质形态都是其构成要素，村落的构成要素在不同空间形态中形成不同层次，各种村落形态均包含了最基本的两个层次——自然环境和非自然环境。

自然环境是村落选址的首要条件，与其他国家不同，我国的传统村落受"天人合一，道法自然"等儒家、道家思想影响，对自然环境的选择尤为苛刻。人类以前在选择居住地的时候一般会挑选地形条件良好、自然资源丰富的地方作为定居的场所。传统村落的选址也遵循早期聚居地选址的传统，是人们合理利用自然环境的结果。

（1）受地形的影响。一般在平原地区的村落大多是集中聚居的，村落由一个小的聚居组团或者多个聚居组团组成；山地地区的传统村落一般依山而建，有序排列，大多数传统村落都是聚居在一起的，周边自然风景良好，有山有水。

（2）村落的房屋建筑形态受地区降水量的影响。不同地区降水量不同，屋顶的形式也有所差异。一般降水量较大的地区，村落的房屋屋顶大多是斜顶，主要是为了便于排水，且年降水量越大，屋顶的倾斜度越大；有些地区村落为了防潮，民居建筑常常采用底层架空的形式，即"干栏式"结构。降水量少的地区或者干旱的地区，屋顶的坡度较小，有些甚至是平屋顶。

（3）受气温的影响。气温高的地区，聚落地区墙壁较薄，房间较大，窗户较小，从而达到防暑的效果；气温低的地区，聚落地区墙壁较厚，房间较小。

（4）村落的附近一般会有水源，这与村落的选址有关。水源是村落居民生产生活所必需的，因此村落一般是沿河流、湖泊分布，景色宜人。

非自然环境是指除自然环境外的人为环境，包括建筑物、道路、公共设施、街巷、休憩设施、祠堂以及村落的标志性图腾建筑等（图 1-4）。村落的非自然环境反映了村落的文明，同时又推动村落发展。建筑物是村落文明的载体，承载了村落悠久的历史和家族的根基；道路是村落不可或缺的要素，将村落与外界联系起来；建筑物上的图腾是农耕文明的文化记忆，记录了当时的生活、历史、文化，也表征人们对美好生活的向往，每一个符号、每一幅图案都生动地反映了村落的历史记忆和精神文化内涵。

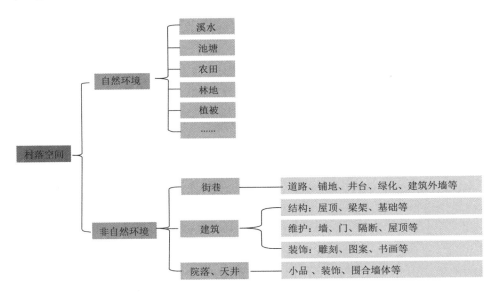

图 1-4　村落空间物质要素系统分析

来源：自绘

事实上，村落构成越是简单，越能凸显村落的本质特征。因此，通过重点研究村落要素与其他各要素之间的关系、村落与自然的关系以及村落的空间分布等，能更为有效和正确地把握村落与村落体系之间的关系。

1.1.3　人居环境的基本思想

人居环境科学最早是由希腊学者道萨迪亚斯（Doxiadis）在 20 世纪 50 年代创立的

人类聚居学的基础上发展起来的一门学科（Doxiadis，1970）。中国的吴良镛先生基于道萨迪亚斯理论，结合中国的发展国情和长时间的理论思考与建设实践而创建了中国的人居环境科学。不同于西方国家的人居环境科学，中国的人居环境科学是符合中国发展的一门科学，它更多地关注人以及人与周围环境之间的关系，从多方面探讨了人类群体聚居的客观规律，目的就是为人类创造更宜居的居住环境，改善人类居住环境（王树声，2006）。

1.1.3.1　人居环境的定义

吴良镛（2001）指出："人居环境，顾名思义，是人类聚居生活的地方，是与人类生存活动密切相关的地表空间，它是人类在大自然中赖以生存的基地，是人类利用自然、改造自然的主要场所"。因此，人居环境是人类居住生活的地方，是人类生存的场所，是人类进行各种活动的空间环境，主要是由人类及其周围的环境组成。人居环境关注的重点是人，分析人类居住的规律以及人类的需求。人居环境的基础是周边的自然环境，它是人类生产生活所必需的自然空间，自然环境与人类关系密切，相互关联。人居环境的建设就是要处理好人与环境之间的关系，达到一种"天人合一"的理想状态。人在环境中生活，环境又受人的影响，达到人与环境和谐共生的状态才是人类真正向往的人居环境。

1.1.3.2　人居环境的组成

道萨迪亚斯在研究人居环境的组成时，将人居环境分成了两部分：一是人类及人类社会，二是聚居地及周围环境，这两部分组成了人居环境。道萨迪亚斯又将人居环境分为五种基本要素：①自然要素，自然生态环境，包括地形、气候、植被、土壤、动物等，是人类居住生活的基础；②人类要素，人类及其聚居地，考虑人的生理、心理、行为的机制，分析人类的需求；③社会要素，人类形成的交往空间体系；④建筑要素，人类居住生活的庇护场所，为各种构筑物，满足人的居住需求；⑤支撑网络要素，为聚落人类提供服务的各种自然的或人工的系统，包括市政基础设施和公共服务设施，以及政治、经济、教育等体系。

道萨迪亚斯认为人类聚居学的内容即是各种物质要素之间的相互关系。吴良镛先生所创建的中国的人居环境科学运用系统理论，根据内容不同，将人居环境划分为五大系统：自然系统、人类系统、社会系统、居住系统、支撑系统。自然系统包括自然环境和生态环境，是人类生存的基础，是各种自然资源，如植被、土壤、大气、水系、动物、地形地貌以及农田等的集合；人类系统主要是从心理、生理等各方面关注人的行为活动规律，分析人类生产生活的行为机制及其对生活的需求，针对人的需求提出适合人类发展的机制；社会系统是由人类组成的社会环境，由多种社会要素，如人口、经济、产业、文化、法律等构成；居住系统是指住建筑、社区中心、社区活动室等为人类提供居住功能及相关社会功能的物质空间环境；支撑系统指人类居住区的基础设施，包括公共服务设施系统、交通系统、通信系统、计算机信息系统、物质环境规划等。

人居环境的五大系统相互关联，其中，人类系统和自然系统属于基本系统，支撑系统和居住系统是人工创造的结果，而社会系统是联系基本系统和其他系统之间的纽带。吴良镛先生所提出的人居环境五大系统是相辅相成的，这是在借鉴道萨迪亚斯理论的基础上，结合中国发展的实际情况总结凝练而成的，可以解决中国的实际问题。吴良镛先生对人居环境的组成进行了详细的阐述，并将其划分为五大层次：全球、区域、城市、社区、建筑。这些研究是在一定的理论和实践基础上展开的，并不是一成不变的，而是随着时代的发展而不断变化的。

1.1.3.3　人居环境科学方法

人居环境科学的研究方法，是由各种经验总结以及理论推理出来的。人们一直以来都是凭借经验分析，研究和建立定居点，并始终根据现有聚居点的经验和教训预测未来。一般研究人居环境的方法是实证法，这种方法有一定的合理性，但也存在不足，它没有办法应对一些突然的变化，不能解决新的问题，问题相对单一，不够全面，因此要想全面解决问题就要结合理论思维，运用抽象思维推理帮助解决问题。

吴良镛先生指出，人居环境是一门复杂的工程，它融合了多种学科，涉及多个领域。对于人居环境的建设要从哲学的角度进行思考，站在不同的层面分析问题，将复杂的事物进行简单的概括，从而体现事物的本质特征。人居环境科学可以看作是一个复杂的巨系统，要通过一定的方法对这个复杂的巨系统进行简化。研究人居环境科学，主要有以下几种方法。

（1）运用系统思想进行资源的整合。在分析问题时，要形成一种系统思想，用系统的方法处理问题，避免造成问题分析的片面性，要全方位、多层次地深入剖析问题，将零散分布的不同人居环境要素整合起来，分析各要素之间的联系，挖掘各要素的特色，将各要素系统构成一个多层次、多功能的网络，使之成为一门整体性的学科（龚永兵，2009）。

（2）融通的综合研究。"融通的综合研究"思想来源于吴良镛先生对建筑学方法论的探索，跨越了多个专业和学科，其在科学中寻找相关点并加以结合，解决人居环境科学的具体问题，也可以解决复杂的人居环境中的问题。这个思想强调工作中要具有综合性、集成性，也就是"融通的综合研究方法"，可以创造性地解决人居环境科学的很多复杂问题。将"融通的综合研究"思想运用到传统村落的研究中，将传统村落的外围环境和内部环境结合起来，融会贯通，深入剖析传统村落各要素的特征与联系。

（3）以问题为导向。人居环境科学在研究人居环境的问题时，主要是以"人"为研究对象。在解决问题的时候要通过"提出问题—思考问题—解决问题"的思路，以问题为导向，利用现有的知识，通过一定的途径来解决问题。以问题为导向的研究方法可以"先入为主"，率先抛出问题，并且将问题融入研究过程中，边实践边研究如何解决问题。形成一种问题意识，在整个事件过程中，这个问题意识都会一直存在于人们的脑海中，让人们不断地进行思考与反思，从而找出解决问题的方法。这种以问题为导向的方法应用于很多实践工作中，在人居环境中的运用也很广泛，利用这个方法带着问题找答案，可以避免走很多弯路，更有针对性，可以更有效地解决问题。

1.2　解读传统村落人居环境

传统村落人居环境是人居环境的一部分，是一个村落的重要载体，承载着传统村落的历史文化、风俗民情、街巷格局、建筑肌理等。传统村落人居环境重在保护，要保护其历史文脉和历史记忆。在保护的基础上进行发展，传承发扬传统村落的特色文化，推进基础设施建设，使传统村落能够一直持续发展下去。

顾名思义，传统村落人居环境研究是以"传统村落"为主体进行研究的，目前对于传统村落人居环境还没有确切的概念界定，主要是对人居环境进行分类分析，研究各自的特点。传统村落的居住主体为传统村落居民，研究范围为传统村落空间场所，内容为生产、生活、居住。因此，传统村落人居环境研究的是传统村落以及村落中的居民，这些居民居住的物质空间是研究的主要范围，同时人的心理及行为也是研究不容忽视的一部分。对传统村落人居环境从各方面进行深入剖析，有利于找出改善传统村落人居环境的方法。

杨悦（2017）将传统村落人居环境定义为"传统村落居民工作劳动、生活居住、休息娱乐、社会交往的空间场所，历史文化遗存丰富，历史氛围浓厚"。

传统村落人居环境受社会生产力发展的影响，村落的传统民居营建也逐渐发生着变化，从而体现出村落传统文化的变迁。其中，风水学说是传统村落的影响因素之一，风水学说不仅影响建筑的造型、选址，还影响着村落整体的空间布局；传统村落依山就势，具有防御的功能，在古代是为了防止外敌的入侵，使村落居民更加安全；传统村落中的建筑具有强烈的民族特色和文化象征，很多民居建筑是明清时期保留下来的，具有很高的文化价值，积淀着厚重的历史人文情怀，也是当地居民的精神寄托。这些都是传统村落人居环境最有特色的地方，不仅反映了当地文脉，还是对传统文化的继承和发扬，有利于后人思考如何保护和发展传统村落，实现传统村落人居环境的可持续发展。

1.2.1　涪江流域传统村落认定

传统村落作为我国一种珍贵的生产生活遗产，具有很大的文明价值和传承意义（冯骥才，2012）。传统村落的认定主要有国家级和省级两个层次。

国家级传统村落的认定是从 2012 年开始的，到目前为止，国家级传统村落共有五个批次，认定时间分别为 2012 年、2013 年、2014 年、2016 年、2019 年，由住房和城乡建设部、财政部等部门公布《中国传统村落名录》。第一批国家级传统村落的认定影响深远、意义重大，全国 28 个省共 646 个传统村落入选，其中贵州省最多，有 90 个，云南省、山西省名列第二、三位，分别为 62 个、48 个。

四川省的省级传统村落认定是在各市（州）上报传统村落申报材料的基础上，四川省住房和城乡建设厅组织开展省级传统村落调查推荐及评选工作，最终确定省级传统村落名录。到目前为止，四川省的省级传统村落共认定了四个批次，认定时间分别为 2013 年第一批、2014 年第二批、2017 年第三批、2019 年第四批。其中，省级第一批传统村落有

120 个，涉及全省 18 个市（州）；省级第二批传统村落有 83 个，涉及全省 19 个市（州）；省级第三批传统村落有 666 个，涉及全省 21 个市（州）；省级第四批传统村落有 177 个，涉及全省 19 个市（州）。

涪江流域传统村落分布于四川省和重庆市。四川省涪江流域传统村落有 80 个，包括 21 个国家级传统村落和 59 个省级传统村落；重庆市涪江流域传统村落有 6 个，均为国家级传统村落，没有认定市（省）级传统村落。整个涪江流域传统村落总数为 86 个，其中 27 个国家级传统村落、59 个省级传统村落（表 1-2）。

表 1-2　涪江流域传统村落统计表

省（直辖市）	市（自治州、区）	县（市、区）	乡（镇）	村	村落级别
四川省	阿坝藏族羌族自治州	松潘县	小河乡	丰河村	省级
		平武县	白马藏族乡	亚者造祖村	国家级
			木座藏族乡	民族村	国家级
			虎牙藏族乡	上游村	国家级
			黄羊关藏族乡	曙光村	省级
			龙安镇	两河堡村	省级
			豆叩镇	银岭村	省级
				紫荆村	省级
			大印镇	金印村	省级
			响岩镇	中峰村	省级
				双凤村	省级
	绵阳市	北川羌族自治县	片口乡	保尔村	省级
			青片乡	正河村	省级
				上五村	国家级
			桃龙藏族乡	大鹏村	省级
			马槽乡	黑水村	国家级
				黑亭村	省级
			曲山镇	石椅村	省级
		江油市	二郎庙镇	青林口村	国家级
			含增镇	长春村	省级
			重华镇	公安社区	省级
		安州区	桑枣镇	红牌村	国家级
			高川乡	天池村	省级
			睢水镇	红石村	省级
			塔水镇	双林村	省级
			宝林镇	大沙村	省级
			永河镇	安罗村	省级

续表

省（直辖市）	市（自治州、区）	县（市、区）	乡（镇）	村	村落级别
四川省	绵阳市	梓潼县	仙峰乡	甘滋村	省级
			双板乡	南垭村	省级
			演武乡	柏林湾村	省级
			文昌镇	七曲村	国家级
			定远乡	同心村	省级
			交泰乡	高垭村	省级
		游仙区	凤凰乡	木龙村	省级
			太平镇	南山村	省级
			朝真乡	石龙村	省级
			柏林镇	洛水村	省级
			徐家镇	和阳村	省级
			魏城镇	绣山村	国家级
				先锋村	省级
				铁炉村	国家级
			东宣乡	鱼泉村	国家级
				飞龙村	省级
			石板镇	白马村	省级
			观太乡	卢家坪村	省级
			刘家镇	曾家垭村	国家级
			玉河镇	上方寺村	国家级
		涪城区	丰谷镇	二社区	国家级
		盐亭县	石牛庙乡	风华村	省级
			安家镇	鹅溪村	省级
			柏梓镇	龙顾村	省级
			林山乡	青峰村	国家级
			巨龙镇	凤林村	省级
				五和村	省级
			黄甸镇	龙台村	国家级
			黄溪乡	马龙村	省级
			五龙乡	龙潭村	省级
			洗泽乡	凤凰村	省级
			高灯镇	阳春村	省级
		三台县	塔山镇	南池村	省级
			西平镇	柑子园村	省级
	德阳市	罗江区	新盛镇	罗汉村	省级
			御营镇	响石村	国家级

省（直辖市）	市（自治州、区）	县（市、区）	乡（镇）	村	村落级别
四川省	德阳市	罗江区	白马关镇	白马村	国家级
		中江县	永太镇	新店村	省级
			富兴镇	汉卿村	省级
			通济镇	人和村	省级
				狮龙村	省级
			回龙镇	双寨村	省级
			仓山镇	三江村	国家级
	遂宁市	射洪市	香山镇	杨家坝村	省级
			洋溪镇	㵲壁村	省级
				楞山社区	省级
			青堤乡	光华村	国家级
		大英县	卓筒井镇	关昌村	省级
		安居区	白马镇	毗庐寺村	省级
			玉丰镇	高石村	国家级
		蓬溪县	槐花乡	哨楼村	省级
			宝梵镇	宝梵村	省级
			大石镇	雷洞山村	省级
重庆市		潼南区	花岩镇	花岩社区	国家级
			双江镇	金龙村	国家级
			古溪镇	禄沟村	国家级
		大足区	雍溪镇	红星社区	国家级
			玉龙镇	玉峰村	国家级
		永川区	板桥镇	大沟村	国家级

注：涪江流域传统村落 86 个，其中国家级 27 个、省级 59 个；乡（镇）名称按传统村落名录公布名单为准，全书同。

对于传统村落的认定，《住房城乡建设部等部门关于印发〈传统村落评价认定指标体系（试行）〉的通知》（建村〔2012〕125 号），明确了传统村落评定的各项指标，具体内容如下。

（1）村落传统建筑评价指标体系。定量评估村落建筑的久远度、稀缺度、规模、比例以及建筑功能丰富度等；定性评估现存传统建筑的完整情况、工艺美学价值和传统营造工艺传承。

（2）村落选址和格局评价指标体系。定量评估村落现有选址的久远度和现存历史环境要素的丰富度；定性评估村落传统建筑的格局完整性、村落的科学文化价值以及村落与周边自然山水的协调性。

（3）村落承载的非物质文化遗产评价指标体系。定量评估村落非物质文化遗产的稀缺度、丰富度、连续性、规模以及传承人；定性评估村落非物质文化遗产的活态性、依存性。

1.2.2　涪江流域传统村落分布

涪江流域不同河段的传统村落拥有不同的民族和空间分布特征，其中，涪江流域上游主要分布着藏族、羌族居民传统村落，中下游主要分布着汉族居民传统村落。传统村落的分布以中上游最为密集，下游次之，且大部分较有特色的区域处于绵阳市境内。

涪江流域传统村落空间分布呈现上游和下游较分散、中游较密集的特征（图 1-5）。上游分布着四川省阿坝藏族羌族自治州松潘县和绵阳市平武县、北川羌族自治县（简称北川县）的传统村落；中游分布着绵阳市江油市、安州区、梓潼县、游仙区、涪城区、盐亭县、三台县传统村落，德阳市罗江区、中江县传统村落，遂宁市射洪市、大英县、安居区、蓬溪县传统村落；下游主要分布着重庆市潼南区、大足区、永川区传统村落。涪江流域传统村落共 86 个，空间分布不均衡。其中，绵阳市传统村落有 60 个，分布数量最多，占整个涪江流域传统村落总量的 69.76%；遂宁市传统村落有 10 个，占比 11.63%；德阳市传统村落 9 个，占比 10.47%；重庆市传统村落 6 个，占比 6.98%；阿坝藏族羌族自治州传统村落 1 个，占比 1.16%。从总体上看，涪江流域传统村落以集中分布为主、分散分布为辅，绵阳市是传统村落分布较为集中的区域，其中游仙区、盐亭县、安州区传统村落分布最为密集。

1.2.3　传统村落人居环境构成

传统村落人居环境属于乡村人居环境，是人居环境中一个特殊的组成部分。传统村落是农村的一部分，它与普通农村不一样，具有丰富的历史文化内涵，其人居环境也具有一定的特殊性。传统村落人居环境的构成，可具体分为自然环境、空间环境、设施环境、人文环境四个部分。

1.2.3.1　自然环境

1）山体要素

涪江流域多群山环抱，这些山川走势正是"风水"的重要因素。居民在环山之间选择合适地址而居住是涪江流域传统村落的独特特点。村落选址基本上遵循"背山面水，负阴抱阳"。居民认为村落的选址对村落的影响重大，必须要在环境优越、山水条件好的地方建设，这样家族才能兴旺发达。例如，绵阳市盐亭县林山乡青峰村王家大院（图 1-6），根据实地调研发现，择此地而居正是看中这里背山而居、山峰耸立、树木繁茂；村前一马平川、开阔，村后茂树如冠；王氏家族在这里安居乐业、人口蕃盛。又如，遂宁市蓬溪县大石镇雷洞山村（图 1-7），村落三面环山，西北方向为茶叶山，西南方向为大寨沟，东面为云雾山脉，三山环绕村落形成了"V"字形的村落边界；村落核心区域位于缓坡台地上，在山腰的位置有观景平台，可以俯瞰整个雷洞山村的美景。

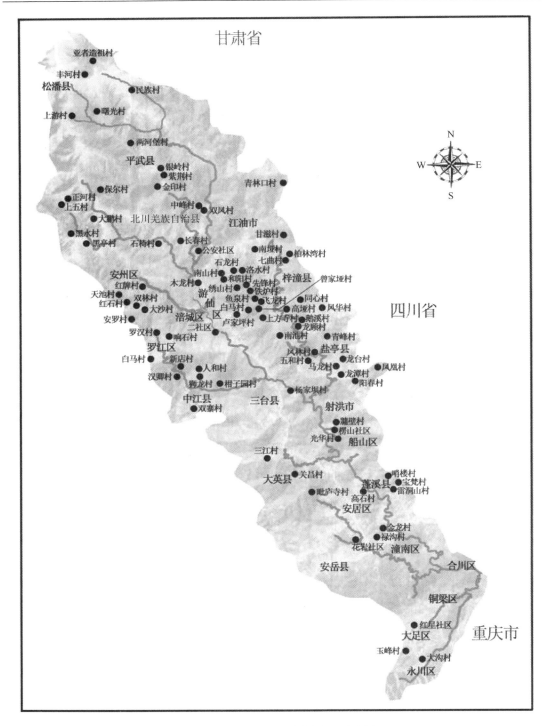

图 1-5　涪江流域传统村落空间分布图

来源：自绘

图 1-6　青峰村王家大院

来源：自绘

图 1-7　雷洞山村村落环境

来源：自绘

2）农田要素

"民以食为天"，农田要素是人们赖以生存的基本要素，是传统村落人居环境的重要组成部分。首先，农田要素属于自然要素，农田可以种植不同的农作物，有水稻、油菜、小麦等，农田不仅仅是人类活动形成的自然景观，也带给人类希望。其次，农田是人们劳作的主要场所，大家在农田内劳动、休息、交流，是村落居民的重要活动空间。农田的坐落位置影响村落建筑、村庄的围合形式，涪江流域传统村落因农田分布而各有特色。村落的自然环境中土地利用大部分是以农林用地为主，居民依靠农田自给自足，种植农作物来生存和生活。例如，绵阳市梓潼县演武乡柏林湾村（图 1-8），风景秀丽，土壤肥沃，大量的农田主要种植水稻、小麦、玉米、油菜等农作物，一条小河由北向南流入大通江河，河里产鲫鱼、鳝鱼、团鱼等鱼类，是名副其实的"鱼米之乡"，居民日出而作，日落而息，过着"世外桃源"般的生活。

图 1-8　柏林湾村村落环境

来源：自绘

3）沟壑要素

涪江流域的地形地貌复杂，一方面，多受印度洋板块和亚欧板块的挤压，另一方面雨量充沛也导致洪灾、泥石流等频发，形成盆地、沟壑。当地民居建筑充分考虑到自然灾害的影响，因此民居建筑材料、形式、范围与其他地区各有差异。例如，绵阳市平武县黄羊关藏族乡曙光村（图1-9）属于山区地貌，山高沟深，地形起伏较大，气候受海拔、地形影响较大，具有春迟秋早、夏凉冬寒、夏秋多阴雨绵绵湿润等特点，传统民居设计大多具有防潮和保暖的功能。

图 1-9　曙光村传统民居

来源：自绘

4）水系要素

涪江流域独特的地理环境及充沛的雨量，使其境内分布了众多河流，水系要素也是传统村落自然环境的一部分。水系与村落的选址有着密切的关系，这是关乎民居环境至关重要的因素。水一般象征着生机与灵气，所以村落选址时也会选择靠近河流的地方。居住建筑位于水系的内侧则是利于生活生产的，若居住建筑位于水系的外侧则不利于生活生产活动（郭萍，2019）。水是生命的源泉，也是居民生产生活的必要物质，它不仅能点缀村庄的景色，还能滋润哺育一切生物。例如，绵阳市平武县白马藏族乡亚者造祖村（图 1-10），该传统村落处于涪江流域发源地，地势较高，由五个寨子组成；其中扒昔加寨是亚者造祖村最有特色的古寨之一，寨子一侧拱卫着的阿贝索日神山，雄伟肃立，神山上浓荫覆盖；村落所处为火溪河与涪江交汇之处，群山环抱，青峰耸立；村落依山傍水，由两面环山所夹，南临天母湖，河流有的从村内穿过，泉水潺潺，还有的从村外流过。又如，绵阳市盐亭县黄溪乡马龙村（图 1-11），该传统村落有水系名迎禄沟，发源于马头咀，由北向南流入黄溪河，终汇入梓江河。

图 1-10 亚者造祖村水系

来源：自绘

图 1-11 马龙村水系

来源：自绘

1.2.3.2 空间环境

1）建筑构成

（1）宗祠建筑。涪江流域传统村落通常以宗族为单位，宗祠往往是一个宗族的象征、家的所在地，是一种礼制建筑。本族人敬祀祖先、惩治家门不肖等，始终秉持"族必有祠"的思想观念，并且将宗祠建得错落有致、气势恢宏、朴素庄重。此外，宗祠也特别讲究"风水"好坏，"风水"可以影响村落的整体环境以及家族发展。而且宗祠外面一般会有空地作为公共活动空间，不能有其他建筑阻挡宗祠，宗祠正对的地方一定要视野开阔。一般宗族会建立一个家族的宗祠来供奉祖先，或者设立祭祀楼、祭祀塔来进行祭祀。例如，绵阳市盐亭县洗泽乡凤凰村的陈氏祠堂（图 1-12），名为"陈家庵"，传说陈氏家族自湖广麻城填川而来，克勤克俭，在此地居住有 600 多年，其家族祠堂一直保留至今。又如，绵阳市安州区宝林镇大沙村的李家祠堂（图 1-13），该村是中国清代戏曲理论家、诗人李调元的出生地，为了纪念这位才子，祠堂前面还建有李调元塑像。

图 1-12 凤凰村陈家庵

来源：自绘

图 1-13 大沙村李家祠堂

来源：自绘

（2）民居建筑。涪江流域传统村落民居依地理环境而建，大致有"一字形独幢式""四合院式""碉楼式""吊脚楼式"等类型。民居建筑的门窗多以"万字格""喜字格""丹凤朝阳""喜鹊闹梅"等雕花装饰；吊脚悬挂的形状为八角形，造型别具一格，一般雕刻绣球、圆鼓、金瓜、人物、龙凤，栩栩如生；建筑材料多为当地就地取材；里间以薄木板分隔起居室、灶房等不同的空间；建筑的木构架都是穿斗式。涪江流域传统村落的民居建筑以明清时期建筑和川北民居为主。例如，绵阳市江油市重华镇公安社区（图1-14），据传统村落申报材料所述，公安社区民居建筑多为明清建筑风格，又富有川北民居特色；民居主要为土木结构，门柱以石墩为基，门窗注重雕花、镂空等艺术修饰手法，梁柱多选整木，用料颇为考究。有些民族村落还保留着传统的羌族民居样式，如碉楼、吊脚楼。部分村落的民居混杂着现代砖混建筑，大部分还是传统的穿斗木结构院落。例如，绵阳市盐亭县黄甸镇龙台村（图1-15），据传统村落申报材料所述，村落传统风貌破坏较小，现代砖混建筑杂处其间，而古建筑类型多样，工艺及传统民居样式独特丰富，农耕文化符号齐全，整体民俗面貌极具特色；传统穿斗木结构院落依山势而建，错落有致，古朴典雅，掩映丛林之中。

图1-14　公安社区建筑　　　　　　　　　　图1-15　龙台村民居建筑
来源：自绘　　　　　　　　　　　　　　　来源：自绘

2）公共空间

（1）街巷。涪江流域传统村落的形成具有一定的规模且独立性较强。临街几乎都开设敞开的铺面；传统村落街巷空间被压缩，街巷较为狭窄；由于街巷空间的压缩和融合，所形成的狭小空间成为居民交流的场所，具有人情味，可以促进人们之间的相互交往。

（2）院坝。院坝在传统村落中主要承担着公共活动的功能，它可以与居住建筑、宗教建筑等相结合，是居民交往活动的重要场所。祠堂外也会留有院坝空间，主要为了满足家族祭祀的要求。部分村落设有戏台等公共建筑景观节点，也有院坝空间的设置。例如，遂宁市射洪市洋溪镇楞山社区楞严阁大门前的院坝便于前来拜佛的人们聚集在一起进行宗教活动（图1-16），社区民居院坝则为居民的日常生产生活空间（图1-17）。此外，涪江流域传统村落中古井、晾坝等要素的存在，往往是居民生产生活的场所。人们在井旁或者晾坝处劳动，同时也将其作为休息的地方。井在居民日常生活中占有重要的地位，人们在井旁打水、洗衣，居民都很敬畏向往古井；而晾坝用来晾晒粮食、各种菜干等，占据不少的场地空间，富有生活乐趣、人情风味，闲置时则是孩子玩闹、居民茶余饭后聊天交往的空间。

图 1-16 楞山社区楞严阁前院坝

来源：自摄

图 1-17 楞山社区民居院坝

来源：自摄

1.2.3.3 设施环境

设施环境是指传统村落为居民配置的一些与生产生活相关的服务设施，主要包括给水、排水、电力、燃气、卫生、消防等设施。设施建设是传统村落人居环境改善的重要任务。传统村落居民也有享受便利生活设施的权利，传统村落需要配备相应的基础设施来改善居民的生活，提高生活适宜性。设施环境主要是完善传统村落市政管线的布置，安装光纤、宽带，配齐环卫设施、消防设施，还要有村委会、老年活动中心、幼儿园等。通过实地调研得知，涪江流域传统村落基础设施相对完善，各村落都已经通自来水、通电、通气，有的还安装了宽带，设置了环卫设施以及基础性的公共服务设施。例如，遂宁市射洪市洋溪镇楞山社区的基础设施和公共服务设施较完善，生活便利（图 1-18 和图 1-19）。

图 1-18 楞山社区民居电表箱

来源：自摄

图 1-19 楞山社区民居门前的光纤宽带

来源：自摄

1.2.3.4　人文环境

　　人文环境是传统村落精神文化的重要体现，主要反映居民的价值观念、生活习俗、文化遗产、精神信仰等，既是传统村落居民的精神寄托，又是村落风俗民情的展示。传统村落中保留着很多过去大家族修建的祠堂和宅院等，他们的家族观念是当初时代的体现。祠堂也就成为村落精神文化的中心，具有很强的地域性和家族色彩。传统村落的建筑形式以及门窗花纹、雕刻等都体现了村落传统文化的博大精深。居民对生活有着崇高的价值追求和憧憬，也产生了各种各样的民间故事，被人们口口相传，成为村落特有的民俗文化。很多少数民族村落还保留着非物质文化遗产和传统手工技艺，由非物质文化遗产继承人传承发扬至今，是不可复制的精神文化遗产，体现了村落的风土人情和淳朴的民俗风情。特别是在重要的节日，人们相聚一堂，庆祝传统节日，举行各类活动，如绵阳市江油市二郎庙镇青林口村的高脚戏、北川羌族自治县曲山镇石椅村的羌绣、羌笛、羌族婚俗、羌族推杆等非物质文化遗产和喝咂酒、跳锅庄、敲皮鼓、羊皮鼓舞等民俗文化，展现了民族文化的精神与魅力，体现了人的意志。

1.3　涪江流域传统村落自然环境

　　传统村落作为宝贵的历史遗产，体现着村落传统文化和独特的建筑艺术、空间格局，反映了村落与自然环境之间的和谐关系。传统村落是整个自然环境的重要组成部分，传统村落与其自然环境体现了空间记忆和文化精髓。通过对涪江流域传统村落自然环境的分析，分别从地貌河流、气候水文、物产资源三个方面进行阐述，研究涪江流域传统村落与自然环境之间的关系以及传统村落的空间形态特征。

1.3.1　地貌河流

1.3.1.1　涪江流域地貌特征

　　1）河流长度

　　涪江干流全长 697km，中上游在四川境内干流长 580km。流域面积 35982km²，其中四川境内 32522km²，干流出川的断面处流域面积 28351km²（王远见等，2016）。多年平均流量 468m³/s。武都以上为上游，属山区性河流，河段长约 238km，天然落差3340m；武都至遂宁为中游，长 308km，天然落差 325m；遂宁以下为下游，大部分位于重庆市境内。

　　2）地势及地貌类型

　　经实地调查研究发现，整个涪江流域的地势由西北向东南倾斜，西北高、东南低（图 1-20）。江油以上河流延伸至若尔盖高原东南边缘山地，其下始入盆地。整个流域内按地貌的形态可大致分为三大类型，即山地、丘陵、平原，其分别占总面积的 37%、57.8%、5.2%。

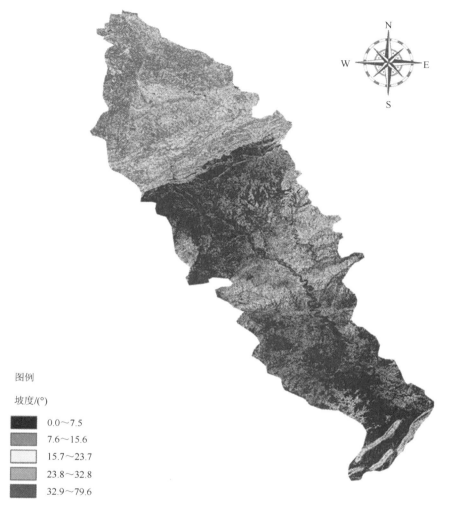

图 1-20 涪江流域坡度分析图

来源：自绘

上游地区山地较多，最高处为源头雪宝顶，海拔约 5588m。山高地险，河流深切，河谷十分狭窄。因为谷坡大，岭谷高差也十分显目，故而河流湍急。区域地质结构复杂，以变质岩为主，其次是碳酸盐岩和碎屑岩。

中游为丘陵平坝区，地质构造相对简单，红色碎屑岩较多，分布较广，以砂岩、泥岩为主。河流两岸有广大的冲积阶地。

下游最低处为合川河口，海拔约 200m。河床较为稳定，坡度平缓。

1.3.1.2 涪江流域各河段特征

涪江流域地形结构复杂，高海拔与低海拔地区相结合，在大板块上分为上游、中游、下游地区。每个地区都有自己独特的地貌和地形特征（图 1-21 和表 1-3）。

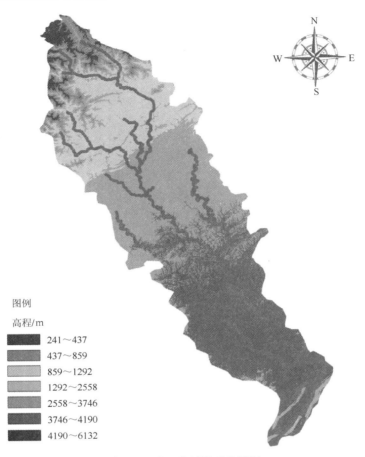

图 1-21　涪江流域地形分析图

来源：自绘

表 1-3　涪江流域各河段特征统计表

参数	上游	中游	下游
海拔/m	<4500~5000	300~700	200~600
谷宽/m	<100~300	2000~8000，~10000	—
河床比降/‰	5.8~6.3~>15	0.9~1.0	0.4~0.5
其他特征	高、中山区河谷狭窄；岭谷高差在200m以上；河中滩多流急；平武以下山势降低，两岸有断续阶地分布	河流流经方山丘陵及缓丘平坝区，河谷宽阔；河流水面开阔，水较浅，河中分流汊道较多，沙洲、漫滩发育；河流两岸有广大的冲积阶地	河流为中丘束狭，河床稳定，坡度平缓；两岸阶地与江面高差增大，在合川附近一级阶地相对高度达25m

资料来源：①https://baike.baidu.com/item/%E6%B6%AA%E6%B1%9F/4919309?fr=aladdin#reference-[2]-271602-wrap

②https://baike.baidu.com/reference/4919309/78b2b9wwGqFoyGJBWXc5-vwpG7A_mD8Fb0aLem5zQR7xBsmKed4OjNVWha6bTEIWd3jBgIkmJTu7jLEOwzY4zbkRQ1kKm7qXEI0pITUIdb9bmOHNrAgcgPFJikWREjhng7NpDVw

1）上游（武都以上）

江油武都以上至涪江源头为上游。涪江源头位于阿坝藏族羌族自治州松潘县与绵阳市平武县交界处。涪江上游以平武为界分为上、下两段。

平武以上为高山区,海拔4500~5000m。河谷相对狭窄,多数宽度小于100m。江面宽度大多不足30m,河床陡峻,平均比降约15‰。在悬崖绝壁的挟持下,陡壁林立,山势险峻,河谷多呈"V"形或"U"形。由于河水冲刷强烈,垮塌的山体落入河道,造成江中乱石横亘,水流湍急。

平武以下为高、中山过渡区至低山带。涪江经平武县龙安镇西南流过。由于山势降低,河水汇集,冲刷形成的河滩经多年积淀,形成良田。在平武至江油中坝一段形成50余处河滩,为流域两岸人口的聚居、村落的形成及农耕文化的传承提供了丰富的自然资源。河谷宽一般在100~250m,间有300m以上宽度的河谷。河床比降为6.3‰,缓流处降至5.8‰。河流滩口处水流深度一般为0.4m,槽宽多数不足10m,可漂运竹木,偶有农用木船作短途运输。

2)中游(武都至遂宁)

涪江中游指江油武都至遂宁部分,包括江油、涪城、游仙、三台、射洪、安居、蓬溪等县(区、市)。中游流经地区地貌复杂多变,包括低山、深丘、中丘、浅丘、河谷平原等多种地貌。山丘与平原的相对高差在100m以下,海拔为300~700m。沿江一带河谷开阔,谷宽为2000~8000m,最宽处可达10000m。河床比降为0.9‰~1.0‰。中游水流舒缓,河道蜿蜒,形成众多的漫滩、沙洲及支濠,共有滩140余处。枯水期与汛期分界明显,造成河床宽度随季节变化较大。因河水长期冲刷淤积,河道两岸零星形成高出江面5~10m的小平原。枯水期航道水深0.6m,槽宽8~10m,可通行小型机动船及30吨级以下木船。

3)下游(遂宁以下)

遂宁以下至涪江河口为下游,流经潼南、铜梁直至合川。涪江下游地形以中、低丘陵地貌为主。流入重庆境内后,山势略有起伏,间或有深丘及低山带。海拔200~600m。下游河谷宽阔,在整个流域内宽度最大。河床稳定,坡度平缓,河床比降为0.4‰~0.5‰。沿江两岸间隔分布着河流冲积层形成的一、二阶台地平坝,地面高出江面8~20m,合川境内台地高出水面20m以上。河道河曲发育,多沙洲、支濠。有冲积河滩80余处,以合川的刮骨、青竹偏河滩落差最大,超过1.5m。航道河槽水深0.8m,槽宽10~15m,可通行70t以下机动船和木船。

1.3.1.3 涪江流域主要支流特征

涪江流域支流众多,主要支流有火溪河、平通河、通口河、安昌河、芙蓉溪、凯江、梓潼江、郪江、琼江、小安溪10条(表1-4和图1-22)。左右岸支流分布特点迥然不同,左岸支流较少,而且流域不长;右岸支流较多,流域长。

表1-4 涪江流域主要支流特征统计表

支流名称	发源地	河长度/km	流域面积/km²	多年平均径流量/亿m³	流经地域
火溪河	岷山山脉南支摩天岭北侧、平武县西北色润坪大窝函	119	1494	—	平武白马、木座、木皮等区域至平武铁笼堡
平通河	平武、松潘、北川三县交界处的药丛山六角顶东南麓平羌崖	123	1299	8.04	锁江、大印、豆叩、平通、桂溪、彰明

续表

支流名称	发源地	河长度/km	流域面积/km²	多年平均径流量/亿 m³	流经地域
通口河	松潘县境内岷山山脉东南麓玉垒山	145	4160	33	松潘白羊，平武泗耳，北川小坝、曲山等乡镇
安昌河	北川县南面千佛山南华岭	95	1180	12	北川擂鼓镇、安州区茶坪乡、北川安昌镇
芙蓉溪	江油市垮石岩	90	594	—	江油垮石岩，游仙太平场镇、沈家坝
凯江	安州区西北千佛山西麓一碗水	213	2620	7.35	安州、罗江、旌阳、中江，至三台县潼川镇
梓潼江	龙门山东南麓江油市藏王寨棋盘山鹰咀崖一带	340	5200	4.7	仙峰、豢龙绕梓潼县城西、盐亭县
郪江	中江县龙台镇大田湾	148	2145	4.5	中江县龙台、石笋、三洞、铁佛、广福、普兴镇至三台县、入大英县
琼江	乐至县北三星桥	235	4560	11.91	遂宁、潼南，至铜梁区安居镇
小安溪	永川区巴岳山东麓永兴乡白龙洞	170	1720	4.8	永川、大足、铜梁、合川

图 1-22　涪江流域水系分布图

来源：自绘

1）火溪河

火溪河（图 1-23）又名白马河，当地人称夺补河，是涪江上游左岸最大的支流。火溪河流域为白马藏族聚居区，发源于岷山山脉南支摩天岭北侧、平武县西北色润坪大窝凼，源头海拔为 4233m，流域面积为 1494km²，河长 119km，河道陡峻，河口多年平均流量 34m³/s。流经平武县白马、木座、木皮等区域，最后在平武铁笼堡汇入涪江。火溪河滩多流急，上游河谷两岸，经常可见瀑布凌空而下，藏族民居位于河谷地带，掩映在山坡绿荫之中，别具一格。火溪河海拔较高，流经的地方森林茂密，人烟稀少。火溪河下游左岸与青川县唐家河国家级自然保护区为邻，源头一带则建有王朗国家级自然保护区。

图 1-23 火溪河

来源：自绘

2）平通河

平通河（图 1-24）是涪江的一级支流，又名廉水、让水、青漪江、小河、雍村河、八家河，发源于平武县、松潘县、北川县三县交界处的药丛山六角顶东南麓平羌崖，最高海拔 3326m，向东南流经锁江、大印、豆叩、平通转西南过桂溪然后向南于彰明汇入涪江。药丛山因盛产当归、党参、杜仲、贝母和天麻等药材而得名。平通河河长 123km，天然落

图 1-24 平通河

来源：自绘

差 2300m，平均比降 6.59‰，流域面积 1299km²。水量充沛，多年平均流量 25.5m³/s，多年平均径流量达 8.04 亿 m³。受降水影响，丰水期与枯水期河道宽度相差巨大，可达 1000 多倍。平通河水资源开发较早，在明代即已筑堰开渠，引水灌溉农田。

3）通口河

通口河（图 1-25）又名盘江、湔江、白草河，发源于松潘县境内岷山山脉东南麓玉垒山，源头海拔 4000m 以上。流经松潘白羊，平武泗耳，北川小坝、曲山等乡镇，过通口经江油青莲从右岸汇入涪江。河长 145km，流域面积 4160km²。由于河流上游植被丰富、山势险峻、降水充沛、集流历时短，河道曲折、水量丰沛，汛期洪峰量大，河流进入北川后支流发育，谷间冲积小盆地较多。

图 1-25　通口河

来源：自绘

4）安昌河

安昌河（图 1-26）发源于北川县南面千佛山南华岭，下岭后一分为二，东支经北川擂鼓镇流出，南支经安州区茶坪乡流出，至北川县安昌镇西汇合。安昌河长 95km，流域面积 1180km²。中上游属鹿头山、龙门山暴雨区，多年平均径流量约 12 亿 m³。安昌河水资源较早得到开发利用，中、下游段沿岸多引水工程。

图 1-26　涪江、安昌河、芙蓉溪交汇处

来源：自绘

5）芙蓉溪

芙蓉溪有两个源头，分别为西源和东源。西源名为杜家河，东源名为战旗河，分别发源于江油市新兴、新安、双河三乡（镇）交界海拔 825m 的垮石岩南坡和东坡。杜家河与战旗河南流至游仙区太平场镇北面汇合后名为芙蓉溪，再南流至游仙区沈家坝注入涪江。芙蓉溪全长 90km，流域面积 594km²。芙蓉溪周边人文底蕴丰厚，有富乐山公园、越王楼、汉阙、李杜祠等历史性文物（图 1-27～图 1-30）。

图 1-27　富乐山公园
来源：自绘

图 1-28　越王楼
来源：自绘

图 1-29　汉阙
来源：自绘

图 1-30　李杜祠
来源：自绘

6）凯江

凯江（图 1-31）又名中江，发源于安州区西北海拔 2700m 的千佛山西麓一碗水，河长 213km，流域面积 2620km²，流经安州、罗江、旌阳、中江，至三台县潼川镇汇入涪江。凯江中、下游河谷宽阔，江面宽浅，两岸多漫滩，沿岸间断分布着大小不等的冲积平坝。中、下游地区属春旱与夏伏旱过渡地带，常多旱灾。尽管沿江水利开发较早，由于洪枯水量悬殊，上游无骨干水库调蓄，每到春夏时节，旱象严重。

图 1-31　凯江大转弯
来源：自绘

7）梓潼江

梓潼江（图 1-32）又名梓江，是涪江最大的一条支流，也是平武以下涪江左岸唯一的一条流域面积在 2000km² 以上的支流。梓潼江发源于龙门山东南麓江油市藏王寨棋盘山鹰咀崖一带，源头海拔 1700m，河长达 340km，流域面积 5200km²。梓潼江经江油市二郎庙、小溪坝穿过宝成铁路，由河口入梓潼县低山、深中丘陵区，经仙峰、豢龙绕梓潼县城西，由交泰进入三台县东北后，折入盐亭县，经玉龙镇复入射洪市境内，至独坐山下汇入涪江。梓潼江多年平均径流量约 4.7 亿 m³，虽然年径流量不是很大，但是年降水量的分配差异比较大，是涪江中下游洪水的主要来源，最大洪峰流量曾达 8580m³/s。梓潼江中下游也是涪江水源开发最早之地，唐代起即有引水工程建设。

图 1-32　梓潼江
来源：自绘

8）郪江

郪江（图 1-33）发源于中江县龙台镇大田湾，向东南流经中江龙台、石笋、三洞、铁佛、广福，沿中江、三台两县界，至普兴镇小坦沟出境大英县，河长 148km，流域面积 2145km²，多年平均流量 10.1m³/s，多年平均径流量 4.5 亿 m³。郪江流域内年降水量在

800mm 左右，土地垦殖率高，森林覆盖率低，多光山秃岭，水土流失严重。农业生产过去受干旱的影响很大，缺水严重，居民和牲畜饮水都很困难，是有名的"老旱区"。后来建成了人民渠六、七期工程，农业生产以及居民生活用水得到了很大的改善。

图 1-33　郪江九龙桥
来源：自绘

9）琼江

琼江（图 1-34）又名大安溪、安居河，发源于乐至县北三星桥，经遂宁、潼南，至铜梁区安居镇汇入涪江，河长 235km，流域面积 4560km^2，多年平均径流量 11.91 亿 m^3，流域内水资源贫乏。由于长期大量垦殖，造成植被破坏，水土流失十分严重，森林覆盖率低。琼江是江河三级支流中实现渠化最早的河道，通航工程始于 1956 年，1976 年全部建成，国家投资 300 万元，建成梯级船闸 14 座，通航里程达 150km，年通航能力达 12 万～20 万 t。近几年由于水上运输发展停滞不前，琼江渠化通航工程能力未能得到充分发挥。

图 1-34　琼江
来源：自绘

10）小安溪

小安溪（图 1-35）又名临渡河，发源于永川区巴岳山东麓永兴乡白龙洞，流经永川、大足、铜梁、合川，在距涪江汇入嘉陵江的河口以上 3km 处汇入涪江。小安溪河长 170km，流域面积 1720km^2，多年平均径流量 4.8 亿 m^3。流域内人口稠密、土地肥沃，工农业生产发达，矿产资源丰富，交通方便。沿河一带厂矿较多，水质污染严重，是涪江流域水资源污染最为严重的一条支流。

图 1-35　小安溪

来源：自绘

1.3.2　气候水文

1.3.2.1　气候特征

涪江流域气候差异较大，属亚热带湿润性气候，多年平均气温在 14.7（平武）～18.2℃（合川）。其中，上游地形复杂，气候垂直变化较明显，火溪河源头王朗国家级自然保护区多年平均气温仅有 5.2℃左右；而中下游丘陵地区气候相对温和湿润，多年平均气温 16～18℃（四川省水利厅. http://slt.sc.gov.cn/），无霜期一般在 300d 左右，是四川省主要农业生产区域之一。

涪江流域的气候大致可分为：上游亚热带寒湿润性山区气候、中游亚热带偏干湿润性丘陵区气候、下游亚热带湿润性丘陵区气候。受不同区域气候特点和下垫面的影响，涪江流域从上游到下游，形成春旱、夏旱为主过渡到伏旱的分布模式。根据历史记载，1648～1949 年的 301 年间，有 27 年发生过大旱，平均 11 年发生一次严重旱灾。特别是中、下游丘陵区，狭窄的流域特性，极度的土地垦殖，使森林覆盖率低、缺乏水土涵养自我调节能力，以致干旱年年发生。春旱连夏旱、夏旱接伏旱的严重旱灾也频频出现，是历史上著名的川中老旱区（四川省水利厅. http://slt.sc.gov.cn/）。

1.3.2.2　水文特征

涪江流域雨量十分丰沛，但时空差异较大（图 1-36）。受西北部地形地势的影响，安州区、江油市武都镇等降水较多，是一级暴雨集中区。

上游平武、北川、安州、江油处于龙门山、鹿头山暴雨区，多年平均降水量多达 1200mm，一般 5～9 月可占全年降水总量的 84%左右，其中北川、安州可多达 1400mm

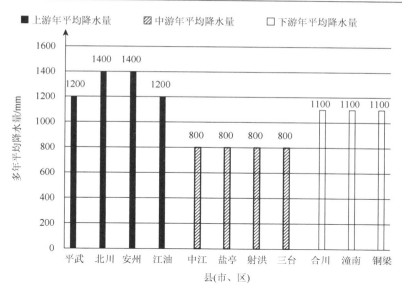

图 1-36 涪江流域县（市、区）多年平均降水量

来源：自绘

以上。山区流域极端强降雨导致山洪灾害频发，造成生命损失和经济活动的巨大破坏（彭清娥等，2019）。

中游中江、盐亭、射洪、三台多年平均降水量仅 800 余毫米。年降水量不但空间差异大，年际间变化也大，多水年平均降水量与少水年之比一般为 1.7，个别地方达到 3 以上。降水量年内分配也很不均，每年 6～8 月降水量一般占全年的 50%以上，12 月至次年 5 月则不足年度的 20%。

下游合川、潼南、铜梁多年平均降水量也可达 1100mm，但大部分地区多年平均降水量却不足 1000mm，其中 7～9 月占全年总降水量的 74%。整个河流的补给来源主要为自然降水，此外地下水也是相当大的来源之一。

涪江流域洪水灾害频发，公元前 277 年以来的 2000 余年里，涪江曾发生过上百次洪水。《绵阳县志》中记载，光绪十五年（公元 1889 年）就有大水发生过。其中较大的洪水发生在中游的有 1889 年、1902 年、1917 年、1945 年、1981 年等，发生在下游的有 1879 年、1903 年、1945 年、1937 年、1981 年等。近 500 年来，在涪江沿岸的 15 座城镇中，干流有 7 座、支流有 6 座曾经被洪水淹没过。涪江的泥沙较多，每立方米为 1.23kg（小河坝），是嘉陵江泥沙的主源之一。河流水力资源蕴藏量 372.3 万 kW，可开发量 133.2 万 kW。内河干支流通航里程 1328km。

1.3.3 物产资源

涪江上游地区属于农作区，主要生产玉米、小麦、马铃薯等。龙门山摩天岭拥有总面积约 330km² 的王朗国家级自然保护区（图 1-37）。上游地区特产众多，如平武县是全国木耳生产基地和四川省核桃生产基地，中国几千年历史上的传统产品——茶叶，在近几年也有所发展。此外，还盛产桐油、生漆及虫草、川贝、天麻、当归、党参等中药材。矿产资源也较丰富，有煤、铁、铜、锰、金等矿藏。

图 1-37　王朗国家级自然保护区

来源：自绘

　　涪江中游人稠物丰，早在新石器时代，就有人类文明在此繁衍生息（陈丽佳，2019）。农作物以水稻为主（图 1-38），其次有小麦、红苕、玉米、棉花、油菜、甘蔗、花生等。农业生产的人均粮食占有量高出四川省平均值 10% 以上；棉花生产量占全省总产量的 40%以上，是四川省主要粮棉产区之一；中游也是全省蚕茧生产的重要基地；同时中游地区还有丰富的石油、天然气等资源；水果则有闻名于四川省内外的柑橘、苹果等；药材有白芷、麦冬、半夏、香附子等，以遂宁特产白芷最为著名。涪江中游人口众多，城镇密集，交通发达。现各大沿江城市已初步建成各具特色的轻、重工业体系。其中，江油市是四川省钢铁、水泥等建材工业的重要基地之一；绵阳市是新兴的电子工业城；遂宁市是闻名全省的纺织城。

图 1-38　马龙村稻田

来源：自绘

涪江下游土地开垦率高，森林覆盖率低，水土流失较为严重。农作物以水稻、小麦、玉米、油菜、甘蔗为主。土特产有桐油、棕片、茶叶、水果等；中药材有川芎、杜仲、生地、白芷、薏苡仁等。下游是历史上有名的蚕桑养殖区，且矿产资源丰富，包括煤、石油、天然气等，横跨遂宁、蓬溪、潼南等地。工业有机械制造、农业机械、纺织、食品加工等（图 1-39 和图 1-40）。

图 1-39　鱼泉村秋葵种植
来源：自摄

图 1-40　铁炉村农田
来源：自摄

1.4　涪江流域传统村落人文环境

传统村落人文环境是传统村落居民的精神家园，它可以影响人的思想和行为，规范人的道德情操，维系人们之间的相互关系（韩卫成和王金平，2015）。除了自然环境以外，人文环境也是传统村落人居环境的有机组成部分。传统村落人文环境包括非物质文化遗产、宗教信仰、风俗民情以及村落历史沿革、民族分布等。涪江流域传统村落人文环境主要包括行政建制与历史沿革、民族分布与地域文化，了解传统村落的形成演变过程、民族分布、历史文化，对于掌握涪江流域传统村落的人文价值和精神内涵具有重要意义。

1.4.1　行政建制与历史沿革

涪江源头为雪宝顶（图 1-41），涪江从松潘黄龙寺东南而下，接纳了众多的溪流，出黄龙，过龙安，冲过兵家重地江油关，开始迂回曲折于四川盆地北麓，江面宽阔，流向盆地东南。涪江在流经平武以北约 10km 的铁笼堡，接纳了从左岸汇来的第一条支流火溪河。流过川北重镇江油后，约 5km，右岸支流平通河从北而来，汇入涪江。涪江过江油彰明镇约 10km，通口河又从右岸汇入涪江。涪江继续下行，进入了流域内最大的冲积平原——绵阳平原。绵阳平原面积 170 多平方千米，土质肥沃、物产丰富，川北重镇绵阳就坐落在平原西北缘。安昌河西北而来，在绵阳市区东南汇入涪江。

图 1-41　涪江源头自然风光——雪宝顶

来源：自绘

　　涪江流域的历史要追溯到春秋战国时期（公元前 770 年～前 221 年），那个时期的涪江名为涪水，涪水以蜀国为发源地，主要流经蜀国和巴国，在巴国境内，与潜水、汉水一同汇入江水；后又在西汉与东汉时期，与西汉水和潜水一同汇入江水；到西晋时期涪水源于秦州阴平郡，主要流经梁州境内，梓潼水汇入涪水，涪水与汉水、宕渠水汇合于江水；直到宋朝（公元 960～1279 年），涪水变为涪江，发源于吐蕃诸部，汇入合州境内；到元时期，涪江发源于宣政院辖地，汇合于重庆路合州境内；时至今日，发源于阿坝藏族羌族自治州松潘县雪宝顶，汇合于重庆市合川区境内。下面就是涪江流域具体的历史发展脉络。

　　春秋战国（公元前 770 年～前 221 年），《史记·楚世家》载：（怀王）十一年，苏秦约从山东六国共攻秦。《华阳国志·蜀志》：蜀王别封弟葭萌于汉中，号苴侯，命其邑曰葭萌焉。苴侯与巴王为好，巴与蜀仇，故蜀王怒，伐苴侯。苴侯奔巴，求救于秦。《华阳国志·巴志》：周显王时，巴国衰弱。秦惠文王与巴、蜀为好。蜀王弟苴侯私亲于巴。巴、蜀世战争。…司马错自巴涪水取楚商于地为黔中郡。涪水以蜀国为发源地，主要流经蜀国与巴国两国境内，在巴国境内，与潜水、汉水一同汇入江水。

　　西汉（公元前 202 年～8 年），涪水位于广汉郡和巴郡境内。广汉郡，"西接汶山，北接梓潼，东接巴郡，"[①]。汉高帝六年（公元前 201 年），分置广汉郡，《水经注·江水》云：汉高帝六年，乃分巴、蜀置广汉郡于乘乡[②]。《汉书·地理志》注："莽曰就都"，公孙述名曰子同。治绳乡。领县十三（在今甘肃省境内有阴平道），即梓潼、什邡、涪、雒、绵竹、广汉、葭萌、郪、新都、刚氐道、白水、甸氐道、阴平道。涪县，《太平寰宇记》曰："汉武帝始分蜀地为益州，以此地为涪县，属广汉郡，即涪水之所经也"。郪县，《太平寰宇记》

①（晋）常璩，任乃强校注. 1987. 华阳国志校补图注.

②（北魏）郦道元，王国维校. 1983. 水经注校.

云："以郪江为县名①。"巴郡，"东至鱼复，西至僰道，北接汉中，南极黔、涪"。秦置。
《华阳国志·巴志》曰："周慎王五年（公元前 316 年），蜀王伐苴侯，苴侯奔巴，巴为求
救于秦，秦惠文王遣张仪、司马错救苴、巴，遂伐蜀，灭之。仪贪巴、苴之富，因取巴，
执王以归，置巴、蜀及汉中郡，分其地为三十一县"。治江州。领县十一，即江州、临江、
阆中、枳、垫江、朐忍、宕渠、安汉、鱼复、充国、涪陵。

东汉时期（公元 25～220 年），广汉郡，位于成都以北 60km。建安十八年（213 年）
刘备率领庞统、黄忠、魏延等人攻下广汉郡，张飞率军攻取巴郡。在广汉郡下辖八个县，
分别是雒县、绵竹县、什邡县、新都县、五城县、郪县、广汉县、德阳县。在巴郡下辖七
个县，分别是江州县、枳县、临江县、平都县、垫江县、乐城县、常安县。同年，刘备与
刘璋决裂，攻打刘璋，留霍峻守葭萌，防御张鲁。梓潼郡本属蜀广汉郡，刘备定蜀后置梓
潼郡，以霍峻为太守。下辖五县，分别是梓潼县、涪县、晋寿县、白水县、汉德县。涪水
则位于广汉属国、广汉郡和巴郡境内，流经涪县、广汉、德阳三县。

西汉和东汉时期涪水都是位于益州刺史部北部，并与西汉水、潜水一同汇入江水之中。

三国（公元 220～280 年）是上承东汉下启西晋的一段历史时期，分为曹魏、蜀汉、东吴
三个政权。涪水发源于阴平郡，位于蜀汉益州北部境内。主要流经阴平郡内的刚氐道，蜀汉
江油戍地；梓潼郡内的涪县；东广汉郡内的郪县；巴郡内的江州。公元 263 年，邓艾奉命攻
伐蜀国，久攻不利，邓艾则回军景谷道，到达阴平郡，走数百里险要小道，到达江油关，蜀
汉守将马邈开关投降。邓艾军长驱南下，攻克绵竹，直抵成都。蜀后主刘禅投降，蜀国覆灭。

西晋（公元 265～316 年），是中国历史上三国时期之后的统一王朝。泰始元年（265 年）
西晋代曹魏后，分雍、凉、梁三州之地设秦州，后分益州地设宁州，后分幽州地设平州。
咸宁六年（280 年）灭孙吴后得荆、扬、交、广四州，并将荆、扬两州与原曹魏荆、扬两
州合并，共 19 个州。秦州、宁州曾经废止，后来复置。元康元年（291 年）分荆、扬州
地设江州，永嘉元年（307 年）分荆、江州地设湘州，至此共 21 个州。涪水源于秦州阴
平郡刚氐道，主要流经梁州境内梓潼郡涪县和广汉郡郪县以及江州巴郡，有梓潼郡内的梓
潼水汇入涪水，涪水与汉水、宕渠水汇合于江水。

东晋（公元 317～420 年），是由西晋皇族司马睿南迁后建立起来的偏安政权。东晋宁
康元年（373 年），前秦攻取梁、益二州，将益州和梁州纳入前秦版图，涪水位于宁州境内。

自汉、晋以来，涪县就是涪江流域政治、经济、军事的中心。

南北朝（公元 420～589 年），是中国历史上的一段大分裂时期，也是中国历史上的
一段民族大融合时期，上承东晋十六国下接隋朝。涪水在南朝刘宋、萧齐、萧梁、南
陈四个政权下分别流经的郡是：①刘宋，北阴平郡、巴西梓潼二郡、新城郡；②萧齐，
北阴平郡、巴西梓潼二郡、始平僚郡、新城郡、东遂宁郡、东宕渠僚郡（流经县：汉
昌、涪县、北五城小溪、德阳、晋兴、宕渠）；③萧梁，平武郡、北阴平郡、巴西梓潼
二郡、西宕渠郡、东宕渠郡（潼州）；④南陈，昌城郡、石山郡、垫江郡。北朝是北魏、
东魏、西魏、北齐、北周五个政权。北周掌权时，涪水主要流经的州境是龙州、潼州、
新州、遂州、合州，其中涵盖江油郡、巴西郡、昌城郡、石山郡、垫江郡，最后汇入合州

---

① http://www.wutongzi.com/a/61673.html

的巴郡境内江水（《宋书》卷第五十四　列传第十四）。

隋朝（公元 581～618 年），涪水发源于平武郡，主要流经梁州境内金山郡、新城郡、遂宁郡，最后流入涪陵郡，汇入江水。

唐朝（公元 618～907 年），唐天宝元年（742 年），改梓州为梓潼郡，治郪县，属剑南道。至德二年（公元 757 年），梓潼郡改属剑南道东川节度使辖区。乾元元年（758 年）又改梓潼郡为梓州。涪水流经梓州梓潼郡，治郪县，辖九县；遂州遂宁郡，治方义县，辖五县；绵州巴西郡，治巴西县，辖八县；龙州应灵郡，治江油县，辖二县。

宋（公元 960～1279 年），龙州、绵州、梓州、遂州、普州、剑州、合州，此时涪水变为涪江，发源于吐蕃诸部，汇入合州境内。

元代（公元 1271～1368 年），涪江发源于宣政院辖地，汇合于重庆路合州境内嘉陵江。流经广元路、潼川府、重庆路。

明朝（公元 1368～1644 年），涪江发源于松潘卫，汇合于重庆府合州境内。流经龙安府、保宁府、成都府、潼川州、重庆府。

清朝（公元 1616～1912 年），涪江发源于松潘卫，汇合于重庆府合州境内。流经龙安府、绵州、潼川府、重庆府。据清《蜀水考》所载："涪水源出松潘卫（今松潘县）风洞顶兴龙泉"；"兴龙泉在卫东六十里，源出雪栏山风洞顶黄龙寺后"；"其山平坦，上有龙潭。"清代中叶，江油县境内的水路运输就已初具规模，特别是中坝因居涪江上游，水运更为方便。乾隆五十二年（公元 1787 年），江、彰两县的药材、稻米即从涪江的中坝场码头马家沱渡口装载上船，经绵阳、三台、射洪、遂宁、潼南、合川，入嘉陵江经浮图关到达重庆码头。涪江已经是水路运输的重要载体。

民国时期（公元 1912～1949 年），涪江发源于松潘县，汇合于重庆市境内的嘉陵江。流经绵阳县、彰明县、罗江县、德阳县、安县、梓潼县、平武县、青川县、江油县、北川县、盐亭县、三台县、射洪县、东安县、遂宁县、重庆市。民国初期，中坝码头经常停有木船 100 余只，其中属江、彰籍的有 50 多只，北川、平武、松潘等县采伐的木材，利用三江河道的旺水季节，扎筏水运至中坝、青莲等码头集散，转运到绵阳、三台、遂宁等地。

至今，涪江发源于四川省阿坝藏族羌族自治州松潘县雪宝顶，汇合于重庆市合川区境内的嘉陵江，流经绵阳市、德阳市、遂宁市、重庆市。

1.4.2　民族分布与地域文化

涪江流域位于四川省东北部与重庆市西北部。四川是一个民族大省，聚居主要少数民族包含彝族、藏族、土家族、羌族、苗族等。少数民族聚居的区域主要集中于川西高山峡谷和高原地区，分布于川西的凉山彝族自治州（简称凉山州）、阿坝藏族羌族自治州（简称阿坝州）、甘孜藏族自治州（简称甘孜州）、乐山市马边彝族自治县、绵阳市北川羌族自治县等。其中，凉山州的彝族人口 181 万，占全国彝族聚居区的最大比例；甘孜州和阿坝州藏族人口 122 万，是全国第二大藏区；羌族人口 30 万，是全国最大的羌族聚居区。此外，还有 80 多万少数民族人口呈散居或杂居形式分布在川南、川东北、川东等地的 20 多个市县的百余个民族乡。

涪江流域传统村落中，以汉族居民为主，少数民族多为藏族和羌族，有少量回族。绵阳市平武县白马藏族乡亚者造祖村、木座藏族乡民族村、虎牙藏族乡上游村、黄羊关藏族乡曙光村主要为藏族居民，豆叩镇银岭村和紫荆村、大印镇金印村主要为羌族居民；北川羌族自治县主要分布着羌族居民，其中混杂着藏族和汉族，桃龙藏族乡大鹏村为羌藏合居，曲山镇石椅村为羌汉合居，片口乡保尔村、青片乡正河村和上五村、马槽乡黑水村和黑亭村为羌族居民；安州区桑枣镇红牌村为羌汉合居；盐亭县林山乡青峰村是唯一居住着回族居民的传统村落，但还是以汉族居民为主。阿坝州松潘县小河乡丰河村是藏羌汉合居，也以汉族为多。除上述少数民族传统村落以外，绵阳市的其他传统村落，以及德阳市罗江区、中江县，遂宁市射洪市、大英县、安居区、蓬溪县，重庆市潼南区、大足区、永川区等的涪江流域传统村落居民全部为汉族（不排除个别汉族传统村落杂居极少量少数民族）。涪江流域有着自己特有的自然风貌和气候条件，人们居住的建筑形式以自己独特的方式适应所处的环境，创造了富有民族特色和地域文化的居住环境，是民族文化中的一大特点。

1.4.2.1　羌族分布及地域文化

涪江流域绵阳境内的羌族聚落主要分布在北川、平武等地，属于全国羌族最主要的分布地——川西高原的一部分。由于历史原因，羌族曾经经历了战争、自然灾害、大规模迁徙等事件，因此，其地域文化中也渗透了与所处环境相关的印迹。羌族最出名的碉堡，往往就地取材、坚固、高大，与其长期处于战乱的环境息息相关。川西高原山地起伏，交通不便，羌人长期被割裂在此，对大山产生了感情甚至精神崇拜，因此他们信奉太阳神和山神。

1）汉族移民融入羌族

涪江上游地区是羌族的主要聚居区。如今的羌族，包括了大量的汉族移民，其中就包括一大批"湖广填四川"的汉族移民及其后裔。现在的羌族文化，也融合了历史上汉族移民带入的汉文化，是一种复合型的文化。涪江上游的北川、平武二县羌族人口约 15 万，占羌族总人口的近一半，其中汉族移民及其后裔更是占据了较大比例。虽然北川西部、平武西南部地区在历史上为明清时期白草羌等羌人部落活动区，但根据考古调查发现的大量清代至民国时期的墓葬碑刻记载和民族学田野调查各乡村人口的来源，大部分为"湖广填四川"或由邻近的三台、江油等地以及其他地区辗转迁入的汉族繁衍而来的。"湖广填四川"的移民祖籍包括湖北、山西、陕西、甘肃、江西、福建、广东等地，以从川中、川南辗转迁入羌族地区者为多。平武县南部的 6 个羌族聚居乡镇近 5 万羌族人口，超过半数为清代中晚期至民国时期由内地迁入的汉族后裔，更有 1/3 人口为 20 世纪 50 年代末至 60 年代初响应国家号召从内地移民而去的汉族及其后裔，20 世纪 80 年代以来至近年陆续将民族成分改为羌族（徐学书和喇明英，2009）。

2）汉族移民文化对羌族文化的影响

大量汉族移民进入羌族地区以后也将汉族文化带入了羌族地区。长时期的汉族移民文化与羌族文化的相互融合，形成新的羌族文化。当今的羌族文化在一定程度上是受了汉族文化的影响，融入了汉族文化因素而形成的，主要体现在衣着、生产生活习俗、居住、信仰、音乐歌舞习俗、婚丧习俗、语言等方面。

在衣着方面，涪江上游的羌族居民有包头帕的习俗，用白色或青色布缠绕于头顶。身穿阴丹蓝布右衽长衫、腰系长方形素面布围腰、足穿绣花云头鞋，即是受汉文化影响。尤其是羌族男子服装，如果外面不穿羊皮褂、腰上不系绣花小腰包，则与汉族没什么两样。靠近汉区的河谷地带中老年羌族妇女服装也多与汉族相同，但其绣花布围腰为羌族特色。

在生产生活习俗方面，使用风车、链枷、石磨等工具，会木匠技术，种植玉米、土豆、大豆、蚕豆、豌豆等农作物，食用玉米粒蒸饭、洋芋糍粑、酸菜面块、炒菜等，过春节（过去称"过蛮年"，包括春节和十月初一）、端午节、乞巧节、中元节、中秋节、重阳节等汉族节日，这些节日明显由汉族传入。

在居住方面，靠近汉区且汉族移民较多的北川、平武、茂县东部涪江上游流域，住房皆修建汉式木结构穿斗梁架吊脚楼建筑。其他地区的传统羌族石木结构房屋建筑中，不仅土司官寨吸收了汉族建筑因素，普通民房也多有结合汉族木结构建筑的斗拱、木楼阁、木廊等。

在信仰方面，羌族除对天、山、动植物等各种自然物崇拜外，同时存在道教和佛教信仰，建有玉皇、老君、川主、土地、牛王、观音等寺观祠庙，在靠近汉区的许多羌寨中普遍于家庭火塘所在的中厅上位供奉"天地君亲师"牌位。道教和佛教信仰、供奉"天地君亲师"牌位显然是受到汉文化影响。羌族村寨中普遍流行的立"泰山石敢当"的信仰习俗，也是由汉族移民带入羌族地区并得到广泛传播的。

在音乐歌舞习俗方面，羌族的舞狮子、耍龙灯、唱莲花闹、跳花灯、吹唢呐、部分汉语山歌等，皆源于汉族文化。部分民间传说故事，如"熊家婆""猫吃老鼠""黄鼠狼给鸡拜年""狐狸给鸡拜年""雷打忤逆子"等，在汉族地区也广为流传，显然也应为迁入当地的汉族移民带入。

在婚丧习俗方面，由媒人说媒、下聘、迎娶、回娘家等礼仪大体同于汉族，应为受汉族影响的结果。羌族丧葬传统上实行火葬，清代晚期开始陆续改行土葬，也是受汉族文化影响所致。

在语言方面，大部分羌族地区的居民能够正常与汉族人进行沟通交流。羌族人以前说羌语，属于汉藏语系藏缅语族羌语支，但无本民族文字，传承难度较大。羌语分布在阿坝州的茂县、汶川县、理县、松潘县、黑水县，此外还有极少部分在绵阳市的北川县西北部和甘孜州的丹巴县。目前羌族人通用汉字，除靠近汉族地区受汉文化影响较大或历史上改从汉俗而逐渐丧失羌语外，还有一个重要原因就是其居民原本就是以汉族移民为主或汉族移民较多。

现今人们所看到的羌族文化，实际上主要是汉羌融合的复合型文化，同时还有部分藏文化的影响。今日羌族文化中的大量汉文化因素，大多为汉族移民所传入，部分为历史上改从汉俗或通过与汉族移民交往而受汉文化影响。因此，汉族移民对羌族文化影响巨大。

由上可知，涪江流域上游的羌族之中融入了大量历史上内地汉族的移民，汉族人把汉族的生产生活技术和汉族文化带入了羌族地区，不仅影响了羌族文化，使羌族文化融入了汉族文化后成为一种复合型文化，同时还推动了羌族的进步和发展。汉族"湖广填四川"移民运动对羌族地区影响极大，以至于先民来自"湖广填四川"的传说至今在羌族地区广为流传。

1.4.2.2 藏族分布及地域文化

涪江流域绵阳境内的藏族村落也具有典型的地域文化特色。例如，绵阳市平武县白马藏族乡亚者造祖村，村落沿河谷分布，由于地处高寒冷低温带气候，昼夜温差大，因此为满足光照，建筑常常坐北朝南分布；多数房屋根据地势条件成团而建，减少受风范围，注重保暖。

白马藏族集中分布于四川省绵阳市平武县、阿坝藏族羌族自治州九寨沟县和甘肃省陇南市文县等地，居住区域面积约 1 万 km^2，有 2 万余人。涪江流域的白马藏族主要是指平武县境内的，有 9000 余人。许多专家学者认为白马藏族是氐族，意思说古代白马氐的后裔。

白马藏族有自己独特的语言，语音与羌语相近，但没有自己的民族文字。在白马巫师家中保存有少量藏文行书手抄的藏族本教卦书和经典，他们能诵读但多不解其意。现今白马藏族地区通用汉文。

白马藏族住房为"杉板房"，依山而建，屋顶呈"人"字形，上盖青瓦，房屋均为三层，下层圈养牛、羊、猪、鸡等禽畜，中层住人，上层堆放粮食和作祭祀场所。

白马藏族饮食习俗别具特色，食品种类多。主食为小麦、大米、玉米、土豆，过去还有燕麦、荞子。蔬菜有青菜、萝卜、莲花白、四季豆。喜欢吃羊肉、牛肉、猪肉、鸡肉，不吃狗肉、马肉、骡肉，也不吃生食。爱好喝酒，喜饮自己酿造的咂酒、青稞酒、蜂蜜酒，形成了人人喝酒、家家酿酒的传统习俗。习饮淡茶，不饮砖茶。香烟多为当地自产的兰花烟和叶子烟。

白马藏族服饰承载着民族文化，多穿自织麻布长衫和长裤，四季着装各异。白马藏族的明显标记是头上戴的"沙尕帽"，是一顶盘形、圆顶、荷叶边白毡帽，并在帽顶侧面插上一两支白色雄鸡尾羽（周学红，2012）。过去，男子头发剃去四周，头顶梳一小辫；妇女把头发梳成很多小辫子，再扎成一个大辫子。男子长衫名"春纳"，对中缝开襟，穿上后将两前襟操拢，再系腰带（麻布带和皮带）；衣衫多为白色和青绛色，边幅和衣领有花饰；夏季多穿麻布衫，冬季多穿毡子夹衫，外套羊皮褂。妇女长衫名"祥马"，上部与男衫相同，而领、肩、袖均加花布条饰；下部为裙，前面两幅直下略撒开，后面叠为"白褶裙"，边缘花饰绚丽；胸前佩戴鱼骨牌，腰系用羊毛编制而成的花腰带，并佩百十小铜钱，另系花边围腰；多穿长短不同的两件长裙，露出重重百褶花边，更显美观；冬季外套一件织有花纹的棉褂。男女小腿皆缚以毡子或麻布制成的裹腿。鞋子多是皮靴（用牛皮或羊皮制成）、火麻鞋（用火麻织成）、布鞋（或妇女自己做的绣花布鞋）、草鞋（用麻柳树皮织成）。未婚女子与已婚妇女在服装、发饰上差异不大，其装饰品如海贝、鱼骨、砗磲、海螺等，均系外来品，颇为珍贵。

白马藏族的宗教信仰主要表现为对自然、动物、祖先、鬼神、猎神、白莫的崇拜，具有多元的宗教文化（向远木，2017）。白马藏族把从事宗教职业者称为"白莫"（即巫师），也就是"劳白"（意为法师），老年有学问的"劳白"又称为"白莫"；白莫掌握着白马藏族的族群文化，凡日常生产生活、婚丧嫁娶、生老病死、天灾人祸等，都要请白莫诵经；白莫使用的法器主要有"曹盖"（面具）、锣鼓、大铃、"角都"（木号）等。白马藏族对祖先极为崇敬，对祖先的供奉极为虔诚；每家火塘正上方有个神柜，点香装粮，以祈求五谷丰登、人畜兴旺；凡红白喜事、逢年过节，都要祭祖扫墓，以祈求祖灵保佑安康。白马藏族崇拜鸡、狗、羊、牛、马、乌鸦、熊、蛇等动物；白马藏族以动物名称分部落，如黑熊部落、猴子部落、蛇部落、白马部落、白熊部落、黄羊部落等，这是一种奇特的文化现象；刻在门窗上的动物造型既是一种装饰，又与动物崇拜相关联；民间舞蹈中有模仿动物形象的动作、火塘正上方挂有各种动物图案剪纸，都是白马藏族动物崇拜的表现形式。白马藏族的自然崇拜就是信仰自然物，认为山、水、树是至高无上的，会带来好运气，能保佑族人平安吉祥，必须加以祭祀，以求赐福。白马藏族最重要的宗教活动是跳"曹盖"，这是一种民族舞和传统祭祀活动，有祈福消灾的意思，跳"曹盖"已成为非物质文化遗产并受到保护。

白马藏族的婚姻很注重男女双方感情的融合，婚后一般不离婚，奉行一夫一妻制。白马藏族同姓不婚，实行严格的族内婚。由于择偶范围有限，无法严格按辈分择偶，因此就有了特殊的白马藏族婚姻习俗"认配不认辈"。白马藏族对结婚非常重视，都要经历订婚（定亲）、迎亲、婚宴等流程。近年来，随着社会文明的进步，白马藏族的婚俗有所变迁，婚姻观念也有较大改变。

白马藏族的丧葬非常注重礼节，提倡孝道。丧期长短不一，穿素衣，请"白莫"念经驱邪，有土葬、火葬、水葬三种丧葬形式。

白马藏族能歌善舞，声调、舞姿均有突出的民族特色。唱歌是白马藏族生活中不可缺少的一部分，歌曲从内容和形式上可分为节日歌、生活歌（送陪奁歌、哭嫁歌、烟袋歌、防火歌、赞姑娘）、劳动歌（耕地歌、开春歌、打麦歌、丰收歌、放羊歌、打墙歌、织麻布歌、狩猎歌）、情歌、酒歌（除夕酒歌）、祭歌、丧歌、舞蹈歌、流行歌、儿歌等，唱法有独唱、合唱、领唱、伴唱、对唱等形式。舞蹈带有古老原始的意蕴，可分为自娱性舞蹈和祭祀性舞蹈两大类，代表性的传统舞蹈主要有"珠寨莎"（圆圆舞，自娱性的集体歌舞）、"咒乌"（曹盖舞，戴着面具跳祭祀神鬼、驱灾祈福的舞蹈）、"阿里港珠"（猫猫舞，模仿动物动作的舞蹈）、仵舞（吉祥面具舞，十二相舞）、大刀舞（手舞大刀，由锣鼓、皮鼓伴奏，节奏明快，舞姿奔放）等。

白马藏族的传统节日多与生产生活、宗教祭祀有关，春夏秋冬，一个接着一个。春节是一次隆重的盛会，从大年三十至正月十五，每天都有不同的活动，如祭祀白马众神、敬火神、抢"新水"、祭架杆、念经、跳"曹盖"等，集祭祀、文化娱乐和品尝风味特色美食于一体。二月初一，杀羊祭山神，破土春耕。三月十五，集体祭祖，祈求"子孙平安"。四月二十四，敬神山，祈求"风调雨顺、粮丰畜旺、人吉家安"。五月初五，采花节，祭祀花神，庆祝端午。五月十五，杀牛敬奉神灵，祈求"五谷丰登、六畜兴旺"。七月十五，集体祭祀白马土祖，杀猪宰羊剖鸡，宴饮欢乐。十月十五，杀牛宰羊祭神，喜庆丰收。有的白马藏族节日习俗受到了外族文化的影响，但仍具有浓郁的原始特点和民族特色。

第2章　涪江流域传统村落体系

中国遗产体系包括物质文化遗产体系、非物质文化遗产体系、传统村落体系。作为三大遗产体系之一的传统村落体系，是中国独有的，世界上除了中国以外没有任何国家对传统村落进行认定。传统村落作为活态的文化遗产，需要对其进行系统、整体的研究，挖掘传统村落的价值和特色，有助于传统村落的保护和发展。研究传统村落体系就是要了解传统村落的分布、种类、价值等，对其"文化家底"进行调查分析，并且为传统村落建立档案数据库，在保护的前提下发展，从而提高人们的生活水平。

涪江流域传统村落体系研究主要包括传统村落概况、传统村落分布选址与类型、传统村落的建筑分类及空间分布、传统村落体系的层级与网络四个方面。通过传统村落体系的研究，可以系统了解传统村落整体的空间分布以及建筑类型，分析传统村落存在的问题并且提出相应的解决措施，促进传统村落人居环境的改善。

2.1　涪江流域传统村落概况

分析涪江流域传统村落的发展现状、变迁情况，了解传统村落不同发展时期的状况和发展历程，梳理传统村落发展过程中存在的问题和原因，有助于更好地深入挖掘传统村落的文化内涵和精神价值。

2.1.1　村落发展现状

涪江流域传统村落按照地域和类型可以分为上游和中下游，上游多为羌族传统村落和藏族传统村落，中下游为汉族传统村落。上游传统村落因为处于少数民族地区，相对较封闭，保存较好；而中下游处于汉族地区，由于历史变迁等各种因素，毁坏比较严重，保留程度相对较低。

2.1.1.1　涪江上游传统村落现状

涪江上游传统村落基本位于山区，交通封闭。传统村落受历史和现实的影响，经济发展缓慢，生活条件差，基础服务设施如教育、医疗等较为落后，少数民族优秀文化尚不突出。自传统村落名录公布以来，各级政府部门和居民逐渐开始重视少数民族地区传统文化的保护和传承，传统村落的保护逐步形成了一个系统，并取得了一定的成果。例如，绵阳市平武县响岩镇双凤村（图 2-1），正是因为交通封闭，才完整保存了古朴的村落本色；村落环境清幽，竹木葱茏，空气清新，游客盛赞绿树养眼、清风润肺、山势壮胆、水色清心，流连忘返；其中文家槽是尚未开发的处女地，其绿草如茵，是背包客的最爱，他们在此搭帐篷，夜间数星星，童年记忆和思乡之情被唤醒。

图 2-1　双凤村生态环境

来源：自绘

2.1.1.2　涪江中下游传统村落现状

涪江中下游的传统村落建筑毁坏严重，这主要由四方面原因造成。

1）拆除后新建

受城乡人民生活水平提高的影响，居民认为传统建筑无法满足现代生活的需要。此外，旧建筑的翻新比新建筑更麻烦、更昂贵。根据国家有关法律法规，农村实行"一户一宅"政策。旧的宅基地没有被拆除，新的宅基地土地就不会被批准，所以居民只能拆除和重建。越接近城市，传统建筑的拆迁和重建就越严重，传统住宅的数量就越少；越接近交通方便的地方，就越有可能被拆除和重建。

2）人为改造

人为改造分为两个方面：一个是前地主大院或大家族的院落，新中国成立后成为公共财产，房间已被分解并分配给许多家庭，由于缺乏相应的管理措施，这些房屋长期以来已经成为"私有财产"，为了达到新的居住要求，居民根据各自的需求和生活条件进行改造。另一个是房屋出售或者转卖给了新的户主，新户主获得了房屋所有权，为了满足新的生活需求，对房屋进行翻新或者推倒重建。

3）年久失修

传统建筑年久失修现象在缺乏劳动力和相对偏远的传统村落中更为常见。由于有劳动能力的中青年常年外出工作，家庭一般是老人和小孩，基本上形成了整个村庄缺乏劳动力的现象。老人和孩子没有能力对老房子进行日常的维护和保养，基本上不能采取相应的措施来解决建筑构件风化、蛀虫、屋顶渗漏、梁倾斜的问题，甚至一些老房子长期空置，变为危房。

4）安全意识缺乏

由于居民缺乏安全意识，在日常生活中，乱接电线、电器使用不规范、消防安全等问题普遍存在。另外，传统的民居是木结构建筑，容易发生火灾。

2.1.1.3　涪江流域传统村落优势条件和存在问题

通过实地调研发现，涪江流域传统村落历史文化底蕴深厚，村落遗存了大量的传统建筑和人文风俗，不同民族村落有着独特的民族文化和地域特色，展现了村落历史格局与风貌，是我国珍贵的文化艺术瑰宝，需要进行保护修缮。传统村落也是一类特殊的旅游资源，具有很大的旅游开发价值。但是，目前涪江流域传统村落普遍存在以下问题。

1）传统村落保护不足

涪江流域传统村落大部分存在保护不足的问题。很多传统建筑年久失修已经垮塌，只能通过村里老人的讲述才能获知。有些村落为了发展拆除了很多传统建筑，修建新的民居和设施，破坏了传统村落的历史风貌。居民没有良好的保护意识，政府也没有采取一定的保护措施，导致涪江流域传统村落的很多传统建筑已经消失。

2）传统村落保护与发展的矛盾突出

传统村落保护与发展的矛盾十分突出，这体现在三个方面：一是现状与传统的矛盾。主要表现在传统村落居民对现代生活方式的需求与落后的传统生活环境现状的矛盾。二是政策环境与生存环境的矛盾。传统村落的保护目前还是一种自上而下的行为，主要是政府主导，政府对传统村落的保护会考虑多方面的因素，但是居民的需求是改善他们所居住的人居环境，两者的观点不能很好地协调统一。三是城镇化、过度商业化与传统保护的矛盾。保护与发展从古至今都是很难相容的，关键是要找到两者的平衡点。从经济的角度来看，传统村落保护，除了中央资金、地方资金外并无外来资金，仅仅用于保护还是不够，通常要通过发展村落特色产业来增加村落经济收入，提升居民收入水平。虽然保护与发展总体来说是矛盾的，但找到两者的平衡点后，发展可以成为保护的动力，而保护的目的也可以是发展。

3）基础设施与公共服务设施建设滞后

涪江流域传统村落普遍存在基础设施与公共服务设施不完善、居民居住环境差、生活水平较低的现象。村落自然人居环境良好，但是设施不完善造成居民生活不便利、村落整体没有达到宜居的水平，有待改善。

4）区域存在地质灾害隐患

在涪江流域，部分区域传统村落依山而建，地势较高，且山地是自然灾害多发地，经常出现滑坡、泥石流等。山地村落大部分靠近山边，雨季容易发生地质灾害，非常不安全，因此政府要加强传统村落的自然灾害安全隐患排查，如有危险，提早疏散居民，确保传统村落居民的安全得到保障。

5）保护规划滞后，忽视整体保护

保护规划是一类专项规划，具有很强的专业性（田家兴，2013）。编制传统村落的保护规划要充分了解村落的发展历史，挖掘村落的特色历史文化价值，分析村落发展中存在的问题，制定切实可行的保护措施，从而规范和引导传统村落未来的建设和发展。政府应及时对传统村落编制相应的保护专项规划，让传统村落的文化价值得以保护与发扬。

6）保护宣传力度不够，居民保护意识不强

涪江流域传统村落的居民普遍存在保护意识不强的情况，主要是因为居民文化知识不足，没有形成保护意识，不知道村落文化价值的重要性，所以任由村落的传统建筑废弃并毁坏，这也与政府对传统村落保护的宣传力度不够、宣传和引导工作没有做到位有关。但传统村落的保护不应该仅仅是政府的工作，而应该是自下而上的一种行为，需要各界人士参与，形成一种保护意识，才能真正达到保护的目的。

2.1.2　村落变迁情况

传统村落的形成与当地历史脉络息息相关。历史上，秦汉以及隋到南宋是涪江流域发展的两个高峰时期（中共绵阳市委宣传部等，2015）。通过对涪江流域传统村落各项调查研究发现，明清是本流域村落发展历史过程中一个具有节点意义的时期，某些地名也暗示了明清时期的重大历史事件的存在。由于涪江流域传统村落以涪江中上游特色相对突出，因此，这里主要探讨涪江流域中上游（绵阳段）的传统村落在不同历史时期的发展状况。

2.1.2.1　秦汉时期的村落状况

秦汉时期，位于绵阳市东南部的平坝和丘陵地区，农业、商业、手工业都相对较为发达，与川西平原同属于当时全国经济发达地区。其中，在梓潼县建设的广汉工官（一般解释为官营手工业作坊并向民间手工业收税的机构）是全国性的九大工官之一，主要生产漆器、金、银、铜等，官私商旅来往频繁。

2.1.2.2　隋到南宋的村落状况

从隋朝到南宋的这段时间里，绵阳处于和平环境，农业得到了发展，农业技术不断完善，耕地面积也不断扩大，成为川中地区的粮仓之一。其著名的特产茶叶、香附子等经济作物，锦、绢、瓷器、井盐等手工业产品远销海内外。唐宋时期，绵州文化教育十分发达，培养出许多进士，孕育了像李白、欧阳修这样的文学奇才。社会经济的发展以及教育文化的进步带来了人口数量的增加。据《宋书》记载："绵州……，崇宁（宋徽宗第二个年号）户一十二万二千九百一十五，口二十三万四百九"。可见，当时的经济以及人口已经处于快速增长时期。

历史上，绵阳在宋末元初遭到了祸乱，损失惨重。蒙古军三次入侵成都，造成了"蜀人受祸惨甚，死伤殆尽，千百不存一二"的惨况。南宋时期，四川人口有近 1000 万人，到了 1282 年缩减到 60 万人左右。这给绵阳的发展带来了不可挽回的重击。

2.1.2.3　明清时期的村落状况

涪江流域大部分村落主要在明朝时期形成，以绵阳市传统村落为代表的就有 12 个之多，元代以前有 14 个，而清代以后有 8 个。文献资料显示，在传统村落里汉族人口多来源于明清时期的"湖广填四川"，此地的移民大多是家族式搬迁、定居以及繁衍生息。而在某一个传统村落中几乎是以一姓或者几姓为主，同姓的居住地相对集中，基本形成固定村落。

明朝前期统治者实行休养生息政策，社会较安定。此时，湖广地区移民大量入川，至太祖洪武十四年（1381 年），四川人口逐渐增加到了 146 万，到明中期达到约 400 万人，四川经济得到了一定程度的恢复和发展。

在明朝后期及清时期的战乱纷争中，四川是重灾区。平武、北川地理位置特殊，处于军事要地，成为重灾区中的重灾区。平武、北川自古以来就是藏族和羌族的聚居区，其人口主要聚居于西北的松潘县、茂县等地。明代的曲山关（今曲山镇北），是少数民族聚居区，东面是关外地区，为汉族的聚居区。据《明史》记载，明成化十四年六月，四川巡抚张瓒"攻白草坝、西坡、禅定数大寨，斩获亡算。徇茂州、叠溪，所过降附。抵曲山三寨，攻破之，再讨平白草坝余寇。先后破灭五十二寨，贼魁撒哈等皆歼。余一百五寨悉献马纳款，诸番尽平。留兵戍要害，增置墩堡，乃班师"。由此可以判断，北川县在一定时期内少数民族人口众多，另据历史记载，当时的少数民族村寨至少有 157 个。

然而，明清两代统治者对少数民族进行了军事镇压，将少数民族驱赶到了偏远的西北一带。在邻近汉区的山谷平坝地区，汉族逐渐迁入并定居于此。当时统治者实行的强化汉制、改土归流以及少数民族与汉族的长期和谐共存等政策，使得各民族文化交流更加密切、更加和谐、相互借鉴。一些藏、羌的传统民族特性由于在交通极度不发达的遥远高山之中才得以保留。

2.2　涪江流域传统村落分布选址与类型

传统村落的营建受到自然地理环境、经济能力、技术条件的影响。自然地理环境为传统村落的形成与保护提供了重要支撑，决定了传统村落的空间形态，主导着传统村落的整体空间分布格局（陈君子等，2018）；而经济能力和技术条件为传统村落的发展和演化提供了强劲的动力。同时，传统村落承载了厚重中华文明，其不断生成与发展变迁的过程也是中华文明不断厚积与传承的过程。

涪江流域传统村落的分布具有其独特的形式，大多是沿江河溪流、地形线、交通线分布，不同的形式有不同的特征。传统村落选址受各种因素影响也有其特有的选址原则，这些村落选址原则是经过历史的发展而逐渐形成的。传统村落在一定的选址基础上形成了不同的村落类型，主要有聚居型村落和散点状村落两大类，各自呈现出不同的空间形态。

2.2.1　村落分布特征

城镇作为规模较大的聚居集中点，其发展是一个漫长的历史过程，是逐渐积淀形成的。而传统村落是一定社会政治、经济、历史文化条件下的产物，也同其特有的自然地理环境和历史人文环境密切相关，是一定时期内地域建筑文化水平发展的代表。

四川现有县级行政区 180 多个，宋代就已有 186 个县，与今天的县级行政区数量相差不多。而明代以来的县城城址未曾变迁的就有 110 个县。现今城镇中相当部分县城都是自秦汉隋唐以来在旧址基础上发展起来的。传统村落的发展是建立在城镇发展基础上的，经过十分曲折的兴衰起落，随着人口的变迁和移民活动，其分布格局和位置基本延续至今。可以看出，传统村落的分布和选址经过了历史的考验，保持着独有的韵味，其中自是有其内在的科学性和合理性。从历史演变分析，涪江流域传统村落分布的主要规律和特点有以下几方面。

2.2.1.1 村落多沿江河溪流分布

涪江流域传统村落规模较大，多沿江河溪流分布。古代交通不便，旱路尤为困难，而水路凸显优势，且河流流经之处，水利灌溉利于农业的发展，适合居住。涪江流域内绝大多数村落都靠近涪江干流和支流等水系沿岸，越是靠近涪江干流的传统村落的规模越大。涪江流域内大小河流众多，河流两岸间隔分布着河流冲积层形成的一阶台地小平原和河滩，同时根据河流的流量和走向形成不同景观特色和文化风采的传统村落，如绵阳市平武县虎牙藏族乡上游村、北川羌族自治县桃龙藏族乡大鹏村等都分布在河流附近，主要是为了居民生产生活取水方便。

2.2.1.2 村落沿主要的交通线分布较多

涪江流域传统村落多沿主要的交通线分布，特别是古蜀道、茶马古道、古栈道等古商道。历史上四川境内，东北方向有连接中原地带的古蜀道阴平道、金牛道、米仓道、荔枝道，西北、西南方向有连接西藏、云南的川藏、川滇茶马古道，除以上主线外，还有若干支线及水路，构成了一个庞大的古代交通网络（胡灵锐和符娟林，2018）。基于涪江流域的自然地理特征，历代开辟交通路线的最佳选择是根据地形、河流、山川走向来确定的，其既可以确保与外界的沟通，又可以与川内进行联系。历史条件下的移民都需要依靠这些交通路线进行辗转迁徙，而涪江流域的交通路线在历史上也很少进行改动或者变迁，因此人们的聚居点随着朝代的消亡和更替，以及交通网络的发展为依托逐渐形成和发展，直至演化为村落。

2.2.1.3 独特"坝子"地形为村落的形成提供了有利的地理环境条件

河流冲刷造成独特的"坝子"地形，夹杂于多方山丘陵间，该处土壤肥沃，农田丰饶，为涪江流域村落的形成提供了有利的地理环境条件。由于涪江流域地形地貌的明显分异，产生了人口密度及经济发展水平的差异，从而导致传统村落在数量及分布上的不均衡，许多传统村落集中分布在平坝和河谷内。

涪江流域传统村落的分布呈"大分散，小聚居"的聚居方式。村落里的住房大多是独幢房屋或者三合院，不少是单门独户，散布四野，与周围竹林树木、农田、院坝组成一个单元居住整体，具有自成一体的散居特征；也有三、五户或者七户加上院坝形成一个较大的有几个院落邻近相依的松散组团；还有沿着街道布置的聚居方式。这种散居式和沿街布置的方式是涪江流域传统村落布置的主要形式，其原因是这种散居方式比较适合涪江流域不同的民俗习惯，能适应涪江流域地形、土地耕作分散的情况。

2.2.2 村落选址原则

村落是一种物质空间载体，其形态发展是人们对空间进行利用和改造的结果（薛林平，

2011）。村落形态具有村落物质空间形式与结构的逻辑关系，分为外部形态和内部形态，分别由自然地理要素和人文要素所决定。涪江流域传统村落形态既受其周围的高山、河流、农田、林地等环境要素影响，又由传统风水观念、风俗习惯、社会状况决定。由于各时期社会环境不同，加之微观的地理环境以及当地少数民族的文化差异等的影响，村落呈现出丰富的个性特色。

2.2.2.1 生态原则

传统村落的选址，追求的是一种理想的生存与发展环境，古人对环境质量评价的高低，是以长期的实践观察和经验积累为基础做出的逻辑判断。所谓"内气萌生，外气成形"，就是对环境质量内外因果关系的经验性总结。居住的质量与环境有关，居住质量高则环境好，自然景观丰富，生态和谐。"人-村落-环境"之间构成一个有机整体，空间上形成一个相对独立的地理单元（刘沛林，1995）。

中国大部分地区处于北半球，季风气候占主导地位，因此村落和房屋多数呈坐北朝南、依山面水之势，这种选址的生态学内在含义在于：背后靠着青山，可以抵挡冬季北方过来的寒风；面朝流动的河水或溪流，既能享受夏季南方的凉风，又有利于灌溉、养殖；朝阳之势，便于获得良好日照条件；缓坡的阶地，既可避免洪涝自然灾害，又能使传统村落中的居民视野开阔；周围的植被，既可涵养水源、保持水土，又能调节小气候，具有良好的生态环境（图 2-2）。村落环境是由各种要素整合在一起而产生作用的，应为居民营造美好的生态宜居的居住环境（唐淼等，2015）。

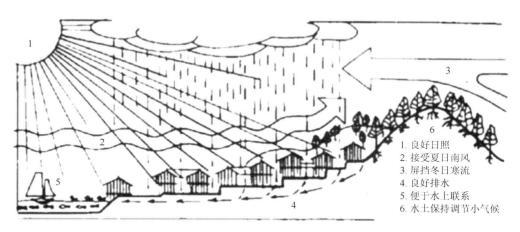

1 良好日照
2 接受夏日南风
3 屏挡冬日寒流
4 良好排水
5 便于水上联系
6 水土保持调节小气候

图 2-2 村落生态环境图

来源：《四川民居》

涪江流域的传统村落，多处于丘陵山地，山上有茂密的原始森林，充足的雨量使山谷之间形成肥沃的冲积平原。对背山面水的涪江流域的村落环境来说，其本身就具有一定的生态学内在含义。它的生态不仅是横向的结构，还是纵向的历史发展，传统村落较好地传承了历史传统，多数传统村落的生态关系是在历史上形成并发展、传承下来的，是居民在生活中形成的智慧。

2.2.2.2　人文环境原则

不同民族有不同的习俗，但有时相邻的寨子或者村落也会有共同的习俗。在科学不甚发达的古代，遇到灾祸和疑难问题，人们只能求助"神灵"，如果某个村落有较为灵验的庙观，这个村落就会与其他村落紧密联系在一起。例如，绵阳市平武县豆叩镇的紫荆村、银岭村，都属于羌族聚集地的传统村落，因为其具有相同的文化习俗，因此分布在一起。有些村落选址是因为该地具有独特的人文背景。例如，德阳市罗江区白马关镇白马村，村落选址于元宝山，其原因主要有两个：一是该处交通便利，地处成都到陕西的古驿道；二是庞统骑白马在落凤坡中伏而亡，人们为了纪念他，在此处建房，随后发展成为如今的村落格局。

2.2.2.3　交通便利原则

村落选址应考虑村落与周围村落、主要集镇、县城的联系，对交通的考虑将会直接影响村落未来的发展。如果村落只有一条路通往其他村落，那么这样的村落会比较闭塞，进出困难；如果村落与集市和县城的联系方便，村落里的商品经济就会发展，信息流通迅速，村落日后就会得到发展；如果村落处于交通要道，村落就会成为这个区域内主要的商品集散地，就会不断发展成为大的市镇。例如，绵阳市涪城区丰谷镇二社区，此传统村落本身属于社区中心，交通便利，路线发达，因此这里经济发展快，人民生活丰富多彩。此外，该社区还紧临涪江，有著名的码头——丰谷码头（涪江流域绵阳境内唯一码头，现已停止使用），足以证明此地段在以往时期的发达程度。

2.2.2.4　风水文化原则

传统的农耕社会以小农经济为主，由于生产力水平低下，人们认识自然、改造自然的能力有限，自然条件的优劣对农业生产起着决定性作用，合理地利用自然优势，趋利避害，是人们选择居住地的首要标准。在长期立村选址、营宅造院的实践中，我国逐渐形成了系统的思想，并且不断地发展与充实（朱雪梅等，2010）。

风水在中国文化史上源远流长，一直受到王公贵族和平民百姓的喜爱。风水既是一种传统的文化观念，又是一种流行在民间的风俗习惯。在中国风水观念中，选择宅、村、城镇的基址时要遵循"负阴抱阳，背山面水"的基本原则和基本格局。所谓阳即为温度高、日照多、地势高；阴为温度低、日照少、地势低。因此有山为阳，有水为阴，山南为阳，山北为阴，水北为阳，水南为阴。"负阴抱阳，背山面水"也被奉为地形选择的根据之一（图 2-3）。

风水文化是中国传统文化的重要组成部分，也是建筑学的一个特殊组成部分，正是因为它的点缀，中国建筑选址布局和西方建筑选址布局大异其趣，而更富有东方色彩。建筑风水文化，历史悠久，是总结数千年来构建"天人合一"居室环境的丰富经验而形成的文化思想体系。自古以来，营造"阴阳和谐，藏风聚气"的居室环境就是人类追求的共同理想（汪溟，2005）。

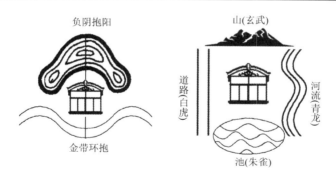

图 2-3　最佳住宅风水选址

来源:《四川民居》

中国传统村落的选址与布局大多受到古代风水理念的影响,更加注重与自然山水风光的融合（刘沛林,1998）。特别是古村的选址十分注重风水,强调枕山、环水、面屏,并且有广阔的耕作腹地。理想的村落环境首先应满足居民的生活和生产需求,能避免自然灾害的影响,还能防御外敌;其次,不仅要满足当代居住条件,还要考虑后代的扩延用地,以利于家族发展和子孙繁衍（图 2-4）。

图 2-4　最佳村址选择

来源:《四川民居》

涪江流域传统村落遵循"贴近自然,融于山水"的原则,以"山为骨架,水为血脉"。绝大多数村落的选址都是依山傍水、邻近水源分布,具有"亲水"的典型特征。涪江流域是以涪江干流为中心,其干流与 10 条主要支流所围成的区域。涪江流域整体性强,具有关联性、网络性、层次性、区段性、差异性等特征。下面以绵阳市平武县白马藏族乡亚者造祖村、北川羌族自治县片口乡保尔村、江油市重华镇公安社区为例,进行传统村落选址风水分析。

白马人以分寨聚居为主要聚居形式，亚者造祖村寨子的特点是沿着火溪河两侧分散布置房屋建筑（表 2-1）。由于白马人崇敬山神，亚者造祖村处于连绵交错的山峰之中，树林阴翳、山脉连绵不断，属于风水宝地，同时可以避免冬季主导风向侵扰。此外，水也是村落选址的重要因素。以前，白马人多居住在山势陡峭、狭长沟深、林木密麻的山上，"背水"上山成为一道亮丽的风景线，白马人需要来回折腾，以解决生产生活的用水问题。后来，人们纷纷搬下了山，找到了可以修房建屋、前有溪水湍流、后有大山庇护的"宝地"，从此不愿离开。亚者造祖村整个原始村落所处的水环境对村落的影响更为显著，几乎所有的原始聚落都处于河边台地，这与风水学中原始聚落所处的吉祥地点都与水有密切关系的观点相契合（毛芸，2016）。

表 2-1　亚者造祖村村落选址风水分析

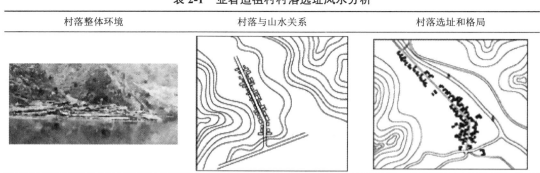

| 村落整体环境 | 村落与山水关系 | 村落选址和格局 |

保尔村位于北川羌族自治县片口乡，背靠尖尖山，脚邻白草河，四周群山环绕，周边9条山梁伸向中间建村的大坪坝，白草河从村外川流而过，坝中突起一座小山称为转经楼，9条山梁都延伸汇聚到转经楼，象征着9条"龙"都向转经楼集中，整个格局呈"九龙朝圣"之势。保尔村一面临水，修建时先民们根据地形把片口街修成船形，从下场口到上场口地势逢高就高，修筑石梯，拾级而上，平地处铺以石板。村中有一条水沟从上场口引水一直流入下场口，既用于洗菜、洗衣及防火之用，又有"水能载舟"之意（表 2-2）。

表 2-2　保尔村村落选址风水分析

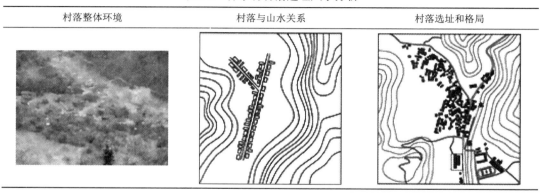

| 村落整体环境 | 村落与山水关系 | 村落选址和格局 |

　　江油市重华镇公安社区更是直接将风水原则体现在了社区的整体形态上。公安社区整体呈太极阴阳图形，一条发源于老君山的灵溪河蔓延数十里后，自北向南，呈"月牙"状穿境而过，民房在河两岸倚势而建，以"月牙"内侧居多。俯瞰社区，古街道与民房的整体建筑布局，大致勾勒出犹如道家"太极"之状。1.2km 的灵溪河上有大小桥梁 6 座，极大地方便了集镇居民的通行往来。2008 年"5•12"地震灾后重建时，解放街头、迎宾街完善了污水与雨水的分流管网的埋设。公安社区共有大小街道 6 条，纵横交错的街道始终围绕太极原貌发展。自然弯曲的河道将集镇一分为二形似太极，旧时集镇建设便参照其形修建，故而得名八景之一。"太极落在镇中央"既体现了尊崇道家的自然和谐、阴阳平衡之道，又佐证了老君山顶的老君寺曾是太上老君修炼之所的传说（表 2-3）。

表 2-3　公安社区村落选址风水分析

村落整体环境	村落与山水关系	村落选址和格局

2.2.2.5　社会历史发展原则

　　不同历史时期的社会发展也会对聚落和空间格局的形成产生影响。元末明初和明末清初，四川经过战乱，人口急剧减少。因此，中央到地方各级官府采取了一系列措施吸引外地移民，其中以湖广行省人口最多。在"湖广填四川"特殊的历史背景下，涪江流域也形成了一批因外来移民迁居而形成的聚落。这里以德阳市罗江区御营镇响石村和绵阳市三台县西平镇柑子园村为例进行具体说明。

　　响石村范家大院（图 2-5）是德阳市境内至今保存最完整、规模最大的清代民居和客家院落的典型代表。范家大院建于清朝雍正年间，占地约 3500m²，距今 300 多年的历史，

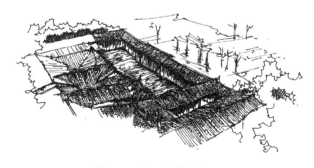

图 2-5　响石村范家大院

来源：自绘

石木结构，功能齐全。范家大院坐西朝东，整个建筑以中龙门为轴线，呈南北对称，建筑一字排开，共由 5 个四合院组成。主要建筑有耳龙门、中龙门、正房、厢房、中堂屋、享堂等。园内还建有水井、花园、库房、圈舍、厕所、蓄水池、排水系统等附属设施。值得一提的是，从正堂屋通往厢房的过道里有川西民居少见的壁橱，全部建在过道墙壁上，一户一组，每组三个，均为木质结构。据说这是当年范家所用的书橱，书橱建在过道上以方便人们路过时随手翻出进行阅读，这也是范家深厚文化底蕴的显著体现。

西平镇柑子园村也因"湖广填四川"留下了许多历史印记。村中西平会馆是西平移民与客家人共同修建。西平老城中有广东、福建、湖广、江西四大会馆。这四大会馆大多数为清朝道光年间修建，广东会馆戏楼上有"道光七年修建"字样。四大会馆中最大的会馆是湖广会馆，其占地规模较大，还包括钟楼和鼓楼，但保存下来的只有场地遗迹。第二大会馆是福建会馆，有万名碑留存其中，还有厢房、二道牌匾、香炉等建筑与文物保留下来。广东会馆是其中保留最为完整的会馆，神庙、戏楼、门面等都得到了很好的保存（图 2-6）。江西会馆目前只保存下了门楼。

图 2-6　柑子园村广东会馆戏楼

来源：自绘

2.2.3　村落形态类型

涪江流域传统村落在形成过程中受到各种因素的影响，其中地形地貌环境条件起着极其重要的作用。因地制宜，随势赋形，融于环境，地形千变万化，但是村落无一雷同，其就地而生，各异奇趣，展示出地域个性，具有浓烈的乡土气息和异域风情特色。涪江流域传统村落的街巷是依据村落的基地大小和形状而建的，常为一字形、丁字形、十字形、人字形等几种基本形式。村落形态变化明显，类型多样。传统村落类型可以按照地形地貌、村落形态和村落规模等进行分类。归纳起来，涪江流域传统村落大致可分为聚居型和散点状两种类型。

2.2.3.1　聚居型村落

聚居型村落在涪江流域传统村落结构形态中占比较高。明清时期，涪江流域聚居型村落规模一般较大。聚居型村落按其布局形态的不同可分为团块状、带状、自由错落状、结合状等（凌璇，2015）。涪江流域传统村落呈聚居型布局的有 64 个（表 2-4）。

表 2-4 聚居型村落分布

乡（镇）村	分布类型
小河乡丰河村	带状
白马藏族乡亚者造祖村	带状
木座藏族乡民族村	团块状
黄羊关藏族乡曙光村	自由错落状
龙安镇两河堡村	团块状
豆叩镇银岭村	自由错落状
豆叩镇紫荆村	带状
大印镇金印村	团块状
响岩镇中峰村	团块状
片口乡保尔村	团块状
马槽乡黑水村	自由错落状
曲山镇石椅村	自由错落状
二郎庙镇青林口村	带状
含增镇长春村	带状
重华镇公安社区	团块状
桑枣镇红牌村	团块状
睢水镇红石村	带状
塔水镇双林村	带状
宝林镇大沙村	团块状
永河镇安罗村	带状
仙峰乡甘滋村	自由错落状
双板乡南垭村	带状
演武乡柏林湾村	自由错落状
定远乡同心村	自由错落状
交泰乡高垭村	带状
凤凰乡木龙村	带状
太平镇南山村	团块状
朝真乡石龙村	带状
柏林镇洛水村	带状
徐家镇和阳村	自由错落状
魏城镇绣山村	自由错落状
魏城镇先锋村	带状
魏城镇铁炉村	带状
东宣乡鱼泉村	带状
石板镇白马村	自由错落状
观太乡卢家坪村	带状

续表

乡（镇）村	分布类型
丰谷镇二社区	带状
石牛庙乡风华村	自由错落状
安家镇鹅溪村	带状
柏梓镇龙顾村	自由错落状
林山乡青峰村	团块状
巨龙镇凤林村	自由错落状
五龙乡龙潭村	团块状
洗泽乡凤凰村	带状
塔山镇南池村	自由错落状
西平镇柑子园村	带状
新盛镇罗汉村	团块状
御营镇响石村	带状
永太镇新店村	带状
富兴镇汉卿村	带状
通济镇人和村	团块状
回龙镇双寨村	带状
仓山镇三江村	自由错落状
香山镇杨家坝村	带状
洋溪镇瀟壁村	团块状
洋溪镇楞山社区	团块状
卓筒井镇关昌村	带状
白马镇毗庐寺村	带状
玉丰镇高石村	带状
花岩镇花岩社区	带状
双江镇金龙村	团块状
雍溪镇红星社区	团块状
玉龙镇玉峰村	团块状
板桥镇大沟村	自由错落状

注：涪江流域聚居型传统村落共计 64 个，其中带状传统村落 30 个、团块状传统村落 18 个、自由错落状传统村落 16 个。

1）团块状村落

团块状村落形成初期是较为零散的住宅，沿着河流或道路逐渐发展成为一个线性的村庄，村庄发展到一定时期形成道路骨架，道路骨架开始不断延伸，进一步发展成为纵横交错的道路网络系统，村庄就顺着网络发展起来，体现出典型、规则的块状村落结构形态，一般呈现出不规则多边形。例如，绵阳市平武县木座藏族乡民族村（图 2-7），老寨子三面环山，居于半山腰上，面朝岷山山脉，前被火溪河环抱，形成一太师椅的形状。

图 2-7　民族村老寨子

来源：自绘

2）带状村落

　　带状村落形成的主要原因是受到地形、地貌等自然条件的影响，地形地貌使村落呈带状形态。这些村落一般是沿溪而筑，狭长伸展形成带状聚落，村庄轴向生长，形成带状平面，民居建筑随着河道和道路蜿蜒分布。例如，绵阳市梓潼县双板乡南垭村（图 2-8），依山势而建，背靠大堰寨山和通屋垭，村落内黄家河和任家河蜿蜒而过；村落有五个居民聚居点，任姓为村中大姓，所以任家大院、任家大厅聚居点的居民人数要多过其他几个居民点；村落的主干道垂直于山地等高线，高程变化大，建筑也随巷道的高程变化而呈现跌落的形态。

图 2-8　南垭村

来源：自绘

3）自由错落状村落

　　涪江流域范围内有山地、丘陵、平坝。一般地势较陡的区域，对村落选址的影响较大，村落多呈自由分布，相互错开。自由错落状村落可以分为两种类型：一种是村落沿等高线自由分布，相互之间高差不大；另一种是沿着等高线垂直的方向自由分布，其高程变化较大，呈明显的高低错落状。例如，绵阳市梓潼县仙峰乡甘滋村（图 2-9），甘滋村的建筑整体顺应缓坡地形，采用分段跌落的台阶形地基设计方法，分别建于三层台基之上，空间分布为 7 个小聚落，高低错落，富有立体感；通往各聚落的道路呈"井"字形，远看各个聚落就像挂在山坡上一般，十分具有特色。

图 2-9　甘滋村

来源：自绘

2.2.3.2　散点状村落

散点状村落是指呈点状分散分布的村落，可以分为孤屋和小村，孤屋仅有 1～2 户人家，小村是数户、10 多户人家居住的村落。孤屋往往是最原始的聚落，然后慢慢演变为小村。散点状村落很多是由聚居型村落的外迁而形成的，一般位于聚居型村落外部不远处，呈散点分布，村落面积较小（凌璇，2015）。涪江流域传统村落建筑呈散点状分布的有 22 个（表 2-5）。例如，绵阳市平武县虎牙藏族乡上游村（图 2-10），辖 5 个农村社（组），呈散点状分布，居民以藏族杜、王、董、安"四大家族"为主，四大院落地势分布开阔平缓。

表 2-5　散点状传统村落分布

乡（镇）村	分布类型
虎牙藏族乡上游村	散点状
响岩镇双凤村	散点状
青片乡正河村	散点状
青片乡上五村	散点状
桃龙藏族乡大鹏村	散点状
马槽乡黑亭村	散点状
高川乡天池村	散点状
文昌镇七曲村	散点状

乡（镇）村	分布类型
东宣乡飞龙村	散点状
刘家镇曾家垭村	散点状
玉河镇上方寺村	散点状
巨龙镇五和村	散点状
黄甸镇龙台村	散点状
黄溪乡马龙村	散点状
高灯镇阳春村	散点状
白马关镇白马村	散点状
通济镇狮龙村	散点状
青堤乡光华村	散点状
槐花乡哨楼村	散点状
宝梵镇宝梵村	散点状
大石镇雷洞山村	散点状
古溪镇禄沟村	散点状

注：涪江流域散点状传统村落共计 22 个。

图 2-10　上游村

来源：自绘

2.3　涪江流域传统村落的建筑分类及空间分布

　　传统村落是一个特殊的文化空间，凝聚着中华民族的传统智慧，在村落选址、建筑选点、村落布局、建筑结构、营造选材、环境氛围等方面都蕴含着世代居民的智慧和实践（季诚迁，2011）。"道法自然，天人合一"的理念一直是中国传统文化的精髓，中国的传统村落也正是在中华民族大智慧的指引下历经千百年风雨延续至今天的。

　　涪江流域传统村落是极具地域性、民族性、多样性的传统村落。由于不同的人群有着不同的文化背景，因此涪江流域传统村落在其构成元素、构成方式以及建筑形制上都有着明显的差异性。

涪江流域传统村落建筑大致分为民族宗教建筑、居住建筑、其他地域特色建筑。不同民族的宗教建筑、不同类型的居住建筑以及不同地域的特色建筑都有着不同的空间分布，研究涪江流域传统村落的建筑分类和空间分布可以很好地了解传统村落建筑的空间形态特征。

2.3.1 不同民族宗教建筑的空间分布

宗教是人类社会发展进程中特殊的文化现象，是人类传统文化的重要组成部分，对人们的思想意识、生活习俗等方面有重要影响。广义上讲，宗教本身是一种以信仰为核心的文化，同时又是整个社会文化的组成部分，而信仰也是民众对宗教信仰的历史选择，是宗教文化不可或缺的一部分。

涪江流域传统村落居住着藏族、羌族、回族、汉族等不同民族，居民在宗教上的崇信对象是多种多样的，有佛教、基督教、道教等不同教派，也有的民族会信仰山神、水神、火神等自然神灵。这些信仰所蕴含的意义各不相同，如驱邪、祈福、避祸等，可以在不同的时间阶段满足人们在心理上、精神上的诸多诉求。

通过实地调研，涪江流域传统村落也分布着宗教建筑，不同民族的宗教建筑具有不同的地方特色，寄托着居民的精神信仰。传统村落中的宗教建筑分布在风水位置较好的地方，周边环境良好，不同村落有不同的宗教建筑。据统计，在涪江流域内共有 64 个传统村落建有宗教建筑（表 2-6）。

表 2-6　涪江流域传统村落宗教建筑分布

乡（镇）村	宗教建筑
木座藏族乡民族村	七郎土地庙
虎牙藏族乡上游村	喇嘛寺，王氏祠堂
豆叩镇银岭村	张氏祠堂，喇嘛庙
豆叩镇紫荆村	彩绘家神"白马杨氏"
响岩镇中峰村	观音庙
响岩镇双凤村	喇嘛庙，火神庙
片口乡保尔村	三清庙，观音庙，地藏庙
青片乡上五村	祭祀楼
桃龙藏族乡大鹏村	观音庙，龙王庙，川主庙
马槽乡黑水村	玉皇庙
二郎庙镇青林口村	黄宫祠，禹王宫（湖广会馆），万寿宫（江西会馆），忠义宫（陕西会馆），广福宫（广东会馆）
含增镇长春村	观音堂
重华镇公安社区	重华寺，福寿宫，火神庙，龙王井庙，黄公祠，南华宫（广东会馆），万寿宫（江西会馆），禹王宫（湖广会馆），洪济宫，天后宫（福建会馆）
桑枣镇红牌村	飞鸣禅院
高川乡天池村	玉皇观

乡（镇）村	宗教建筑
睢水镇红石村	卧佛寺
宝林镇大沙村	龙神堂
仙峰乡甘滋村	进珠寺，灵官庙
双板乡南垭村	南华宫，腾龙庙
演武乡柏林湾村	袁氏宗祠
文昌镇七曲村	七曲山大庙
定远乡同心村	观音庙，海通庵庙
交泰乡高垭村	文昌庙，清建庵
凤凰乡木龙村	木龙观，文昌石庙
太平镇南山村	南山寺，火神庙，唐代古庙，水观音
朝真乡石龙村	石龙院，板凳寺，锁水寺，土地庙
柏林镇洛水村	柏林天主教堂，络水寺
徐家镇和阳村	观音庙
魏城镇绣山村	石堂院，三教院
魏城镇先锋村	玉皇观，大佛寺
魏城镇铁炉村	牛王庙，送子观音庙，土地庙，圣泉院
东宣乡鱼泉村	鱼泉寺
东宣乡飞龙村	飞龙庙宇道观，任氏宗祠
石板镇白马村	白马观，长灵寺，马王庙，观音庙
观太乡卢家坪村	南垭庙，羊雀寺，高灯寺，卢氏祠堂，玉皇观，火神庙，宇文宫
刘家镇曾家垭村	马鞍寺，紫荆堂
玉河镇上方寺村	上方寺古庙
丰谷镇二社区	严华寺
石牛庙乡风华村	金龟庙
安家镇鹅溪村	文星庙，鹅溪寺，五圣宫，灵泉寺
林山乡青峰村	回族清真寺，高灵道观，敬氏祠堂
巨龙镇凤林村	孙氏宗祠，凤林宫，玉皇宫，佛宝场
巨龙镇五和村	佛宝寺
黄甸镇龙台村	龙台寺，真常道观，黄阁府
黄溪乡马龙村	勾氏宗祠
五龙乡龙潭村	龙冠寺
洗泽乡凤凰村	陈家庵，凤凰山庙
高灯镇阳春村	报恩堂，嫘祖宫，宝范寺
塔山镇南池村	东岳大殿祠堂，蓝池庙
新盛镇罗汉村	罗汉寺
白马关镇白马村	万佛寺，庞统祠

续表

乡（镇）村	宗教建筑
通济镇人和村	吕氏祠堂
通济镇狮龙村	钟氏祠堂
仓山镇三江村	禹王宫，帝主庙
洋溪镇牖壁村	牖壁宫
洋溪镇楞山社区	楞严阁
青堤乡光华村	目连寺
卓筒井镇关昌村	三圣宫
白马镇毗庐寺村	毗庐寺
玉丰镇高石村	鸡头寺
宝梵镇宝梵村	宝梵寺
花岩镇花岩社区	观音寺
双江镇金龙村	四知堂
雍溪镇红星社区	城隍庙

注：涪江流域建有宗教建筑的传统村落共计 64 个。

　　涪江流域传统村落的宗教建筑主要分布在绵阳市平武县、北川羌族自治县、江油市、安州区、梓潼县、游仙区、涪城区、盐亭县、三台县；德阳市、遂宁市分布少许，重庆市几乎没有宗教建筑。可以看出，涪江流域中上游为宗教建筑分布密集区，宗教传统文化丰厚，历史悠久。例如，绵阳市平武县豆叩镇紫荆村敬奉家神"白马杨氏"（图 2-11），这是一种彩绘家神，由清代和民国传下；民国时期，由杨氏家族的四爷杨春旭带头建修，老房子被称为"供堂"，供奉祖宗牌位；每年清明前祭祖，各家自愿筹钱送物，备办刀头，为先祖挂坟飘。又如，绵阳市平武县虎牙藏族乡上游村喇嘛寺（图 2-12），始建于明朝初期，占地 150 余平方米，是藏族同胞祭祀祈福的重要场所；春播时节，居民为了祈福求雨，常请喇嘛到此作法求雨，以求庄稼丰收；在 20 世纪 60～70 年代，寺庙建筑毁于一旦，如今只留下残垣断壁，但当时繁荣的景象依稀可见。

图 2-11　紫荆村家神"白马杨氏"

来源：自绘

图 2-12　上游村喇嘛寺遗址

来源：自绘

2.3.2 不同类型居住建筑的空间分布

民居是建筑的方言,传统民居是指在传统乡村聚落中具有地方特色以及历史文化的古老建筑(韦唯,2013)。这些建筑是由村落里的居民长期适应自然环境并且不断改造而成的,其体量得当、围合尺度适宜、错落有致,可以形成较好的空间格局,并且保留了当地多种传统元素,浓缩了一个区域的地理风貌和历史文化。

中国传统民居大量存在于民间的传统村落里,它与人们的生产生活息息相关。各地各民族可以依照自己的生产生活方式、习俗信仰、民族爱好、审美观念,结合当地的自然地理条件和社会经济状况,因地制宜,就地取材,因材致用地进行设计和营建,创造出既实用又美观、并富有民族风格和地方特色的民居建筑。长期以来,我国的传统民居不仅形成了独特的历史和文化价值,而且创造了丰富的艺术和技术价值。

涪江流域的传统民居数量众多,修建年份跨度大,民居形态各异、气势非凡。根据地域的不同,涪江流域传统村落民居形式主要可以分为川东民居、川西民居、川北民居等,且以川北民居为主,大多分布在涪江流域的中上游地区(表 2-7)。

表 2-7 涪江流域传统村落民居建筑形式

乡(镇)村	建筑形式
小河乡丰河村	川西北民居
白马藏族乡亚者造祖村	川北民居
木座藏族乡民族村	川北民居
虎牙藏族乡上游村	川北民居
黄羊关藏族乡曙光村	川西民居
龙安镇两河堡村	川北民居
豆叩镇银岭村	川北民居
豆叩镇紫荆村	川北民居
大印镇金印村	川北民居
响岩镇中峰村	川西北民居
响岩镇双凤村	川西北民居
片口乡保尔村	川西民居
青片乡正河村	川西民居
青片乡上五村	川西民居
桃龙藏族乡大鹏村	川西民居
马槽乡黑水村	川西民居
马槽乡黑亭村	川西民居
曲山镇石椅村	川西民居
二郎庙镇青林口村	川北民居

续表

乡（镇）村	建筑形式
含增镇长春村	川西北民居
重华镇公安社区	川北民居
桑枣镇红牌村	川西民居
高川乡天池村	川西北民居
睢水镇红石村	川西北民居
塔水镇双林村	川西北民居
宝林镇大沙村	川西北民居
永河镇安罗村	川西北民居
仙峰乡甘滋村	川北民居
双板乡南垭村	川北民居
演武乡柏林湾村	川北民居
文昌镇七曲村	川北民居
定远乡同心村	川东北民居
交泰乡高垭村	川北民居
凤凰乡木龙村	川西民居
太平镇南山村	川西民居
朝真乡石龙村	川西北民居
柏林镇洛水村	川西北民居
徐家镇和阳村	川东民居
魏城镇绣山村	川北民居
魏城镇先锋村	川北民居
魏城镇铁炉村	川北民居
东宣乡鱼泉村	川西民居
东宣乡飞龙村	川北民居
石板镇白马村	川北民居
观太乡卢家坪村	川北民居
刘家镇曾家垭村	川西北民居
玉河镇上方寺村	川北民居
丰谷镇二社区	川北民居
石牛庙乡风华村	川北民居
安家镇鹅溪村	川西北民居
柏梓镇龙顾村	川北民居
林山乡青峰村	川北民居
巨龙镇凤林村	川东民居
巨龙镇五和村	川东北民居
黄甸镇龙台村	川北民居

乡（镇）村	建筑形式
黄溪乡马龙村	川北民居
五龙乡龙潭村	川北民居
洗泽乡凤凰村	川北民居
高灯镇阳春村	川北民居
塔山镇南池村	川西民居
西平镇柑子园村	川西民居
新盛镇罗汉村	川西民居
御营镇响石村	川西民居
白马关镇白马村	徽派民居
永太镇新店村	川西民居
富兴镇汉卿村	川西民居
通济镇人和村	川西民居
通济镇狮龙村	川西民居
回龙镇双寨村	川西民居
仓山镇三江村	川西民居
香山镇杨家坝村	川东民居
洋溪镇牖壁村	川东民居
洋溪镇楞山社区	川东民居
青堤乡光华村	川北民居
卓筒井镇关昌村	川东民居
白马镇毗庐寺村	川东民居
玉丰镇高石村	川东民居
槐花乡哨楼村	川东民居
宝梵镇宝梵村	川东民居
大石镇雷洞山村	川东民居
花岩镇花岩社区	川东民居
双江镇金龙村	川东民居
古溪镇禄沟村	川东民居
雍溪镇红星社区	川东民居
玉龙镇玉峰村	川东民居
板桥镇大沟村	川东民居

注：涪江流域传统村落民居建筑形式：川北民居 31 个，川西民居 22 个，川东民居 17 个，川西北民居 13 个，川东北民居 2 个，徽派民居 1 个。

涪江流域有一个特殊的传统村落，即德阳市罗江区白马关镇白马村，其民居建筑特色鲜明，徽派民居（图 2-13）与地形地貌巧妙结合，具有浓郁的文化氛围。涪江流域传统村落中，川北民居建筑如绵阳市江油市二郎庙镇青林口村、盐亭县林山乡青峰村，川西民居建筑如绵阳市游仙区东宣乡鱼泉村、北川羌族自治县青片乡上五村，川东民居建筑如遂宁市射洪市洋溪镇楞山社区、重庆市潼南区双江镇金龙村（图2-14）。大多数民居建筑类型是以穿斗式木质结构、砖结构、砖木结构为主，少部分民居是夯土结构、石筑结构。

图2-13　白马村徽派民居

来源：自绘

图2-14　金龙村四知堂

来源：自绘

　　绵阳市盐亭县柏梓镇龙顾村的程家大院（图2-15），又名鼓楼城，是典型的川北民居，为县级文物保护单位。据传统村落申报材料所述，程家大院坐西北向东南，占地1800m²，建筑面积920m²。原为复合式四合院布局，俗称"五岳朝天"。现存前门房和一个四合院，房屋台基由条石砌成，宽12m，台基高1.6m，台基边有木质护栏，正房前置三道石梯踏步，中为七级垂带式踏道，宽2m，高1.6m。左右踏道五级，宽1.2m，

图2-15　龙顾村程家大院

来源：自绘

面阔三间，通面阔 14.2m，明间宽 5.8m，左右次间各宽 4.2m，进深 8m，为穿斗抬梁混合式梁架。左右厢房对称布局，左厢房面阔五间，通面阔 31m，进深 6m。前厅房面阔三间，通面阔 11.2m，进深 5m，穿斗式梁架，单檐悬山顶，上盖小青瓦。天井用长 1.2m、宽 0.8m 的石板铺设，宽 9.38m，进深 14m。前门房面阔三间，通面阔 12m，进深 5m。东侧房间已拆。该宅建设规模较大，前檐柱础和驼峰穿枋等艺术构件制作尤为精美，是不多见的古建民居院落。

2.3.3　其他地域特色建筑的空间分布

在人类社会早期就产生了对祖先的崇尚和拜祭，这种传统思想一直延续至今，影响着一代又一代人。祠堂建筑承担着祭祀祖先的功能。随着时间的推移和朝代的更替，祠堂成了中国传统宗族社会治理的场域中心，作为宗族、村落的公共活动空间，凡事关一族、一村的大事，几乎都在这里发生、处理，如祭祀先祖、举行宗族会议、裁决宗族事务、进行族众教化等。

明朝初年，士庶不得立家庙，只能祭祀曾祖父以下三代。但现实中，却不乏违规的行为，祭祀四世祖先及始祖，也有建设祠堂的行为。明朝嘉靖年间，世宗接受了夏言的建议，准许士庶祭祀四代祖先，但不能建祠堂。虽然民间建立祠堂的现象存在，但是在明朝，能建立祠堂的家族实属少数，只有家底较丰厚的家族才有财力修建祠堂，且这些祠堂多建于宗族文化较为发达的地区，如安徽、浙江等地。至清代中期以后，祠堂的普及率普遍升高，越来越多地区的人重视宗族活动。宗族的发展在全国是不平衡的，大体来说，长江流域及以南地区较活跃，北方略少，西南、西北则较为少见（潘熙，2013）。

祠堂的分布密度在涪江流域的上游、中游以及下游传统村落里各不相同。其中以中游祠堂数量最多，绵阳市游仙区、江油市、三台县、盐亭县均分布有祠堂；上游平武县、北川羌族自治县多为少数民族聚居地，有其各自的宗教文化，传统村落大多有寺庙、祭祀楼等宗教建筑，少数传统村落修建祠堂，如绵阳市平武县虎牙藏族乡上游村的王氏祠堂、豆叩镇银岭村的张氏祠堂。涪江流域的宗祠修建的时间跨度较大，从几十年到上百年，历经风雨沧桑，宗祠建筑墙壁上精美的雕刻、色彩鲜艳的图案等严重风化、脱落褪色，消逝了昔日的辉煌与华丽；祠堂的门屋、享堂、厢房等部分也受到了不同程度的损坏，甚至成为危房。

涪江流域不同地区的传统村落，其特色建筑风格各异。除了家族祭祀的祠堂以外，还有民居大院、藏寨羌寨、祭祀楼、古墓、乐楼、古桥等，体现了传统村落丰厚的历史文化价值，是传统村落文化的载体。它们经过岁月的洗礼，见证了传统村落的历史变迁，是难能可贵的历史文化遗产。这些地域特色建筑具有特殊的含义和价值，其用途和功能也各不相同，但都象征了传统村落的地方特色，因此要对这些传统村落特色进行挖掘与保护，实现传统村落的可持续发展。根据实地调研和资料分析，整理统计了涪江流域传统村落的特色建筑（表 2-8）。

表 2-8　涪江流域传统村落特色建筑分布

乡（镇）村	特色建筑
小河乡丰河村	石砌城墙，传统民居建筑
白马藏族乡亚者造祖村	扒昔加寨，色如加寨，祥述加寨，色腊路寨，刀切加寨
木座藏族乡民族村	七郎土地庙，木座寨民居建筑
虎牙藏族乡上游村	王家寨子，董家寨子，杜家寨子，安家寨子，藏式老寨房，王氏祠堂，喇嘛寺，王氏家族墓群
黄羊关藏族乡曙光村	走马转角楼，土司衙门，川西民居老宅，红军墓
龙安镇两河堡村	清代古墓群，碉堡，苏维埃旧址
豆叩镇银岭村	张氏祠堂，吊脚楼民居，张家古墓，喇嘛庙
豆叩镇紫荆村	吊脚楼，风雨廊桥，祭祀塔，杨家古墓
大印镇金印村	吊脚楼，百年烽火墙，古墓
响岩镇中峰村	古井，古墓，观音庙
响岩镇双凤村	张家祖屋，喇嘛庙，火神庙，古墓
片口乡保尔村	地主张志诚故居，碉楼，天主教堂，三清庙，地藏庙，观音庙
青片乡正河村	石碉房，大寨子遗迹，吊脚楼
青片乡上五村	祭祀楼，大寨子碉房遗迹，吊脚楼
桃龙藏族乡大鹏村	观音庙，龙王庙，川主庙，烈士纪念碑，吊脚楼
马槽乡黑水村	古羌吊脚楼，玉皇庙，清代古墓
马槽乡黑亭村	邱家大院（红色、爱国、党性教育基地），红四方面军总医院旧址，川西吊脚楼
曲山镇石椅村	吊脚楼（20世纪50～60年代建筑）
二郎庙镇青林口村	禹王宫（湖广会馆），万寿宫（江西会馆），忠义宫（陕西会馆），广福宫（广东会馆），火神庙，红军桥，黄家大院（黄宫祠），符家大院
含增镇长春村	观音堂
重华镇公安社区	重华寺，福寿宫，火神庙，龙王井庙，黄公祠，南华宫（广东会馆），万寿宫（江西会馆），禹王宫（湖广会馆），洪济宫，陕西宫，天后宫（福建会馆），海灯法师故居
桑枣镇红牌村	飞鸣禅院，羌王城，何家大院，李家大院，刘家庄子，古桅杆，文昌宫
高川乡天池村	两座木质牌房，鹰嘴岩地震遗址，玉皇观
睢水镇红石村	太平桥，卧佛寺
塔水镇双林村	李家坟园，李家院子
宝林镇大沙村	李调元墓，龙神堂，醒园，杨世俊墓，李调元故居
永河镇安罗村	王家大桥，陈家大桥，李家石桅杆
仙峰乡甘滋村	进珠寺，灵官庙
双板乡南垭村	南华宫，腾龙庙，任家大厅，红军纪念碑
演武乡柏林湾村	袁文张庄园，蛮洞，袁氏宗祠（史氏宗祠），古墓，《古柏王》碑，古石桥，石狮，纪念白求恩石碑
文昌镇七曲村	送险亭，七曲山大庙
定远乡同心村	明清建筑，同心塔，观音庙，海通庵庙，古井
交泰乡高垭村	九院五所旧址，文昌庙，清建庵，石华盖，三元桥，石狮子，武状元墓碑
凤凰乡木龙村	木龙观，石碑，石像，王家桥，殷家坝，文家大院，文昌石庙
太平镇南山村	南山寺，太平楼，过街牌坊，楼子坝，文家大院，火神庙，唐代古庙，戏楼，水观音，古井，古墓，苏维埃红军纪念碑
朝真乡石龙村	石龙院，板凳寺，锁水寺，土地庙

续表

乡（镇）村	特色建筑
柏林镇洛水村	柏林天主教堂，邓家大院，络水寺
徐家镇和阳村	观音庙，天生寨黑虎寨，南瓜寨
魏城镇绣山村	郭家大院，三教院，汾阳王宗支碑，石堂院石刻题记及唐代摩崖造像
魏城镇先锋村	北山院遗址，玉皇观，大佛寺，古摩崖石刻，凉水古井，石岩古井，黑虎寨寨子城墙遗址
魏城镇铁炉村	牛王庙，送子观音庙，土地庙，圣泉院，涂家院子，张家院子，王家院子，贾氏宗支碑，古墓，古石桥
东宣乡鱼泉村	雍家老宅，郭家老宅，雍家古墓，郭家古墓，金龙桥，鱼泉寺，镇西将军府，古碑，汉崖墓
东宣乡飞龙村	飞龙庙宇道观，任氏宗祠，李曹弯老宅，后头弯老宅，对河梁碑林，八角古井，红军纪念碑
石板镇白马村	白马观，九龙寨遗址，涂德堂老房子，董柱君老房子，叶氏老房子，长灵寺，马王庙，观音庙
观太乡卢家坪村	东升桥，倒石桥，卢氏祠堂，玉皇观，高登寺八角井，羊雀寺，高灯寺，南垭庙，金华山，荣华山，香觉院，玉皇观，宇文宫，火神庙
刘家镇曾家垭村	马鞍寺，古井，紫荆堂
玉河镇上方寺村	古盐井，乡村博物馆，上方寺古庙，状元纪念馆，一品夫人墓，石狮，盐泉县县衙遗址
丰谷镇二社区	丰乐书院，隆升号，绣楼，党家大院，陶家大院，狮子龙门，皮袋井遗址，天佑烧坊，严华寺
石牛庙乡风华村	冯家大院，蜀林大院，蒙文通宅，红军纪念碑，风华村石伞，金龟庙，石桅杆，双龙古石桥，唐代摩崖石刻
安家镇鹅溪村	文星庙，鹅溪寺，樊家大院，五圣宫，灵泉寺，严公古墓
柏梓镇龙顾村	龙顾井摩崖石刻，袁诗莛烈士墓，袁焕仙先生故居
林山乡青峰村	正方湾王氏民居，回族清真寺，洞口湾王家大院，高灵道观，王家坝老屋，敬氏祠堂，王家坝二房头古碑，青石桥，张飞井，石碾，石磨，牌匾
巨龙镇凤林村	桑家大院，张氏民居，张氏宗堂，何家为故居，孙氏宗祠，凤林宫，玉皇宫，佛宝场
巨龙镇五和村	桅杆湾张氏民居，桑家大院，孝节坊，佛宝寺，文昌塔
黄甸镇龙台村	龙台寺，木龙湾王氏民居，剑清故里，王文圃故居，真常道观，黄阁府，王文圃墓
黄溪乡马龙村	勾氏宗祠，嫘祖殿，迎禄桥
五龙乡龙潭村	龙潭古笔塔，民主斗争纪念馆，龙潭书院，龙冠寺，杜氏旧居
洗泽乡凤凰村	陈家庵，陈家场惜字宫，陈家大院，凤凰山庙
高灯镇阳春村	莲池寺字库塔，赵氏宗祠，报恩堂，嫘祖宫，宝范寺
塔山镇南池村	东岳大殿祠堂，蓝池庙
西平镇柑子园村	城墙，城门，广东、福建、湖广、江西四大会馆，戏楼
新盛镇罗汉村	罗汉寺，罗汉桥
御营镇响石村	范家大院
白马关镇白马村	庞统祠，白马雄关，万佛寺
永太镇新店村	蓝氏宅，彭氏宅，北易氏宅，南易氏宅
富兴镇汉卿村	汉卿字库塔，龙、凤形院刘氏宅
通济镇人和村	吕氏祠堂，东汉古墓葬人行山崖墓群，清代戴家湾戴氏墓群
通济镇狮龙村	钟氏祠堂，谢氏宅
回龙镇双寨村	传统民居
仓山镇三江村	仓山书院，禹王宫，帝主庙
香山镇杨家坝村	老码头

乡（镇）村	特色建筑
洋溪镇牖壁村	牖壁宫
洋溪镇楞山社区	楞严阁，三元宫，古戏楼，古桥
青堤乡光华村	目连寺，唐圣僧目连故里石碑，青堤古渡义渡碑
卓筒井镇关昌村	三圣宫，卓筒井
白马镇毗庐寺村	毗庐寺
玉丰镇高石村	鸡头寺
槐花乡哨楼村	庄家大院，草房沟戏楼
宝梵镇宝梵村	宝梵寺
大石镇雷洞山村	雷洞山寨，石雕
花岩镇花岩社区	祠堂，清代民居建筑，观音寺
双江镇金龙村	四知堂，国民党陆军机械化学校旧址
古溪镇禄沟村	鸭舌嘴碉楼
雍溪镇红星社区	古戏楼，田俊德店，城隍庙，魁星楼遗址
玉龙镇玉峰村	古井，古桥，古寨门，古石刻
板桥镇大沟村	风雨走廊

2.4　涪江流域传统村落体系的层级与网络

自然地理环境中，村落往往受自然条件的限制与人类群居生活的影响，因而通常以组群的空间形态进行分布，每个组群中又包含几个或者几十个数量不等的村落。每个村落在功能、大小、容量、环境、地位上存在一定差异，有的村落又如城市群中的个别城市一样发展成为组群中心。

这些组群中心往往规模较大、功能设施齐全、人口众多、文化和经济中心较为集中，对周边的村落有较强的辐射能力。而这些辐射能力的大小通常取决于其所拥有的可跨村公共设施的等级和数量。"跨村公共服务设施"，一般是指那些非家族性的、不是单个村的行政管理、文化教育、商业贸易、宗教祭祀设施等。公共设施之所以能够成为研讨村落体系空间关系的重点，是因为它具有联系众多村落的功能。

2.4.1　跨村公共设施的类型与分布

封建社会初期，国家政权没有渗透到广大偏远乡村，文教型设施（如学校）是近代才出现的社会产物，清代以前的文教型设施是私塾和书院等，主要为本宗族服务，影响面大多在本村之内。而现代，根据主要功能类型，将村落的公共设施分为商业型、宗教型、文教型、行政型、宗族型等。其中，乡、村等级的行政公共设施是在1949年以后国家行政管理机构改变之后的结果。以下主要以绵阳市域内的传统村落为代表，对涪江流域传统村落的跨村公共设施的类型和分布进行研究。

2.4.1.1　跨村商业型公共设施

跨村商业型公共设施是指那些可同时服务于多个村落的固有商业设施和商业活动的场所，包括农产品、渔产品以及各种商业产品等的集散地。涪江流域具有跨村固有商业设施的传统村落较多，多集中在经济较为发达的村落，如绵阳市江油市二郎庙镇青林口村（图 2-16）。

图 2-16　青林口村

来源：自绘

2.4.1.2　跨村宗教型公共设施

跨村宗教型公共设施是指同时服务于多个村落的宗教庙宇，在村落体系中为祭拜活动提供场所。例如，绵阳市游仙区东宣乡鱼泉村的鱼泉寺（图 2-17）。鱼泉寺建于明正统元年，至今已近 600 年的历史，因"寺有泉池不涸，有鱼游泳自如"而得名；长远的历史遗存和独特的建筑风格，使其具有重要的历史保护价值，在 2002 年被评为省级文物保护单位；这种庙宇通常可供本村及外村人祭拜和使用，因此属于跨村宗教型公共设施。由于研

图 2-17　鱼泉村鱼泉寺

来源：自绘

究重点是跨村宗教型的公共设施，因此需要辨别和排除那些辐射范围很小且只在本村进行活动的村属。村属是指那些由本村建造、使用、维护，同时建立在本村的村头和村尾的宗教庙宇。

　　跨村性质的宗教型公共设施，特点是它独立于村落之外，由多个村落共同组织建立，并形成具有村落体系的节点性空间。当然，也存在特殊情况，有极少数的跨村宗教型公共设施依附于某个村落而存在。

2.4.1.3　跨村文教型公共设施

　　跨村文教型公共设施的形成原因大致分为两种：一是村落拥有较多在学习方面出类拔萃的人，如古时的状元、进士、举人、秀才等，学识渊博，在一定程度上具有地域"文化中心"的功能，承担了地方文化传播和教化的作用。在这种村落里设置文教型公共设施，对周围村落有此需求的人的吸引力较大，形成跨村文教型公共设施的概率也会加大。例如，绵阳市游仙区玉河镇上方寺村（图 2-18）的上方寺书院便体现了跨村文教型公共设施的特点：公元 980 年，上方寺村的苏易简在 23 岁时高中状元，这是有确切记载的绵阳境内 1000 多年科举考试中的唯一状元，也是北宋时期四川诞生的第一位状元。他的孙子苏舜钦、苏舜元，在北宋时期也以有文采而名扬天下。因此，上方寺村十分注重知识文化学习，周围村庄的儿童也被慕名送来，在苏易简读过三年书的上方寺书院开办的小学，学生最多时达 600 余人。二是村落较为富足，经济较为发达，在教育上的投资高，教育资源丰富。一般较大型、经济较为发达型村落的文教型公共设施都是跨村域的。例如，绵阳市涪城区丰谷镇二社区的丰谷甘露小学（图 2-19），其也属于跨村文教型公共设施。这里需要解释的是，历史上学校的设置有较大的变迁，很难逐一核查，因此很多数据无法查证。

图 2-18　上方寺村
来源：自绘

图 2-19　丰谷甘露小学
来源：自绘

2.4.1.4　跨村宗族型公共设施

　　有些大的家族分布于两个及以上村落，而这种具有家族气息的建筑往往比较别致，形制独特，与周围的其他建筑形成一定的对比，通常这些建筑还会被用来进行传统的祭祀等活动。有些宗祠的功能虽然是属于某个家族的，但是辐射范围已远远超出本村的界限，因此把它作为村落体系的公共设施似乎更加适合一些。例如，绵阳市游仙区刘家镇曾家垭村的紫荆堂（图 2-20）即是跨村型宗族公共设施。曾家垭村于 2018 年因其独特的人文历史与生态景观优势被评为"四川省十大最美古村落"，是绵阳市内唯一上榜村落；村落内的田家院落里最具特色的当属紫荆堂，田家祖先在明代洪武年间从湖广迁入此地，紫荆堂为清代所建，相传田氏庭院前有一株高大紫荆树，每年花开似火，田家后人把这棵紫荆树后的建筑作为学堂传于后世，故名"紫荆堂"。

图 2-20　曾家垭村紫荆堂

来源：自绘

2.4.2　村落层级与网络特征

涪江流域拥有跨村公共设施的村落，多公共设施类型单一，仅少数村落有多种类型的跨村公共设施。根据拥有跨村公共设施的数量，村落大致可分为三个等级，包括没有跨村公共设施的、有一个跨村公共设施的、有两个及以上跨村公共设施的。拥有公共设施的村落通常规模相对较大、人口众多、建筑集中且较为完善、村落公共空间较完备、有些街巷格局甚至达到"四横七纵"的状态，但是村落的整体规模大小相对于周边其他村落的平均规模来说并不十分突出，这些村落的规模都相差无几，难以分出主次。

涪江流域传统村落的跨村公共设施的集聚度不高，村落在规模上也基本相近，因而这些村落在一定程度上虽具有层级关系，但是中心村落的首位度依然不明显，村落之间的层级关系通常只体现在跨村公共设施的某一方面，有时还存在某种程度上的互补与并列关系。由此可见，以跨村公共设施为标准划分的村落层级并不明显，但村与村之间按不同要素形成了网络联系，具体来说，其要素可分为道路、宗教、联姻等。

涪江流域传统村落之间道路联系正在逐渐加强。历史上由于社会经济落后等，村与村之间难以形成成形的道路，现在随着技术进步和社会发展，村与村之间修建了各种级别的道路，特别是相邻村之间交通非常方便，构成了较完善的道路网络体系。

传统村落的宗教网络是互相联系、各具特色的，主要有藏族宗教和羌族宗教。藏族主要是对自然神灵的崇拜，包括山神、火神、水神等，从日常生活、婚丧嫁娶、娱乐活动中都可以追溯出其对自然崇拜的印迹。而羌族村落，由于羌族与藏族具有相似的地域特征，常年生活在山地之中，羌族对山神的崇拜与藏族类似。

传统村落内的婚姻情况也在逐渐改变。据苟玉娟（2007）研究，历史上藏族、羌族生活环境相对封闭，往往是族内通婚、寨内通婚，而到现在由于交通的改善和旅游的发展，藏羌地区开放了许多，在民族大融合的背景下，他们与汉族通婚的也越来越多，不同民族之间的联系越来越紧密。

第 3 章　涪江流域传统村落的构成

传统村落是在长期的农耕文明传承过程中逐步形成的，是不可再生的宝贵遗产，蕴藏着丰富的历史信息和文化景观。涪江流域传统村落构成的研究主要从村落规模、空间形态、生态环境、景观形象以及公共建筑与布局等方面进行介绍。

3.1　涪江流域传统村落规模

村落指的是由人群聚集形成的聚居地，可以是一个聚居群体或者多个聚居群体的集合。而村落 "rural"，也可以被称为村庄，是与城市对应的农村田园地区，是农村人口从事生产和生活居住的场所，是农业人口在血缘关系和地缘关系相结合的基础上形成的一种居民点形式（叶红，2015）。一个村落的主要组成要素包括人口、面积以及村落中供人们居住的建筑。村域的定义不仅包括村落（居民点），还包括村落产业、配套设施以及耕地等自然资源。村落周围自然资源、环境与村落的形成有着密不可分的关系，这也是涪江流域传统村落的规模及其要素产生差异的主要原因。

3.1.1　村落规模的特征及分析

村落规模是指村落的格局、形式、范围，通常情况下，以村落的入口、建筑数量、占地面积、辐射范围等来衡量一个村落的规模大小。我国很多地区，村落人口数量过千的不在少数，这些村落往往人口较多、经济发达，犹如市镇。

3.1.1.1　村落形态规模分类及形成原因

地理学者一般主要根据农家房舍集合或分散的状态，将乡村聚落形态分为集聚型或散漫型两种类型（张茜，2014）。散村是散漫型村落的简称，居民将房屋建在赖以生存的农田、林地、河流、湖泊附近，住宅与住宅之间具有一定的距离，零散分布；这样的聚落没有明显的阶级之分，也没有相互隶属的关系，因此这种散村没有明显的中心；比较具有代表性的散村是一家一户的形式，就是所谓的"独户之家"；这样的独户之家多出现在山地、丘陵，建设用地大小的限制即是其形成的主要原因。集村是集聚型村落的简称，是由许多住宅聚集在一起而形成的；村落的规模大小有较大的差异，从数千人的大村到几十人的小村不等；居民的房屋紧凑分布，生产与生活交织在一起；村中有公共建筑或公共设施，如祠堂、寺庙；通常以溪流、道路的交叉点或祠堂等作为村落的中心，住宅聚集，而农田分布在住宅外围；多为聚族生活，即一个大家族的人生活在一起；随着人口逐渐增多，村落的规模也不断增大，或者是交通便利、商业发达的地区，人们因经济活动而聚集，最后形成较大的集聚型村落。

我国北方平原地区，因地势起伏不明显，可供耕种或开垦的土地大多可以连成一片，形成的村落规模较大，人口也较多；可供村落选址的地方较多，一般人们会选择耕地资源丰富、交通条件便利、易于发展的地方；村落多为团聚型、棋盘式的布局。而南方地形复杂的丘陵地区和山区，因地形、资源的限制，没有大片相连的可供耕种的田地，村落规模相对较小，空间分布相对分散，聚居的人口也比较少。但村落的规模大小并不是绝对的，是人们在自然、经济、政治、宗教制度、社会、文化不断发展过程中的长期选择。其形成过程十分复杂，是人们根据自然资源与环境、社会关系与文化、生产与生活方式、习俗与宗教制度等不断地进行选择，而一步步发展成的。涪江位于中国西南地区，直跨重庆、遂宁、德阳、绵阳等地，是川渝地区的一条重要河流。而涪江流域的传统村落大多也遵循南方地区的村落分布方式，规模适中、人口不多、沿河分布，但也有规模较大、人口较多的村落。

3.1.1.2　涪江流域传统村落规模的特征

经实地调研分析，涪江流域传统村落的规模总体比较适中。下面对涪江流域传统村落的村域面积、人口数量、建筑规模等进行分析。

1）村域面积

统计资料显示（图 3-1），涪江流域传统村落规模适中，村域面积大多在 $5km^2$ 左右，比较符合村落规模的一般大小。但是，涪江流域也有相当一部分村落的村域面积相对较大，几十到一百多平方千米的村落不在少数。其中，村域面积比较大的村落，如绵阳市平武县白马藏族乡亚者造祖村的面积达到 $130km^2$。这些村落地处偏远地带，山高地远、地广人稀，其规模的大小受到土地的限制相对较小，再加上宗教制度对村落的形成和扩展的影响，使村落内部联系更加紧密，强化了村落内部的聚集关系，进而产生了集聚。

村落的村域面积大，不等于其建筑面积就一定大。例如，遂宁市安居区玉丰镇高石村，2017 年统计数据显示高石村的村域面积约 $235.43hm^2$，其中居住用地面积 $34.51hm^2$，占全村面积的 14.66%，以农林用地为主。

2）人口数量

村落人口规模大多依据村域面积而定。一般情况下，村域面积越大，人口相应也就越多。但也有极少量偏远村落，村域面积大，人口少，如绵阳市平武县白马藏族乡亚者造祖村、北川羌族自治县青片乡上五村。还有一些村落，因历史悠久，经济发展较好，尽管村域面积不大，人口却很多，如江油市重华镇历史文化悠久，自秦昭王二十二年（公元前285 年）设石井里，至今已有约 2300 年的历史，是一座名副其实的千年文化古镇，其中的公安社区有大量人口聚集。根据现有资料统计分析，涪江流域 86 个传统村落常住人口平均约为 1300 人/村，可见村落规模大小比较适中（图 3-2）。从历史上来看，传统村落的规模并非一成不变。涪江流域居民多依河而居，虽然地形不利于村落大规模发展，但自然资源丰富，且聚居可以共同抵御自然灾害、防止外敌的侵犯，有利于生产、生活的开展，是人们原始、本能的倾向，只要有可能，人们便会选择聚居的方式，共同生活。因此，涪江流域传统村落规模呈现出千人以上的趋势应该说是历史的必然。

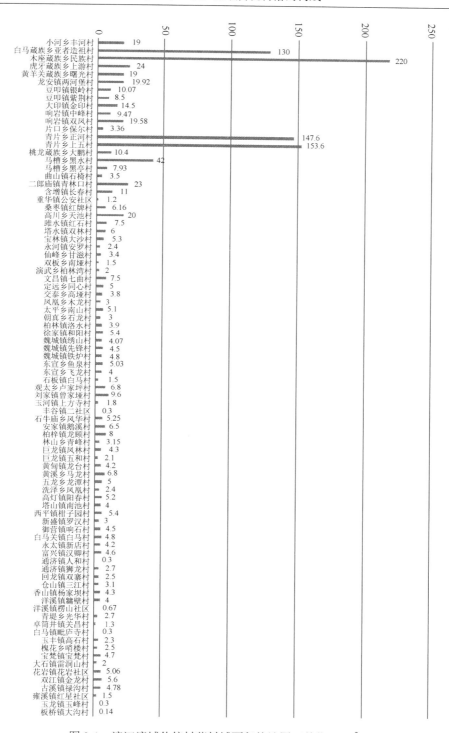

图 3-1　涪江流域传统村落村域面积统计图（单位：km²）

来源：自绘

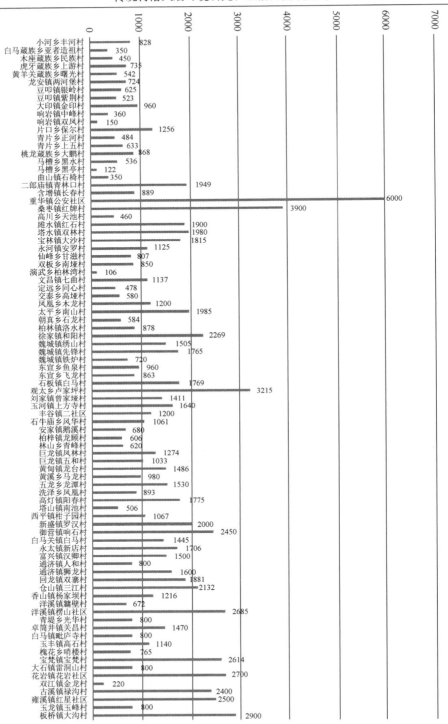

图 3-2　涪江流域传统村落常住人口统计图（单位：人）

来源：自绘

　　3）建筑规模

　　建筑数量也依据传统村落规模大小而定，涪江流域传统村落因地形、气候、水资源等不尽相同，建筑类型十分多元化，依据地域位置可以分为川西、川北、川东、川西北、川东北民居，依据建筑形式可分为条形独栋式、一横一竖式、院落式、宅店式、台院式、碉楼式、吊脚楼式等。总体来说，村落的传统建筑数量并不多，伴随着现代化建设的加快以及经济技术的快速提升，人们的生活越来越好，对居住地的要求也越来越高，许多居民已住进伴随新农村建设的新家，传统村落的不少建筑年久失修不再适合居住，因此有些村落的传统建筑鲜有人居住，部分民居甚至已经废弃。

　　经实地调研分析，传统村落的公共建筑，如祠堂、寺庙、会馆、大院等往往保存完好，人们一直进行着修缮与更新，这些公共建筑反映了居民的习俗、宗教信仰等。在国家及当地政府的大力支持和保护下，这些公共传统建筑变得更加干净、美观、大方，且人气有增无减。许多建筑都是从明清时期保存至今，几百年来，这些传统建筑见证着整个村落的沧桑。如今，虽然许多的会馆、大院、四合院等都已不再住人，但那些具有地方特色的标志性建筑已然成为村落的历史标志物之一，也成为后人了解明清市井文化的一扇窗口。

3.1.1.3　影响涪江流域传统村落发展规模的因素

　　村落的规模通常会随着村落的发展呈现出由小到大的演变趋势。20 世纪 90 年代以后，传统村落的发展开始呈现出停滞的现象。本书对传统村落的研究与考察是针对经历各种风雨后而留存下来的村落而言的，通过对外观保存较好的村落的当地居民的访谈中得知，在相当长的一段时间里，大多数的村落整体格局并未发生剧烈的变化，但是某些建筑形式及街巷格局有明显改变。据分析，影响涪江流域传统村落发展规模大小的因素主要有以下几点。

　　1）村落的地形与环境

　　地形地貌是构成自然环境的基础，是对地球表面高低起伏的一种总结性表述，无论是地质、气候、水文还是其他资源条件都与其密切相关，是影响人类各种活动的主要因素。常见的地形地貌包括山地、盆地、丘陵、平原、高原等。人们根据地形地貌的不同，进行符合当地地域特征的活动，在特定的地形条件下顺应环境进行各类营造，最终形成了具有不同地域特点的、不同规模的村落。涪江流域地势从西北向东南倾斜，地形地貌丰富。涪江流域地面坡度在 15°以内的地形面积占整个流域面积的 60%左右，在此区域内适宜建设村落的用地范围较大，适合村落规模的扩张。一般来说，15°以内的地面坡度是村落建造房屋的理想坡度，如果要对村落规模进行扩大，但地面坡度超出理想坡度也就意味着需要加大对地形改造力度，这无疑会增加建设成本。纵观历史上在各种地势条件下形成的不同规模的村落，节省用地、方便生产、增加耕地面积是居民在可用地有限的条件下首先要考虑的。可见，涪江流域传统村落规模大小是当地居民与自然、经济等各方面条件长期博弈而形成的最优结果，符合地方实际情况及村落未来的发展。

　　2）村落耕地与人口比例

　　建筑依山而建，人们依水而生。36400km² 的涪江流域从古至今滋养了无数中华儿女。本地区土壤肥沃、物产丰富，耕地面积高达 1300 万亩（1 亩≈666.7m²），约占整个流域面积的 24%，流域人口达到 1200 余万之多。村落的耕地与人口一般会保持在某个固定比例，从而影响村落规模大小。这个比例与人口密度、耕地集中度、耕地质量、气候、地形等因素相关。人口多则意味着支持生存的所需耕地面积大，村落大意味着土地多，在下地劳作时人们与耕作田地之间的距离会增加。流域内气候温和、湿度大、雨量丰沛、无霜期长，土地出产率高。土地出产率越高则养活人的数量就越多，村落规模就可能越大，反之亦然。因此，村落规模过小不适宜人口众多的居民生存；规模过大，则会无端增加生产和生活成本。一旦村落达到一定规模后可以支撑起当地居民的生存时，这种规模水平便会长期固定下来。

3）村落的对外防御功能

村落一般以自给自足的自然经济为基础，若无外界特殊事件如战乱、盗匪等影响，村落不需要通过扩大规模或者缩小规模来满足御敌而带来的经济、人员方面的压力。经实地调查得知，涪江流域只有部分村落建有碉楼等防御系统，可见其遭遇外来侵犯的可能性较小。村落的防御系统并不是村落必备的构成要素，许多村落并没有所谓的围墙、碉楼、街门等城乡规划中应具备的防御系统，这说明在村落存在期间战乱与盗匪并不是村落构建必须特别注意的问题。因此，村落的规模可长期保持在适中水平，变化不大。

规模适中是涪江流域传统村落的一个重要特点。在涪江流域，传统村落的分布有聚居型（图 3-3），也有分散型（图 3-4）。而一般在村落里会有属于本村落特有的景观和特色，如古井、古树、雕花、石刻等十分独特的景观，如绵阳市盐亭县黄溪乡马龙村的石雕（图 3-5）。

图 3-3　青林口村聚居型村落　　　　　　　图 3-4　鱼泉村分散型村落
来源：自绘　　　　　　　　　　　　　　来源：自绘

3.1.2　村落规模的差异与相关因素

总体来看，涪江流域传统村落整体规模比较适中，但是整个村落规模并非整齐划一，这与中国自古以来的大多数村落一样，村落之间通常都存在较大的差异。村落规模大者，如绵阳市平武县白马藏族乡亚者造祖村有 130km^2，也有规模小者，如绵阳市梓潼县双板乡南垭村的几平方千米。究其原因，主要是自然地理条件的差异。

图 3-5　马龙村石雕

来源：自绘

3.1.2.1　地面高程的影响

　　村落规模的差异与当地地形地貌有较大的相关性。地面高程直接影响地形构造与地表肌理，这是形成村落规模差异的基础。如果不考虑丘陵地区的村落，一般传统村落的平均用地规模在一定程度上会随着海拔的升高而减少（除个别特殊村落）。但涪江流域传统村落有所不同，由图 3-6 可以看出，海拔低于 1000m，村落规模较小；海拔高于 1000m，村落规模反而呈现出扩大的趋势。这种情况，除了具体地形的限制外，也与资源的获取方便程度和当地政府对区域的划分有一定的关系。从政府控制的角度来说，集村较之于散村，显然更易于控制。因此，自战国秦汉以来，乡村控制制度的设计，基本上是以集中居住的集村为基础的（韦唯，2013）。

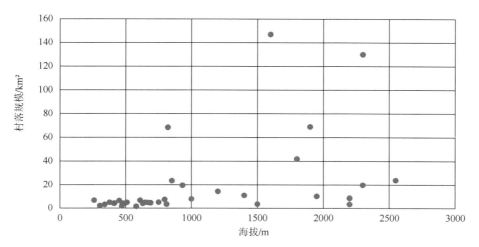

图 3-6　涪江流域传统村落规模与高程分析散点图

来源：自绘

3.1.2.2 地面坡度的影响

　　村落规模的大小与基地坡度也有较大的相关性。一般来说，分布在基地坡度较缓地区的村落规模一般是比较大的。但是从涪江流域传统村落来看（表 3-1），其似乎与一般规律不太相符，坡度越大的地区村落规模反而越大。这是因为在平武县一带山高地偏，村域面积都较大，其中大多地区是山地无人区，只有很小一部分地域才是居民真正繁衍生息、聚居生存的地方。

表 3-1　涪江流域传统村落用地规模与地面平均坡度统计表

项目	地面平均坡度/(°)				
	0~7.5	7.6~15.6	15.7~23.7	23.8~32.8	32.9~79.6
村落用地规模/m²	78.31	41.442	54.42	187.26	374

3.1.2.3 水文条件的影响

　　天然水资源包括河川径流、地下水、积雪冰川等，其作为人们生产生活所必不可少的元素，是在人类最初进行定居地点选择时的直接考虑因素。中国水资源总体呈现东多西少、南多北少的分布趋势。北方地区地表水资源不丰富，为了方便对地下水资源进行利用，增加集约化程度，所以村落规模一般较大，而散点状村落较少。南方地区水网密布，所以村落大小规模各有不同，而且分布不规则，随河或溪进行布局。涪江流域传统村落的形成很大程度上是因为水资源丰富。离河水、溪流距离越远，越不方便田地灌溉及日常生活用水的取用。因此，距离水资源的远近也会对村落的规模产生影响。据统计分析，涪江流域有 95% 的传统村落均分布在主要河流 20km 范围之内，并且村落平均规模随着与河流距离的增大而减小（图 3-7）。

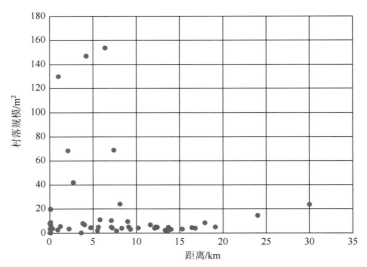

图 3-7　涪江流域传统村落规模与河流距离散点图

来源：自绘

3.1.2.4　土壤特征的影响

农耕文明时期土地养育了世世代代的居民,从远古时代开始人们的祖先就以农耕作为生产方式,农作物让世代繁衍生息。土壤的营养成分及其含量,是否适宜耕种,可耕种的农作物种类多少,都会影响村落选址和规模。人们通常会将土壤肥沃、平整的土地用于耕种用地,而将建筑放在相对不易耕种的河谷、山麓(山坡与周围平地相接的地方)等地。传统村落的位置多靠近土壤肥沃且利于农作物生长和收获的地方,土壤的优劣会限制建筑的用地大小,从而对村落的整体形态、规模大小产生影响。

3.1.2.5　气候的影响

气候特征也是影响传统村落选址和发展规模的一个重要因素。人们在尊重自然的条件下进行传统村落位置的选择。气候对人们赖以生存的农作物影响很大,而农产品又是居民最重要的生活来源,越多的粮食作物可以供养越多的人口,这是传统村落规模扩大的重要条件。所以,气候会影响村落规模的大小。在村落选址时,如有内向型场地,并形成村落的小气候,便是最有利于村落规模扩大的选择。理想的气候适宜性聚落环境空间单元即是由"南小屏障-中心盆地-围合山体屏障-北侧高大山脉屏障"组合而成的"凹"型空间单元(董芦笛等,2013)。村落的中心是谷底,所形成的盆地有流水经过,北面有高大连绵的山脉对冷空气和风沙进行阻挡,其他三面被连绵的低山环抱或向南面敞开。涪江流域的部分村落就符合这样的条件。例如,绵阳市盐亭县黄溪乡马龙村(图 3-8),三面环山,一面面对天然池塘,物产丰富,村庄周边是上百亩的良田,人们在此生活怡然自得,宛如世外桃源,宁静、悠闲。

图 3-8　马龙村村落环境

来源:自绘

综上所述,影响涪江流域村落规模和村落密集程度的条件至少应该包括适当的地理位置与便利的交通条件,村落及周围应具有较为平缓的基地,邻近主要河流或者具有充沛的水源,气候适宜、土壤肥沃利于农作物的耕种和生长。

结合前文对传统村落的研究，可以发现，那些条件较好、有利的地方会首先被最早到达该地的人所占据，并在此建村立业。最早建村的地方也是地理位置优越，依山傍水，水资源、土地资源等可利用资源丰富的地方。早期可能只是一户或几户人家，后面随着家族的发展和壮大，人丁不断兴旺，或不断有人迁移至此，进而形成规模较大的古村落，这类村落的经营时间往往较长。因此，较大规模的传统村落，除了得天独厚的各类条件作为基本的物质基础外，村落本身发展时间较长也是相当重要的一个因素。

3.2 涪江流域传统村落空间形态

传统村落是人文环境和自然环境的历史沉淀结果，其具有独特的空间特征。传统村落的"形态"是指物质在一定时期和一定条件下表现出来的独特的组织结构和形式。在建筑学和城乡规划学中有两层含义：一是指具体的空间物质形态，包括不同时期建筑物或建筑群的外形、规模、结构、空间组织关系；二是指非物质层面的形态，主要指建筑物及其群体环境等物质形态中所传递出的精神及其意义。研究者通常从村落的聚落选址、布局形状、居住形态、建筑形式、装饰艺术、建筑材料、周边自然环境等方面论述村落的物质空间形态（方赞山，2016）。

村落空间形态，主要包括村落的边界形式、街巷空间形式、入村方式等。在一定的社会和自然条件下，传统村落的空间形态通常具有某些特征，正因为其存在独特性才会与其他村落区别开来。这里主要从村落的街巷格局、村落边界与入口、村落防御体系、码头渡口、院坝菜园等几个方面探讨涪江流域传统村落的空间形态特征。

3.2.1 村落的街巷格局

街巷是历史城镇、村落中最具代表性的空间类型。街巷空间的出现，替代原始场坝空地成为城镇公共空间的主要形式，是历史城镇街巷场所在一定发展阶段的重要特征。在这一过程中，街巷空间逐渐被两侧的实体建筑围合，形成固定的界面；与此同时，街巷场所的形式和尺度也因不同的使用职能及其与自然地形的不同结合方式而变得多元化，风貌特征则受到围合建筑界面的影响（肖竞，2015）。街巷格局也由此形成，成为城镇公共空间的一大亮点。

3.2.1.1 关于"街巷"的定义

一般来说，人们习惯把村落中的道路统称为"街巷"，而其中会把较宽的主要道路称为"街"，较窄的入户路称为"巷"，当然，这也是借用城镇街巷的说法。因此，这里也遵从大众的习惯用法，沿用"街巷"一词，以此来描述涪江流域传统村落的街巷格局。

3.2.1.2 涪江流域传统村落街巷的空间形态

涪江流域传统村落多为聚集型，从村外的自然空间到主要街巷再到宅前巷道最后到宅院，空间处于连续变化之中。而街巷在这种空间序列中起着由开放到私密的过渡作用，担负着村镇内界面和民居外界面的双重身份，是村落主要的交通空间。街巷还具有区分不同居住单元的功能。传统村落的街巷空间就像是村落的骨架，扮演着连接住宅与住宅、住宅与自然的角色，形成了第二层次的自然空间——人造自然，同时成为聚落中人与人交往的空间场所（喻琴，2002）。在这种渐变的空间中，人们的心情也随之转变，加上村落的各种景观效果，可以真正达到所谓的步移景异、情随境迁的街巷格局效果。

　　传统村落街巷的结构、宽度、走势以及形成街巷格局的建筑物尺度，在保护街巷尺度的前提下，保持了一定的度。街巷宽高比可作为判断街巷舒适度的基本依据，其中街巷宽指形成街巷建筑物之间的距离，街巷高指形成街巷建筑物的高度。街巷宽度与建筑高度的宽高比（D/H）的变化基本在 40% 以内，而一般居住区宽高比通常 1～2 为正常值。不同的街巷宽高比带给人们不同的心理感受。日本建筑师芦原义信在其《外部空间设计》一书中对街巷宽高比进行了探讨，得出结论：当 $D/H<1$ 时，人们通常会感受到压迫感与不舒适；当 $D/H=1$ 时，人们的感受最好，且空间平衡感较好；当 $D/H>2$ 时，离散感很强，空间不聚拢且没有导向性。传统街巷的比值大多在 0.5～3，体现了其向心内聚、安定而亲切的空间特征（赖奕堆，2012）。例如，绵阳市江油市二郎庙镇青林口村（图 3-9），村中的住宅鳞次栉比，街道狭窄，院落狭小，再加上多雨炎热，故住宅建筑大多较为高大；符家大院旁民居的街巷宽高比为

图 3-9　青林口村狭窄的街巷
来源：自绘

0.56，即 $D/H=6.1m/10.8m=0.56$；同时，宅与宅靠得非常近，有些宅间距甚至不到 1m，这种建筑形式使居民彼此之间联系变得更加紧密。进入巷道，空间逐步隐秘，周边的民居建筑均沿着此类狭长的空间巷道连续延伸布置，导向性极强。

3.2.1.3　涪江流域传统村落街巷的布局形式

　　涪江流域传统村落大致呈团块状、带状、自由错落状、散点状分布。村落的街巷格局主要是由一明两暗式的住宅组成的联排式屋宇、四合院、三合院、吊脚楼，这些建筑类型通过一系列的排列组合形成不同的街巷格局。采用联排式屋宇村落，按街巷的走势，大致可分为两类街巷：横巷和纵巷。其中，横巷是指围屋住屋前面，与住屋横排方向一致的街巷，它的作用是用来联系各户的住屋；而纵巷是指位于住屋的山墙面一侧与住屋的大门朝向平行的街巷，一般较横巷窄，它可用来联系各排的排屋。横巷的宽度并不宽，基本在 2m 以内，为排水方便，沿前排屋墙角会设置排水沟。纵巷宽度一般在 1～2m，更多居民会使用纵巷，其拥有较强的公共性，受到地形等因素的影响和巷道排水的需要，纵巷都会设置有一定坡度的排水沟或者随地形高差而设置排水沟。

　　根据横巷与纵巷的不同组合，街巷的布局可分为网格状布局、线状布局、自由式布局三种类型。网格状布局是指村落的街巷由若干的街道横纵交叉布置，并且由具有明确贯通性的横巷和纵巷构成，如绵阳市涪城区丰谷镇二社区的网格状布局（图 3-10）；线状布局

是指村落主要由横巷构成，缺乏与之交叉对应的纵巷，如绵阳市游仙区东宣乡鱼泉村的线状布局（图 3-11）；自由式布局是指村落没有明晰规律的建筑朝向、街巷走势和分布密度不一的情况，如绵阳市北川羌族自治县片口乡保尔村的自由式布局（图 3-12）。涪江流域有些传统村落由于本身的布局形式呈散点式布局，如绵阳市盐亭县黄溪乡马龙村的散点式布局（图 3-13），这些村落自然就不存在街巷格局一说。

图 3-10　二社区网格状布局

来源：自绘

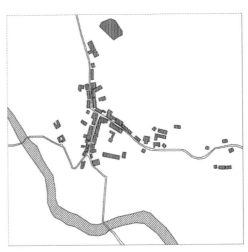

图 3-11　鱼泉村线状布局

来源：自绘

图 3-12　保尔村自由式布局

来源：自绘

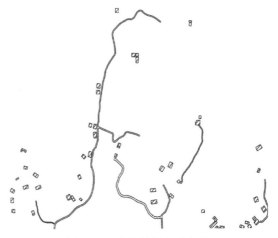

图 3-13　马龙村散点式布局

来源：自绘

3.2.1.4　涪江流域传统村落街巷格局类型的判别

综上所述，可通过以下几点判别涪江流域传统村落街巷格局的类型。

（1）村落同时拥有明晰完整的横巷与纵巷，两者交叉布置，满足这种情况可认为是网格状布局的形式。

（2）村落若只存在形态较为规整、界面较为整齐的横向街巷的话，则认为是线状布局的形式。

（3）村落是否有形态规整、明晰的建筑朝向和界面整齐的街巷，如果没有，则属于自由式布局的形式。

据统计，在涪江流域 86 个传统村落中，有 22 个传统村落布局形式为散点分布，故这些传统村落不存在街巷格局；除此之外的 64 个传统村落具有街巷格局（表 3-2）。由此可得出结论，涪江流域传统村落街巷采用网格状布局占比 27%，线状布局占比 43%，自由式布局占比 30%。网格状与自由式数量相当，线状布局量最大，但整体数量差异不大，表明涪江流域传统村落的街巷布局形式的数量比例较为均衡。

表 3-2　涪江流域传统村落街巷格局分类表

街巷类型	网格状布局	线状布局	自由式布局
村落名称	小河乡丰河村 木座藏族乡民族村 龙安镇两河堡村 大印镇金印村 响岩镇中峰村 重华镇公安社区 桑枣镇红牌村 太平镇南山村 丰谷镇二社区 五龙乡龙潭村 新盛镇罗汉村 通济镇人和村 洋溪镇牖壁村 洋溪镇楞山社区 双江镇金龙村 雍溪镇红星社区 玉龙镇玉峰村	白马藏族乡亚者造祖村 豆叩镇紫荆村 二郎庙镇青林口村 含增镇长春村 雎水镇红石村 塔水镇双林村 永河镇安罗村 双板乡南垭村 交泰乡高垭村 凤凰乡木龙村 朝真乡石龙村 柏林镇洛水村 魏城镇先锋村 魏城镇铁炉村 东宣乡鱼泉村 观太乡卢家坪村 安家镇鹅溪村 洗泽乡凤凰村 西平镇柑子园村 御营镇响石村 永太镇新店村 富兴镇汉卿村 回龙镇双寨村 香山镇杨家坝村 卓筒井镇关昌村 白马镇毗庐寺村 玉丰镇高石村 花岩镇花岩社区	黄羊关藏族乡曙光村 豆叩镇银岭村 片口乡保尔村 马槽乡黑水村 曲山镇石椅村 宝林镇大沙村 仙峰乡甘滋村 演武乡柏林湾村 定远乡同心村 徐家镇和阳村 魏城镇绣山村 石板镇白马村 石牛庙乡风华村 柏梓镇龙顾村 林山乡青峰村 巨龙镇凤林村 塔山镇南池村 仓山镇三江村 板桥镇大沟村
数量/个	17	28	19
占村落总量百分比	27%	43%	30%

注：散点式布局（不存在街巷空间格局）的村落（22 个）：虎牙藏族乡上游村、响岩镇双凤村、青片乡正河村、青片乡上五村、桃龙藏族乡大鹏村、马槽乡黑亭村、高川乡天池村、文昌镇七曲村、东宣乡飞龙村、刘家镇曾家垭村、玉河镇上方寺村、巨龙镇五和村、黄甸镇龙台村、黄溪乡马龙村、高灯镇阳春村、白马关镇白马村、通济镇狮龙村、青堤乡光华村、槐花乡哨楼村、宝梵镇宝梵村、大石镇雷洞山村、古溪镇禄沟村。

3.2.2　村落边界与入口

　　边界的一般解释为领土单位之间的一条界线或国家之间、地区之间的界线，是对一定区域范围的限定，而入口的一般解释为进入的地方。因此，边界与入口是研究地域分区、空间形态的基础。

3.2.2.1　村落边界

　　村落边界有两层含义：一是村落本身与外界之间的疆域界线，一般以土地所属或以行政关系制约下的村组织行政界线为界；二是村落主要事务和活动的非疆域性边缘，如村落的经济组织、市场经济网络、人际关系网络、社会生活圈子所涉及的范围等。

　　凯文·林奇（2002）对边界作这样的描述："边界是两个部分的界线，是连续过程中的线性中断"。传统村落与自然界就是这两个部分，而边界空间就是区别两者的参照（袁媛等，2014）。根据村落与外部环境的不同，可把涪江流域传统村落边界大致分为开放渗透型、半开敞互补型、内向封闭型三种类型。

　　1）开放渗透型

　　传统村落的开放渗透型边界的外侧全部是自然空间（袁媛等，2014）。村落被自然山水和自然地理环境所围绕，被自然元素包裹于山林之中。农作物的耕作区域一般由一条路通往外界。一般来说，这类传统村落地理位置偏远，离城市中心较远，城市化落后，交通条件与经济技术不发达，居民的生存方式主要以农耕为主。村落受地理条件的限制，可能还伴随着悬崖峭壁和山谷河流等，这使得传统村落与自然环境紧密相连，如绵阳市平武县木座藏族乡民族村的开放渗透型边界（图3-14）。

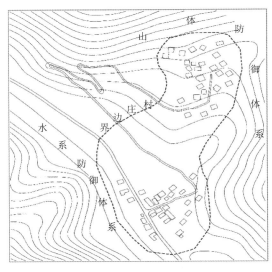

图3-14　民族村开放渗透型边界

来源：自绘

　　开放渗透型村落边界不规整，通常分为三种情况：①村落是组团型的，村内建筑相对集中，但建筑群布局无规律，因建筑的朝向不同，村落向多个方向延伸发展而呈现出村落外围整体不规则的状态；②村落内部建筑紧凑分布，但有一些外围建筑散落在村落组团之外，因此村落边界不是规则的；③村落为好几个集中组团的组合，虽然每个小组团相对集中，但整体形成的村落有不规则的边界。

　　2）半开敞互补型

　　传统村落的半开敞互补型边界的外侧是半自然状态的空间（袁媛等，2014）。与村落相连的边界是人工开凿的河道、水池、种植林区或者是生产性的农田等一些经过人工改造的半自然环境。如此经过人工参与的边界，多考虑风水学原理、交通运输、防灾减灾、生产生活等功能，然而这些元素又作为村落与外界发生双向互动的媒介。村落因此有了相对清晰的发展脉络，整个边界区域犹如一条纽带，将传统村落与自然环境联系起来，这样的区域虽然使村落边界不太明显，但依然具有村内与村外的区别，如绵阳市游仙区东宣乡鱼泉村的半开敞互补型边界（图 3-15）。

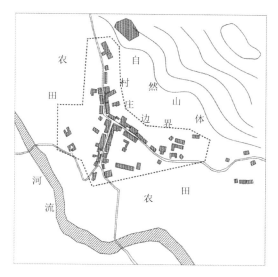

图 3-15　鱼泉村半开敞互补型边界

来源：自绘

　　3）内向封闭型

　　传统村落的内向封闭型边界全部是人工的界面（袁媛等，2014）。这些边界区域由城墙、碉楼、院墙等建筑物构成。类似于这样的传统村落通常都具有明显的人工边界，因此防御能力最强，如绵阳市北川羌族自治县片口乡保尔村内向封闭型边界（图 3-16）。一旦村庄发展需超过人工边界限制，通常会再次选址重新进行村庄的规划，再建新村。

　　受农耕经济的影响，中国传统村落的生产方式以农业生产为主，村落一般与生产性农田相连，因此半开敞互补型的传统村落数量最多。同时，由于开放渗透型的地理位置影响以及内向封闭型的自我防御性能，目前传统村落最容易遭受破坏的也是半开敞互补型。

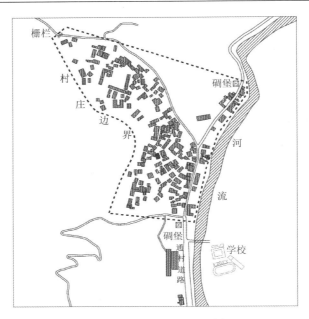

图 3-16　保尔村内向封闭型边界

来源：自绘

涪江流域传统村落的边界由于其地处上游、中游、下游位置不同而不同。上游山地居多，海拔较高，险滩也多，依据自然地理条件，传统村落一般与自然山水结合，以开放渗透型为主；但在北川羌族自治县境内，大多以羌族、藏族为主，受战乱影响，碉楼居多，以内向封闭型为主。中游、下游地势稍平缓，域内包括低山、深丘、中丘、浅丘、河谷平原等多种地貌，村落边界多以半开敞互补型为主。

3.2.2.2　村落入口

村落入口也称村口，顾名思义就是指一个村庄的出入口。一个村庄的入口是进入村里的标志性场所，它不仅仅是进村的道路，还包括沿途的各种设施。村口是人为设置的在村前道路与村庄之间的后退空间，目的是与外部的自然空间有一定的分隔，对村落的居民来说是一个有安全感的空间，对外来人员也形成了一定的警示或提醒，营造一种神秘的氛围。村口空间构成要素与构成方式根据每个村庄的情况和地理条件不同也会有所区别。村落入口形式主要有两种：一是以村门作为村落内外的分隔，在村门的门后设置围墙并与围墙内土地共同形成一个围合式空间，在这个公共空间内建设庙宇或者祠堂，再或者搭建戏台，这种有围墙的闭合式村庄入口以防御功能为主，村门及围墙厚重，在门口栽植高大的树木，对称排列，增加了村落的气势和威严。二是没有设村门的村落，这类村落从视觉上就比较古朴、平易近人，给人一种亲切感，但在村落的入口通常也会选择一棵高大的树木作为进入村庄的标志，树下有时会建有一个水塘。

总的来说，构成村落的入口要素包括谷场（禾坪）、古树、古井、庙宇、伯公牌位、池塘等。这些因素强调了村口的公共性，使村口成为村落的中心性空间，居民在此进行休憩、集会等活动。涪江流域传统村落村口处现状空间还保留有部分的传统生活内容。但是随着经济技术的快速提升，单纯的农业生产方式已逐步成为历史，人们生活方式大为改变，因此村口空间的面貌也有了较大改善，如池塘干枯被填埋、古井废弃、老旧建筑拆除或翻新，这些行为使得村落的入口发生了很大的变化。

不同的村落村口空间规模大小不尽相同。尽管很多村口的形状及具体尺寸很难确定，但是一般以道路、溪水为界，再以建筑物围合场地形成村口空间，规模一般在 30m^2 左右，有的达 60m^2。

1）道路

与村外大路连接的入村道路一般来说属于尽端路，这种路为本村单独使用，服务本村。有个别的村落还特别修建有与大路平行的村落专用路，这种道路更多的是基于村落追求空间相对独立的要求，而不是考虑交通和经济的因素。有些位于官道附近的村落追求自身独立和格局的完整，建筑则会集中布置于道路一侧，避免干道穿过。因地势条件不同，不同村落的道路长短也不尽相同，长的道路大致步行半个小时左右，短的则只有几十米。

一般入村的道路大多呈曲折的自由形态，直线路较少被采用。这种布置方式与园林景观中的"曲径通幽"有着异曲同工之妙。因地形地势的关系，很多道路依山就势，或者是沿小溪、河流延伸，这既对农作物的灌溉提供了方便，又使溪岸得到加固，还增强了村落的视觉景观效果。但曲折的道路增加了路程，使居民出行效率受到一定影响（图 3-17）。

图 3-17　上游村入村道路

来源：自绘

2）溪水

场地原本的水文条件为传统村落的形成奠定了基础，水系的流向、流量决定了村落的发展情况。在实地调研过程中不难看到这样的情景，水流沿山脚缓缓流淌，或在群山间奔腾。流动的溪水江河具有巨大的生机与活力，为居民带来财富和精神。但流水不易控制，容易带来灾害。所以，传统村落通常会选择在较为静态的溪水附近，既避免了水流可能带来的灾害，又可以享用水资源，人们建造井、池塘等供日常使用，与水和谐相处。同时，这也体现了人与自然的共生关系，在心理上也有人定胜天的思想。有些传统村落在进入村落主体之前往往都会有一道溪水，这正印证了"民为水生"这一句话。很多村落前面一般都会有一条小溪，只有过桥才能进入村落，如绵阳市梓潼县演武乡柏林湾村（图3-18）。溪水是村落与外界的天然界线，村落通常距溪水有一定距离，并非紧连溪水，主要是为了避免山洪暴雨等形成的自然灾害对村落造成影响，溪水与村落相距的场地就形成了村口空间。长期的自然灾害使这些村口空间都有一个相似的特点，即大部分的村落都极难保持原有的村口空间。因此，类似的传统村落，只能从现有的村口空间大致确定之前村落的村口位置、组成及规模。

图 3-18　柏林湾村小溪

来源：自绘

3）村口街巷

有些村落的村口不一定位于村落的正中间，而是位于村落一侧。一般情况下，入村道路本是朝着村落的正面方向渐渐上行，在接近村落时，会故意避免与村落正对，在入村前发生转折，先到达村落前一侧村口。这就为村落营造了宁静祥和的氛围，同时增加了神秘感，无论是否有门，都起到了边界的作用。这种村口空间在村落一侧的情况，与村落街巷中的纵巷有关（图 3-19）。除此之外，部分村落也会在入口处设置村门（图 3-20），作为村落与外界分隔的标识，既可提升村落的整体形象，又具有一定的防御作用。

3.2.3　村落防御体系

从人类构建其生存环境开始，一个聚落营建的重要考量因素之一就是安全性。一个村落凝聚力的产生及增强，除了与村落本身的宗族、文化等精神因素密不可分外，还与共同的对外防御需要有极大关联。在村落产生初期及战争频繁时期，若干家庭、家族乃至整个村落居民都会团结起来共同抵御外敌。防御型古村落是充分利用自然环境，经过人为设计，修筑一系列以防御功能为主的构筑物，达到抵御流寇、防范水患的效果（袁冬颜等，2018）。

图 3-19　青林口村村口街巷
来源：自绘

图 3-20　石椅村寨门
来源：自绘

一般来说，古村落的防御体系需从村落的选址特色、空间肌理、形态特征、民居建筑、交通组织等方面进行考虑。防御体系相对完善的村落，在村落规划与总体布局上也更加整齐。相反，防御系统比较薄弱的村落，其规划与布局也呈现出更加自由的形态。其原因有二：一是防御系统对村落形态有特定的需要，如村落的集中式布局和规整的外形等；二是建立防御体系所必需的社会因素对村落格局的形态发展及内在约束力有一定影响。

通过对涪江流域传统村落现有的防御设施进行调查研究发现，传统村落的防御体系大致可以分为天然防御型和人工防御型两种。

3.2.3.1　天然防御型

就各村落所处的复杂历史与自然环境而言，村落防御能力是古村落选址的重要决定因素。此外，选址时也会考虑"背山面水，坐北朝南"等因素。这种现象与传统的风水学相结合，具有十分强大的隐蔽性和防御性。除此之外，村落通常与河流毗邻，这样的布局既为村落提供了天然的屏障，又形成了良好的景观格局，还可以改善村落的小气候等。例如，绵阳市平武县木座藏族乡民族村（图 3-21），属于周边由自然山体和水系围合形成的天然防御型布局，是个大盆地，盆底又有称为"坝子"的小盆地，这种坝子就是山间围合的小平原，均是土地肥沃、风景优美的风水宝地；盆地由三岭二谷构成，谷地又十分开阔，适合大量居民居住耕种，并且有河流穿过，为村落居民提供天然水源。

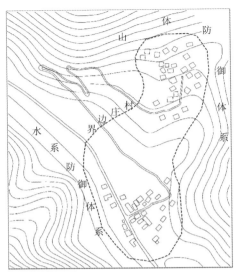

图 3-21　民族村天然防御型

来源：自绘

　　天然防御型布局高度融合了当地的自然环境，经过了十分坎坷的兴衰起落过程，经受了长期以来的历史考验，至今仍在不断扩大，活力四射，证明其具有一定的科学性和正确性。例如，绵阳市江油市含增镇长春村（图3-22），其也是天然防御型布局。据传统村落申报材料所述，长春村位于黎家山、和尚井、海棠坪及宁家山谷之中，被连绵的群山环绕，只在村前由坚固岩石自然形成的、海拔1300多米的"倒挂牌"①下有一条小路，可以通向村中；"倒挂牌"为村落挡住了外部的热气，使村落年平均温度保持在17℃左右，四季如春，宛如世外桃源；环绕的群山还为村落抵挡了外面的匪患。这种利用独特的环境发展为自身防御体系的方式，既充分利用了各种资源，又实现了人与环境的和谐共处。

图 3-22　长春村群山环绕

来源：自绘

　　① "倒挂牌"是高耸的山体，刀壁如锋、直插云霄。因山脉高耸，且从乾元山莹华峰顶远远望去，倒挂在长春村前山的两座山脉，极像川牌中的天牌和地牌，故得名"倒挂牌"。

3.2.3.2　人工防御型

人工防御型可分为村落层次、街巷层次、建筑层次三个层次。对于涪江流域大部分村落来说，"建筑层次"是最为主要的防御措施，"村落层次"和"街巷层次"防御设施较少。

1）村落层次

村落层次的防御体系一般用于村落规模较大、人口较为稠密的地区，如绵阳市北川羌族自治县片口乡保尔村。涪江流域村落层次的防御系统有两种实现形式，即碉楼布置、围屋或组团式布局。

村落的碉楼（图 3-23 和图 3-24）在布置上更体现群体防御的特点，且有别于一般防御要塞，同时兼具生产劳动、生活起居的功能。大多数碉楼布置在村落四角、村口或边界，在防御体系中有着瞭望的作用。碉楼也称"炮楼"，是整个民居中不可分割的有机组成部分，影响民居的整体布局、空间错落、建筑形式等。碉楼多呈方形，独特的外形增加了碉楼的气势。由于历史上川西地区兵匪猖獗，社会动荡，修建碉楼多为加强防卫，作为避难场所，但也可以作为房屋居住使用，存放一些工具、粮食及其他物品等，其冬暖夏凉，十分舒适。

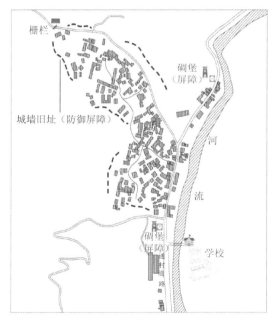

图 3-23　保尔村村落层次防御

来源：自绘

图 3-24　青林口村碉楼

来源：自摄

围屋或组团式布局形式的村落，外部一般设置有防御性的大门，内部有更多层次的入内门，设围墙。围墙多依靠天然地形所提供的条件，沿山崖修建或与山体结合。村落的内部布置也十分多样，包括宅院、宗祠、书院等。例如，遂宁市蓬溪县大石镇雷洞山村的雷洞山寨，位于雷洞山山顶，由五座山头组成，呈南北走向，面积约 30000m^2；寨子原有 3

道寨门，如今东西寨门已毁，仅存南寨门（图 3-25），由条石垒砌，寨门洞宽 1.88m，高 3.58m；寨墙也由条石垒砌，高 5.2m，厚 5.3m，单条石长 1.4m，宽 0.54m，高 0.34m，寨垣总残长 800m；四周皆为绝壁，寨墙依山势而建，地势险要，易守难攻。

图 3-25　雷洞山寨南寨门

来源：自绘

2）街巷层次

街巷层次方面的防御设施主要为街门和村门。当村落较小时，街门与村门会合为一体。街门指的是在街端设置的一种可以打开的入口，也有很多只是代表村落的一个大门，美丽的天母湖畔的白马藏寨——亚者造祖村色如加寨的村门尤为显著（图 3-26）。由于涪江流域传统村落时代久远，经过长时间的历史变迁，村落的传统村门和街门都已经发生了极大的改变，几乎面目全非。街门大多为门廊的形式，少部分采用的是具有较大进深的门屋，多为石质门框。这种街门用于防卫，一般按照同行、同姓或者是具有一定利益关系的组织而建设。

图 3-26　色如加寨村门

来源：自绘

3）建筑层次

建筑层次上的防御功能主要是利用各种建筑的不同设置来实现的。涪江流域的源头绵阳市平武县白马藏族乡亚者造祖村山高林密，受多重外来攻击，建筑层次防御功能多样（图 3-27），建筑形式主要包括：坚实的外门（配花岗石门框加上横竖的"趟栊"等），另开设小窗，护上窗棂，可以增加防御系数；高处增加枪眼，以实现更加积极的防御体系；外墙下垒条石，筑三合土，以增加建筑牢固程度，也减少洪水的侵蚀；建筑房屋高耸，也有一些吊脚楼以防卫动物的攻击；建筑空间布局紧凑有效，呈"一方有难，八方支援"之势；建筑色彩呈瓦灰色，给人以庄重的氛围。又如，绵阳市安州区桑枣镇红牌村罗浮山上的羌王城内也有这样建筑层次的防御（图 3-28）。安州自古以来处于汉族和西部少数民族的拉锯地带，商业往来和战争都很频繁，为抵御朝廷兵马进剿，羌人和朝廷都分别在龙门山脉一带设置关隘、修建城堡，羌王城内的军事城堡，就是这种情况下的产物。羌王城以石筑城，自秦朝时开始修建，在数代羌族人的经营下到明代完成了建设，山寨面积约 $1km^2$，城内依山峰地势筑有一座囤粮的内城堡。如今保留下来的石头城垣高 4m、厚 3m、长 960m。东西开两座城门，内城开四道石门，其中西侧门极为隐蔽，应为防御考虑。

 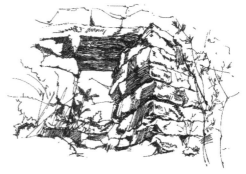

图 3-27　亚者造祖村建筑防御　　　　　　　　　图 3-28　红牌村羌王城遗址
　　　　　　来源：自绘　　　　　　　　　　　　　　　　　来源：自绘

3.2.4　码头渡口

在现代交通工具发展及广泛应用之前，处在群山和林海包围之中的传统村落陆路交通十分不便，而位于水网旁的传统村落通过水系与外界进行生活和商业联系。长江、嘉陵江等干流的码头较多，而涪江的码头较少。

3.2.4.1　码头

码头又称渡头，是一条由岸边延伸到水里的长堤或是一排由岸边伸入水边的楼梯，是在海边、江河等地供渡船或轮船停泊，让乘客上下、装卸货物的一种构筑物。码头的应用范围很广，可以在江河旁，也可以在湖泊海洋等水域，主要为货物运输，同时兼顾乘客的水运与陆地交通的转运功能。码头一般分为三种：客运码头、货运码头、客货混行码头。其中，货运码头按照运输商品的不同种类又分为盐、煤、米等不同的码头。有的场镇码头最初是场镇大户人家用来运输自家货物和游览用的私人码头，后逐渐发展为场镇的公共码头，供场镇居民使用。码头通常出现于水陆交通比较发达的地区，如沿海城市及珠江三角洲地区、长江三角洲地区等。码头除了作为轮渡泊岸之外，还可以吸引游人，成为约会集合的场所。在码头周边比较常见的建筑或者设施有独轮、邮轮、仓库、海关、鱼市、浮桥、车站、商场等。

3.2.4.2　渡口

渡口是河流湖岸的陆运与水运转换设施，其功能主要是上下行人。

3.2.4.3　涪江流域传统村落的码头、渡口

由于涪江并不像长江、黄河一样拥有十分庞大的流域面积，因此涪江流域的码头、渡口数量较少。比较有特色的码头是绵阳市涪城区丰谷镇二社区的丰谷码头（图3-29）。二社区建于元代以前，坐落于涪江河畔，契合古人的"择水而居"选址理念。整个村落属于丰谷的老场镇，过去因码头而兴，且商贸底蕴浓厚。又如，遂宁市射洪市青堤乡光华村的青堤古渡（图3-30），在康熙年间青堤古渡曾是重要的盐官码头，十分热闹繁华，各地商户云集。渡口设有盐税关卡，在渡口左侧的搬运站处，关卡旁设炮台，每天的午时连放三炮以显示渡口的威严，往来的全部船只都要接受检查，有反抗、不服从命令的便立即被大炮击沉。民国时期，陈嘉余在此做盐吏时十分正直、清廉，从不接受百姓的钱粮，深受百姓爱戴。后来随着陆运的不断发展，在离青堤古渡不远的天福镇又设盐卡，从青堤走过去只需10多分钟，青堤渡口逐渐被弃用。但时至今日，依然可以在青堤渡口旁数以百计的拴船石孔上见证往日的辉煌。

图3-29　丰谷码头

来源：自绘

图3-30　青堤古渡

来源：自绘

3.2.5　院坝菜园

我国是一个农业大国,人们靠农作物繁衍生息。以农作物为生的地方,种植农作物的基地(菜园)是最重要的元素。菜园也称"菜园子",就是指种植蔬菜的园子。菜园在农村数量居多,在城市中很少有大面积的空地专为种植蔬菜而设计,但是不少居民会利用屋顶、阳台、窗台等地开辟一个小菜园种植蔬菜供家人食用。

涪江流域传统物产资源丰富,主要生产玉米、水稻、马铃薯等,大部分的村落居民都靠种植这些农作物为生,几乎每家每户居民房屋周围都有属于自家的菜园,如绵阳市游仙区魏城镇铁炉村王家大院旁的菜园(图3-31)。在菜园收获的产品都会在自家院坝里晾晒。

图 3-31　铁炉村王家大院旁菜园
来源:自绘

院坝是指房屋前后的平地。这个词语原为云贵川地区的方言,后广为流传。院坝一般就是为居民晾晒粮食所修建的平地,地形宽敞、地面平滑、地表干净,绝大部分农村居民家中都有各类大小不一的院坝,有的位于前院,有的位于后院,如绵阳市游仙区魏城镇铁炉村王家大院前的院坝(图3-32)、梓潼县演武乡柏林湾村的院坝(图3-33)。

图 3-32　铁炉村王家大院院坝
来源:自绘

图 3-33　柏林湾村民居院坝
来源:自绘

据传统村落申报材料所述，在绵阳市盐亭县五龙乡龙潭村（图 3-34），普通人家的院坝比较随性、并不讲究，基本上用土填平夯实即可，但院坝中必须有用于大型聚会的地方或晾晒粮草的堆杂场和打场。较为殷实的家庭对院坝比较讲究，院中会有花台、水池等景观，有的院坝地面会用石板镶嵌或用泥、沙、生石灰混合成的"三合土"硬化。

图 3-34　龙潭村院坝

来源：自绘

据传统村落申报材料所述，绵阳市梓潼县仙峰乡甘滋村（图 3-35），村落建筑为典型的川北民居，其院坝位于房前的阶沿外。阶沿是川北民居的特色，民居建筑对阶沿特别重视，多以石料采用水磨工艺拼砌而成，是居民休闲、聊天、议农事、下地收工临时放农具、雨天晾晒、堆码粮食的重要场所。堂屋正前的阶沿称为大阶沿，宽度为 3～4m，可逢事设席，一般都有石柱或木柱，根据面阔不同，柱的数量也有所区别，面阔三间的为两柱，面阔五间的为四柱。厢房前为小阶沿，宽窄不定。阶沿外的院坝，多用长方形石板拼铺而成，院坝中间以堂屋朝向为中轴线铺设甬道，甬道的石板长宽一致。

图 3-35　甘滋村院坝

来源：自绘

随着我国经济技术的不断发展，人们除对温饱需求追求外，精神需求也在不断提升，院坝的功能也不仅是为了晾晒粮食，人们还会在自家院落里种植花草树木、布置假山水池，以此来增加园林之美，丰富生活的乐趣。

3.3　涪江流域传统村落生态环境

从古至今，人类都生活在一定的空间和时间范围里，无法脱离原有的自然环境独立生存。村落的形成与演化就是在自然环境中营造适合人类居住、生产、生活等一系列活动空间的过程。自然环境是人们生存、活动的场所基础，是实实在在的背景和舞台，与人的生活息息相关。自然生态条件及自然要素对村落的发展和人类聚居环境建设具有重要影响，只不过在具体的不同地域，自然生态要素和环境条件的影响强度、作用方式、作用结果有所不同（喻琴，2012）。

涪江流域传统村落的形成过程及选址上的风水观念、布局的依山就势、形态的因地制宜，无不体现出充分考虑和精心维护生态环境的总体思想，即将环境要素放在首位，这是传统村落无论大小所赖以存在的前提条件。涪江流域的众多传统村落之所以环境优美、风光秀丽，其根本原因就在于此。美丽的环境产生优美的建筑，反之，优美的建筑必然为美丽的环境增色，环境与建筑相得益彰、互为融合。涪江流域传统村落的环境要素就集中体现在自然山水格局、绿化生态、水环境、景观小品的营建等方面。

3.3.1　与自然山水和谐共存

涪江流域传统村落在形成之时便依山而建、临水而居，利用涪江及其支流的水源作为生存的基础。村落的整体布局尊重自然、顺应自然，注重村落内外自然生态环境的营造及保持，以达到与自然山水和谐共存。

3.3.1.1　涪江流域传统村落整体形态布局与自然融为一体

自然生态条件对传统村落整体形态布局和空间构建方面具有极其重要的作用和影响。自然环境在古代通常被认为是神圣的，人们崇敬自然、敬畏自然，不能随心所欲地改造自然、利用自然，因此古代先人在对村落建筑进行设计时，对可以利用的自然资源和制约因素的把控相较于现在更为准确和深刻，对生态环境的保护也更加重视。传统村落在选址时充分考虑了自然因素的影响，对周边的河流、山川都有充分的考量。"中国的社会是乡土的，靠种地谋生的人才明白泥土的可贵"，这是费孝通先生 2012 年在《乡土中国》中提到的。中国的农耕文化通过居民生活选址时对气候、土壤、河流、山脉、丘陵等具有地区代表性的自然条件的选择而体现出来，这些是人类生存的根本。涪江流域传统村落在整体布局中顺应自然、尊重自然，合理地利用自然环境资源，不仅追求村落整体空间的舒适性和观赏性，还尊重村落环境中的一草一木、一山一水，赋予了村落整体布局形态与自然融为一体的表现形式，进而塑造出一种富有山水灵动魅力的环境特色。例如，绵阳市梓潼县交泰乡高垭村（图3-36），村落良好的选址与自然相结合，充分体现了对既有地貌、山水的利用。高垭村背靠来龙山，左右分别为马鞍山和乌龟山，潼江河从村前流过，三面环山，一面为水，体现了传统人居理念中的风水观，是居民智慧的体现。又如，绵阳市盐亭县洗泽乡凤凰村（图3-37），据传统村落申报材料所述，该村落严格遵照"前有望，后有靠，左右环抱"的中国传统居家选址的风水理论，有着"左青龙、右白虎、前朱雀、后玄武"极佳的风水布局。古建筑集中成片地建造在双凤沟中，而双凤沟位于凤凰山背后，自古有着"双凤朝阳"的地理穴位。四川的农谚"房盖弯、坟造尖"，即阳宅应选在山弯避风处，阴宅应选在丘冈避湿处，这也在凤凰村的建设中得以体现。

图 3-36　高垭村环境　　　　　　　　　　　　图 3-37　凤凰村环境
来源：自绘　　　　　　　　　　　　　　　　来源：自绘

　　　建筑形式的产生取决于人们对待自然环境的态度。涪江流域传统村落将内部空间和外部空间与自然环境空间有机地结合在一起，从村落选址到整体布局，都是在充分尊重自然、保护自然的前提下，采用因地制宜的方式对传统民居进行构建。人们在建造房屋时，对当地易于取得的材料进行选择，建造出充满当地特色、符合时代要求的具有不同功能的房屋。这些建筑一般都不是孤立存在的，而是与其他建筑、环境组合在一起的，共同形成一个供人们居住与生活的村落。这些乡土建筑与周围的山水、土地组合为一个供广大百姓生产与生活起居的环境，可以称它为"乡土环境"（楼庆西，2012）。乡土环境是从社会学的角度对村落进行描述。村落人居环境则与更多的内容相结合，它考虑到了社会、地理条件及生态环境。乡土人居环境受到地形地貌、生态环境、空间及不同文化差异的影响，在不同地域产生具有特色的人居模式。这种人居模式是村落建造者们对各个方面的综合考量，自然山水关系作为其中的重要部分被优先考虑。通过对不同生态环境、地形地貌的选择，居民对自己选择的场地进行合理布局，最终形成他们生活的家园。在建设自己的家园时，居民重视村落与自然山水之间的关系，并将自然形成的山、水作为传统村落的环境优势。对于这种依靠自然山水天然形成的景观，只需要居民自发形成环境保护意识，不需要花费过多的精力进行人工建设和干预，就能成为村落整体环境的良好依托。村落内的民居多遵循自然山水形成的地势进行合理布局，筑基建宅，通常是临水而建，街巷空间自由灵动，具有复杂的明暗关系变化。屋舍之间的营造通过以相邻的方式来增强整体感，形成村落民居沿自然环境展开的曲直变化复杂、聚落密集的布局结构，从而使其空间营造与自然景观环境融为一体，构成一幅幅依山傍水、高低错落的优美画卷（喻琴，2002）。因此，涪江流域传统村落对于民居的营造没有进行过多的人为改造，绝大部分是顺应自然走势，根据山体、河流、农田等自然资源的韵律来构建居住空间，自然而然地形成的。

3.3.1.2　涪江流域传统村落内外部空间中自然生态环境的营造

一个传统村落，不仅是简单地将村落里的各种建筑结合在一起，也需要考虑内外部空间中自然生态环境的营造，这是一个大的空间系统，这个系统的整体性也将决定村落的整体风貌。涪江流域传统村落民居建筑与自然环境之间的联系是密切的，自然环境为传统建筑文化的形成和发展提供了一种契机，如绵阳市平武县的白马藏族乡亚者造祖村、虎牙藏族乡上游村、黄羊关藏族乡曙光村，北川羌族自治县的马槽乡黑水村、片口乡保尔村，安州区的桑枣镇红牌村等独具特色的藏羌文化民居建筑。

涪江流域内每个传统村落的布局都形态各异、各具特色，但传统村落民居内部的布局设计始终站在居民和结合外部整体生态环境的角度，充分考虑自然环境要素所占的影响比重。涪江流域传统村落内部自然生态空间的营造，通常是对村落内公共开敞空间的营造，即通过曲折富有变化的街道、具有意义的景观节点串联起内部景观生态空间；而外部自然空间营造是对农业、森林、土地、水、气候气象等自然资源及整个传统村落的营造。因此，涪江流域传统村落在布局形态上将内部的地形地貌与外部的山形水势紧密融合，使村落建筑内部空间和外部自然山水有机组合在一起，相互衬托、相辅相成，形成涪江流域传统村落的建筑特色和个性。

3.3.2　绿化生态的培育

涪江流域传统村落中古树名木众多。无论是从保护树种的生态价值角度，还是基于居民精神寄托和传承的角度，都应对传统村落的古树名木加以保护。除了古树名木的保护之外，还要注重传统村落植物的培育，同时也要对人为建造造成的植被伤害进行修复。将传统村落内外绿植的培育与保护放在同等重要的位置上考虑，才是生态保护的完整体现，才能达到真正的保护效果。

3.3.2.1　村内绿植的培育与保护

涪江流域传统村落进行绿化生态培育建设一直贯彻"保护为主，新建为辅"的思想。对周围山水的爱护和尊重，不仅是不随意改变、破坏原有的自然生态风貌格局，更需要对山体植被绿化进行培育和保护，从居民自身做起，切实保护既有的名木古树、森林树木，在建设中做到"不推山，不砍树"；在传统村落外围生态林设立"严禁在周围的山上进行砍伐、违者罚款"等警示牌；为保护森林树木制定村规民约，并且世代遵守，等等，这些已经成为当地的传统习俗。

　　不仅如此，精心呵护和有计划地培育及种植绿植对生态环境也是十分重要的。涪江流域传统村落，在植物种植上，以村落内的乡土自然植物为主，使植物与建筑有机结合，通过自然植物凸显地域特色。例如，绵阳市梓潼县演武乡柏林湾村的翠云廊（图3-38），据传统村落申报材料所述，翠云廊是随古蜀道的开拓与驿道修整形成的林荫大道，也是剑门蜀道风景区的灵魂所在。翠云廊路旁的树木有自然生长的，也有人工栽植的行道树，最早的行道树栽植可追溯到秦朝时期，人们把当时栽种的树木称为"皇柏"，如今"皇柏"的胸径达2m以上，树龄超过2000年。历史上翠云廊有7次大规模的植树活动，最终形成了绵延百里的翠云廊（柏林湾村内约1.5km）。《梓潼县志》（1999年版新志）对此也有记载："绵绵翠云路，森森古柏廊，苍龙蜿蜒百里长，驿道万人凉。柏廊连云岭，滔滔碧海茫，七曲山伴九曲水，翡翠蜀仙乡。"

图3-38　柏林湾村翠云廊
来源：自绘

　　在绿化布局上，强调村落内四季有绿，重点加强对庭院中心的绿化景观、村内公共绿地的布置，合理设置绿化传统村落的中心区域，不断形成以村落内部植物绿化为主、村落旁公共绿地和村落外围生态林为辅的村落绿化生态体系。例如，绵阳市江油市二郎庙镇青林口村，其新街的街巷空间与周围的山体之间整体风貌协调，形成空间上的呼应，而以黄家大院和村落两边的自然山体之间形成的对景联系，给人一种宁静优美、岁月静好的视觉感受。此外，村内靠近溪流的半边街种植着一大一小两棵菩提古树，大的菩提古树已经有300多年历史，小的菩提树是后发的新枝，已经有60余年的历史。青林口村的绿化景观是由村内周边的古树、古井、溪流以及村外的生态林构成的典型村落绿化风光（图3-39）。又如，绵阳市梓潼县交泰乡高垭村的古树名木也十分丰富，包括银杏、红豆、铁甲松、皂角、水杉、塔松、紫荆和桂花等14种共计2000余株（图3-40）。

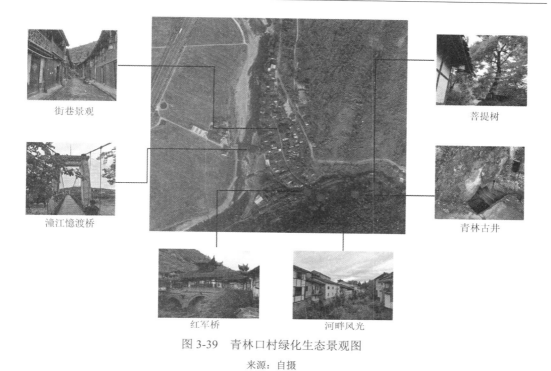

街巷景观　　　菩提树　　　潼江憶渡桥　　　青林古井　　　红军桥　　　河畔风光

图 3-39　青林口村绿化生态景观图

来源：自摄

图 3-40　高垭村树林

来源：自绘

3.3.2.2　村外绿植的培育与保护

　　村外生态林和村内绿化景观的培育、保护：要深入了解传统村落地域文化，在村落的绿化景观设计时融入文化符号，让人文成为绿化景观的依托，绿化景观成为人文的载体，呈现出人文与绿化共生的景观。例如，绵阳市平武县白马藏族乡亚者造祖村（图 3-41），因为森林资源是白马藏族人生存的基础，是形成白马藏寨村落的主要因素，村里的居民信奉自然、崇敬神山，认为大自然的山川就是他们的神圣空间，所以对村外生态林的保护以及村内绿化景观的培育都有其独特的风格；亚者造祖村景色优美，村内绿化景观与山水、建筑完美融合，独具异域风情，也是众多旅游摄影爱好者的基地。又如，绵阳市梓潼县文昌镇七曲村（图3-42），其位于涪江的一级支流潼江河旁，所处的深丘盆地为剑门山的余脉，地势较缓；属北亚热带季风气候，气候温和，四季分明，年降水量较大，但多集中在秋季，日照时间长且无霜期长，宜于亚热带及温带植物生长；是亚热带长绿阔叶林区，虽海拔在500～900m、相对高差为400m，但坡势较为平缓，海拔在乔木生长线以下，亚热带与暖温带的乔木均可以在此生长，种类繁多且易成活，村落内外有不少成片的古树林，且有一棵被称为"古柏王"的古树（图3-43），形成了良好的生态环境。

图 3-41　亚者造祖村扒昔加寨绿化生态景观图

来源：自摄

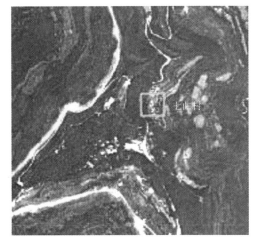

图 3-42　七曲村村落与村外绿植关系

来源：腾讯卫星地图

图 3-43　七曲村古柏王

来源：自绘

3.3.2.3　古村名木与村落构成关系

古村落大多位于深山或丘陵之中，因此各类古树保存得较为良好，几乎每个村落都有不少百年历史的古树木。由于历史的变迁，城镇化进程的加快，村落里现存的村树已经不能完全反映历史的真实性。据实地现场调研，一般一个村落会有 1~2 棵古村树。涪江流域古村树多为樟树，枝繁叶茂，而樟树为绵阳市树，与此地域情况相符。村树枝繁叶茂，象征着生生不息的活力，寄托了居民的美好愿景，常将村树的茂盛、生命长短与村落的兴衰成败联系在一起。有些比较有代表的特殊的村树也被赋予了神话色彩，多被用来供奉、许愿，如绵阳市平武县白马藏族乡亚者造祖村的扒昔加寨的樟树（图 3-44）及绵阳市平武县响岩镇中峰村的古银杏树（图 3-45），据传统村落申报材料所述，中峰村有一棵历经400 年沧桑的古银杏树，矗立于村落前，高大挺拔，气势非凡。据当地居民讲述，村落前的这棵古银杏树与村落后的那棵古银杏树是一对"夫妻树"，两棵树一前一后隔村相望，它们像严阵以待的士兵，看顾着整个村落，守护着村落的子民，见证着古村落的兴衰成败。这两棵树也被居民视为"神树"，两棵古银杏长相厮守、阴阳相依、相敬相随、同心同德、心心相印，与居民们世代推崇的母慈子孝、夫妻恩爱、家庭和睦的愿望相符合，因此每遇新婚嫁娶、求子祈福，都要向"神树"祭拜许愿，祈求风调雨顺、吉祥昌瑞、幸福安康。

图 3-44　亚者造祖村扒昔加寨的樟树

来源：自摄

图 3-45　中峰村的古银杏树

来源：自绘

有村树的地方是村里老人孩童乘凉玩耍的好去处，久而久之俨然成为一个村落的标志性地点，也凝聚着时光的蹉跎、岁月的堆砌、故土的回忆。除了在村落中被居民保护的古树，有的古树被栽植在学校中，代表一所校园长远的历史，让一届又一届的学生对古村落的历史产生兴趣，不忘乡情，也表达着对古树的敬仰之情，如绵阳市涪城区丰谷镇二社区的丰谷甘露小学的古香樟树（图3-46）。又如，重庆市潼南区花岩镇花岩社区的花岩小学的黄桷树（图3-47），已有百年历史，学校是在原寺庙的遗址上建造的，寺庙的中堂和这棵黄桷树被保留了下来。黄桷树是重庆的市树，古时只有在寺庙等公共场合才能栽植。

图 3-46　丰谷甘露小学的古香樟树
来源：自摄

图 3-47　花岩小学的黄桷树
来源：自摄

　　涪江流域传统村落由于所处的区位不同，所拥有的自然资源和地势条件不同，导致不同的传统村落呈现出不同的地方特色。传统村落内部空间的稳定性离不开村落外部的自然山林，村外的绿化不仅可以改善整个村落内部的气候环境，同时还能为农业发展提供一定的支撑，从而进一步改善人们的居住环境和生活条件。因此，在构建不同传统村落的地方特色时，要将文化融入绿化景观中，而绿化景观通过村落内部庭院空间、街巷空间以及整个村落空间来得以体现。

3.3.3　水环境空间的营造

　　水环境空间是村落的重要组成部分，既包括自然水系，即河流、溪水，也包括人工建造的水井、水渠等。在对传统村落水环境进行营造时，需要考虑村落与自然、人工水环境的空间关系，使水资源在传统村落内得到更加有效、充分的利用。

3.3.3.1　水系基本几何形态

水作为流动的液体存在，本身是没有形态的，但受到周围地形、环境的限制，可以形成种类丰富的水系空间环境。以点、线、面三种形态学的形式来对村落中的水系进行分类，这三种形式在村落中并不是绝对的，只是相对于村落层次而言的。例如，村中的池塘，以村落层次来看是面状水系，而以整个流域来看就是点状水系。

1）点状水系

点状水系在村落层次主要指的是人工修建的水井或水池。从形态上看，体量较小，呈点状分布在村中，一般是人工修建的。主要水源为地下水源，或对雨水的储存，没有流动性。

2）线状水系

线状水系在村落层次主要是指江河的小支流、溪水等自然水系，或人工修建的水渠等人工水系。线状水系与村落的布局关系较为密切，人们为了用水方便一般会在离线状水系不远的地方进行村庄建设，或通过人工沟渠、小桥、水井等的修建而对天然的线状水系进行人工梳理。

3）面状水系

面状水系在村落层次是指湖泊、池塘等面积较大的、平整的自然或人工修建的水面。

3.3.3.2　传统村落内水的空间布局

水系是村落建造、居民生产生活中必不可少的元素，其既能为传统村落提供平时生活生产用水，又能将村落内的其他环境要素紧密联系起来，是传统村落整个生态环境的重要组成部分和基础条件，占据着重要的地位。而水环境空间更是临水村落以水为依托进行适水性营建而形成的村落空间（朱余博，2012）。在缺少大型引水设施的时期，如何借助山势，将水源进行联系与传递是最先要考虑的。水环境的空间营建包含地表水源（如河流、湖泊、小溪等）和地下水源（如各类井、清泉等），地表水和地下水共同供应村落各类水的使用。村落水系有天然形成的也有人工建成的，但人工建成的井和池塘作为点状元素是少量存在的，大部分存在于村落中的是河流、小溪这样的线状元素。在对村落水环境空间进行营建时，首先对线状元素的水资源进行考量。通过对水环境进行改造和设计，形成人与自然环境充分协调的村落空间。村落里营造水环境空间的目的是保护、利用水资源，协调人与水之间的关系，引导人的视觉感受和文化取向，创造与水相关的村落环境空间。因此，水环境空间与街巷、民居等建筑物共同构成了村落的格局。

1）传统村落水的空间布局形态

对于传统村落的水环境分布，从水环境空间的角度分析传统村落水的空间形态布局，将其分为散状分布、线状分布两种形态。

散状分布。水体散落分布在村落的各个地方，点状为村落中水系的主要形态。居民在平时生产和生活中都离不开对水的利用。大部分村落距涪江及各条支流有一定的距离，为了方便居民可以就近取水，会把距离最近的江河水引入村落的不同区域，形成不同大小的水塘，每个水塘都满足对村落里不同区域的辐射半径。此外，不仅在村落的选址和布局中讲究风水，而且在人工挖掘水塘时，除了注重辐射半径、水塘大小等因素以外，还会从风水的角度上考虑水塘的选址。

线状分布。水的空间形态为线状，滨河型村落多沿河流或溪水呈线状布局，有的还有池塘。根据水体与村落的空间关系，线状水环境空间形态类型通常又可分为"水环村"和"村环水"两种。

"水环村"的线状空间形态，包围村子的溪流具有蓄水的功能，通过与其基本垂直的线状沟渠向周围的水塘排水。村里商业、农业及手工业比较发达。

"村环水"的线状空间形态，一般是传统村落民居围绕水流向两边方向排开，形成向内的一种凝聚力。线状布局的水系蜿蜒，将村庄围起来，形成梳状，是临水村落最常见的布局形式。村落在线状河流较为平坦或宽阔的一侧进行布局，建筑以南北向成行布局，两建筑间为小巷，与河流基本垂直，从空中俯瞰像梳子一样。此类布局的村落除了沿主要河流布局外，村中也会有小溪流过。这样的村落在布局上较为紧凑，通过较为密集的建筑布局形式来增强村内建筑之间的联系性和村落的整体性。

2）涪江流域传统村落水的空间布局

涪江流域传统村落在营造时重视水与村落间的关系，村落与水形成了散状分布和线状分布的水的空间形态布局，与此同时水资源在传统村落中得到了充分的保护和利用。

绵阳市游仙区魏城镇铁炉村（图 3-48）的先辈们在"湖广填四川"时迁来这里，安家落户、繁衍生息。俯瞰铁炉村，整个村落似铁炉、又像一把圈椅，北面的椅背是窦平山，浑厚青葱，"金牛古道"如一丝彩带绕过山间；东面袁家垒、涂家山等几座山峰相连，似一串珠链；西面圣泉山由北向南延伸，中部凸起，因不涸的山泉而得名；圈椅中部是平坦的良田，一条灌溉渠横贯南北，将铁炉村分成东西两部分。

水库

鱼塘

图 3-48　铁炉村

来源：自摄

绵阳市平武县白马藏族乡亚者造祖村（图 1-10 和图 3-49），为山谷河岸型村寨，由五个寨子构成，自北向南分别为刀切加寨、色腊路寨、祥述加寨、色如加寨、扒昔加寨；火溪河从北向南穿村而过，在村南侧的扒昔加寨附近，火溪河河面变宽，形成了天母湖；村落寨子坐落在山体与水体的过渡空间——火溪河河谷旁的冲积-洪积扇上，背靠能够抵御冬季寒风的祥述加山，地理位置优越；村寨靠近水源、山泉，水文条件较好，土壤肥沃，适宜耕种（马骏，2018）。

图 3-49　亚者造祖村溪流

来源：自摄

据传统村落申报材料所述，绵阳市盐亭县五龙乡龙潭村（图 3-50），榉溪河由东向西纵贯全村，呈 U 形，将钟山、卧虎山与米高山、西山坪、来龙山分割开后形成神奇的龙潭半岛，传统村落就布局在龙潭半岛上；宽敞的官仓坝，雄伟的西山坪，秀美的烧香咀，幽静的杜家洞、大水墨、邓家沟、赵家沟，集秀丽奇特的多元地质带、风景名胜、文化基地、革命传统于一身。

图 3-50　龙潭村水系布局

来源：Google 地球

绵阳市江油市二郎庙镇青林口村（图 3-51）坐落于二郎庙镇西南的小山沟里，潼江之源马阁水与另一条小河在这里交汇，水环境空间资源较为丰富；有半边街和新街两条主要的街道，通过红军桥进行连接；半边街因依溪河而建，地势窄，只适合一边建房，房舍几乎沿无名河一字排开，故而得名，是青林口村最早的中心，后来随着经济的发展，新街逐步形成。

图 3-51　青林口村溪流
来源：自摄

可见，涪江流域传统村落绝大多数是临水而建，不同的村落对应的水环境不尽相同，水环境的好坏直接影响村落的生存和发展。涪江流域内临水传统村落空间形态丰富、特征明显、内涵多元、价值巨大，是传统村落环境的重要组成部分。因此，对传统村落独有的水环境及水体进行保护，特别是对其所在的江河溪涧湖塘加以爱惜和保护，意义十分重大。

3.3.4　景观小品的营建

村落内除了对建筑、道路的营建以外，还离不开对一些重要环境设施的营建，使其保持景观与建筑物之间的联系，从而凸显出各个村落的地方特色，主要包括提供便利交通的桥梁、水井、堰和有关民风习俗信仰之类的小品等。

3.3.4.1　桥

1）桥的营建

涪江流域传统村落多与水结缘，因此离不开对桥的营建。传统村落里的桥是村落环境不可分割的部分，尤其是有些桥作为村落入口的先导，成为必经之处，它的位置和作用更加受到重视，甚至成为村落的一种标志和主要的景观。例如，绵阳市盐亭县高灯镇阳春村，入村的石拱桥（图 3-52）位于村落的主要出入口处。据传统村落申报材料所述，石桥宽约 2.2m，长约 11m，是古村落通向外部的道路；自清中建立，历经沧海桑田，见证着一代又一代阳春村人的辛勤耕作；古桥的原生态与村落的恬静、大山的清幽完美相融，有着一种和谐的美感。桥的规模、大小与所要联系的空间跨度相关，作为村落入口的桥一般跨度大，可至 20～30m，而村落里的桥一般较小，最短的也就数米。村落的桥梁尺度一般与村落的大小规模相协调和匹配。传统村落桥的营建尺度不同，带给人们的直观感受是不同的，尺度大的桥给人以一种宏伟、磅礴的气势，而尺度小的桥，空间距离感近，结合周围的环境营造出"小桥流水人家"的意境。

图 3-52　阳春村石拱桥

来源：自绘

　　桥梁具有悠久的历史，它不仅是人们跨越自然障碍的重要交通设施，还是文人墨客青睐的对象。涪江流域的桥梁按照材料构造大致可以分为三大类，即石桥、木桥、石木混合桥。

　　石桥多以平桥为主，平桥的规模较小，以长石条立桥墩架设，常常让人感到惊奇的是有的石条既长又厚，重达数吨，它的开采搬运架设的难度可想而知，施工方法非常巧妙，如绵阳市游仙区东宣乡鱼泉村的金龙桥（图 3-53）。金龙桥位于鱼泉村二组与四组之间的魏城河上，双石并拼，五墩六跨，平梁龙桥，全长 29.7m，宽 1.63m，厚 0.45m，夏季正常降雨量情况下通常距水面 0.8m 左右；桥台浆砌，迎水面削角背水面方，顶层首尾相拼成工字墩；边墩素面无雕，中间三墩是龙墩，逆水而卧，首尾长 3.62m，宽 1.11m；龙头长宽均出下层，在龙吻张合、虬髯飞扬、蟠身蜷曲之间，稍显沉雄古拙、朴实无华之韵；匠工在方石上附会龙形，虽为浮雕，却无高昂之头、张扬之态，来者或失望而归，然又何必尽是壮观瞻的高浮雕，此等设计，可让龙形久经岁月而不被折朽。又如，绵阳市安州区永河镇安罗村的陈家大桥（图 3-54），为双石八墩九孔平梁桥，南北向；全长约 41m，宽 1.32m；各孔的长度在 4.5m 左右，桥墩由条石叠加用三合土浆砌而成，工艺较为简陋；桥面有车辙印，宽大约 8cm。

图 3-53　鱼泉村金龙桥

来源：自绘

图 3-54　安罗村陈家大桥

来源：自绘

　　石桥也有建成拱形的，相比平桥，拱形石桥更难建造。例如，绵阳市安州区睢水镇红石村的太平桥（图 3-55），是一座被称为"川西之冠"的巨型单孔石拱桥，桥身全部由青石砌造；修建时间为清嘉庆四年（公元 1799 年），虽饱经沧桑，但仍坚固如初；桥长 39.5m、宽 9.1m、高 15m，桥的两头各有 36 级石阶，两边还有石栏杆，栏杆上刻有走兽坐像，栏杆之间镶嵌有石板，石板上雕有古朴的浮雕花鸟图案，桥身单孔正圆，桥水相映形如满月，工艺精湛神奇迷人；桥头刻有对联一副："鱼洞山前悬半月，虎头岩下见长虹"，描绘了桥的地理位置和壮丽的自然景观。

图 3-55　红石村太平桥

来源：自绘

　　木桥和石木混合桥多为风雨廊桥形式，也是最受乡民们喜爱的桥型。廊桥的桥墩与桥身为石头，桥上的廊为木质，廊盖成房子模样，可遮风挡雨，平时可在桥上休憩闲聊，还可闭目听流水声、捣衣声。在赶场这种特殊的日子里可见人们在桥上热闹的景象。一般廊桥的造型与传统民居相似，双坡顶小青瓦、列柱扶栏，如绵阳市盐亭县黄溪乡马龙村的迎禄古桥（图 3-56）、江油市重华镇公安社区的公安桥（图 3-57）、平武县豆叩镇紫荆村的紫荆廊桥（图 3-58）。

图 3-56　马龙村迎禄古桥

来源：自绘

图 3-57　公安社区公安桥

来源：自绘

图 3-58　紫荆村紫荆廊桥

来源：自绘

　　马龙村属于丘陵地带，三面环山，南面临水，中间呈带状平坝，有水系名迎禄沟，发源于马头咀，由北向南流入黄溪河，终汇入梓江河。迎禄沟上有一座廊桥，名曰迎禄古桥。桥上的廊为全木结构，建于村落的入口处，结构独特，造型优美，很具当地民居风格。迎禄古桥始建于嘉庆八年即公元 1803 年，距今已有 200 余年的历史。据传统村落申报材料所述，桥身高为 5m，由约 40cm 粗的原木并在一起作为梁，上面铺设桥板。桥板宽为 5m，总长 12m，桥上修廊，人字架桥身，全部为穿榫结构，坚固稳定，廊顶盖小青瓦。廊的两端修建叠水牌楼，亭顶雕刻有龙、马、花、草等图案，风格独特，造型精美。廊下两边修建供人休息的板凳和护栏，十分结实，经久耐用。相传最初修建的原因是，在风水里面，桥梁除了有连通气息的作用之外，还有在河的下游关锁堂气的效果，让水有情，最后达到藏风纳气，财源不断。因建桥时间久远，损坏较为严重，2004 年由多方筹资对其进行了修复与完善，按照原貌进行修整，使后人依然得以欣赏其当年风采，且成为迎禄沟的特色。

公安社区的公安桥也是石木混合桥，建造于清乾隆年间。公安桥位于公安社区的灵溪河上，桥身为石材搭建，桥跨上绘有双龙和彩色花纹。据传统村落申报材料所述，桥全长29.35m，宽度为6.6m，有两个桥墩，每个桥墩上分别有一座高为3.7m的头向北的石龙。桥上建有全木质走廊，廊顶铺青瓦，走廊为双层结构，桥的中央建了一座高8.2m的方形翘脚楼，梁枋上绘有山水、花鸟、鱼虫、勉农耕、劝汤麻、戒赌博等具有特色的彩绘，十分别致、好看。也正因为桥上的木廊，公安桥被居民称为"桥楼子"。如今，"廊桥"依然保存良好，是人们来往两岸、休憩闲聊的雅处。

紫荆村的紫荆廊桥是当地保存最好的古桥建筑物，巨大的楠木横跨荣华河，100多年来仍能保证对河两岸的羌民通行，桥楼两头青石条完美壮观。

其他形式的桥还有铁索桥、石跳蹬、汀步、过水堤等，这些都是独特的环境设施，与村落环境和谐共生，构成一幅幅诗情画意的山水诗卷。

2）桥承载的居民行为

交通功能。桥作为连通江河和溪流两岸的交通节点与枢纽，是居民自发活动的空间，是街巷空间在水上的延续。桥既保证了村落内空间的连续性，又保障了水流的畅通。

交往休憩功能。桥梁除了为交通所用，还是人们日常交往的重要空间。有的廊桥建有供人们休息的亭子，廊下也有木质或石制的椅子，人们可以在桥上喝茶、聊天、欣赏沿河风景。

商业功能。有的桥作为活跃的交往空间，连接着集市和居住区，因此有不少的小商贩在桥上进行售卖。

精神载体。在传统的风水理念之中以水为财，桥作为连接河两岸的载体，被居民赋予精神上的寄托。一般来说，人们会在河流流出村落的出口处建桥，既方便通行，也可以起到聚财的作用。

3.3.4.2　井

1）井的营建

水是生命之源，没有水的村落是不存在的。以往居民的饮用水一般来自井水，也有少部分村落以山泉水等为主要水源。人们日常生活离不开水，也离不开水井。水井在村落中可看作是溪流、地下水的延伸。

水井一般选在水量充沛、水质优良、无污染、便于大多数居民取水的地方。传统村落大部分紧靠涪江流域，水资源丰富。有的水井在村落之中，如绵阳市盐亭县黄溪乡马龙村的马眼井（图 3-59）。关于马眼井，还有一段传说，相传是轩辕时期皇帝为了去祖地见贵妃歇脚驻马的地方；冬暖夏凉的自流井，一年四季从未断流，为村中及迎禄沟下游居民提供了生活用水及灌溉用水。又如，绵阳市盐亭县柏梓镇龙顾村的水井（图 3-60）也建在村内，以方便居民取水。有的村将水井设置在村落的边缘，是为了灌溉农作物，同时满足居民在生产、生活上的用水，如绵阳市江油市二郎庙镇青林口村的青林口古井（图 3-61）。另外，有部分村落建有两口水井，且位于村落一前一后，这应该是权衡村落的取水用水权益后才采取的措施。有些水井边还会建有土地庙，居民在此供奉井神，以求福祉，如绵阳市游仙区东宣乡鱼泉村金龙桥旁的小型庙宇。

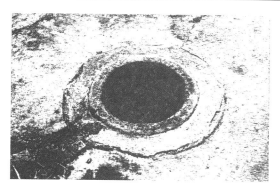

图 3-59　马龙村的马眼井

来源：自绘

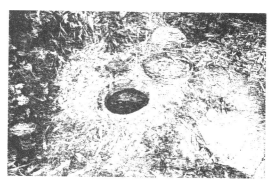

图 3-60　龙顾村的水井

来源：自绘

图 3-61　青林口村的古井

来源：自绘

图 3-62　中峰村的古井

来源：自绘

水井作为居民生活用水的主要来源，是传统村落水系中的重要节点及元素，因此水井常被赋予神话色彩。水井通常由石块围砌而成，井上或井边放置水桶，以方便居民取水。居民为保证水井有良好的水质，一般会选择早上去取水，储存在家中的水缸之中，供一天饮用、做饭、洗漱等。例如，绵阳市平武县响岩镇中峰村的古井（图 3-62），据传统村落申报材料所述，古井坐西北朝东南，面积 47.85m²；与常见的圆形古井不同，它并不是圆形，而是由几个方形的水井相连而成的；古井的水由两股地下泉水上涌而成，方池长 2.9m，宽 1m，水井深残存 0.7m；功能性非常强，分为饮用池、洗菜池、洗衣池，从泉眼流出的水先供饮用，再依次进入洗菜池、洗衣池；四周用青石板相嵌而成，上面盖有青石板；水井周围还有记载石刻碑和庙子，石刻碑为长方形切角碑，宽 0.6m，高 0.9m，厚 0.05m，青石质，碑上阴刻正楷"福善祸，大清光绪九年"等文字；小庙子修于水井上面，高 2.5m，宽 1.7m，长 1.5m，用青石板、条相嵌所制，台上供奉观音像，披红挂彩，门罩、门槛浮雕戏曲人物，脊饰为龙形，宝顶为镂空雕刻，镜屏花卉，具有很高的艺术价值；古井的泉水常年清澈见底，冬暖夏凉，无论多旱多涝，始终保持不变；居民也信奉常饮此水便可以强身健体，延年益寿。

2）水井承载的居民行为

水井在村落中数量众多，形式也多种多样，是居民每日生活必去的场所。为了方便使用，水井也成为村落中一个十分亲近的交往中心，人们在此闲聊家常。因为水井是从事必要活动的空间，所以常设在街巷的一端，成为街巷的组成部分。

3.3.4.3　堰

1）堰的营建

堰是古代对水利工程的一种称谓，是横越河川的障碍设施。堰经常用来引水进入灌溉圳道、防范洪水、量测流量和增加水深以利于通航。一般来说堰的尺寸比水坝小，河水会在堰后积成水潭，积满后下流，是过水的建筑。水从堰的顶部自由下泄，在堰的顶部增加阀门以控制水流。堰是通过改变水流的特性，调节河流流量，保证通航能力和引水灌溉的水上设施。堰与坝的区别是，坝是不允许漫顶的，主要用来拦水防洪。例如，绵阳市江油市重华镇的重华堰（图3-63），据传统村落申报材料所述，重华堰是唐龙朔二年（662年），阴平县令刘凤仪组织民众，在今老街十字口向东南修筑的一拦河堰，引广利河水灌田助农耕，灌溉面积达1000多亩。由于在当时落后的生产力下，完成这样一项宏大的地方利民工程非常不易，被有识之士认为是继承了舜帝治河兴农大业，为表彰有功者，激励后来人，便以舜帝之名将河堰取名为"重华堰"，而重华场也由此堰而名。

图3-63　重华堰

来源：自绘

2）堰承载的居民行为

堰作为调节水流的建筑，是古代先人智慧的结晶。传统村落的选址多在临河附近，后来通过对水流的改造，将其改变为更适合居民使用的水流。通过堰的改造，将河水引入农田，居民取水更为方便。

3.3.4.4　其他小品

在涪江流域传统村落内，还有一些带有民俗风情特色的环境小品，也在一定程度上丰

富了环境的地域特色。这类环境小品一般直接利用当地的天然材料改造加工而成，体现了
当地鲜明的文化特色；或者利用石碑、雕塑、牌坊等形式将文化特色间接地展现其中。

　　绵阳市江油市重华镇公安社区的黄公祠石碑（图3-64），据传统村落申报材料所述，
石碑共有 21 块，主要用于对黄公祠落成道贺。碑文作者包括当时梓潼县县长张年为代表
的政府官员，民国陆军二级上将、爱国人士、军事家、著名抗日将领邓锡侯为代表的国民
革命军军官，以及梓潼县区正、教员等地方显赫人士，足见昔日黄清源的人脉之广、地方
势力之大。黄公祠石碑碑文内容丰富，多以赞颂黄氏家族功德为题等。碑文文体不一，书
法各有千秋，石刻技艺精湛，具有较强的历史及书法参考价值。后来部分碑文被凿毁，导
致碑文内容有所缺失。

图 3-64　公安社区黄公祠石碑
来源：自绘

　　绵阳市盐亭县巨龙镇五和村的孝节坊（图 3-65）是孝道文化的体现，当年朝廷为表
彰张泰阶之妻汪氏的孝节，封其为恭人，并赐孝节坊。

图 3-65　五和村孝节坊
来源：自绘

　　绵阳市安州区永河镇安罗村李家大院的石桅杆（图 3-66）为一对，两个石桅杆相距 28.9m，坐北向南，通高 15.76m，青砂石质，浅度风化，由基座、石杆、方斗和顶珠等部分组成，有彰显荣耀和激励后人读书进仕的作用，作为古代科举文化的实物遗存被保存下来。

图 3-66　安罗村李家大院石桅杆

来源：自绘

　　此外，绵阳市平武县龙安镇两河堡村的石磨（图 3-67），曾经是红军使用过的，被作为具有历史价值的景观小品保存了下来。还有绵阳市涪城区丰谷镇二社区的石缸（图 3-68）、重庆市潼南区花岩镇花岩社区的石雕（图 3-69）等具有风土人情的环境设施小品，这些都为传统村落的环境增添了别样风景。

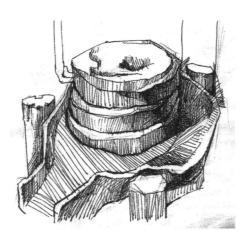

图 3-67　两河堡村石磨　　　　　　　　　　图 3-68　二社区石缸

来源：自绘　　　　　　　　　　　　　　　来源：自绘

图 3-69 花岩社区石雕
来源：自绘

3.4 涪江流域传统村落景观形象

景观环境形象是能被人们所描述的，从感官上所能反映的生存环境中的客体，它是承接客观自然和个体本身思维之间联系的载体，是人们意识所寄托的对象（秦安华和王淑华，2010）。景观环境的视觉形态是人们通过环境而获得的最直观的第一印象，即村落的景观环境形象是通过其街巷尺度给人的感觉和环境空间的舒适度，给人营造出视觉和感官上的感受。同时，景观环境与居民活动之间的联系形成的独特村落景观形象更能突出村落特色和个性。

涪江流域内的众多传统村落由于所处地理位置及水文条件不同，所展示的村落景观形象是丰富多彩的，各具风格。因此，不论是在村落内还是在村落外都有着多角度、多视角的景观形象展开，呈现出各个村落的画面景观，并与村落内外的空间景观形成强烈的互动和呼应，构成整个流域富有流动感的景观形象。

3.4.1 素雅的流动街景

"世界上本来是没有路的，正是因为走的人多了，也就变成了路。"道路是在自然环境和主体生活背景的基础上，逐渐形成的空间经络。在整个村落环境空间中，巷道被用来连接各个空间的内部和外部，它同时具有分割和串联两方面的作用，而不同尺度和多样的地面造型方式及丰富的材质构成的巷道，会使人们产生空间变化和流动的感觉。在观看和游览的同时，随着不断改变的时间性和不断转折的空间性，持续不断地转变游览的方式，使景色不断变换，给人们持续的新鲜感和神秘感，有着移步异景的效果。此外，建筑物的高低交替变化，使巷道两旁的墙面呈现出的竖向空间富有节奏性的变化，具有连续感的线条因高度的不同而被截断，给街巷增添了一些趣味感，让人们体会到一种不同的清晰感，引发联想，随之逐渐勾勒出意境化的村落景观图景。

涪江流域传统村落的街巷多为木质的穿斗结构，整体上看具有灵活性。尤其是临街的一面木质结构较多而实际的墙体较少，与全为砖石组成的墙体看起来十分敦实硬朗的沿街立面不同，木质的门窗大多是可以拆卸的，显得街巷更具有通透感，形成的界面更加柔和，具有灵动的美感，并且不仅街巷错落有致，形成街巷的建筑体量也不尽相同，从高处俯瞰，更能体会到这种多样的美感。周钰（2012）曾在其文章中写道"西方有控制街道界面的传统，而以木构建筑为主的中国传统街道界面则更多具有自发生长的特点"。有的村落民居多为两层建筑，并且在主街上出现并联式的挑楼，随着弯曲的街巷延伸，街景视觉感受更加立体。随着日照高度的改变，村落街巷光影也明暗交错，特别是竖向空间的明暗对比异常强烈，使流动的街景蒙上了一层神秘的面纱。这种流动的街景主要是由街巷空间左右弯曲的转折以及大量竖向空间的变化引起的。蜿蜒曲折的街巷空间与竖向空间之间形成鲜明的反差，使整个空间显得层次更为深远，加上屋檐的高低错落，使空间形态上的不确定性更加强烈，从而强化了街巷带来的流动感，尤其是有若干弧形的封山防火墙，从远望去，在建筑的天际线上层层流动，使得街景更加具有趣味性，如绵阳市涪城区丰谷镇二社区的街道（图 3-70 和图 3-71）。

图 3-70　二社区北街

来源：自绘

图 3-71　二社区街巷

来源：自摄

作为中国传统建筑的一部分，传统村落不仅是时间艺术，更是空间艺术。李景欣等（2015）针对中国传统建筑外部空间说道："外部空间给人的审美感受是一个空间流动的综合感受，是四维时空的构成"。建筑文化艺术上的辩证关系注重"不变"，追寻空间和建筑的不变因素和内在本质，进而联系起来思考"静"与"动"，探索"变"与"不变"之间的关系，即人在空间中停步观赏，属于静观；穿行游览，属于动观。静观所接触的场面景象是共时性的，动观所接触的场面景象则是历史性的。传统村落在设计过程中严格遵循了这种艺术手法，其魅力在于对"动静结合"的分层次设计，使不同空间景致格调相互转化，将游客在游览过程中的心路历程纳入层次设计中，中间层次变化之时，由视觉、听觉、嗅觉等一系列感官引起的心理感受会随着景观的变化而变化，游客深陷其中、感同身受、产生共鸣。

涪江流域传统村落在建筑艺术方面也遵循这一规律，将其作为一种客观的规律与方法应用于村落，使景观不断发展和完善，在丰富多彩的个性中凸显"变"的内涵，在村落风貌上形成建筑造型和景观的共性，即"不变"。纵观涪江流域传统村落外部空间的序列都是由前序、过渡、高潮、结尾等几个部分组成的，即村落的入口、街巷、中心建筑群、周围的农田。放眼望去，传统村落里都是石板路、石牌坊、各类民居、吊脚楼、桥梁，加上香樟树、菩提树等树木绿化，就构成了涪江流域的普通建筑景观。德国哲学家莱布尼茨曾说"世界上没有完全相同的两片树叶"，因此，在涪江流域范围内的土地上，自然地貌的丰富变化造就了形态各异、风格迥异的传统村落，每个村落都形成了不同风格的景观形象。

总的来看，涪江流域传统村落景观特征的重要表现是通过建筑造型的全方位展示，体现出强烈的四维空间立体感，即同一个建筑可以从东、南、西、北四个方位进行充分的展示；村落内的景观形象除了沿着河堤面平视的景观视觉外，还可以通过高角度俯视和低角度仰视获得别样的竖向空间视觉效果。也就是，村落的屋顶与远处的山体围合形成变化丰富的视觉景观，站在高处，可将这些景观一览眼底，不同的方位所营造的视觉感官是不同的。同时，村落屋顶艺术的四维景象也可以通过植物一年四季颜色的交替更换来营造。例如，重庆市潼南区双江镇金龙村的长滩子大院（图 3-72），小青瓦坡顶和正面左右两壁山墙面成为大院的显著标志，优美的山墙脊顶是湖广移民后留下的，具有独特的地域特征。同时，大院与前方山峦之间是大片良田，院后是一座弧形山坡，山坡树木茂盛、竹林青翠，给人一种"采菊东篱下，悠然见南山"的生活意境。

(a) 中庭　　　　　　　　　　　　　　　　　(b) 外墙

图 3-72　金龙村长滩子大院

来源：自绘

3.4.2　丰富的景观文化

中国历史上，随着农耕文明的出现，村落也产生（宋霄雯，2013）。村落的形成和演化是人们不断探索如何合理利用自然、与自然和谐相处的结果。用前人的话说，"邦邑繁落之形成，虽日人为之要，其所以形成风俗习趋之种种，无不有系于地理。知其地之为地，而后地上之一切文明物质举得明其展向之迹"（原广司，2003）。村落景观文化是景观文化整体发展过程中重要的组成部分。村落的景观文化是居民日常生活和生产状态在人居环境、自然景观中的体现，表现出不同传统村落的地域特色、人文气息、风俗习惯。大到整个村落和周围的自然景观，小到村落内部的植物和景观小品，无一不展示着村落景观文化的魅力。此外，村落的景观文化是以村落景观这一实体作为载体呈现出来的，村落景观的不断完善与发展是居民生存条件不断改善和生活水平不断提高的证明，不仅传承着历史文化，还丰富了村落的整体风貌，让村落的形象从单一变为多元。

传统村落的山水格局也是一种景观文化和风水意蕴的体现，即重视村落与周围自然环境和山水的和谐统一，将山水纳入村落的意境中。涪江流域传统村落，一般都含有该村落的历史人文、故事传说、风土人情，是一种极富地域性和独特性的文化景观。凡是有一定历史的村落都有自己的景观文化，有文人骚客的历代诗词咏赋，反映了当时的鼎盛文化和礼仪习俗，如绵阳市涪城区丰谷镇二社区（图3-73）。二社区位于涪江之畔，因盐而兴、因酒而闻、因文而茂、因治而盛。历史上除盛产井盐外，烤酒、烧丝和水陆码头等也闻名川西北，并形成了深厚的盐、酒文化。清代《丰谷谣》赞道："诗仙天降江上游，丰谷酒产江下方。两者共享涪江水，诗酒原本是同乡"，这首诗描述了涪江的上游为诗仙李白故里，下游为丰谷镇，而且将它作为村落里的主要水域来源，也赋予了民生的希望，由单纯的自然景观美延伸到对美好生活的向往，这就是将人文精神贯彻到建筑环境中。同时，景观诗词表达的意境空间意向对于村落的后期保护与发展有着一定的指导作用，从而进一步影响到建筑修复、新建筑选址以及街巷空间的营造。

(a) 河堤

(b) 北街口

图 3-73　二社区

来源：自绘

　　类似的村落景观文化例证不少，如遂宁市射洪市青堤乡光华村（图 3-74）。光华村因渡得名，南北朝以前名绮川渡，梁元帝更名为清平渡，唐朝时名为青堤渡，历朝历代都是人口聚集的场所和水路运输的交通要道，加之周围有许多的盐灶，商业贸易繁华，有"誉满蜀中青洋柳，人欢马叫十里声"之美誉。斑驳的木头门、陈旧的瓦砾、凹凸不平的石板路，无声地述说着它的古老和沧桑。这些都是村落内外环境空间的景观特征所蕴含的文化，既是对过去历史文化的尊重和传承，又是村落文化建设的重要内容，使村落的民风习俗均得到提升。

图 3-74　光华老屋
来源：自绘

3.4.3　乡情浓厚的标志性景观

　　传统村落意象构成往往凝结在村落的具体形态上，即不论村落大小，都会将公共建筑建得气派高大，以区别于一般民居。其中，商业建筑以及寺庙会馆等重要公共建筑，会成为村落的标志性建筑，以此作为村落对外景观形象的宣示，增加居民对村落的文化自信和生态自信，形成浓厚的乡情。

3.4.3.1　寺庙

　　祈福或者辟邪的精神追求，使居民将一些供奉着神灵的寺庙建在重要显眼的位置，或者将能祈福带来幸运的古树作为村落重要的景观节点。这些标志景观成为村落的中心，在其引领下，整个村落形成一个有机的整体，如绵阳市游仙区玉河镇上方寺村的上方寺、盐亭县巨龙镇五和村的佛宝寺、梓潼县交泰乡高垭村的文昌庙、三台县塔山镇南池村的蓝池庙、遂宁市蓬溪县宝梵镇宝梵村的宝梵寺等。

　　绵阳市游仙区玉河镇上方寺村的上方寺（图 2-18），前身是法水院，位于玉河镇上方寺村七组，所重建三进院落，呈中轴线分布，坐西南向东北；同治《直隶绵州志》载："上方寺，治东一百里，古刹也，山下隔溪即古盐泉县废址，明末毁于兵燹。乾隆十二年，僧通善重修，相传为苏状元苏易简读书处。"每逢节日，居民们会自发地相邀到寺里为家中的孩子祈福许愿，希望亲人身体健康，孩子学习成绩进步、以后工作顺利等，寺庙香火鼎盛。

　　绵阳市盐亭县巨龙镇五和村的佛宝寺（图3-75），原名壁山庙。据传统村落申报材料所述，在壁山庙后金珠山下天游观的观音庙中的碑上，有诗云："金珠山下天游观，庙修九层十八殿，倘若如数修起了，十缸金银一齐现"，即是对它的描写。从建成壁山庙起就一直香火鼎盛，烧香还愿的人很多。庙中众僧便铸了一口金钟，相传百日时撞响，百姓可以福寿绵长，但有一和尚97日便撞响，之后钟声长鸣，观天师禀报皇帝此处会出现贼寇，和尚为了保命而将庙烧毁。之后居民们依然在原址烧香就重建了此寺，1949年后又将之拆除，现在在此处办起了老年文化娱乐活动中心，为治学修养，以达到老有所为、修身养性。后将壁山庙改为佛宝寺。两拆两建反映了人们对幸福生活的追求，佛宝寺也成为五和村的重要景观节点。

图 3-75　五和村佛宝寺

来源：自绘

　　绵阳市梓潼县交泰乡高垭村的文昌庙（图3-76），据传统村落申报材料所述，文昌庙坐落于"十大步"山梁上，坐北朝南，占地面积500余平方米。台基用条石砌边，高0.7m，

图 3-76　高垭村文昌庙

来源：自绘

抬梁式梁架，八架檐袱用三柱，四方形石柱础。正殿面阔三间 11.4m，进深三间 6.4m，通高 7m，檐高 3.85m，上覆小青瓦。左右次间前用木裙板和雕花木窗作隔断，殿内供奉文昌帝君、瘟祖及观音神像。据当地老人介绍，以前在维修时发现中脊檩上有清乾隆题记，该建筑为清代由民间集资修建的木构庙宇，结构简单牢固。每年农历 2 月、8 月香火十分旺盛，成为当地居民朝拜、祈福及休闲的场地。

　　绵阳市三台县塔山镇南池村的蓝池庙（图 3-77），始建于明末清初，由砖石和木头搭建而成，屋顶为小青瓦，墙面为白灰色。庙内的部分木柱被木雕龙盘绕，龙身有彩绘。每逢节气，香火旺盛，颇具民间特色。蓝池庙是三台县民间佛教圣地和四川省重点文物保护单位，具有重要的文物保护价值。

图 3-77　南池村蓝池庙

来源：自绘

　　遂宁市蓬溪县宝梵镇宝梵村的宝梵寺（图 3-78），又称罗汉院，由宋英宗赵曙赐名，意为"佛中之圣，梵中之宝"。其位于蓬溪县城西 15km，宝梵镇政府 6km 处，始建于北

图 3-78　宝梵村宝梵寺

来源：自绘

宋初年，为全国重点文物保护单位。该寺呈三进四合院布局，建筑面积达 2600 多平方米；大雄殿，设计精细，结构严谨，气宇轩昂，造型美观，为木构单檐歇山顶，抬梁式结构，殿呈正方形，长宽均为 15.3m，通高 8.5m，檐下施斗拱 18 朵，屋面施碧瓦、砖雕龙脊、剑鳌及朱雀、玄武、青龙、白虎卦象，四角飞甍系铁马。

　　另外，在涪江流域有类似寺庙的传统村落还有绵阳市游仙区东宣乡鱼泉村的鱼泉寺（图 2-17）、梓潼县定远乡同心村的海通庵庙（图 3-79）、梓潼县仙峰乡甘滋村的进珠寺（图 3-80）和灵官庙（图 3-81）等。

图 3-79　同心村海通庵庙

来源：自绘

图 3-80　甘滋村进珠寺

来源：自绘

图 3-81　甘滋村灵官庙

来源：自绘

　　这类标志性景观的形成，虽然受到宗教信仰和浓厚淳朴的风俗习惯的影响，但完全是居民们内心最真实情感寄托的方式，代表着他们对生活最美好的祝愿，其中也蕴含着非常丰富的人文内涵和生活哲理。

3.4.3.2　茶铺酒肆商店

　　另一类标志性景观是村落里的一些重要的公共服务型建筑，如茶铺、酒肆、商店等，它们常常是居民赶场集聚的中心。每逢村里赶集的时间，居民及大量游客在村落里游玩、购物。公共服务型建筑多数位于村落的中心位置或者是街巷空间较大的转折处。有的选址在村落地形高处或者是显眼的位置，与村外的山体形成对景，如戏台、会馆等，在村落内部的街巷空间强化街景，丰富村落的空间艺术并形成村落的高潮部分。典型的例子有重庆市大足区雍溪镇红星社区（图 3-82）。该社区内老街民居始建于清朝道光年间，皆为两层木结构穿斗式建筑；尽管有些破旧和残损，但在那些飞檐翘角的房柱上仍然保留着独具特色的"莲花""白菜"的浅浮雕。特别是街巷里的古戏楼，始建于清朝，飞檐翘角，坐西朝东，戏台高 9.5m，与尊师重道的魁星楼连在一起，分别立于街道两边，中间镂空设计可过行人，因此大家也称这两栋建筑为"过街楼"。站在楼上可俯瞰村落的景色，是村落里的标志性建筑。

图 3-82 红星社区古戏楼

来源：自绘

现在的古街上，还有不少的餐饮店、理发店、五金店、茶铺、药铺、修理铺等，仿佛都在无声地诉说着曾经的繁荣与兴旺。此外，还有绵阳市江油市二郎庙镇青林口村现存的戏台（图 3-83）和遂宁市射洪市洋溪镇楞山社区部分已被拆毁的戏楼（图 3-84）等。

图 3-83 青林口村戏台

来源：自绘

图 3-84 楞山社区戏楼

来源：自摄

3.5　涪江流域传统村落公共建筑与布局

传统村落的公共建筑作为村落中承担政治、经济、文化等社会活动的主要空间，在每个传统村落中均有分布。不同村落公共建筑的构成各有不同，主要包括祠堂、庙宇、学校、商店等。根据不同功能的需要，以及当地思想观念的影响，公共建筑在村落中的位置也有一定的差异。

3.5.1　公共建筑的构成元素

公共建筑是人们进行各项公共活动的地方，在村落中的重要性不言而喻。由于各地居民的需求不同，其公共建筑的构成也有所不同。在建筑构成三元素——建筑功能、建筑技术、建筑形象中，公共建筑的建筑功能为主导元素，成为公共建筑在村落中被建造的关键。

3.5.1.1　村落的构成元素

村落作为一个有机整体，是由一定组织形式和组织关系的诸多要素组成的（图 3-85）。涪江流域传统村落的构成元素主要包括建筑元素和非建筑元素两个方面。其中，建筑元素根据其在村落中所处地位，又可分为主导元素和非主导元素。这些元素有机叠加，共同形成了传统村落的整体环境，它们的数量多少、规模大小、模样形态等因素对研究传统村落有着至关重要的作用。

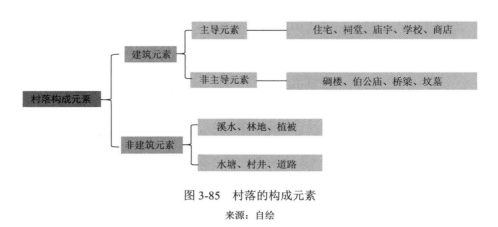

图 3-85　村落的构成元素
来源：自绘

3.5.1.2　村落公共建筑的构成

一般建筑可分为民用建筑、工业建筑、农业建筑，其中民用建筑又分为居住建筑和公共建筑。公共建筑指供人们进行各种政治、经济、文化、服务等社会活动的建筑，包括办公建筑、旅游建筑、商业建筑、科教文化建筑、交通建筑、通信建筑等。村落公共建筑指那些坐落于村落中供本村居民以及外村居民进行公共活动的建筑。公共建筑的功能包括空间构成、人流组织与疏散以及空间的亮度、功能分区、形状和物理环境等。建筑元素的构成包括主导元素和非主导元素，其中主导元素包括住宅、学校、祠堂等，是供人们进行室内活动的地点，在地位上略高于非主导元素。

　　涪江流域传统村落公共建筑主要由祠堂、学校、医院、庙宇、商店、碉楼、水井、桥梁等构成，它们既相互联系又各自独立，共同有机组合形成村落公共建筑的总和。

3.5.2　公共建筑在村落中的整体布局

　　祠堂、寺庙、学校、商店、碉楼、古井等公共建筑是村落居民们经常活动的场所，也是联系人们物质和精神生活的纽带。在涪江流域传统村落中，尽管这些公共建筑是居民活动的中心，但在布局上有很大一部分位于村落的边缘，也有一部分混杂于村落之中。这些村落中公共建筑的布局方式就如《周礼•考工记》营国制度所显示的那样，用一系列的公共设施共同构成中央公共空间系统，民居围绕这个公共空间系统而布局。如果村落以居住为主体，可将村落布局形式划分为公共空间（建筑）外置型和公共空间（建筑）内置型两种模式。

3.5.2.1　公共空间（建筑）外置型

　　在公共空间（建筑）外置型村落中，公共系统处于居住主体的边缘，这种"反常"公共设施布局方式，与涪江流域传统村落的特定建筑和街巷格局有着密不可分的联系（图 3-86）。将庙宇、碉楼、祠堂等公共建筑布置在村落靠近外侧的位置，这主要有以下原因：公共建筑处于村落的边界是对村落空间的一种控制，充当了村落内外分界线的作用；布置在村落外围的公共建筑大多为庙宇或碉楼，这类公共建筑是村落威严的重要体现，对外来人员起

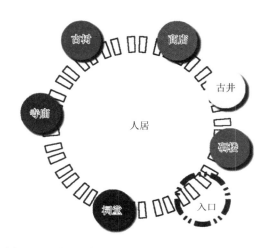

图 3-86　公共空间（建筑）外置型村落格局示意图

来源：自绘

到了震慑作用，是对村落很好的保护；公共建筑大多是村中集会、交流等的重要场所，需要较为宽阔的公共空间，村内因居住建筑密集没有足够的公共空间，所以建在村落外围；庙宇等公共建筑是"神"的空间，将神的空间与人的空间设置一定分隔。《重修西神庙碑》记载"先是庙殿在中，不甚宽绅，爰移正殿于北，宽幽邃以妥众神之灵"。

3.5.2.2　公共空间（建筑）内置型

在公共空间（建筑）内置型村落中，公共建筑与居住主体混合布局或者存在于住宅主体系统以内，这主要取决于村落的历史布局形式和本地区居民的生活习惯与风俗（图3-87）。

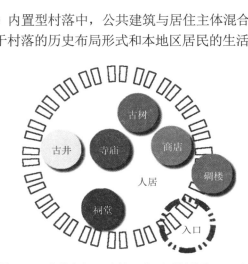

图 3-87　公共空间（建筑）内置型村落格局示意图

来源：自绘

3.5.3　各类公共建筑与村落构成关系

涪江流域传统村落的各构成元素，因在居民生活中作用与地位不同，其所处位置和布局也有着一定的差异。本书中，少量的村落池塘、古树等自然要素经过人工改造纳入村落体系中，其余的村落构成要素都归为人工建筑类别。在所有建筑元素中，住宅毫无疑问是主要元素，在数量、形态上都呈现出主体地位，是村落中人工景观的基本肌理。当然，传统村落在构成元素上不仅有住宅，公共设施也是绝大部分村落的重要组成部分。这些公共设施在村落元素的构成中起着举足轻重的作用，对整个村落的布局也有着一定的影响。这里主要讨论涪江流域传统村落公共建筑构成元素与村落构成的关系。

3.5.3.1　祠堂与村落构成

祠堂也称"宗祠"，是祭祀先祖的地方，有的地方还称为"祖祠""家祠""堂屋"等。祠堂通常一姓一祠，以家族姓氏命名，这些名称在门头上以木刻或石刻表现出来。祠堂的规模比普通民宅大些，越有权势和财力的家族祠堂越讲究。另外，家祠门前广场、建筑的装饰也是十分丰富的。

通过对涪江流域传统村落的调查研究发现，祠堂与村落的关系大致可以分为两种类型：第一种类型，祠堂与辅助的建筑及空间共同构成整体建筑的中轴线，具有非常强烈的主体地位。第二种类型，住宅采用排屋式或独栋式的形式，可进一步划分为三种情况：①位于村落前排的中心，两边有建筑，前有风水关系的池塘或广场等；②混杂于普通民居之中，在位置上没有过多要求和规律；③位于村头或村尾，或独立于普通居住建筑之外。

　　绵阳市盐亭县黄溪乡马龙村的勾氏祠堂（图 3-88），位于村落西侧的小山包上，建造于清朝中期，土木结构，屋顶为小青瓦，面积约 100m²。祠堂距离村落不足百米，可远眺村落全景，现今正堂保存完整，是勾氏族人祭祖之地。

图 3-88　马龙村勾氏祠堂与民宅混杂

来源：卫星地图

　　绵阳市江油市重华镇公安社区的黄公祠（图 3-89），位于重华镇灵溪街北端、灵溪河西岸，即重华镇的北端入口处。据传统村落申报材料所述，黄公祠于 1931 年（民国 20 年）秋破土动工，到 1934 年 3 月竣工。砖木结构，墙体砌大青砖，青瓦叠脊，地面用煮熟糯米石灰加细砂调制为三合泥铺成，坚实平滑，房门窗柱呈拱形彩色泥塑，古朴典雅。坐西

图 3-89　公安社区黄公祠

来源：自绘

向东呈"回"字形，占地约 9000m²，建筑面积 4000 多平方米，有大小房屋 20 多间，有高大优质树木 6 万多株。曾作为红四方面军总部驻地，2008 年"5·12"汶川大地震后受损，修复后作为群众文化活动中心和民俗文化藏馆，保存和利用情况良好。

绵阳市梓潼县双板乡南垭村的祠堂（图 3-90），即任家大厅，位于南垭村的最北侧，修建于清朝康熙二十六年，用于任家宗祠祭祀。

图 3-90　南垭村祠堂

来源：自绘

涪江流域传统村落的宗祠通常以特定的平面、外观和多样的装饰装修来确立祠堂的身份。此外，祠堂的布局方式与祠堂在村落里的数量有关。除去祠堂与民居建筑融为一体的情况，其余的根据祠堂在村落里的数量分为两种类型：村里只有一个祠堂，可称之为"单一祠堂村落"；村里拥有两个及以上祠堂，可称之为"多个祠堂村落"。

位于村前中央地区的祠堂，因其所处地理位置的特殊性，另有广场和风水池的辅助，十分容易彰显出主导地位。独立于居民建筑之外的宗祠，通常会以鲜明的形象显示尊贵性。总的来说，祠堂位于村落前或者村落周围的位置，都具有其独特性，所不同的是，位于村前中央位置的宗祠可以看作是村落周围的一种特殊形式。

祠堂在村落中的布局形式受许多社会因素的影响，特别是对于多个祠堂混杂于村落中的情况。如果不能对各祠堂的"分布位置"进行明确的界定，就很难把握祠堂在村中布局的真正意义。但是有一点可以确定，把祠堂建于村落的边缘以此来强调祠堂的突出意义与特殊性，在一定条件下可以增加祠堂在村中的吸引力。

3.5.3.2　寺庙及学校与村落构成

寺庙是一种带有宗教色彩的公共空间，通常拥有两种功能：一种是为村落提供精神上向心的凝聚，另一种是提供物质与生活上的服务。这两种功能使得宗教中心成为村落内部的重要精神凝聚地及精神服务空间，为村落内的人服务。而其他的公共空间，如学校、行政、医疗等，则成为村落内外兼顾的物质服务空间。一般情况下，宗教空间是村落的核心，这一核心不完全是指占据村落地理位置上的中心，还包括整个区域范围的中心。各类活动都围绕宗教中心展开，持续地为村落内居民提供精神上的支撑，有着更强的内生性。而其他的公共空间比较依靠村落内外的相互联系，更具社会属性，有着相对的封闭性。道路交通作为村落沟通各个节点的主要通道，为村落服务。寺庙等宗教空间注重与村落内部各建筑及空间的联系，而其他的公共空间更注重村落的内外联系，对对外交通的依赖性较强。居民通过对各个公共空间与道路进行组织，结合自然生态情况，形成了具有不同精神意象和物质形态的村落空间。

    涪江流域建有寺庙的村落数量较多，除去一些年代久远无法考证的村落之外，绝大部分的村落现阶段都拥有保存比较完好的寺庙。有些村落的寺庙数量不止一座，类型也不止一种，如绵阳市游仙区魏城镇铁炉村不同类型的古寺庙包括牛王庙、送子观音庙、土地庙、圣泉寺等（图 3-91）。

图 3-91 铁炉村圣泉寺位置

来源：Google 地球

    有些面积较大的村落拥有学校，通常为小学，但数量不多，如绵阳市涪城区丰谷镇二社区的丰谷甘露小学（图 3-92）、江油市二郎庙镇青林口村的青林口小学（图 3-93）。

图 3-92 丰谷甘露小学位置

来源：Google 地球

图 3-93　青林口小学位置

来源：Google 地球

作为村落的公共设施，寺庙和学校在村落中的空间分布通常具有一些共同的特征。

（1）因寺庙和学校的公共性，它们都有一定面积的入口广场，这种布局与紧凑的村落布局不一致。

（2）寺庙和学校大多位于村落边缘或边界一侧，也有少部分坐落于村落的中央。

（3）寺庙和学校等基础设施都是独立布置，不与村落相连或者混合，这是基础布局的原则。

总体来说，寺庙和学校一般都与住宅相隔离，甚至是独立于村落之外，这种现象正是公共设施独立的表现。与祠堂不同之处在于，寺庙和学校这类公共建筑并不会特意布置在村落前排中心的位置。

3.5.3.3　商店与村落构成

在涪江流域传统村落中，商店建筑一般都布置于村落的主要交通街道的一侧，通常是连排布置。旅游业更发达地区的村落，商铺会集中布置，一般位于街道两侧，形成商业街，如绵阳市平武县白马藏族乡亚者造祖村（图 3-94）、江油市二郎庙镇青林口村（图 3-95）。但大部分的普通村庄，村落的居住建筑呈现分散布置的形式或组团形式，商店一般是零星分布，隔一段距离才会有商店点。

3.5.3.4　碉楼与村落构成

碉楼又称"炮楼"，作为整个村落的防御体系的重要组成部分，在村落构成中是一个十分重要的元素。涪江流域现存有碉楼的村落数量较少，拥有较多碉楼的当属羌族村落。尽管对于整个涪江流域来说，碉楼的数量并不多，但碉楼高耸的形体都会给人们留下深刻的印象，因其所属地理位置的特殊性，通常会被认为是一个村落的标志。

图 3-94　亚者造祖村商店　　　　　　　　　　　图 3-95　青林口村商店
来源：自摄　　　　　　　　　　　　　　　　　　来源：自摄

　　根据碉楼与村落的关系，可将碉楼分为村属和私属两类，前者属于整个村落的公共设施，后者属于以前大家族或组织留下的私宅。村属和私属两种不同性质的碉楼在很大程度上是一定社会关系产生的结果。一般村属碉楼的建设及维护需要宗族机构或是整个村落才能完成，而私属碉楼属于私有建筑的一部分，与村落集体资源无关，其建设标志着某些家族的独立、经济实力雄厚等。

第4章　涪江流域传统村落的建筑营造

村落的建筑营造自古以来一直都是人类精神家园和物质家园的体现。先辈们通过建筑构造、建筑技术与自然环境的相互作用，向后人展示人与自然的和谐相处。影响涪江流域传统村落建筑营造的因素众多，主要包括有形因素与无形因素、外部影响与内部影响。

有形因素包括传统村落物质形态的形成与转变、自然条件等因素。自然条件包括水系、地形、植被、土壤等，这是形成传统村落民居建筑风貌地域差异的基石。首先，地形和水系是影响村落聚集形态的主要因素，平原型聚居点多呈现为点式分布或者沿水系带状分布；丘陵型聚居点形态大多为阶梯状和团状分布；山地型聚居点受地形限制，基本为阶梯状分布，采用半干栏式建筑。其次，气候因素主要影响传统村落民居建筑的空间布局、造型风格，如屋顶、院落、开间、檐廊等，由于夏季需要疏风散热，冬季需要防寒保暖，因此形成了"曲尺型"和"院落式"布局。然后，降水因素也是传统民居造型风格和建筑材料选用的重要影响因素之一，对民居建筑的影响主要体现在屋顶形式及屋顶坡度上。最后，植被和土石会影响建筑的选材与构造。

无形因素则包括社会、经济、政治、人文等因素。人文因素是影响传统村落民居建筑风貌地区分异的一个不可或缺的重要因素。一方面，宗教伦理、风水堪舆以及民族文化都是建筑风貌地区分异的"内动力"。民族文化和民族信仰影响了不同传统民居的内部装饰、布局形态及建筑造型风格；宗教伦理和风水文化对涪江流域传统村落民居的影响主要体现在聚居点的选址、聚落形式与分布、建筑朝向、空间构成等方面。另一方面，人口流动、战争防御、商贸经济是部分传统民居建筑风貌地区差异的"外推力"。人口流动和商贸经济促进了不同文化之间的交流和融合，使得传统民居建筑要素如空间布局、聚居选址、造型风格等在不同地区扩散，从而进一步影响各传统村落民居风貌的形成；战争防御主要影响传统民居的建筑布局，从而延伸出了城墙、围栏等防御构筑物。

外部影响主要指传统村落外部的影响因素，即村落的整体自然历史环境。涪江流域传统村落作为四川民居建筑文化的重要组成部分，在独特封闭的自然环境中，其风格极富地方特色、自成体系；而在悠久的历史演变发展过程中，又与外界各地有着丰富的文化交流，特别是伴随着历史上的人口迁徙和王朝兴衰更替，在民居建筑文化上也表现出与中原及其他地区建筑文化之间相互影响、相互交融的多样性特征。

内部影响是指传统村落内部的影响因素，包括经济联系、宗族制度、思想观念、功能需求等。涪江流域传统村落渗入了各地宗教文化、礼教思想的成分，与当地民俗文化长期兼收并蓄、融合发展，逐渐形成了独特的涪江流域传统村落民居风格。

涪江流域传统村落民居建筑风貌在形成过程中也会受到多种影响因素的共同作用，不同影响因素对各区域建筑风貌地区分异中的影响程度各有不同，每一类建筑风貌的形成都有主导因素。例如，在水网密布区域地形地貌是水乡民居的"流水、木栈、码头"建筑要素的主导因素；崎岖的丘陵地形和湿热的气候因素是山区民居"干栏式木楼"或"干栏式竹楼"建筑的主导因素；风水文化作为中国 5000 年流传下来的传统文化，也是先辈们根深蒂固的思想文化观念，其对建筑布局的影响甚是深远，是民居建筑风貌的主导因素；藏族文化和寒冷的气候条件是"木栅式"民居的主导因素；而战争防御因素是"围屋式"民居的主导因素。涪江流域各地的地形气候条件不尽相同，不同移民聚居区又呈现出各自的差别，所谓"五方杂处，俗尚各从其乡"，因而传统村落民居形制类型也就十分丰富多样。

这些与地域特征、地区发展相适应的内部因素、外部因素的共同作用，通过富有变化的建筑营造，给人丰富的体验空间和形式语言，以此展现流落于时间长河中的传统建筑文化，最终呈现出世人眼中的涪江流域传统村落聚居的构成形式。在厘清这类关系后，本章将对涪江流域传统村落的民居建筑类型、民居地域性与民族特色、结构构造及建筑装饰等方面进行探索与研究。

4.1 民居建筑类型

传统民居是一定地域范围内民俗文化的艺术结晶，有着丰富而深远的文化哲理，是中国古代劳动人民智慧的体现，体现了人类文明与自然山川在历史长河中和谐相处与共存的时代特点。民居中"天人合一"的精神、"环境与建筑"的交融、"自然美和人文美"的演绎，这些足以弘扬民族文化自信，使之一代一代地延续下来。

我国幅员辽阔，地理气候、人文风情等差异使民居类型各有不同。涪江流域山地丘陵环绕，地貌类型丰富，水网密布，民居的布局形式因地制宜。民居空间布局灵活，注重与环境的融合，巧妙地利用自然地貌，将人、环境、艺术进行有机结合，形成明显的中轴而又不受中轴线的束缚，体现一种自由灵活的平面布局。涪江中下游夏季炎热，冬季少雨，而涪江上游降水量明显较多，气温在高程大于 1600m 的地区显著增加。涪江流域民居建筑平面布局多以井院为主。受风俗、地形、气候等影响，一般大四合院天井宽阔，独栋建筑天井较窄，但是这些大小不一的天井都同时兼备采光、排水、通风等多重实用功能。民居房屋多为青瓦白墙，屋顶采用人字形的坡屋顶结构，铺设烧制的小青瓦，稻草和芭茅草作为屋顶覆盖材料也随处可见，稻草顶十分考究，富有极强的工艺水平。传统民居所用木材资源丰富，涪江流域山坡林地松、柏、杉、杨、栋、槐、香樟、楠木等树种十分常见。竹在传统民居房前屋后均有种植，其既是建筑物的组成部分，又是居民日常生活用品。涪江流域石材丰富，石灰岩、砂岩容易开凿，是较好的石材，常称之为"连二石"，毛石墙、乱石墙应用相对普遍。黏土用于版筑土墙，而高大坚实的土筑墙反而较为少见，烧制的黏土砖对于砌造空斗墙的薄形砖有特别的用处，砌出的墙体具有较高的质量。墙体一般采用白粉粉刷，有些经济较为落后的地区则直接使用土质墙体。涪江流域民居具有特殊的韵味，做到了人、建筑、环境艺术的有机结合，类型丰富，布局灵活，有多种复杂的组合形态。

4.1.1　条形独栋式建筑

4.1.1.1　形成机理

涪江流域位于"川渝"这样一个文化统一而又多变的地区之中，同时具有丘陵与平原、山地与盆地的地貌空间特点，气候环境以亚热带季风气候为主，兼有小范围微气候。多元文化的产生、开放包容的风俗民情，相互影响，相互包容，使涪江流域传统村落蓬勃发展。为了使场镇空间作为人们日常起居、经贸交流的重要场所，承担起在政治、经济、社会等方面的职能，形成了条形独栋式的建筑形式。建筑沿街道两排并列布置，形成街巷空间，实现了商品物质交换和居民的相互交流。

4.1.1.2　整体布局

条形独栋式也称一字式，整个房屋呈一字形排列布局。例如，绵阳市江油市二郎庙镇青林口村的一字式民居（图 4-1），多为单家独户，一般为一列三间正屋，称为长三间，中间为堂屋，两边为正屋，堂屋比两边正屋要凹进去 2m 左右，形成"吞口"或"燕窝"。正屋大多位于夯土整平后的地基上，俗称为"座子屋"。正屋中间部分为堂屋，其地面不设置木地板直接落地，上方不设天花板而暴露其屋顶梁架。在一字式布局中，堂屋是核心空间，屋内供奉"天地君亲师"牌位或者祖先牌位，家庭举行仪式均在此进行，同时堂屋也是接待亲朋好友的地方。堂屋两侧用于人居住的称为"人间"，人间地面铺木地板，上面设置天花板形成阁楼。通常在一字式建筑的一端或两端山墙搭建偏屋，布置厨房、厕所、猪圈等功能用房。此房屋简单、舒适，充分利用自然环境，因地制宜，易于建造，为大量居民所使用，多分布在田野山间。几户相邻但又各自独立，各地都可见到这种简易的普通民居。

图 4-1　青林口村一字式民居

来源：自绘

4.1.1.3　表现形式

民居建筑是居民家庭内部建筑的组合，建筑组合体的特点体现了当地居民的生活方式和社会结构。典型的条形独栋式是以家庭为单元的标准化建筑组合体,这种户型布局适应性非常强,简单实用,可依山而建,也可平地而居。户型为横向排列,三间或五间居多,户型居中间为堂屋,这种建筑核心部位的布局形式决定了整个建筑的平面走向,主要用于比较庄重、正式的活动,如接待贵客、商谈家事、尊祖祭神、婚丧寿庆等。堂屋的朝向绝对不能朝向正北方,因为在涪江流域农村地区有句谚语"北风扫堂,家破人亡"。居住的民居都没有院墙,不设朝门,完全是一个开放空间,住宅的日照较为充沛。在正房前留有一块长方形的空地作为院坝,院坝的长度略长,宽度视其地势而确定,院坝主要供休息玩耍、晾衣服、晒谷物或大宴小席请客摆酒席,作为居民加工农副产品、生产生活的场地。

4.1.1.4　建筑特点

　　涪江流域传统民居的建筑组成元素主要包括盖有小青瓦的穿斗式坡屋顶、屋脊上的神兽、穿斗木结构土砌的墙体、承重的柱子、建筑材料装饰构件、木质的门槛门窗、石头堆砌的台基等,如绵阳市平武县白马藏族乡亚者造祖村的民居装饰(图 4-2)。条形民居主要以一层为主,二层只是用于装饰或者用于阁楼使用,建筑总体高度为 5.6~8m。窗是建筑的装饰性构成部件,用于美化建筑,传统民居一般只有建筑的主体构成部分(堂屋)与居住卧室才会设窗,窗的体量、形态不一,包括方形、八角形、兽形等。建筑立面分为凸出的栏杆材料的木质小型阳台与凹进的檐廊等。檐廊起着室内空间与户外空间的过渡作用,在民居中大多作为农家的日常起居空间、放置农具的场所。整个建筑布局凹凸不一,虚实结合,形成了丰富的建筑特征。可以看出,涪江流域传统民居的开间较宽,建筑高度较高,这种开敞的民居空间特征十分有利于改善房屋的通风、采光条件;部分民居会在主要楼层之上设置阁楼,这在极大提升空间丰富度的基础之上增加了储物或居住的实用性。一字式院落布局受到地域文化和民俗的影响,一般有两种空间模式:一种是正房与院坝组合型,其大多数表现为正房前具有一个院坝空间,四周一般会种植果树和农作物;另一种是正房与院墙的组合型,由正房和房前的院坝以及院墙围合而成,院墙的存在既可有效地增加院落的私密性,又具备安全、防盗的作用(徐辉,2012)。

图 4-2　亚者造祖村民居装饰

来源:自摄

4.1.2　一横一顺式建筑

4.1.2.1　形成机理

涪江流域基本处于地形多起伏且大多山林密布的区域，夏季闷热，冬季较为寒冷，其民居建筑应尽可能利用自然通风，降低室内环境的温度、湿度，兼顾冬季保温。"倒 L 形"民居建筑有利于通风（图 4-3）。夏季气流从建筑两侧吹过，带走墙体的温度，中间气流流入室内通风换气，适用于涪江流域这种夏季闷热的气候特点，最大限度上降低了室内湿度与温度，提高了人体的舒适度。

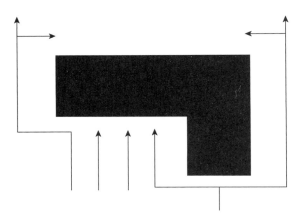

图 4-3　"倒 L 形"建筑通风示意图

来源：自绘

4.1.2.2　整体布局

一横一顺式建筑也称"倒 L 形"或"曲尺形"，是在一字式的基础上发展起来的，规模较一字式的建筑大些。这种建筑主要从建筑正房一侧接两三间耳房，耳房的进深一般较正房小，主要作为卧室、储藏室、厨房使用。例如，绵阳市游仙区魏城镇铁炉村（图 4-4）的民居形式，通常从当地居民的传统习惯出发，组合建筑时，以主体建筑为核心，形成明确的流线。整个户型布局有一定的围合感，在正房前面形成一个半围合的场地，称为"地坝"或"院坝"，有的用竹竿或栅栏，即为"院落"的雏形。平地而建的厢房多为一层两开间，厢房的门朝院坝，沿与正屋垂直方向延伸出来，与正房构成"T"形的户型布局，这种布局方式在单家独户的山区乡下十分普遍。

4.1.2.3　表现形式

一横一顺式结构表现为从一字形向曲尺形发展的过程，即一字形的偏房扩展为像钥匙头的厢房。房屋的结构为就地取材的版筑土墙承重瓦顶，前出檐廊，与周围山地环境较为协调。这种曲尺形也有很多种变体，根据当地的地形和功能形成多体量的组合，结构处理

图 4-4 铁炉村一横一顺式民居

来源：自绘

十分灵活，利用正房厢房高度上的差异产生主体附体的对比，形成若干不同的建筑造型组合（高源，2014）。

4.1.2.4 建筑特点

在"曲尺形"的建筑组合形式中，通常在正房与耳房相接处加建一转角楼，将其称为"抹角屋"，一般在此屋布置灶台作为厨房使用。在耳房靠院坝面的一侧设置走廊，甚至在内、前、外三个方向均设置走廊，民间通常称为"转千子"。耳房山墙面加披檐，或者是简化版的歇山屋顶，这种耳房形象与"龛子"相似，故以此命名。在居民日常生活中，此处常常作为女儿家女红、对歌的场所。耳房的楼板由吊脚柱作为支撑，耳房山墙面设置垂柱支撑的走廊，走廊上方设有披檐与挑檐相接，同时兼具美观和挡风雨的功能。

根据院坝筑台的模式不同，"曲尺形"院落可分为两种空间模式："天平地不平"和"逐台跌落"（翟逸波，2014）。"天平地不平"曲尺形院落的耳房由多个开间组成，屋面齐平与正屋相交，耳房的各开间水平线受地形的影响不在一个标高上；"逐台跌落"曲尺形院落耳房的屋顶根据院坝筑台的趋势顺势跌落而下，其屋顶平面形态呈现出一种层次丰富的拖厢造型。

4.1.3 院落式建筑

4.1.3.1 形成机理

中国传统民居的院落形式多种多样，是建筑组群中的重要组成部分，也是人们日常活动的地方。院落式民居在中国大地上随处可见，起源于陕西半坡新石器时代遗址；最早的四合院建筑为陕西岐山凤雏村西周宫殿遗址；院落组织布局进一步成熟、发展在古代王朝秦、汉、隋、唐；空前发展、成熟定型为明清时期。明清时期也是巴蜀传统民居院落式布局发展的鼎盛期，尽管巴蜀地区在此期间经历了多次战乱，但是经过长期的休养生息，经贸得以恢复，场镇重新繁荣，加上历史上记载的几次大规模的人口迁徙活动，导致人口不断增加，这些成为民居院落式布局再度兴起的契机。人口的增长，使得对民居建筑有了新的需求，促进了大量民居院落的产生，并使巴蜀民居院落建筑风貌显现出了典型的南方建筑特征。穿斗木结构也逐渐成为涪江流域民居建筑的主要结构体系。明清时期的传统民居院落空间的发展，经过一代代的技艺传承，其特有的院落布局和建筑结构已日渐趋于成熟。结构上由元末明初的抬梁式结构转变为以木制穿斗结构为主，院落的平面布局形式变得更加丰富，一般以天井空间作为院落的节点中心，轴线纵横交错，内外序列有致，层次分明。

4.1.3.2　整体布局

院落空间包括开敞院落、围合界面、周边环境、情景元素等。院落是建筑、界面、庭院空间的一种组织体系，是一种空间形态和组织关系，是多种要素的有机统一。涪江流域出现了大量的合院式民居，有三合院式的、四合院式的。这些合院式布局以庭院作为单体建筑的联结纽带，院落空间起到了栋与栋之间的联系作用，使得同一庭院内的各栋单体建筑在交通联系上、使用功能上联结成一体。院落式天井与廊檐的结合，可以取得良好的遮阳、纳阳、采光效果。顶界面露天通透，与敞厅等组成效能很高的通风系统。

封建社会，乡村大户人家的庄园一般都是独立的大型四合院落组群，除了居住部分，还有对外接待的社会活动空间和各式各样的客厅、私染、戏楼、书楼、佛堂以及相当面积的花园。更大的庄园还有各种手工作坊、收租院、圈养马厩、碉楼以及家丁、卫队守备、佣人用房。这些庄园大多建在场镇附近或乡间所谓"风水"好的地方，并在场镇旁有经营的店铺或货栈。在经济生活功能上，它们是相互补充的。

4.1.3.3　表现形式

涪江流域传统民居院落式布局，基本上是以庭院为核心的内向型布局，且经过千百年的沿袭与发展，恒久未变。庭院空间受到如此青睐，显然是与中国特有的传统风俗和根深的文化内涵分不开的。中国的传统观念中历来有主次与尊卑之分，这主要体现在纵深方面，而其横向联系不能体现"北屋"的重要地位，"北屋为尊，两厢次之，倒座为宾"恰好能体现院落式布局的文化信仰。正是受传统文化的影响，院落尺度、建筑形制不断更新，形成特有的"三合院""四合院"的院落表现形式。

1）三合院民居

三合院又称"三合头""撮箕口"，是在原有的曲尺形平面基础上于另一侧增加一侧厢房的院落组合，呈门字形，为一正两厢形制。有明显的围合，形成院坝空间，围墙可以用矮土墙、砖石墙或者树木等材料建造。根据地形条件和需求不同，三合院式正房为三间两厢，长短间数不同，呈不对称形态。

我国大多数地区存在三合院的院落组合形式，但整体而言，不同地区因不同的文化差异，三合院所呈现的形式与文化特点不尽相同，具备自己独特的风格特点。涪江流域传统村落三合院以其独有的特征而存在，给人们生活增色添彩，同时也进一步促进了当地文化的继承与发扬。涪江流域传统村落三合院以绵阳市平武县白马藏族乡亚者造祖村最具特点（图 4-5）。亚者造祖村三合院规模较大，建筑质量上乘，做工十分考究，往往有厢房、厨房、餐厅、卧室等组成部分，呈中轴对称格局，三合院的左右通常分别是客厅和粮仓。在这些核心建筑之外，院坝呈四方形下沉，铺以水泥，整齐干净，被用来当作晒场或者种植花果树木。三合院建构主要以木材为本底，石材、砖材等材料为辅，这与涪江上游地区山地、人文习俗有着密不可分的联系。另外，涪江流域传统村落三合院屋身、梁柱、门窗均以木材为主要材质，墙面通常采用黄色木墙，屋顶采用灰黑色或暗褐色。有的屋脊上还塑两只白色的"大公鸡"，屋顶上有一顶插着白色羽毛的白毡帽，白马藏族人认为白公鸡是神灵的化身，把它们作为自己民族的吉祥物和守护神，点缀极具地方特色的装饰物，留下了文化传承的痕迹。这些都与当地风俗习惯、地形地貌等相关因素紧密相连，从而形成十分具有代表性的涪江流域传统村落三合院形式，这种建筑形式与特色在民族文化和地域文化的传承过程中保留较好。

(a) 民宿客栈　　　　　　　　　　　　　　　　　　　(b) 屋顶装饰

图 4-5　亚者造祖村三合院式民居

来源：自绘

2）四合院民居

四合院又称"四合头""四合水""四水归池""四水归堂"，将三合院围墙一面改为房屋即成，是一种重要的组合建筑形式。通常正房又称上房，为 3～5 间，中间围合的院子为方形，各个建筑严格按照中轴线布局，并形成左右对称、封闭独立的院落。

涪江流域有着独特的地域特点，结合当地丰富的地理气候、传统风俗、历史文化，并融入居民的生活与工作环境，形成了凸显地域特色的四合院式建筑风貌。

绵阳市盐亭县林山乡青峰村的王家大院（图 4-6）位于一山洼处，四周山林环抱，十分规整，兼具南北方的特点，比北方的院落要小，比南方的天井院要大；整栋建筑以中心庭院为点，并根据家族礼制规范、尊卑秩序等条件向四周布置房屋，上房住长辈，两厢住下辈，杂役佣人住下房；宅门位于正中，面向东南方向，大门有一个门楼，为具有很高艺术性的小建筑形式；四合院外部入口大门道，深深的过道式门楼，进大门后首先看到的是一个门厅，雕刻着独特的涪江地域文化符号；四合院的中间是庭院，构成整个四合院的核心空间，是许多生活生产活动的场地，一些红白喜事、年节宴乐宾客等排场庆典几乎都在庭院中进行；正房有三开间或五开间，台基较高，多为长辈居住，是四合院中最重要的房间；两面厢房各 3～4 间，三面设檐廊；院坝扁方为下沉式铺以青砖，四面房屋排水都集中在庭院院坝，常有暗沟排至屋外，正房的檐口较高，其余三面房檐相连接；四合院是砖木结构建筑，土墙灰瓦，造型古朴，建筑牢固，已经有 200 余年历史；房顶的瓦大多用青板瓦，正反互扣，檐前装滴水，或者不铺瓦，组成房架子的檩、柱、梁（柁）、槛、椽、门窗、隔扇等，均为木制，木制房架子周围则以当地泥土砌墙，梁柱门窗及檐口椽头都雕刻文案，屋脊上装饰着神兽。整个建筑水平展开，功能明确，布局合理，主题突出，高低耸立，威武规整，空间变化丰富，形象生动，特色鲜明。

图 4-6　青峰村王家大院四合院式民居

来源：自绘

绵阳市江油市重华镇公安社区（图 4-7）也兼具南北方特色，既具有北方封闭式的院落特点，又融合了南方建筑的敞厅、通廊、封火墙的特点，并且还有花园、楼阁、戏台。受到人口迁徙与巴蜀政策环境改变的影响，人口逐渐增加、场镇繁荣发展、城镇建筑集中建造；民居建筑沿街布置，构成商业空间，街巷也是公安社区传统场镇的雏形；院落空间平面大多为店宅式，结构紧凑、开间多进且与地形结合巧妙；天井空间用于采光与通风，还有休息观景、夏日纳凉的作用；多样的建筑构造营造出丰富的"外封闭、内开敞、大挑檐、小天井、高勒脚、冷摊瓦"空间组合形式。

图 4-7　公安社区鸟瞰图

来源：自绘

　　绵阳市盐亭县石牛庙乡风华村的冯家大院（图 4-8）也是十分典型的四合院民居，为县级文物保护单位。民居建筑修建为一层，土木结构，采用柏木穿斗、卯榫结构，小青瓦屋顶，且房屋雕梁画栋，飞檐翘角，梁柱多有雕刻，其图案大多寓意着平安吉祥；分布特点是层层叠进、天井相连，属于一进式四合院；雕花石裙墙、青砖构成简洁明快的建筑立面。

图 4-8　风华村冯家大院

来源：自绘

4.1.3.4　建筑特点

　　涪江流域院落种类繁多、功能复杂，如农家合院、地主府邸、官宦宅第、商贸店宅、手工作坊、私塾书院、宗族祠堂等。这些院落空间布局形式是当地经济、文化发展和繁荣的象征，它们相互促进、相互影响。同其他地区建筑功能分类一样，涪江流域传统村落空间布局的最主要功能是方便居民日常生产生活，并提供各种活动的场所，是一种与自然气候地理环境相协调、与生产生活实践相融合、与民族文化宗教信仰相包容的建筑形式。在对院落式建筑进行分类时，由于涪江流域各地的风俗习惯、地理位置、气候条件、社会制度等不同，其民居建筑有不同的分类方式，不能将建筑学层面多民居的定性作为分类标准，这样的分类缺乏代表性（徐辉，2012）。于是，从"布局-功能-行为"三位一体的社会学角度对院落空间的使用功能特色进行筛选，得出涪江流域传统村落建筑的院落空间分为三种功能类型，即乡村宅院式院落、城镇宅院式院落、寨堡式院落。

　　1）乡村宅院式院落

　　乡村宅院式院落受到地形地貌和民风习俗的影响，布局相对灵活，空间开阔。这一方面是由于涪江流域以水稻种植、务农耕地为主，农用地占据多数，并多分布于山区丘陵地带，因此涪江流域农村住宅用地相对充足。另一方面由于院落式布局空间与农业生产及居民生活息息相关，院落在形制上不严格遵照宗族礼教和礼制观念，大多数乡村宅院式院落依山而建、因地制宜。

　　乡村宅院的建筑规模一般相对较小，同时受到巴蜀文化"父子分家，别财异居"风俗的影响，乡村居住建筑布局大多呈现散状布局的方式，院落布局也较城镇住宅建筑自由、灵活。乡村院落空间布局根据农户各家收入水平及宗教信仰观念的不同，形成不同形制。平面形式的院落多以最基本的条形独栋式、曲尺形为主，或是兼具"丁字形"院落，规模稍大的农户家庭或传统民居建筑则会修建"撮箕口"的三合院式院落，规模较大、人口较多的农户家庭则会围合成四合院式院落。

　　2）城镇宅院式院落

　　城镇宅院式院落主要受到城镇商贸和用地面积的限制，城镇宅院空间紧凑，且具有窄面宽、长进深的布局特点。涪江流域场镇居民由于用地相对紧张，来往商贸人员复杂，因此场镇建筑多以街道组织布局，如遂宁市射洪市洋溪镇楞山社区的街道民居建筑（图4-9）。有的场镇一街贯穿，另一些场镇会形成纵横的路网，但也会有主次之分，由一条主街和若干次要街巷组成。街道两侧的城镇宅院通常都是以紧凑的天井式布局来组织空间，然后以这种天井原型作为母体，以垂直的主街为中轴线进行纵向的串联，形成面阔窄、进深大、并列排布且错落有致的布局形式，最终构成多进紧凑的院落空间。涪江流域的这种井院民居空间布局紧凑，一般采用小天井、大进深的形式，大多采取"梳式"布局或"三间两廊"式的三合院式布局。民居的空间大多采用独立式的空间布局，平面形式通常呈"矩形"。

(a) 街巷空间　　　　　　　　　　　　　　　　　(b) 民居建筑进深

图 4-9　楞山社区

来源：自摄

　　3）寨堡式院落

　　受到复杂的自然环境以及明清时期以来的战乱、鸦片、山匪等因素的影响，涪江流域存在着大量具有地域特色的寨堡式院落，其既是人们日常起居、生产生活的聚集地，又具有城墙或者栅栏等突出的防御特点。寨堡式院落以防御、保障安全为主要目的，这种建造思想自始至终贯穿整个院落的选址、布局方式，甚至建筑细部的处理，并最终体现在它的空间格局上。寨堡式院落由寨门、寨墙、碉楼、通廊、枪口等诸多防御性的建筑构成，所有建筑要素充分发挥各自的功能，相互弥补，形成点-线-面，直至形成三维空间的整体防御架构。

寨堡式院落大多根据地势依山而建，布局封闭，且具有对外打击的能力，区别于由院墙围合而成的传统院落。同时，寨堡式院落也是一种民居院落，区别于纯粹的军事要塞，生产活动、生活起居是寨堡式院落存在的根本原因。无论是用作临时的庇护所，还是长期定居的场所，寨堡式院落都具有应对居民生产生活的功能空间。根据涪江流域传统村落内部的空间组织特点，可以将寨堡式院落分为两大类：以家族起居生活为主导的独立式寨堡院落、以群落聚居模式为主导的寨堡院落（徐辉，2012）。

（1）以家族起居生活为主导的独立式寨堡院落。

以家族起居生活为主导的独立式寨堡院落，其修建及布局方式一般会结合地形条件，将天井、围墙与外围防御建筑精密结合，从而衍生出既具有防御功能又兼具日常生活的民居院落形式，其具有独立院落的特点。地势平坦的寨堡式院落，其天井、院落建筑布局形式方正，中轴线对称，轴线清晰，仪式感较强。而一些地形环境恶劣的寨堡式院落，其院落选址与空间布局皆顺应地形，寨墙随地形起伏而变化，呈现出"依山就势"的围合特点，从而起到防守的作用，易守难攻，防御效果显著。从功能上来说，作为家族的居住之所，有的还有家祠、私塾书院、祠堂等公共建筑。根据实际的生活需求和地形，通过院落布局、院坝、天井等自由组织寨堡内部院落空间，通常会采用不对称式布局和轴线偏移的做法，空间布局十分丰富，如重庆市潼南区古溪镇禄沟村的独立式寨堡院落（图4-10）。

图 4-10　禄沟村独立式寨堡院落

来源：自摄

（2）以群落聚居模式为主导的寨堡院落。

以群落聚居模式为主导的寨堡院落，多出现在农业经济较为发达的地方或者人口相对集中的丘陵地带和平原地区，整体规模较大，其居民的聚居形式是以群落聚居，也最有特色。这种类型的寨堡式院落在选址布局、外部空间环境、民居建筑风貌上具有较强的类似性，只有建筑内部空间的组织会根据居民实际的需求和用地状况的不同而呈现不同的布局方式。

　　与独立式寨堡院落不同，群落聚居型模式下的寨堡院落更加强调整体聚居点的防御性，如重庆市潼南区古溪镇禄沟村的群落聚居式寨堡院落（图 4-11）。同样，群落聚居地的外围也有顺应地形地貌而修建的寨墙，其寨墙大多借助特殊地形所形成的天然屏障，修筑在峭壁之上，与山体相融合。并且寨墙内部各个院落之间相互联系、互相守望，在受到外来威胁时具有军事防御作用。院落建筑形式富有变化，包括庄园、院落、祠堂、书院、箭塔、炮塔、碉楼等，这些建筑既相互之间留有空间，又在形态上紧密联系。院落与院落之间的空间，则是满足居民生活和农业生产所需的农田、果脯、鱼塘等。

图 4-11　禄沟村群落聚居式寨堡院落

来源：自摄

　　绵阳市安州区桑枣镇红牌村的羌王城（图 4-12），是古代羌族所构筑的军事城堡，从秦代开始，历经汉、唐、明、清等多代羌人的修建和经营。据史书记载"公元 1507 年，茂州所属静州土官拢木头土舍，从茂县土门经安县睢水关进入罗浮山，占据羌王城，以峭壁危耸的罗浮山砌石筑城，自号羌王，达数十年之久。后被明朝廷官兵围剿，羌人退居深

图 4-12　红牌村羌王城

来源：自绘

山，城寨便由此废弃"。羌王城保留下来的石头城垣高 4m、厚 3m、长 960m，东西开两座城门，山寨面积约 1km²。城内依山峰地势筑有一座囤粮的内城堡，内城开四道石门，西侧门极为隐蔽，当属间道机关。羌王城内石头建筑的城堡，保存比较完好，留下很多羌人生活的遗迹，兼具防御与生产生活的功能。

4.1.4　店宅式建筑

4.1.4.1　形成机理

　　涪江流域人口相对密集，以手工业生产为主的小商品经济繁荣，但只有极少商人从事纯粹的商品买卖，大多数是自产自销，有商贸交易的需求。加之涪江流域处于山地、丘陵，受到土地使用的限制。因此，民居院落的沿街面多设置商铺门面，形成了集居住、生产、销售为一体的民居类型，以方便来往之人进行商贸活动。

4.1.4.2　整体布局

　　店宅式院落就是为适应居民生活起居和商贸经营活动而衍生出来的一种院落空间。店宅式院落沿街开设商店，民居平面布局安排紧凑，建筑密度高。空间的联系与分割采取串联穿套式交通，走道短，过厅小，楼梯灵活小巧。这种院落在涪江流域众多的场镇建筑中占据了很大的比例，如重庆市潼南区花岩镇花岩社区的店宅式院落（图 4-13）。

图 4-13　花岩社区店宅式院落

来源：自摄

4.1.4.3　表现形式

　　普遍来说，店宅式院落特征多为宅面宽、大进深，会形成下店上宅或者是前店后宅的建筑表现形式（陈蔚和胡斌，2011）。店面外观还常和街道其他建筑连成一体，形成统一的街道景观。

4.1.4.4　建筑特点

1）前店面，后居住的院落空间

店面沿街布置形成街巷，营造繁荣发展的商业氛围，既有利于促进顾客的招揽，又可以在沿街的街道空间营造出良好的购物环境（图 4-14）。同时，因为有临街店铺的设置，可以有效地减少街道空间带来的噪声，提高舒适度，也保证了后部居住空间的舒适性。涪江流域湿热多雨，店面大多开敞面向街道，且不设置门窗，上部挑檐深远。这样的建筑风貌使得场镇商铺与街道空间相互渗透。

图 4-14　楞山社区前店面建筑

来源：自摄

后部居住的院落空间与前店面于一体，它的布局方式多样，使得内部空间与外部空间联系十分便利（图 4-15）。有些居民家庭人员较少，居住房间多以单开间纵深布局，依次布置堂屋、卧室、厨房等。有些居民家庭结构复杂，当店面经营内容多样时，店面也会横向扩展为多开间，其居住空间受到人的需求影响，变得丰富多样化，常见做法是围绕天井布置院落空间，呈现内聚多天井的院落布局。

图 4-15　楞山社区后居住院落

来源：自摄

2）底层店面，多层楼房居住的院落空间

涪江流域多丘陵和山地，受到地形地貌的限制，其出现的联排民居建筑大多进深较浅，当地居民为了获得更多的居住空间，扩大其使用面积，形成一楼一底或者两楼一底的店宅式院落（图 4-16）。当居民家庭构成简单时，底层作为商铺使用，二层作为居住使用，将一些必要的功能设置于商铺后的底层使用空间内，如正房、厨房、厕所等。当居民家庭成员构成较为复杂、商铺规模较大时，临街店面也可扩展为多开间串通带楼层的建筑形式，这种布局方式，其后部居住空间为了方便货物流动会单独开设院落出入口。

图 4-16　楞山社区下店上居民居建筑

来源：自摄

3）作坊式院落

涪江流域大多数以手工业生产的小商品为主要商品，且小商品经济十分繁荣。在商品经济活动过程中，除了一部分商人从事纯粹的商品贸易流通买卖外，还有很大一部分生产经营活动都是小作坊自产自销的，这就产生了将生产、销售以及居住功能融为一体的建筑类型。具有代表性的手工艺作坊有铁铺、纺织、炒茶、酿酒、染坊、甜品糕点等。作坊式院落在布局上具有更加复杂的功能组合，其布局形式在于将居住空间与作坊空间相协调。在传统的功能布局中，通常情况下会将作坊设于店面之后，利用单进式天井院落将生产空间和销售流线组织起来，利于操作且方便管理。大型作坊一般是将院坝与天井组合，院坝为生产提供晾晒加工的场地，而天井便于采光与通风。小型作坊在商铺店面之后会留较大的空间进行加工生产。为了尽可能减少作坊加工过程对生活起居的影响，居住空间多设于二楼之上。

（1）前作坊，后居住的院落空间。

这种作坊式院落空间普遍规模较小（图 4-17），如纺织、糕点、裁缝等小规模的自产自销的生产活动，不需要大型的生产机器和生产空间，产品与原材料大多直接从店面出入。

图 4-17　大沟村前作坊式院落

来源：自绘

（2）前店面，后作坊，楼层居住的院落空间。

需要大型生产设备与操作空间的作坊式院落（图 4-18），如铁铺、酿酒、酿醋、炒茶等，一般会将底层空出，设置柜台，作为销售与生产空间，而居住空间大多设置在二楼之上。因为产品和原材料的数量较多、规模较大，为了不让原材料的进出影响店面的正常营业，将运输出入口设置在人流量较小的后街处。

图 4-18　大沟村后作坊式院落

来源：自绘

4.1.5　台院式建筑

4.1.5.1　形成机理

早在奴隶社会时期，我国北方地区就出现了宫室式建筑，最初其适用范围受到限制，仅允许在行政最高的宗庙、祭祀等建筑中使用。随着时间的迁移，此类建筑逐渐扩散开来，成为汉人最常用的建筑样式。台院式建筑是宫室式建筑发展成熟的重要标志，从陕西岐山凤雏村西周遗址可见，最早在西周时期台院式建筑就已在北方地区广泛出现。宫室式台院建筑是伴随着中原汉族文化和汉人的进入而在涪江流域扩展开来的。由于地理区位、自然环境、历史变迁、生产生活方式等的不同，宫室式台院建筑在涪江流域的同化不像成都平原那样彻底。涪江流域的地形地貌多为山地丘陵，宫室式台院建筑因地制宜，在空间构造、平面布局、院落组合等方面均产生了变化，加之受到干栏式建筑形式的影响，形成了穿斗式架构为主、抬梁式为辅的结构。为适应有限的用地条件，平面布局"随曲合方"而不追求方正，在山地地形中多采用分台构筑的台院式建筑等，这些是宫室式建筑在涪江流域的表现形式（李和平，2004）。

4.1.5.2　整体布局

台院式建筑与中国长期封建社会儒家礼仪秩序的哲学思想有着深刻的内在联系，且在中国传统官式建筑和民居建筑中都占有统治地位，故而台院式建筑基本采用"中轴对称，前堂后室，左右两厢"的建筑格局。

4.1.5.3　表现形式

台院式民居建筑在涪江流域得到了广泛使用，但为了符合涪江流域地形地貌特点，产生了多种变化。民居的平面布局，仍以栋为单位。造型简单则为一栋三间，或二栋相连形成一字形，再扩展为院落式布局，如三合院、四合院。其中较为特殊的是联合多个四合院，最终形成"三进或五进之大宅院"。

4.1.5.4　建筑特点

台院式民居建筑特点主要体现在以下几个方面：平面"随曲合方"，却因地势影响，建筑形式灵活多变，不要求其规整；顺应地形，分台叠建，在地形复杂的地方采用台院式建筑；为适应涪江流域湿热的气候，院落空间相对狭窄，大部分民居建筑依靠"天井"空间通风散热；建筑主要采用穿斗结构，以灵活多变适应复杂的自然条件；由于用地及经济条件有限，其院落建造规模一般较小。除此之外，也有规模宏大、布局方正、装饰豪华的台院式民居建筑（周玲丽，2010）。例如，绵阳市梓潼县双板乡南垭村南华宫（图 4-19），据传统村落申报材料所述，南华宫建于清乾隆至同治年间，为广东移民修建的会馆。整个

图 4-19　南垭村南华宫

来源：自绘

建筑用材硕大、做工考究、牢固结实，艺术构件非常精美，具有十分明显的台院式建筑特色，具有较高的文物价值。南华宫位于南垭村八社，以南华宫楼屋面滴檐为基线向外延伸，东与江绵兵房屋、耕地为界，距正殿滴檐 1m，界限长 32.5m；南和粮站的耕地地盖为界，距正殿后滴檐 1m，界限长 26.5m；西以杜瑞康房屋为界，距正殿前滴檐 1m，界限长 32.5m；北与杨金山、杜瑞康房屋相邻，以南华宫门厅外滴檐为界，界限长 26.5m（周玲丽，2010）。

4.1.6　碉楼式建筑

4.1.6.1　形成机理

碉楼式民居是一种特殊的中国民居建筑，因建筑的外形类似碉堡而得名。众多碉楼延至今日有着非常复杂的政治、历史、军事等因素。据资料记载，四川拥有大批历史悠久的碉楼民居，最早出现在汉代时期。另外，四川历史上出川的道路较少且比较封闭，人口不多，清政府施行了"湖广填四川"政策，不断迁移湖广、关中等地的居民到四川安家落户，导致四川民居丰富多样，同时兼有南方大部分地区的建筑技术和建筑风格，其中大户人家为保障自身的财产安全，则出资修建带有防御性的碉堡碉楼，其成为传统民居的一部分。

4.1.6.2　整体布局

碉楼一般建在院落围墙的转角处，属于防御性建筑。尽管碉楼与住宅分离，但大部分碉楼都会通过廊道、围墙与宅院相连。在战争纷乱、时局动荡的情况下，作为瞭望塔使用；在和平时期，碉楼建筑不仅具有观察功能，还兼有火警监察的作用。四川境内寨子堡卡、碉楼比比皆是，直到清末，匪患增多，碉楼被大量损毁。现存的碉楼相对较少，但仍能保持碉楼的建筑风格，具有很高的研究价值。

4.1.6.3　表现形式

碉楼是一种独特的建筑艺术，融合了中国传统乡村建筑文化与西方建筑文化。其建筑形式为多层建筑，相对一般民居要高一些，也比一般的民居坚固厚实，窗户比民居开口小，外面没有铁板门窗。碉楼上部四角都建有突出悬挑的全封闭或半封闭的角堡，有居高临下的特点，在遭受进攻性行为时以方便还击。

4.1.6.4　建筑特点

最典型的碉楼形式当属附着型碉楼民居。附着型碉楼由碉楼和住宅两部分组成，两者相对独立，碉楼和住宅各具特色、互不影响。碉楼民居整体造型比较古朴，布局安排妥善，联系十分便捷。

涪江流域的碉楼式建筑，一般会依山而建，占据制高点。碉楼建筑通常修建 3～4 层，有的 5～6 层，最高可达 10 余层。底层作为牲畜的管理用房，有的还当作库房；中间层用于日常生活起居，设置经堂、卧室、厨房、储藏室；顶层一般设置瞭望台，顶层平台用来晾晒物品，兼具散步、游览的功能。楼层部分通常铺设木板。碉楼四周设有围墙，中间则是庭院，墙体较厚。院外采用小窗窄门，便于遮风挡雨。从建筑形体上看，普通的碉楼建筑基本上都是单体建筑。受到文化、民俗的影响，碉楼建筑的风格较多样化，建筑构成也不断变化发展。在古代，碉楼建筑主要用于军事防御。然而，通过研究发现，涪江流域所保留的碉楼建筑更注重居住功能和实用性，如绵阳市北川羌族自治县片口乡保尔村的碉楼（图 4-20）。保尔村碉楼建造于 1942 年左右，土石结构，保存完好，是市级文物保护单位。碉楼平面多呈方形，与住宅完全分开建造，两者之间用廊道和围墙连接；讲究因地制宜，就地取材，与环境融为一体，采用砖、木、石夯土等地方材料和羌族传统的施工方法构建，无须绘草图、打吊线，全借精湛的技艺与多年的经验；修建的碉楼民居不仅能起到防卫作用，还能与住宅相组合、相协调、相呼应；外面的墙体坚固，墙体用的土壤要求非常精良，砖石材料作碉楼外墙，厚度在 33～60cm，底部不允许开窗，避免外部环境的干扰；碉楼层数为 4～6 层，每层面积为 20～30m^2，并且面积相同，层与层之间用木梯相连，当碉楼的层数增高，楼内的以木为主的楼阁将向楼面外挑延伸，沿着外墙做回廊环绕，可以借护栏眺望，观赏美景；碉楼都有屋顶，基本上都是歇山式，与外面的环境相互融合，形成涪江流域碉楼式民居的一大特色。

图 4-20　保尔村碉楼式民居

来源：自绘

　　整个碉楼施工简单，坚固耐用，冬暖夏凉，光线明亮。碉楼处于民居建筑的从属地位，造型简单，功能齐全，不喧宾夺主，主次分明。碉楼大小高低不同，材料各异，对比明显，黑色的瓦，土色的墙体，黄色的木质结构。碉楼与自然环境融为一体，独具民族特色，汇集了劳动人民的智慧。

4.1.7　吊脚楼式建筑

4.1.7.1　形成机理

　　干栏式建筑为涪江流域早期传统民居的主要类型，建筑历史悠久，主要为穿斗式木质材料、底层架空的吊脚楼。吊脚楼又称"吊楼"，多依山就势而建，适应能力强，属于半干栏式建筑，底层并不全部架空，利用山地地形和木材结构的特征为上层争取更大空间和楼层面积。正屋建在实地上，厢房除一边靠在实地和正房相连外，其余三边皆悬空，靠柱子支撑，形成悬在空中之势，给人以巍峨气势，并形成独特的吊脚楼文化，这是涪江流域建筑中一道美丽的风景线。

4.1.7.2　整体布局

吊脚楼形式多样，布局灵活，其是一种十分独特、极为古老的民居类型，大多为中下层普通民众所构建。特殊的地理风貌、环境气候、风土人情造就了吊脚楼式民居，很有山地特色。尽管吊脚楼外形简易，只能在坡度较大的环境建造，功能单一，但可以应用各种灵活手段应对复杂的环境，并且施工、材料等简单方便。

4.1.7.3　表现形式

涪江流域具有山多、潮湿、多雨等环境特点，这造就了较多的吊脚楼民居群，依山傍水、顺其自然，建筑风貌错落有致、形状不一。绵阳市北川羌族自治县青片乡上五村的吊脚楼（图4-21）即为古老的吊脚楼建筑，建筑风格体现出汉、羌等多元文化融合的特征。

图 4-21　上五村吊脚楼民居

来源：自绘

4.1.7.4　建筑特点

吊脚楼架空层也有其丰富的功能性，不设墙壁，四面镂空，高度不一，具有加强通风干燥的效果，而且很大程度上能躲避当地的蛇虫猛兽，如果距地面的高度不高，可以作为储藏饲料谷物之用，这种建筑形式更加适应山区环境，如绵阳市北川羌族自治县曲山镇石椅村的吊脚楼民居（图4-22）。吊脚楼民居平面设计自由灵活，堂屋、厨房、储藏室等随意安排，上层居室分为卧室和客厅，房屋四周扩展延伸出走廊来增加公共活动空间，增强各房间之间的联系。屋顶形式与四川传统民居的悬山顶、小青瓦等形式如出一辙。吊脚楼民居还具备防雨、防晒等功能，又嵌入歇山式屋顶的风格，因此形成了悬山顶与歇山顶的结合体。建筑材料多采用石、木等，石砌基础，容易加工、防腐耐磨，并以榫卯结构构成。

吊脚楼居住舒适安全，适应地方气候环境，建筑优美，大大丰富了涪江流域传统建筑民居
文化内涵。

图 4-22　石椅村吊脚楼民居

来源：自绘

4.1.8　其他建筑

4.1.8.1　独特的 "风雨走廊"

　　重庆市永川区板桥镇大沟村，街道两侧建有宽 10m 的穿斗式回廊，可谓 "街道有
'盖'"，俗称 "风雨走廊"（图 4-23）。"风雨走廊" 始建于清康熙年间，迄今 300 多年
历史，其做工、用料很有特色。老街两侧，大片大片的屋檐从街边建筑屋顶延伸至街
道中心，构成了一道长约 800m 的长廊，唯有中间留出 1m 宽间隙用于屋面排水和采光。
间隙下方的地面是宽 0.8m、深 1m 的排水沟，用于自然和部分生活污水排放。以中间
的排水沟为界（图 4-24），老街被分成左右两边，左边主要贩卖各色物品，右边是人声鼎

图 4-23　大沟村穿斗式回廊建筑

来源：自绘

图 4-24　排水沟

来源：自绘

沸的茶馆，人来人往。在屋檐上漆黑的瓦片中穿插着几块透明的琉璃瓦，遮风挡雨的同时，也利于长廊内的采光。街边建筑高低不同，从屋顶延伸下来的屋檐使整个长廊变得错落有致。这些延伸至街道中心的屋檐，被当地人称为"凉亭"。

至今，大沟村老街还保留着百年的铁匠铺、榨油坊、酿酒坊、陶瓷作坊、缝纫铺等巴渝最具民俗特色的传统手工艺坊。

4.1.8.2　陈家庵

陈家庵（图 4-25）位于绵阳市盐亭县洗泽乡凤凰村。据传统村落申报材料所述，陈家庵为陈氏家庙，用于祈福，始建于大明隆庆四年，是绵阳市文物保护单位。总面积为500m²，青瓦屋顶，穿斗抬梁结构；以正屋为中心，中轴线布置，离中轴线越近的空间，地位越高，体现出当地居民对待空间的主与次、尊与卑的位序关系。庙宇入口处布置有街沿，由条石层堆叠而建，足有一人之高，台阶罗列，象征着祈福的神圣意义。

图 4-25　陈家庵内部结构
来源：自绘

4.1.8.3　莲池寺字库塔

莲池寺字库塔（图 4-26）位于绵阳市盐亭县高灯镇阳春村莲池寺旧址旁。据传统村落申报材料所述，字库塔建造于清光绪十四年，坐西向东，占地面积9m²。塔的基础采用条石砌成，平面呈正方形，边长为2m，高为0.9 m。塔身共五层，通高9m，整座塔采用石头建造而成，层层内收，各层均有石耳，上有人物、花卉、瑞兽浅浮雕及阴刻文字，第三层有宽0.4m、高0.7m的石门一道。莲池寺字库塔图案精美，工艺精湛，对研究清代的石雕艺术、建筑工艺具有重要价值。

字库塔也是科举制度发展阶段的重要象征。自汉时起，蜀人便走向了科举的道路，并且成绩斐然。在隋朝时，科举制度正式创立。一位名叫"文翁"的古人，受任于巴蜀，通过出台一系列政策，使当时远远落后于中原的蜀中文教事业重新发展。越来越多的蜀人前

图 4-26　字库塔

来源：自绘

往京城长安就读，很快与齐鲁地区赴长安求学的人数相近。相比其他地区而言，四川人更迫切地追求科举夺筹，科举又必然是钻研学术的主要途径。同时，古代社会，将某意愿赋予伦理纲常的制度化是十分合乎情理的，且有必要的仪式。于是，这种迫切的追求逐渐体现在接连建造的文峰塔和字库塔之上，这也是四川字库塔多于其他省份的主要历史原因（周玲丽，2010）。

4.2　民居地域性与民族特色

中国传统民居是古代营造智慧的物质载体，有着悠久的发展历史。不同的地理环境、历史文化、生活方式、宗教信仰，造就了各地域、各民族不同的民居特点，黄土高原特有的陕北窑洞、中轴对称的北京四合院、宛如天外飞碟的福建客家土楼、典雅清新的皖南徽派民居、建造和搬迁方便的内蒙古蒙古包，还有海南黎族的船形屋、藏族和羌族的碉房、云南傣族的竹楼、东北朝鲜族的青瓦白墙民居等，形成了各具地域、民族特色的民居建筑风格，表现出不同的人文色彩。涪江流域地形复杂，河川纵横，民族众多。因此，传统民居的建筑材料、装饰、结构形式也体现出强烈的地域特色、民族象征。

4.2.1　民居地域特征

涪江流域范围较广，流经川北、川西、川东等多地，各地区的地形、水文、风向、阳光、植被、气候等环境条件是民居位置选择与功能布局的影响因素。民居以散居式的聚落方式布局为主，随地形而修建，平面布局灵活，空间变化有序，多为穿斗式屋架。川北传统民居在建筑选址上注重传统风水学观念，既有现代园林的建筑样式，又与华北地区民居形式相似，穿斗结构使用的建筑材料主要是树木。川西民居建筑通常也采用穿斗结构，中轴线布局，木制构件可以循环使用，用材较少。川东民居具备特有的干栏式建筑风格，顺山势而建，减少宅基地的土方量，屋顶出檐及悬山出挑较大，保证雨天居民免受雨淋，夏天遮阳，减少大量的阳光直射屋内。各地民居因地制宜，富含地方风格，具有重要的经济价值和艺术文化。

4.2.1.1　川北民居地域性特色

川北民居建筑历史悠久，地方文化气息浓重，作为古巴蜀聚居地而保留着其精髓；商业文化发达，形成重要的物流集散中心，造就了街式风格；丰富的红军文化装饰于民居，极大地增添了特有的建筑艺术；有些建筑布局符合当地生活习惯为临街修建，二进或三进结构组成小四合院；窗雕也是一绝，巧夺天工，形成各式各样的古典中式镂空花窗花纹（杨青，2014）。

1）川北民居基本形式与选址

川北地区的传统民居，既有现代园林的建筑样式，浓墨重彩、高低错落、迂回曲折，又有青瓦、粉墙、坡屋顶、穿梁斗拱的建筑结构，体现典型的川北民居建筑风格。

川北传统民居在建筑选址上注重传统风水学观念，看重与自然的和谐统一。在建筑材料的选择上具有就地取材的特点（宋锟和高松花，2017）。平面布置上，注意结合农业生产需要和堂屋朝向；立面处理中，注意比例协调和体积适应性；剖面处理中，注意高大宽阔开放空间的建设；建筑结构注重稳定、实用、简单；建筑装饰艺术，力求表达房主的审美情感。正是以上诸多适用于农业生产和发展的因素，现今川北农村，仍然有人建造使用这种传统的民居建筑。

2）传统民居建筑特点

（1）墙院结构。

川北地区的传统民居大多临街修建，多由二进或三进结构组成小四合院。主要建筑材料和形式为木结构的穿斗结构、双檩双挂、木柱檩梁、青瓦屋顶等，以二层居多，通过竹篾土夹墙制作墙身。因临街建筑具备商铺的功能，因此在门面的制作上一般采用能够拆卸的木板门，并且有木质的柜台伸向外面，以便经商售货。建筑进深较大而口面较窄，院内多有天井。

（2）特色窗雕。

川北地区传统民居的窗棂全部是方形窗的结构，现存窗雕多半是分格类，还有如意格以及鸟兽花卉、什锦嵌花，各具神采（郭沁等，2016）。可以看出，有不少人家的窗雕是能工巧匠经过精心设计以后，逐件雕琢成型，再镶嵌到特定的部位，入槽合缝，制作成的，有条不紊、秩序井然，称得上川北地区民间建筑中的精品木雕技艺（张迎春，2011）。

（3）建筑材料。

传统川北民居修葺建筑与使用的建筑材料一般因地制宜、就地取材，多为自然界天然的石材、木材、黏土等。选用的石材通常色泽通体纯白、材质坚硬、密度大，多用于堆砌院坝围墙或作为建筑基底；墙体多用红色黏土作为主要材料，石灰、瓦砾、河沙等为辅料；木材一般选择就近山体中栽植的高大楠木、柏木等。在打造建筑过程中所有的基石都要经过经验丰富工匠的精工细凿，在石头堆砌好之后往往很难将刀刃插进石头之间的缝隙；而在木材的使用与雕琢上更是精益求精，充满了奇思妙想，雕刻出来的成品如行云流水，玲珑剔透，润滑丰满。这些所有的材料使用细节无不体现出川北人对生活的热爱，因此才形成独具特色的川北地区浓浓的民居韵味。

3）涪江流域川北民居

（1）绵阳市盐亭县林山乡青峰村民居建筑。

青峰村位于绵阳市盐亭县林山乡北部的半山坡上，面积 3.15km²。青峰村的王家大院是川北地区的一个中型乡居庄园，整个建筑坐北朝南，前有汗池后有丘陵且植被茂盛，是典型的"前有金盘玉印，后有凉伞遮荫"的风水格局，暗含"山环水抱必有大发者"之意，房主富贵，风水极好。

王家大院布局以"大门-中堂"为中心轴，呈东西对称。整个大院台阶上有主屋和东西两边厢房（图4-27）。正阶梯状屋及东西两间连房的厢房为地势最高处，大门地势为最低处，整个建筑由北至南台基依次递减，屋顶也因此呈三级阶梯状。现大门已拆除，但门楼依旧，大门的样式可能与新中国成立后所进行的改建有关（图1-6 和图4-28），大门上面有许多红色文化信息。

图 4-27　青峰村王家大院右厢房
来源：自绘

图 4-28　青峰村王家大院主院门楼
来源：自绘

王家大院正房面阔进深各三间。中堂为厅，两侧次房间为卧房，转角处各有灶房一间。内部房间除主体堂屋和灶房以外，其余都为两层无腰檐的楼，承重柱直达屋顶；在外立面上，屋顶由两坡出水悬山顶组成，有正脊，屋顶檩伸出墙外，建筑物的两侧山墙则凹进屋顶。据实地走访调查，屋主原来身居官位，城墙非常宏伟，后来城墙拆除，形成砖砌民房（图4-29～图4-31）。

图 4-29　青峰村王家大院主院正房

来源：自绘

图 4-30　青峰村王家大院主院侧房

来源：自绘

图 4-31　青峰村王家大院下院建筑

来源：自绘

根据现有的建筑特色，绘制出了青峰村民居建筑立面图（图 4-32）。

(a) 民居建筑正立面图　　　　　　　　　　(b) 民居建筑侧立面图

图 4-32　青峰村民居建筑立面图

来源：自绘

（2）绵阳市江油市二郎庙镇青林口村民居建筑。

青林口村隶属于绵阳市江油市二郎庙镇，地处江油、剑阁、梓潼三县交界，故有"鸡鸣三县"之称。青林口传统村落始建于元末明初，在明清时期兴盛，建筑颇具特色（图 4-33），当时拥有三条古老道路。随着广东、福建、江西、湖南、湖北、山西、陕西等省移民不断涌入，物流运输、商业贸易、文化教育、手工业、农业等都十分发达，为青林口的发展奠定了良好的经济基础。多元的移民文化使青林口社会精英、各类人才辈出，形成优秀的风俗文化，并创造出许多美丽雄伟的古建筑群，部分还传承至今，如六宫·五戏台、三桥·四庙观、二塔·一凉亭等。

(a) 黄家大院　　　　　　　　　　　　　　　　(b) 民居

图 4-33　青林口村建筑特色

来源：自绘

村落山水环绕，山岳、水体、民居、小道、农田景色浑然一体，"山-水-田-林-路-建筑"三维结构交相辉映，相生相息（张雪莲，2018；郭文豪，2019）。这种自然地形地貌的三维空间结构和人工建成环境的三维空间结构相互契合，充分体现了丘陵宽谷区居民与自然环境相互依存的密切关系（杨玉瑶，2018）。青林口传统村落有三重四合院、四合院、一字型院落空间，建筑物、构筑物以川北民居为主，另有四川山区吊脚楼、石拱廊桥、飞檐戏台、重檐歇山式庙宇等。

青林口村民居为典型的川北民居风貌，临街修建，为二进或三进结构的小四合院穿斗式木结构，青瓦屋面，二层居多，通过竹篾土夹墙制作墙身，门是可以拆卸的木板门，并且有木质的柜台伸向外面，具备经商售货的功能，建筑进深较大而口面较窄（图 3-9 和图 4-34）。

图 4-34　青林口村新街街巷

来源：自绘

根据现有的建筑特色，绘制出了青林口村民居建筑立面图（图4-35）。

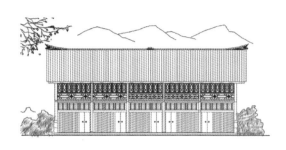 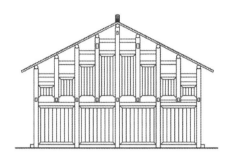

(a) 民居建筑正立面图　　　　　　　　　　　　　　(b) 民居建筑侧立面图

图4-35　青林口村民居建筑立面图

来源：自绘

（3）绵阳市涪城区丰谷镇二社区民居建筑。

a. 概况。

绵阳市涪城区丰谷镇二社区民居是一种全封闭式的城堡式建筑群，房屋多，进深大。根据院落大小不同，占地通常为几亩到十几亩。三面临街，独立院落，院落内有水文、景观、道路、地坝等元素，不与周围民居相连。

b. 二社区大院的历史文化价值。

二社区悠久的历史形成了深厚的文化积淀和底蕴，保存有大量明清建筑群，民居建筑样式丰富，建筑结构大多为青瓦屋顶、穿斗抬梁，有着典型的四川民居特点（图 3-68、图 3-70 和图 4-36）；境内至今仍保存有华严寺、基督教堂、古码头、绣楼、风火墙等文物古迹，既有江西馆、广西馆、广东馆、陕西馆、天佑烧坊（丰谷酒业）等遗迹，又有酿酒、制丝、毛笔制作、粮艺、杆杆秤、抓油饼子等技艺传承，还有涪江号子、狮子龙灯、茶楼川剧等文化古韵；院落大多是四合院（图4-37和图4-38）和三合院。

图4-36　二社区临街建筑

来源：自摄

图 4-37　二社区四合院鸟瞰

来源：自绘

图 4-38　二社区四合院内景

来源：自摄

c. 二社区大院的分布特点。

二社区大院平面布局十分灵活，空间变化井然有序。整个区域大院利用曲轴、副轴等轴线特点使得建筑随地形起伏多变，充满自然之美；建筑空间多样化，层次丰富，空间尺度以小胜大；在院落中设有敞厅、望楼等开敞空间，具有外实内虚的极佳体验效果；室内外情景交融，相互影响，取长补短，尤其善于借景，将室内建筑空间结合自然环境自由延伸，从而使人工建筑与生态自然交相辉映。

二社区大院的保存情况：整体保存完好，局部损坏，亟待维修，以保存大量的历史文化信息。

二社区大院的主要特点：民居多为穿斗式屋架。

根据现有的建筑特色，绘制出了丰谷镇二社区民居建筑立面图（图 4-39）。

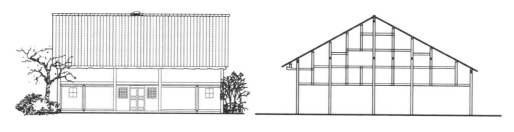

(a) 民居建筑正立面图　　　　　　　　　　　　(b) 民居建筑侧立面图

图 4-39　二社区民居建筑立面图

来源：自绘

（4）绵阳市盐亭县黄溪乡马龙村民居建筑。

a. 概况。

马龙村位于绵阳市盐亭县黄溪乡场镇北部，距离乡政府 4km，因轩辕黄帝迎娶嫘祖在此停马歇息被后人誉为"龙栖之地马过之迹"。据传统村落申报材料所述，马龙村属亚热带季风气候，光照适宜，降水集中，雨热同季，四季分明；为丘陵区，三面环山，南面临水，中间呈带状平坝；有水系名迎禄沟，发源于马头咀，由北向南流入黄溪河，终汇入梓江河。迎禄沟上有一座廊桥，名曰迎禄古桥，似有"小桥流水人家"之佳境（图 4-40 和图 4-41）。

图 4-40　马龙村整体风貌

来源：自摄

图 4-41　马龙村街道

来源：自绘

b. 建筑构成。

马龙村是省级文物保护古村落，现存勾氏宗祠以及川北民居穿斗式木结构院落 23 处，其中明清建筑 6 处，20 世纪 70～80 年代建筑 30 套，均为土木结构、小青瓦屋顶，整体风貌协调。古建筑类型繁多，依山而建，错落有致，建筑的工艺及传统民居样式独特丰富，农耕文化符号十分齐全，整体民俗面貌也独具特色（图 4-42）。

(a) 四合院

(b) 民居建筑

图 4-42　马龙村建筑

来源：自绘

　　勾氏宗祠位于马龙村西侧山上，距村落不足 100m，在山上可远眺村落全景，至今仅正堂保存完整，是勾氏族人祭祖之地。祠堂正门前两根木柱用一对雕刻精美的石狮子作为柱凳，显示出祠堂的威严与神圣。

　　勾家大院始建于清代，坐西向东，总建筑面积 2760 多平方米，原为双联四合院布局，现仅其中一个四合院保存较为完整。整个建筑布局合理，用材精美实用。

　　c. 建筑材料。

　　马龙村民居建筑所用的材料，主要是就地取材，包括石料、木料等（图 4-43）。石料通常使用纯色、密度较大、质地坚硬的；墙体由红色黏土打底，外配石灰、砂砾、河沙等；木料以周边山林中现有的质量较好、高大、无病虫害的楠木或柏木为主。装饰独特，雕工细腻，是十分具有价值的传统民居。

图 4-43　马龙村建筑内部

来源：自绘

　　根据现有的建筑特色，绘制出了马龙村民居建筑立面图（图 4-44）。

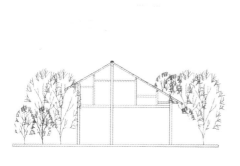

(a) 勾氏祠堂建筑侧立面图　　　　　　　　　(b) 勾氏祠堂建筑正立面图

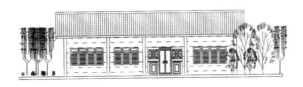 

(c) 民居建筑正立面图　　　　　　　　　　　　　　(d) 民居建筑侧立面图

图 4-44　马龙村民居建筑立面图

来源：自绘

4.2.1.2　川西民居地域性特色

川西民居是四川地区颇具特色的一种建筑流派，不仅具有特定的地域传统民居特点，还蕴含着丰富的人文理念，建筑形态充分融合了川西地区独具特色的风俗人情、历史文化、地域风光等。川西民居建筑通常采用穿斗木结构，讲究因地制宜，中轴线布局；墙壁材料就地取材，有砖墙、土墙等；屋顶为青瓦坡，前坡短后坡长；建筑艺术多样，有挑檐、檐角、山墙等；外观古朴而富有实用性，风格简单而优雅。

1）川西民居基本形式与选址

川西指川西平原，位于四川盆地西部，有的将之称为成都平原，俗称"川西坝子"。广义的川西平原位于龙泉山和龙门山、邛崃山之间，中部的岷江、沱江冲积平原，南部的青衣江、大渡河冲积平原，平原之间有丘陵台地分布，总面积 2.3 万 km^2。狭义的川西平原仅指都江堰、金堂、新津、邛崃为边界的岷江、沱江及其支流的冲积平原，面积约 8000km^2，是构成川西平原的主体部分。传统的川西民居就是诞生于这个特定区域的民居样式（黄梓珊，2013）。

川西民居拥有其独特的地域风格，不同于北京之贵、西北之硬、岭南之富、江南之秀，自有其朴实飘逸的风格，讲究的是一种"天人合一"的自然观与环境观。川西民居用材因地制宜、就地取材，因材设计，建材以木、石灰、青砖、青瓦为主。就地取用的建筑材料，既经济，又与环境相协调，相映成趣，乡土气息格外浓郁，呈现出一种相互的质感美和自然美。

此外，川西民居建筑所蕴含的设计理念和开阔的视野来源于移民运动带来的外来文化，比较有特色的宗祠建筑、会馆建筑的布局及数量也受到移民文化的影响。这些外来建筑文化理念迅速被融入川西原本的建筑设计理念中，并且相互交融、兼容，形成现在川西民居的局面。同时，一些移民文化由于其自身的独特性，无法融合于川西传统民居中，于是原封不动地保留下来并保持了原有的习俗和文化，这也丰富了川西建筑的多样性。四川地区历史上有多次移民记载，由此造就了四川多民族、多文化的现状。因此，川西民居文化在兼容外来先进文化因素的过程中，在不排斥的基础上，更具包容性，形成了适合四川西部自然与经济条件的、独立形态的文化体系（栗笑寒，2017）。

2）传统民居建筑特点

（1）穿斗结构。

从建筑所用的材质和样式来看，川西民居建筑结构通常采用"穿斗结构"，又称"穿斗式木结构"。穿斗结构工艺简单，施工方便，使用的材料一般来自房前屋后或田间地头，用材较少，木柱断面仅 10 余厘米，穿枋尺寸也多为 8cm×18cm 左右。这样小规格的木材，居民都可以在田边地角或屋后林盘种植，而新栽种的树木，五年左右即可成材，完全符合"就地取材""因材设计"的建房原则，体现了川西民居建筑自然生态的特点。更重要的是，这些穿斗式木结构建筑的木制构件均可以循环使用。

（2）墙体。

川西建筑的墙体无定规，有砖墙、土墙、石块（石板）墙、木墙（木板或原木）、竹编夹泥墙，选择众多，以经济、廉价、易得的材料为主。四川特有的竹编夹泥墙，即先用竹片编织，再敷上泥巴，既透气又吸潮，新津观音寺的明代壁画就是画在这样的竹编夹泥墙上的，其让壁画修复专家们瞠目结舌。住宅外墙多以利于阳光反射的白色为基色调，或者夯土原本的黄色，以解决四川地区阴雨天气多、日照不足而引起的采光问题。

（3）屋顶。

川西建筑的屋顶均为两面坡式，覆以小青瓦，采用的是"冷摊瓦"工艺，即在房顶仅用 1cm 左右厚的小青瓦，不设木望板，不加黏合料，以"一搭三"的方法，散铺在瓦桷子上。冷摊瓦构造简单，造价低廉，既可以遮挡阳光，又可以防止雨水冲刷墙面或渗入屋内，而且透气性好，对冬天保暖、夏天防暑以及房屋内外的气流交换不失为一种好方法。

（4）挑檐。

为了适应四川地区雨水较多的气候，川西建筑往往出檐深远，晴时可以遮挡阳光，雨时则可遮风挡雨。沿街住宅或店铺外的宽屋檐往往透迤连成檐廊，宽广的檐廊增加了活动空间，人们在这里纳凉、躲雨、做手工，还能供小孩嬉戏和邻里喝茶、下棋、打牌、接待来客，使邻里间感情加深。

（5）檐角。

川西民居檐角很少高高飞翘，但在两面坡交汇的屋脊上，必高高垒瓦，以防止接缝处漏雨。在房屋的正脊正中，用瓦片垒出一个极富装饰性风格的制高点，取代古建筑中正脊两端翘起的鸱尾；在四川民间建筑工匠的口中，那富于装饰性的制高点是"太岁"，有镇宅安室的象征意义；至于"太岁"的造型，那可是充满了生机勃勃的民间想象力，既有简单质朴的瓦片堆，又有令人想象不到的繁复造型。

（6）山墙。

房屋两端的横向外墙称为山墙。屋顶两端伸出山墙之外，交汇处常常设有博风板，用木条钉在檩条顶端，既遮挡桁（檩）头接缝的参差，又能避免檩木日晒雨淋，从而延长屋顶寿命。

（7）悬鱼。

在人字形博风板的正中央悬下的装饰称"悬鱼"，宋代称"垂鱼"，两边顺坡排列较小的三角云纹装饰则称"惹草"。对于这种工艺，宋人李诫的《营造法式》就曾有记载："造垂鱼、惹草之制：或用华瓣，或用云头造。垂鱼长三尺至一丈；惹草长三尺至七尺，其广厚皆取每尺之长积而为法。垂鱼版：每长一尺，则广六寸，厚二分五厘。惹草版：每长一尺，则广七寸，厚同垂鱼"。悬鱼的出现使得博风板更为牢固，且造型美观、华丽典雅，堪称古建筑的风景线。因"鱼"谐音"余"，寓意年年有余、富贵有余，也因"鱼"

意味着水，水以克火，后来中国各地的悬鱼大多就雕刻成了鱼形。从《营造法式》的记载来看，宋代悬鱼大多为花瓣纹或云纹，这在四川乡间建筑中常常能看到，是代代工匠口口相传、沿袭至今的建筑美学取向。

3）涪江流域川西民居

（1）绵阳市游仙区东宣乡鱼泉村民居建筑。

a. 鱼泉村发展史。

鱼泉村隶属于绵阳市游仙区东宣乡，于明正统元年修建鱼泉寺，因"山中有泉，常见锦鲤跃出"而得名。虽然鱼泉寺地处偏僻，但因其特殊的建筑风格，加上"寺有泉水不涸，有鱼游自如"，成为名噪一方的名刹。

鱼泉村修建沿革可分为四阶段：

第一阶段，唐代以前建筑，"镇西将军府"遗址石狮尚存。

第二阶段，明代建筑，"鱼泉寺及僧房"保存完好。

第三阶段，清代建筑，主要是以清代碑林及清初移民老宅为主。

第四阶段，21世纪，居民生活逐渐改善，开始出现砖混结构的现代建筑，但依然保留了民风民俗及大量的传统建筑。

b. 鱼泉村民居建筑的组合特点。

鱼泉村的民居特点体现在住宅布局上的开敞自由。汉族民居建筑以庭院式为主要布局形式，基本组成单位是"院"，即由一正、两厢、一下房组成的"四合头"房，立面和平面布局根据地形变化，中轴线不要求十分明确。院内或屋后常有通风天井，形成良好的"穿堂风"，用于疏风散热，并用檐廊或柱廊来连通各个房间，灵巧地组成街坊。

c. 建筑特色。

鱼泉村的传统建筑依山势筑台为基而建，选址合理，背依茂密柏树林，前眺远山，视野开阔，环境幽静。建筑用材因地制宜，其木材多为本地枬楤树和柏树，门窗、挑枋、柱础等建筑构件雕刻精细。从其建筑形制和装饰风格，初步推断该建筑为清代中晚期的民居建筑，对研究川西地区清中期以后的社会发展状况、民风民俗情况及建筑布局、工艺水平等具有一定的参考价值。

d. 鱼泉村四合院和三合院。

鱼泉村拥有四川最典型的传统民居建筑样式（图4-45），十分富有特色的当属三合院、四合院的组合形式。

四合院别称"四合头"，天井较大，具有采光、通风、晾晒等功能。天井面对正房的房间称为下厅，主要用于农具杂物的堆放，并在边上设置猪圈，巧妙地利用了下厅的有利位置。朝门正对中轴线，开在下厅中间。中国自古以来有"八"为"发"的谐音，寓意着发财进财，因此一般房间的开间尺寸都是以"八"字结尾，如堂屋的开间尺寸为一丈一尺八寸。

三合院在四川农村是除四合院外最为常见的民居类型，整体构造形式即在正房的两边再延伸两通偏房，犹如"凹"字，中间通常为一块水泥或土质院坝，用作晾晒等。此类"三合院"一般不设大门和围墙，通常在四周种植林木起到遮挡的作用。正房中间为堂屋，其余为卧室；偏房一般用作灶房、储物间、猪圈等。

图 4-45 鱼泉村民居

来源：自绘

e. 鱼泉寺。

鱼泉寺（图 4-46）位于鱼泉村的鱼泉山腰上，距绵阳城区约 40km。这里层峦叠翠，林木翳荫，又有清流激湍，萦拂山中，环境颇为幽静。寺因山势而建，坐南向北。鱼泉寺始建于明正统元年，至今已有近 600 年的历史，为全国重点文物保护单位，也是当地重要的旅游景点。

图 4-46 鱼泉寺

来源：自绘

鱼泉寺下部为石头堆砌而成，寺庙立于高台上，总占地面积 1400m² 左右，建筑面积近 700m²。整体布局形式为横向并排布局，由两个四合院相互组合而成。西院是整个建筑的主体部分，院内大雄殿前建有长方形石池，石池正上方雕刻石螭首，内有通道与山泉相通，因此长期有泉水注入池中，故名鱼泉寺。此外，院内还种植紫薇等名贵植物，院前为两层楼阁，名为灵官楼。东院为祖师殿、僧舍、方丈房等。难能可贵的是，在鱼泉寺内还发现了少许清初遗留下的壁画原物，门窗上的木质雕刻技术精湛，十分珍贵。

根据现有的建筑特色，绘制出了鱼泉村民居建筑立面图（图 4-47）。

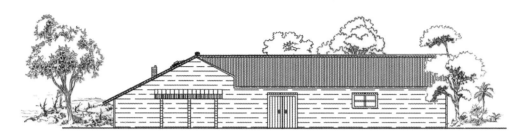

(a) 民居建筑正立面图

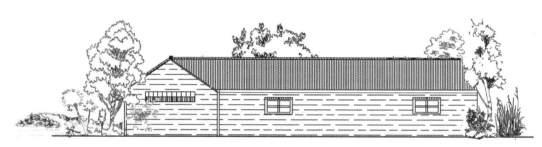

(b) 民居建筑侧立面图

图 4-47　鱼泉村民居建筑立面图

来源：自绘

（2）德阳市中江县仓山镇三江村民居建筑。

三江村隶属于德阳市中江县仓山镇，民居建筑为清代川西民居，结构形式为穿斗，屋顶为小青瓦，墙体灰白。作为原飞乌县县址所在地，古迹、古建筑众多。古迹有大旺寺唐代石刻、飞乌县遗址、走马岭古道、龙怀寺、摇亭碑、佛山寺摩崖石刻、观音寨摩崖造像等，古建筑有禹王宫、帝主庙、城隍庙、朝龙寺、仓山书院等，还有长久流传的仓山大乐、太婆龙等民间文艺和传统风俗。仓山大乐相传起源于周代，因为年代久远而被誉为"音乐活化石"。仓山太婆龙因为舞龙者均为女性，不同于其他的舞者为男子而独具特色。仓山老街的古民房保存较好，更给仓山增加了浓郁的古风古韵（图 4-48）。

根据现有的建筑特色，绘制出了三江村民居建筑立面图（图 4-49）。

4.2.1.3　川东民居地域性特色

川东地区地理环境复杂，多为丘陵、盆地，年降水量较大，日照时间短，为了适应环境，当地居民经过长期的探索，逐步形成了川东地区干栏式建筑民居。干栏式建筑形式适应地形变化，依地形顺势而建，建筑材料就地取材，降低了建造费用，减少了对环境的破坏，并且增强了居民的舒适性和安全性，在一定程度上有效减小了水灾、地震灾害的影响。川东民居是当地地形、气候、文化等的完美结合，具有较高的艺术价值。

图 4-48　三江村

来源：自绘

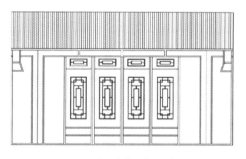

(a) 民居建筑正立面图

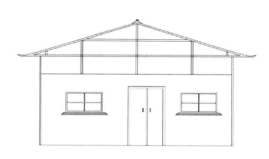

(b) 民居建筑侧立面图

图 4-49　三江村民居建筑立面图

来源：自绘

1）川东民居基本形式与选址

随着历史的变迁，川东地区的民居建筑在不同的时代有各自不同的特点。自秦汉以来，川东居民习惯了散居的居住方式，通常两三家聚居在一起。后期外来移民入川，人口激增，直接导致当地居民的居住形式由单体建筑转化为密集的群居形式，促进了城镇化的快速发展，公共建筑增加，形成了前店后宅、下店上居的场镇建筑形式；建筑风格特征也由建筑单体形式逐渐演化为干栏式的构造形式，并逐步发展为川东地区特有的干栏式建筑风格。这种早期以木质材料作为栏杆的木质阁楼是传统意义上的干栏式建筑的雏形（张懿，2018）。

川东传统民居建筑形式变化发展的原因主要有两点：一是自身的居住需求，二是受到民风民俗的影响。另外，"天人合一"的设计理念也引导着传统村落的建造设计。正是在多种因素的共同作用下，建筑与自然环境紧密地结合在一起，形成了别具一格的川东地区传统民居建筑风格。

"因地制宜"也贯穿于川东传统民居建筑的建造过程中。古代，由于建造经费不足、生产力水平不高、工程技术低下等，川东传统民居建筑基本上都顺山势而建，充分利用周围的地形地势，可以减少宅基地的土方量，形成错落有致、层次感非常强的布局方式。这种布局方式不仅适应当地湿热的居住环境，还拥有良好的通风和采光条件。在此基础上，川东传统民居建筑还发展成全楔式结构的形式，其表现形式为木结构支撑，内墙使用木板搭建，房屋基础和外墙均采用石材，其在防水与抗震性能上更是有显著的提高。

川东传统民居建筑的选址有两种特有的模式：一是依水而建的形式或者面向水面的形式，二是在坪坝及农田附近建造。傍水而居的居住方式，不仅方便人们日常生活，还能为人们提供水路的使用方式；在坪坝间居住，不仅方便人们田间耕作、联系陆路交通，还可以利用天然环境抵御外来不利因素的干扰。据此，沿溪、沿河、沿江的地方也逐渐发展形成聚落点。

2）传统民居建筑特点

川东传统民居建筑中，"院落式"庭院是一种普遍和实用的居住形式。这种院落式民居格局是历经岁月沉淀、受到民风民俗影响而产生发展起来的，体现了极强的经济实用性，也蕴含了川东独特深厚的文化内涵。反之，院落式民居建筑形式又在一定程度上引导和影响着当地居民的思想文化、心理意志、精神修养等。在我国的传统民居建筑形式中，川东传统民居建筑形式独树一帜，是川东地区人民生产生活的现实载体和智慧的结晶。

川东传统民居建筑格局的形成也是当时生产水平和环境条件发展的必然结果。自然环境条件是影响院落式传统民居发展的首要因素；居民的日常生产生活需求是另一个重要影响因素；院落式传统民居是宗族祠堂发展演变的衍生物。

（1）构架。

在以穿斗式构架（图4-50）为主的川东传统民居建筑中，房屋的"纵深"也称为"进深"。一间房屋就是一进，两间房屋就是两进，超过三间房屋的三进就有特殊用途。川东

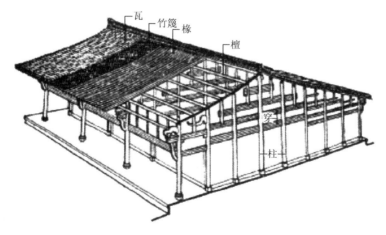

图4-50　穿斗式构架

来源：《四川民居》

地区大部分院落式民居建筑的进深都在两进左右,两进的尺度便于开关门以及窗户的采光和通风,三进的尺度在通风和采光方面较差一些。房屋的排列间数又称为间,开间一般不超过 4m。这样既满足良好的通风和采光条件,又具有实用性。

（2）布局。

按照规模大小,院落式民居建筑可分为"大、中、小"三种等级。"大院子"通常指的是宗族祠堂或者家族因成员众多而形成的聚居建筑院落,多表现为数个或者十多个家庭居住在一起;"中等院子"由两个相互联系的院子构成,其规模、体量、格局介于"大院子"和"小院子"之间;"小院子"独门独院,规模和等级是最小的。建筑布局为两侧是偏房,中间是堂屋。堂屋是主人用来作为会客、议事的集聚场所;偏房一般供人居住、储藏物品,在特定时候作为生产用房;转角处多用于厨房、储藏室。时至今日,涪江流域还遗留着大部分川东传统民居建筑,现在新建的砖混结构建筑也沿用这种布局方式。

3）涪江流域川东民居

（1）重庆市大足区雍溪镇红星社区民居建筑。

a. 概况。

重庆市大足区雍溪镇红星社区村落由丁家坝、彭家坝、邓家坝等组合而成（图 4-51）。当地交通条件优越,属于浅丘带坝地貌,土壤肥沃、气候温暖湿润、水源充足。大足区农业开发示范园就位于雍溪镇内,占地面积 6500 亩,其中核心区占地 3000 亩。主要以第一产业为主,优质粮油、瓜果蔬菜、水产养殖等是优势产业,"雍溪西瓜"是重要的农产品标志。

图 4-51　红星社区风貌

来源:自绘

b. 建筑构成。

雍溪镇红星社区村落始建于南宋,距今已有近千年历史,其在布局艺术、空间尺度、处理手法等方面都体现了川东传统民居特有的简洁、明快（图 4-52）。红星社区保存有巴渝特色的清代民居,四合院错落有致,小桥流水环绕古镇,另有历史悠久的古戏楼。

图 4-52　红星社区街巷

来源：自绘

　　c. 特色建筑。

　　红星社区老街临河而建，可沿着旧时的路径从老大桥走进老街。老大桥（图 4-53）于 1841 年建造，桥呈 3 个桥拱，桥身 24m，桥宽 5.5m。这座百年古桥反映了当年"桥上行人走，桥下船桨声"的情景，极像一幅有声的画卷。

图 4-53　红星社区老大桥

来源：自绘

　　老街长约 1km，坐西朝东，住宅始建于清朝道光年间，皆为两层木结构穿斗式建筑（图 4-54）。尽管建筑有些破旧和残损，但在那些飞檐翘角的房柱上仍然保留着独具特色的"莲花""白菜"的浅浮雕。街面铺以石板，石板路在经年累月中磨砺出了深深的时光印迹。现在的古街上，还有不少的餐饮店、理发店、五金店、药铺、修理铺、茶铺等，仿佛映射出曾经的繁荣与兴旺。

图 4-54　红星社区穿斗式建筑
来源：自绘

　　雍溪镇地处大足最东边，独特的位置造就了便捷的交通，而这条老街是以前铜梁、大足两地陆路物流客商打尖歇脚的必经之地，也是周边县乡物流集散的枢纽之地，商号林立，商贾云集，市井繁荣。红星社区传统村落历史文化遗产在重庆历史文化遗产中地位独特，其所特有的地域文化、宗教文化、商旅文化、民俗文化、建筑文化，内涵丰富，特色鲜明，具有较高的艺术价值、科研价值、观赏价值。

　　红星社区的古戏楼为木结构穿斗式建筑，始建于清朝，飞檐翘角，坐西朝东，戏台高9.5m。正前屋檐下装饰雕刻有清代叠压斗拱，拱下刻有二龙戏珠等图案。台口的两柱上雕塑有文官武将的木制圆雕，屋檐两翘镂空雕有旧时樵夫打柴、商贩叫卖及居民生活场景，所刻形象气韵生动、粗犷豪放。屋顶上还用铁链、铁锁拴着两对狮子，惟妙惟肖，人们从戏楼的正反面都可以看到被拴着的狮子。2010 年，当地对古戏楼进行了保护性修复，修复后的古戏楼是一座典型的四合院戏场（图 4-55）。

图 4-55　红星社区古戏楼
来源：自绘

根据现有的建筑特色，绘制出了红星社区古戏楼建筑立面图（图4-56）。

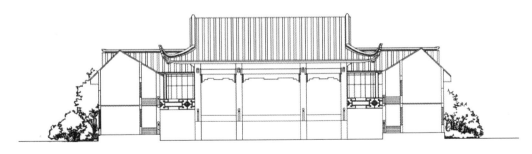

(a) 古戏楼建筑正立面图

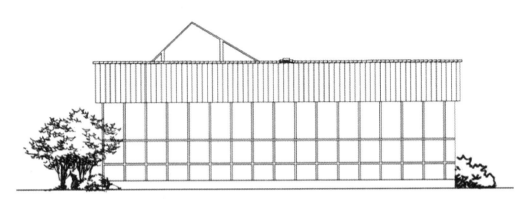

(b) 古戏楼建筑侧立面图

图4-56　红星社区古戏楼建筑立面图

来源：自绘

（2）重庆市潼南区双江镇金龙村民居建筑。

a. 概况。

金龙村隶属重庆市潼南区双江镇，地处嘉陵江支流涪江的下游，属于成渝经济腹心，前临涪江，以清代为特色的院落庭园星罗棋布。

b. 建筑特点。

金龙村半边坡下，有一座依山临坝而建的传统民居建筑，规模宏大，名为"四知堂"，又称"长滩子大院"，具有典型的川东民居特色。四知堂院落始建于清代同治1862年，建筑呈中轴对称，选材十分考究，主要为木制梁、柱、橡，以竹编加木板为内外墙，以草、瓦盖顶。建筑造型轻盈空透，色彩简洁素雅，空间布局错落有致、宛若天成。

c. 建筑布局。

四知堂院落整体坐西南、面东北，屋顶为悬山顶。其面宽55.4m，进深35.5m，总建筑面积为1966.8m^2。由前厅、正堂屋、两厢围合成四合院布局（图4-57）。平面布局方式为一字形横向发展。

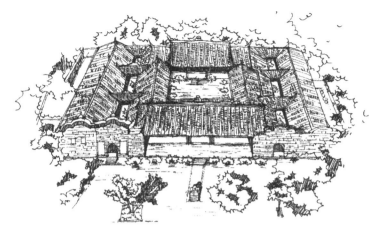

图 4-57   四知堂院落全貌

来源：自绘

　　四知堂院落以前厅（图 4-58）和正堂屋（图 4-59）为建筑中轴，以前厅与正堂屋之间的天井为中心，在天井之前建前厅，天井之后建正堂屋，两侧为厢房，从而组成一个大的四合院。此外，在四合院的两侧建"东轩"和"西轩"；"东轩"和"西轩"两侧，在距离屋檐 4m 处修建围墙，分别形成面积为 150m² 的院坝空间；在前厅 16m 处用砖块砌成高大的风火山墙，风火山墙的中间部分就是木结构"朝门"；"西轩"外侧修筑夯土墙，墙侧为马厩。

图 4-58   四知堂前厅

来源：自绘

图 4-59   四知堂正堂屋

来源：自绘

　　"前厅"又称"正厅"，建造在高 0.5m 的台基上，面宽 5 间，当心间宽 6.4m，次间宽 5.4m，稍间宽 5.15m，通面宽 26.9m，进深 3 间，通进深 4m，为抬梁穿斗结合式建筑。当心间、次间是 7 架椽屋，置 6 椽栿，前乳栿，用 3 柱，采用减柱法营造以增大开间距离，形成宽敞的大厅。稍间为穿斗式，用 4 穿，房高 8m。当心间檐下开 6 扇高 2m 的雕花大门，其余皆装槛窗。其脊檩、抬梁均彩绘鎏金，颜色鲜艳，色泽如新。在正厅山墙面的前檐角柱边以薄形方砖分别砌筑高 7～8m 的砖墙，于距正厅前檐角柱 3.6m 处砌高 2.8m、宽 1.4m 的券拱门洞，在门洞后面安装双扇板门，可通过此门而分别进入"东轩"或"西轩"。

d. 建筑文化。

这里以"长滩子大院"即"四知堂"院落为例。建造师在设计、营造院落时，虽然沿袭了类似于"层层递进"的传统文化习俗，即里屋的地面比前厅高，但在建筑总体空间布局上，独运匠心，一反中国古建筑传统"中轴线"的布局模式，进而选择以"四知"思想作为建筑布局的引领，在建筑平面布局的组合形式上也巧妙地运用"四知堂"的"四"字，使得建筑围合横向排列。不仅如此，建筑平面也呈长方形"四"字布置，再次点明了设计主题和意图，可谓别开生面，意境深远。

根据现有的建筑特色，绘制出了金龙村四知堂建筑立面图（图 4-60）。

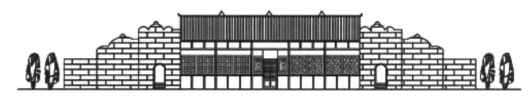

(a) 四知堂建筑正立面图

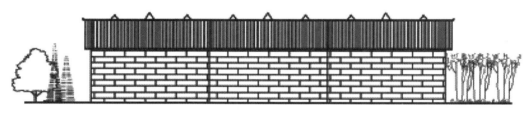

(b) 四知堂建筑侧立面图

图 4-60　金龙村四知堂建筑立面图

来源：自绘

4.2.1.4　川西北民居地域性特色

川西北地区地处山地丘陵，地形崎岖，平坦地较少，可适用建房的地块也多用于耕种。修建房屋时，采用了筑台、悬挑、吊脚、沿山地拖爬、跨街、架空等多种手法，以适应地形，解决山地地形和建筑物之间的矛盾。同时，解决了基础工程量大、建筑造价高的问题。并且，悬挑、吊脚、架空等处理手法的基础是点式基础，可以基本保持原来的自然地貌，维持良好的绿化环境，避免因破坏地层结构稳定性而产生如滑坡、崩塌之类的工程事故。

1）川西北民居基本形式与选址

川西北传统民居建筑大多靠近耕地，一户一院，或一个家庭几户一院，独立于山坳，围以排水沟渠，遍植树木。山区场镇，多是几十户或上百户，一般依山傍水，沿江河岸依等高线布置建设，形成弯弯曲曲的街道。无论是单体民居还是集镇建筑群，均因地形高差而出现不同层次和高低轮廓，随等高线走向而产生正面、侧面相错；疏密相间的屋面、山墙，高低的坡坝，醒目的小青瓦屋面、粉色墙壁，构成了颇具特色的乡土画卷。这些建筑，平面形式多样，除了规整的方形，更多是不规则的平面组合；结合基地的坡度，灵活地组织建筑功能，自由组合空间布局，形成形式多样的乡土建筑空间形态（成斌，2004）。

2）传统民居建筑特点

川西北传统民居建筑，大多数有堂屋，以堂屋为中心轴，向左向右布置侧房，形成中轴对称。个别建筑厢房较多，通过两进、三进式院落来布置，或采用左右侧房来组织院落空间。而在山地建筑中，坡屋顶的形式与当地地形相协调，形成一种生于山地的亲和感；民居房屋主体结构为木结构，用黏性较强的黄泥土夯实墙体，房顶盖青瓦；一般屋后栽有竹子和长青树木，房前种植有花草和果树；只能从房屋前面进出，房屋后面不设置进屋通道；房屋的整体色调为白色，房顶为青灰色。

3）涪江流域川西北民居——绵阳市盐亭县安家镇鹅溪村民居建筑

（1）概况。

鹅溪村位于绵阳市盐亭县安家镇东北部，距离镇政府 5.4km，面积 6.5km²。村落民居建筑群位于该村二、五、六社，海拔在 420～510m，地理位置为 31°23′N，105°16′E。整个村落传统风貌保存较好（图 4-61），古建筑类型多样，工艺及传统民居样式独特丰富，农耕文化符号齐全，整体民俗面貌颇具特色。据传统村落申报材料所述，村落现存穿斗式木结构院落 23 套，依山而建，错落有致，掩映于山体绿林之中。现存明清建筑 19 套，其中四合院 8 套，三合院 11 套，保存较好的有 13 套，年久失修的有 6 套。樊家大院前左右两根明代石造系马桩各高 3m，顶部雕有狮子，保存完好。该村落有规模宏伟、雕刻精美的古墓 13 座，其中 1 处严氏古墓群始建于唐代，是川西北古蜀古遗迹、遗址，具有较高的传统文化遗产价值。

图 4-61　鹅溪村风貌

来源：自绘

（2）建筑材料。

鹅溪村民居建筑所用的材料，包括石料、木料、墙体材料等（图 4-62）。川西北地区盛产石材、竹子、木材，便于就地取材。鹅溪村传统民居建造用竹子编成竹排，将秋收后的稻草整齐地切割下来和泥土搅拌在一起，待其充分融合后均匀地涂在竹排上，再覆一层石灰加纸浆搅拌的混合物。竹排，加稻草、泥土的混合物，再加石灰、纸浆的混合物，三者共同构成内墙，共计 3cm 厚；外墙则是用木板做成，通常木板厚度也为 3cm 左右。另外，考虑竹编加木板的内外墙容易着火，还在距离房屋 20～30m 处设置防火墙，不仅防止了火灾的发生，还能起到保温和散热的作用。这种在当地盛产的材料，不用长距离运输，且建造成本低，在民居建造中被广泛采用。

图 4-62　鹅溪村民居建筑材料

来源：自绘

（3）建筑构成。

鹅溪村民居建筑主要为穿斗式木结构，是典型的川西北民居（图 4-63）。青瓦屋面，八字水，坐北朝南，以中间堂屋为轴线，左右对称，有面阔三间或五间。堂屋左右为正房，

图 4-63　鹅溪村民居建筑

来源：自绘

挨正房为转角，小转角称巴壁转，大转角称洪门转。四壁多用木板装成图案形，少数为土墙或草房。为了采光透气，便在壁面设计安装推窗或固定窗户，俗称"窗格子"。夹壁有用篾编，外用草泥或石灰粉刷。

根据现有的建筑特色，绘制出了鹅溪村民居建筑立面图（图 4-64）。

(a) 民居建筑正立面图　　　　　　　　　　　　　(b) 民居建筑侧立面图

图 4-64　鹅溪村民居建筑立面图

来源：自绘

4.2.1.5　川东北民居地域性特色

川东北地区拥有保存完好的传统民居建筑群，其在揭示四川地区传统民居共同特征的同时，也凸显了自身独有的特征，展现出浓郁的乡土风貌。就建筑类型来看，大部分川东北民居属土木石混合的穿斗结构，一字式、曲尺式、三合式、四合式交错其间。受到当地气候的影响，屋顶多为悬山顶，覆以小青瓦。室内装修简易，功能齐备。

1）川东北民居基本形式与选址

由于相近的自然人文环境、生产生活方式，与川东地区一样，川东北传统民居也是从早先的干栏式建筑演变而来的。川东北民居极具场地适应性，因势利导，依山就势，充分利用了原有的地形地貌，避免了大规模开挖土石方，也不会破坏山林、水体等天然景观环境。在多丘陵、少平地的川东北地区，为了不占用耕地、节约施工成本、增加更多的实用空间，民居建筑依坡而建，靠近水源，逢高则就、遇低则架，迎风朝阳，有开有合，错落有致，形成了特色明显、风格独特的建筑形式。

2）传统民居建筑特点

川东北民居建筑大多为木结构单檐悬山式屋顶，穿斗抬梁混合式梁架结构。建筑多为一层，平面由堂屋、卧室、厨房、牲畜圈构成。建筑前多有土院坝，无围墙，邻里空间较好。

（1）外围封闭，穿斗结构。

川东北地区具有多雨、潮湿、日照较少的气候特点，一定程度上使传统民居形成外围封闭的特征。房屋的外围封闭具体体现在自家与邻家房屋并非共用一墙，且房屋前往往用篱笆围起，以形成一个封闭的空间。

川东北传统民居大多采用常见的穿斗式木质结构，用料细巧。此外，穿斗结构房屋立柱与地面连接处往往使用石墩进行垫脚，起到了通风、防水防潮的作用。

（2）多采用小青瓦，前檐长后檐短。

由于川东北地区气候较为温暖，又因经济技术条件的限制，传统民居广泛采用民间手工制作的小青瓦。同时，由于川东北地区雨水较为丰富，故而屋顶多为悬山顶，坡面为两面坡或两面坡加斜坡，且大多前檐长后檐短。房屋较长的前檐既有利于遮挡阳光，又可以防止雨水对墙面的破坏或雨水飞入屋内；而较短的后檐也起到了保护墙体、节省建筑材料的作用。

（3）就地取材，布局灵活。

传统民居的建造是一种大量性的建造活动，廉价易得的建筑材料成为不可或缺之物。于是，在建造民居时，尽可能使用较少的材料，充分利用不同材料的各种性质，达到其性能的合理发挥。

川东北地区地形条件比较复杂，而地形条件的复杂性在一定程度上限制了该地传统民居的建造。这就要求川东北传统民居在建造时要因地制宜，适应当地的地形条件，体现其布局灵活的特点（楚浩然和顾彬玉，2016）。

3）涪江流域川东北民居——绵阳市盐亭县巨龙镇五和村民居建筑

五和村传统民居多为三合院或四合院布局（图4-65），屋顶大多采用两面坡式，前檐长后檐短。从高处向下看，屋顶层层叠叠，起伏有序，伸出的屋檐可以防止雨水冲刷墙面、避免雨水进屋、遮挡阳光的辐射。这种屋顶被人们称为"冷摊瓦"，在铺设的时候大多不用望板，在屋面的檩条上直接铺设瓦，俯瓦与仰瓦之间就形成了天然的缝隙，具有良好的透气性。通过瓦与瓦的缝隙，不断地进行室内外空气交换，保证了冬季室内空气新鲜，细小的缝隙又使人感觉不到冷风吹来；在夏天，环境比较潮湿闷热，"冷摊瓦"起到了调节空间湿度的作用，不断地将湿空气通过"烟囱效应"带走，室内温度随之下降。

图 4-65　五和村民居建筑

来源：自绘

根据现有的建筑特色，绘制出了五和村民居建筑立面图（图 4-66）。

(a) 民居建筑正立面图　　　　　　　　　　　　　　(b) 民居建筑侧立面图

图 4-66　五和村民居建筑立面图

来源：自绘

4.2.1.6　徽派民居地域性特色

徽派民居建筑风格独特，文化精深，有着别具一格的地域特征。在建筑外观上，高墙封闭，马头翘角，粉墙黛瓦，朴素淡雅；建筑内部，精致华丽，令人叹为观止；在街道和村落布局上，体现出较高的人文意识和艺术文化。徽派民居中淡雅的白墙，区别于四川民居的白墙，为了在湿热潮湿的环境中，吸收空气中的水分，采用了白色的石灰粉，使建筑墙体保持干燥，避免墙体受到腐蚀。另外，湿热气候也导致了街巷狭窄，道旁高墙很好地在狭窄的街道形成较好的阴影，利于居民遮阳避热（彭杨莹和孟祥庄，2019）。

涪江流域传统村落中只有德阳市罗江区白马关镇白马村为徽派民居（图 4-67）。远远看过去，一座座徽派民居就像一个个黑白几何形体构成的迷宫方格。所有的山墙都采用逐级跌落的阶梯状形态，墙上还做有向上翘起的檐角。这种山墙因为形状极像马头，所以也称为马头墙（图 2-13）。山墙的主要功能是用于间隔隔壁的建筑和防火，故又称为封火墙（风火墙），同时在街道形成较好的阴影，遮阴避暑。这些由直线构成的建筑形态，一幢幢、一座座相互依存，形成了一个有机的整体结构，加上白墙黑瓦的朴素色彩，建筑在质朴中透露着清秀的美感。

图 4-67　白马村徽派民居

来源：自绘

根据现有的建筑特色，绘制出了白马村民居建筑立面图（图 4-68）。

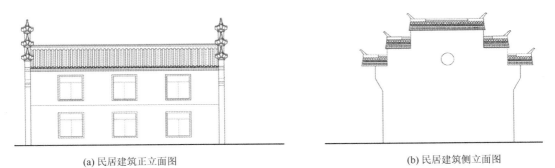

(a) 民居建筑正立面图　　　　　　　　　　　　　　　(b) 民居建筑侧立面图

图 4-68　白马村民居建筑立面图

来源：自绘

4.2.1.7　川渝吊脚楼地域性特色

1）涪江流域吊脚楼特点

吊脚楼在我国山地和炎热潮湿地区较为常见，建筑模式属于楼底架空的干栏式建筑，建筑手法主要是为了适应当地湿润炎热的气候。

吊脚楼广泛分布于涪江流域的下游和上游。在重庆市，沿涪江、嘉陵江两岸，有不同形态的吊脚楼。在涪江上游平武和北川沿江两岸也大量分布吊脚楼。吊脚楼多为两层竹木捆绑结构的联排式，楼层或挑廊层层出挑，木板壁或竹编芦席墙围护，小青瓦或油毡屋面，吊脚纤细，立柱与斜撑相互连接，轻盈而又惊险（张杨，2014）。

2）四川地区吊脚楼

四川地区吊脚楼整体风格简约明快（图 4-69）。受当地地形影响，四川吊脚楼的建设主要由"悬脚"支撑，因此建筑物的高度较高，比例较大。另外，古时当地居民大多是农民，所以建筑物的细节构件并没有装饰造型处理，而建筑物的造型特征可以直接地

图 4-69　涪江上游四川吊脚楼

来源：自绘

表达建筑物的结构。例如，墙壁表面的网格状形状，由竹条、木条编制而成，目的是加强屋墙结构。

根据现有的建筑特色，绘制出了四川吊脚楼民居建筑立面图（图 4-70）。

(a) 吊脚楼民居建筑正立面图　　　　　　　　　(b) 吊脚楼民居建筑侧立面图

图 4-70　四川吊脚楼民居建筑立面图

来源：自绘

3）重庆地区吊脚楼

由于重庆地区气候闷热、水汽较重、山地居多，因此建造手法上多采用吊脚楼形式，以达到通风、透气的效果，在建筑材料上大多选用当地生产的木材、竹子等自然材料（图 4-71）。另外，由于吊脚楼的建筑主体主要依靠许多细长的"吊脚"支撑，为了减轻建筑整体重量，从而减少"吊脚"承受的荷载，建筑的墙体材料一般不使用砖、石材料而多采用竹、木。并且，重庆地处川东地区，此地的吊脚楼受到川东文化的影响，如小青瓦屋面、大出檐、白墙、立柱置于石基和条石上等，符合川东民居的特点（罗晓光，2010）。

图 4-71　涪江下游重庆吊脚楼

来源：自绘

根据现有的建筑特色，绘制出了重庆吊脚楼民居建筑立面图（图 4-72）。

4.2.2　民族民居特色

涪江流域民族众多，主要为汉族、藏族、羌族、回族。不同民族、族群、人群因长期聚居生活而形成的特色文化区域，往往会在居住建筑上打上独特的文化烙印。藏族主要聚

(a) 吊脚楼民居建筑正立面图　　　　　　　(b) 吊脚楼民居建筑侧立面图

图 4-72　重庆吊脚楼民居建筑立面图

来源：自绘

居于平武县，民居大多有三层，建筑材料多用乡土树木，如松树、柏树、杉树等，建筑讲求中轴对称，房顶立有民族（白马藏族）图腾"白公鸡"。羌族主要分布于北川羌族自治县一带，羌寨采用集中布局形式，规模大小不一，自由灵活、随机生长。最有特色的建筑是碉楼，多为石砌，外形可分为八角形、六角形、方形等。另外，还有邛笼屋、官寨等建筑形式。回族大多聚居于盐亭县中部的大兴回族乡，建筑思想受到汉族民居的影响，再加上自己民族的文化，多为单坡或双坡覆瓦房，平面布局有一字形、四合院等。汉族聚居地曾经出现过几次规模较大的移民活动，也吸收了中原地区和境外文化，并与当地巴蜀文化相互融合。因此，汉族民居在建筑结构、装饰、功能等方面趋于成熟，建筑分布对称，轴线明确，空间灵活多变，功能完善，形成建筑群落与自然环境的完美结合。

4.2.2.1　藏族民居特色

　　涪江流域传统村落藏族民居主要分布于绵阳市平武县白马藏族乡亚者造祖村、木座藏族乡民族村、虎牙藏族乡上游村。白马藏族有独立的语言，没有文字，民族文化和风俗习惯与相邻而居的汉族、羌族均迥然不同。白马藏族的生活起居和生产方式保留着古老而独特的民族风情，人无桌凳，席地而坐。民居依山筑寨，大多有三层，系就地取材，垒原木为墙，劈木板作瓦，房顶立有两只"白公鸡"，在屋顶的中间放置一顶插有羽毛的帽子，有驱邪和保佑平安的寓意。

　　1）自然环境与聚落分布

　　涪江流域内的藏族民居主要分布在涪江上游的平武县境内。平武县隶属四川省绵阳市，全县总户数 6.38 万户，户籍总人口 17.87 万，县域总面积近 6000km^2。平武县位于四川盆地西北部，属于四川盆地与青藏高原过渡的东缘地带（马骏，2018），是著名的山地地貌景观，境内的山地主要由三条山脉组成，与南北走向相近的岷山山脉、与东西走向相近的摩天岭山脉以及与北东到南西走向相近的龙门山脉。其中共有 94.33% 的山地面积在海拔 1000m 以上，呈现西北高、东南低的地势，高山、中高山在其西北部，中山、低中山、低山逐渐地向东南方过渡，岷山的主峰雪宝顶作为西北部最高的地方，其海拔高达5588m。岷山主峰雪宝顶是涪江的发源地，青川县在其东部，北川县紧邻其南部，松潘县位于其西部，甘肃省位于其北部，西北方倚九寨沟县。

　　平武县地广人稀，气候温和，降水丰沛，日照充足，四季分明。县域内高山深谷、森林密布，有丰富的木材资源。在虎牙河和火溪河周围形成一些小型的冲积平原，这里人口较多，村寨聚落大小不一，土壤湿润肥沃，是主要的农牧业区。此外，龙安镇、白马王朗国家级自然保护区等地的交通要塞都是藏民聚居较为集中的地方。涪江流域藏族乡村以木座藏族乡、白马藏族乡、虎牙藏族乡三个民族乡为代表。

历史上，木座藏族乡与白马藏族乡、木皮藏族乡以及黄羊关藏族乡之间，历来就是一个统一的行政单位与经济区域。四乡同属于王氏土司家族的世袭领地。木座藏族乡与木皮藏族乡两乡的关系更为密切，在历史上曾长期隶属通判土司直接管辖，形成了具有特色的火溪沟番地。直至 1952 年，因平武县藏族自治区人民政府建政工作的需要，木座藏族乡才从木皮藏族乡的白熊大部落中分离出来，单独成为建政试点乡之列。1958 年改公社，1984 年设置木座藏族乡。因此，木座藏族乡和白马藏族乡两乡居民同属于白马藏族人，而虎牙藏族乡境内以藏族居民为主。

2）自然人文条件对藏居的影响

传统村落内部本身特有的自然与人文条件是村寨民居形成、发展的基本先决条件，同时也是村寨内人们正常生活的重要因素。因此，在受村落本身自然、人文条件影响下形成的村寨更具有稳定性和发展的可能性，短时期不会有十分显著的变化。

（1）地方材料。

乡土材料是人类在建设生活环境时向大自然就地取材的最为合理可贵的生存材料。藏族居民在构建民居时，受到当地气候环境、土壤水文、地形地势、地方资源等一系列限制因素的影响，乡土材料选择也会考虑多方面条件的影响，以此产生多种选择方式。村落建设的环境营造涉及村落发展的经济、文化、交通等全方位的考量，尊崇"天人合一"的思想。因此，居民在建造过程中，常常就地取材、因地制宜，融入当地民俗，展现文化特色。

平武县境内的地势起伏突出，高低悬殊较大，气候随着海拔的变化而呈垂直分布（陈彬，2013）。低山河谷地带属亚热带山地湿润季风气候，低中山地带属山地温暖带气候，中山地带属寒温带气候，高山地带属亚寒带气候。藏族居民遵循自然规律，为方便取材，考虑地理条件及气候环境，会首要采用防寒保温优势的材料，在此基础上充分利用当地乡土材料，多样化选择。一般藏族民居在建筑材料上多为就地取材，包括石材、泥土、竹藤、木材等众多乡土材料，体现了很强的地域性。

平武县森林资源丰富，除大量灌木外，还有松树、柏树、杉树等乔木。而作为当地主要树种的杉树，自然而然地成为民居建筑的主要材料。杉木可用于铺设楼板地板、架设柱子及作为墙体的上部，也被广泛用于室内门窗装饰。近年来，用杉木板做墙体的也在逐渐增加。

山区石材较多，其具有坚硬、稳固、耐压等特点，常用于民居的地基处理，还被用在院子铺设及柱础上。

竹条与藤条可以固定建筑的木结构衔接处，再用其他树木的韧性小枝条和植物纤维与泥土一起搅拌作为原材料，可以增加墙体之间的密实度和强度，起到稳定的作用。

生土具有很好的保温防寒性能，河谷地区众多的黄土、灰炭土等土壤材料黏结性及强度极好，可作夯筑墙、铺屋面及楼面。

（2）气候因素。

涪江流域藏族传统村落的气候季相变化显著，区域冬季严寒、夏季凉爽，日照时间长，昼夜温差大，无霜期短，年平均温度低，以西北风为主导风向，降水量充沛，所以房屋建造多为小青瓦坡屋顶，这有利于对降水的排放和收集。受地形条件的影响，房屋摆放错落有致，以阶梯之势修建，使之日照充足、通风排水、视线良好。

（3）地震因素。

平武县与阿坝藏族羌族自治州相邻，地质构造属于活动断裂带，是地震多发区域。因此，藏族居民积累了丰富的抗震经验，特别是民居的结构构造上采取了相当多的防震措施。

（4）社会人文习俗。

传统藏族民居的形成是一个长期的过程，深受封建农奴社会政教合一制度和宗教的影响（李先逵，2016），这在建筑的形式和布局中有所体现。此外，藏族与汉族、羌族等其他不同民族杂居生活在一起，相互交流的同时吸收融汇了各自的经验及长处，汉藏结合的特点十分突出。但不同地区之间也存在着差异，如木座藏族乡民族村、白马藏族乡亚者造祖村和虎牙藏族乡上游村，都有着各自不同的特点。

白马藏族被认为是"东亚最古老的民族"。当初白马藏族因为地缘关系而被划分为藏族，但其在众多方面都与其他支系藏族不同，如宗教信仰、民俗风情、服饰、语言等。在多民族文化的交融中，白马藏族传承延续着古部族的文化基因，也受到汉族、其他支系藏族、羌族等的影响，最终形成了特有的白马文化意识形态。

a. 建筑风格。

传统习俗对藏居建筑风格影响很大，且越是靠近汉族地区越会受到汉式建筑的影响。白马藏族民居建筑多采用平坡屋顶结合的形式。在生活习惯方面，为了防寒取暖，几乎每家每户都有一个烤火室，全年都要在室内生火，设置锅庄（火塘），温暖的火塘是白马人最主要的生活空间，是人们敬神、就餐、待客的地方。在地面中间挖出的方垄上布置铁三角用于煮饭和取暖，火塘正对面靠墙布置神柜。在白马藏区，每家每户都有家谱，这种家谱区别于汉族人以血缘为关系的家族人物记载形式，而是以神像为主（毛芸，2016）。在过年期间，家谱会在房屋正中的墙壁上悬挂并展开。有的家庭生活比较困难的居民，就会自己制作一个五寸宽的木牌，木牌上用汉字写上祖先的名字供奉，晚上在祖先神位前的香炉里点上蜡烛或清油灯，燃个通宵（常清明，2003；张大玉和甘振坤，2018）。深夜全家人跪拜于神像前，烧纸焚香，杀鸡祭祖，祈祷全家人一年平安健康。祭祀时间一直持续到家谱收卷之日。

b. 生活习俗和服饰特色。

白马藏族至今仍然保留了完整而独特的生活习俗和服饰特色。白马藏族的服饰和其他支系藏族的服饰不同，以头饰最具代表性。白马藏族青年男女都戴羊毛质地的白色荷叶边毡帽，上面缠绕有红、蓝、黄、紫等色线，垂飘在帽檐之外，其帽顶前端有一簇锦鸡颈羽装饰并插白色雄鸡尾羽（蒲向明，2011）。在帽子上插的白鸡毛，男子插一支挺直的羽毛，表示勇敢刚强；女子插两至三支弯曲的羽毛，象征美丽温婉（何光岳，2000）。这种帽名为"盘盘帽"，白马人一年四季每天都戴着，这是白马藏族的标志。此外，白马藏族的建筑会有两只"白公鸡"立在房顶上，在屋顶的中间放置一顶插有羽毛的帽子，除为了感谢公鸡叫醒送信人拯救整个民族之外，还有驱邪和保佑平安的寓意。

c. 宗教信仰。

在宗教信仰方面，虎牙藏族乡藏民主要信仰本土原始宗教和喇嘛教。他们极为相信万物皆有灵，除岷山雪宝顶是他们主要信仰的大神仙以外，境内的三牙羌、象鼻山等也是他们信仰的神仙。藏族人民每年都会围绕雪宝顶、象鼻山等神山进行转山的宗教活动，以感谢神仙过往的庇佑，并祈求来年的收成和平安。同时，在房屋中一定会设有相应的宗教空间及设施，住宅一般都会设有经堂供案。住宅前面会拉上经幡，墙屋顶也会用小青瓦围成的草叶型的屋顶中垛。

3）寨落选址和形态

涪江流域传统村落藏族民居主要位于绵阳市平武县白马藏族乡亚者造祖村、木座藏族乡民族村、虎牙藏族乡上游村。在这三个村落中，每个村都是由几个寨子一同构成的，一般寨子大多有十几户至几十户人家，三五户的仅仅是一个组团。考虑游牧及农作物的耕种情况，寨子的分布选址必然会靠近农牧耕地草场附近，如白马藏族乡亚者造祖村的扒昔加寨和色如加寨。有些寨子也会以道路为中心形成聚落，如白马藏族乡亚者造祖村的祥述加寨。

藏民们一开始为满足生存需要，在营造自己家园时会侧重于结合周围的自然环境条件，把现有的自然资源运用到整个村落的建造之中，通常依山傍水、随河流分布。思想上秉承"天人合一"的观念，在尊重自然规律的基础上发挥主观能动性。整个过程在依靠自然环境条件的同时也满足传统经济模式的基本条件。

白马藏族传统村落主要以山地聚落为主。本着对神山的敬畏和保护家园的心理，大自然的山川河流就是他们的神圣空间，天、地、人之间的关系十分密切。一些村寨分布在高山或半山腰上，山上由于地理位置之易守难攻，在战争期间是良好的防御生存要地。亚者造祖村的村寨类型是山谷河岸型，村落寨子都坐落在火溪河河谷旁的冲积-洪积扇上，背靠祥述加山可以阻挡冬季的寒风。此处为山体与河边的过渡地带，临近水源，山泉水汇集，土地厚实肥沃，是最佳的选址地。

因为多山的川西北很少有山谷河岸的平坦区域，因此山腰缓坡也是不错的选址位置。这样的藏寨多选在向阳山坡以取得良好的日照，同时排水更为方便，只是距离河边相对较远，不一定有肥沃的土地和良好的水源。如木座藏族乡民族村，村落四周青山环绕，前面是火溪河穿过，形成后有靠山，两侧有护山，前面也有山围合的格局。

在佛教盛行的印度，诸多建筑组团在布置时都参考坛城及曼陀罗的意向形成内聚的布局形态。而在白马藏区，主要围绕村内用以供奉山神和土地神的宗教寺庙及公共空间（如祭祀广场）而布局，形成了明显的内聚和中心。例如，木座藏族乡民族村，全村的四个组团均围绕村庄中的核心——土地庙（七郎庙）进行布置。

虎牙藏族乡上游村的藏寨房屋多呈自由散落状布置，各户的朝向基本一致，各家房屋之间有疏有密，地基选址大多平行于等高线布置，均是依照地势，不拘定法，呈自由分散的状态。

有的藏寨分布在湿润的河谷地区，有着良好的植被和生态环境，风格独特、造型别致的藏居错落有致地散布在绿树丛间，构成色彩绚丽、对比丰富的生动聚落图景（李先逵，2016）。

4）民居类型与特点

不同地区的藏族民居都有其独特的地方文化特色，藏南谷地多为碉房，藏北牧区即帐房，在雅鲁藏布江流域林区内修建的又是木构建筑。藏族民居在修建房屋时多采用开辟风门，其具有防寒、防震、防风等多种功能，同时设置天井、天窗等结构以便达到更好的通风、采光、采暖的效果，这种处理方式较好地解决了气候、地理等自然环境产生的不利因素对生产、生活的影响（张玮，2015）。涪江流域内的藏族民居，主要以位于绵阳市平武县境内的以白马藏族乡的民居和虎牙藏族乡的民居为主。

（1）虎牙藏族乡上游村藏族民居。

a. 历史形制。

虎牙藏族乡上游村民居的选址是综合了古代先人对社会、自然、人文、风水等因素而建立起来的。虎牙藏族十分看重房屋的走向和朝向，并认为这些因素都与家运和财运有着密切的关联，因此在对房屋进行选址之前，都会查看风水，选择最合适的地址。古上游村藏民对房屋的建造都是利用乡土材料进行的，采用森林里的树木，多用杉树作为墙体构建的材料，取用石头堆砌墙体而形成石砌墙体。屋面早期使用的是棚板或茅草，到了现代时期屋面盖的就是小青瓦。村落民居建筑（图4-73）主要是木棚式、木骡子、木板穿斗房、藏式老寨房四种形制，多为清代民居（史琛灿，2018）。

(a) 清代民居   (b) 藏式老寨

图4-73　上游村民居形式

来源：自绘

b. 上游村藏族民居特点。

近年来，由于生活水平的提高，以及旅游业的发展，居民收入逐渐增多，木棚式的民居已经绝迹，逐渐变成以砖木结构为主的现代民居，但依然保留了浓郁的藏式风格。民居主要为木板穿斗房，杂以部分藏式老寨房、砖木房屋、泥木房屋，其古建筑的样式繁多，建造技艺及装饰元素独特丰富。多数民居建筑是两层高度，第一层多为砖木混合结构，第二层为木构架结构。其建筑形制（图 4-74）多为一字形和四合院的院落式（熊飞，2017）。

图 4-74　上游村现代民居形式
来源：自绘

根据现有的建筑特色，绘制出了上游村民居建筑立面图（图 4-75）。

(a) 民居建筑正立面图　　　　　　　　　　　　(b) 民居建筑侧立面图

图 4-75　上游村民居建筑立面图
来源：自绘

（2）白马藏族民居。

a. 历史形制。

白马藏族民居是所有白马藏族聚落建筑的统称。20 世纪 50～60 年代，村寨内的民居都是板屋土墙，根据当时经济水平条件的差异，民居大概分为茅草屋、榻板房、瓦房三种。一般平民的住房为榻板房或茅草屋，只有经济条件较好的富有人家的房子才是瓦房，三者之间的区别除了民居的屋面样式之外，房屋的大小、内部空间的结构、墙体的建造和装饰也有所区别。

b. 白马藏族民居特点。

传统藏族民居多为土木结构（图 4-76），以穿斗式的木构架营造出不同开间进深的房屋，以石为基，以土垒墙，用杉木作为墙板装修和楼板，屋面则盖榻板、茅草或者瓦。最为普遍的榻板房，在于其屋面的特殊形式，屋面用木板一排一排地交错覆盖，每排皆压块石覆盖（图4-77）。如今的白马藏族村寨榻板房已经很难见到了，屋面也以瓦片来代替（史琛灿，2018）。

图4-76　白马藏族土木结构民居

来源：自绘

图4-77　白马藏族屋面形制——榻板

来源：自绘

在藏族文化与汉族文化未完全融合之前，当地白马藏族的民居与汉族民居之间的差别在于对民居建筑的空间分隔。白马藏族因其特有的传统民俗，部分活动需要在室内进行，所需室内活动空间较大，民居室内没有太多分隔，多为单一的大空间；而汉族的一般活动都在室外搭台举办，对于室内空间大小没有特殊要求，民居则通过隔墙来分隔室内空间。因此，白马藏族民居的承重木结构构件如柱、横梁、擦条都较为粗大。

近年来，位于绵阳市平武县境内火溪河流域的白马藏寨，受到旅游业的冲击和2008年"5·12"汶川地震的影响，各个寨子的发展建设状况各异，民居也在一定程度上呈现出了差异。有的寨子对旅游用途的民居民宿建设力度较大，传统民居多以聚落组团的形式加以保护。目前传统民居与民宿民居的比例相差不大。现今的白马藏族乡亚者造祖村内早已无土木结构的"土墙杉板房"存在，主要传统民居类型为青瓦砖木结构或青瓦木楼（史琛灿，2018）。这两种类型的房屋建筑保留了最初板屋土墙房的一部分，但在此基础上也进行了一定的改变与更新。在建造民居的主要材料选用上仍然使用当地乡土材料，以往修建时使用的土质墙体会用当地木材代替，建筑墙体也不会全部使用土墙，一般只剩一面或者两面抑或是全部取消，房顶依然采用南方惯用的坡屋顶形式，上铺设小青瓦。藏寨整体风格基本一致，房屋建筑多为新建的青瓦砖木结构，两层房屋，一层砖木装饰，二层全为木构架，具有十分浓郁的白马藏族民居风格（毛芸，2016）。

现在亚者造祖村的五寨中，除了色腊路寨、色如加寨两个寨子尚未开展旅游接待服务外，祥述加寨、扒昔加寨、刀切加寨三个寨子都建立了"旅游专业合作社+农户"的模式。因此，将白马藏族民居分为民宿民居和农户民居两类。这里以祥述加寨内的民宿民居（宗明家园）和扒昔加寨内的农户民居两个建筑为例。

宗明家园。宗明家园是典型的L形传统民居，是两层的青瓦砖木构楼（图4-78）。宗明家园位于亚者造祖村的祥述加寨，是整个寨子中沿西北方向街道末端的倒数第三户人家。宗明家园为一家民宿民居，有着属于自己民居的独特大门，民居内部有很宽的院坝，以方便三轮车或是游客的车辆停放。

图 4-78　亚者造祖村宗明家园
来源：自摄

　　宗明家园建筑共有两层（图 4-79），一层多为砖木混合结构，主要是民宿主人家自己居住和使用，有厨房、杂物室等房间；二层是木质结构，设有木制的围栏，在围栏上有体现白马藏族文化特色的雕刻和花纹，主要是供来往的游客居住。整栋建筑的楼梯位于西侧边缘，楼梯宽度较狭小，大约 60cm，仅供一人通行。

图 4-79　亚者造祖村宗明家园建筑
来源：自摄

　　根据现有的建筑特色，绘制出了亚者造祖村宗明家园建筑立面图（图 4-80）。

(a) 正立面图　　　　　　　　　　　　　　　　(b) 侧立面图

图 4-80　亚者造祖村宗明家园建筑立面图
来源：自绘

扒昔加寨农户民居。扒昔加寨的农户民居（图 4-81）的形制主要是一字形，是两层的青瓦木构屋，位于扒昔加寨中部。民居旁有一条从山上缓缓流下清澈见底的溪流，将寨子分为两个小组团。民居的大门造型充满白马藏族的特色，进入民居内有一个长方形的院坝，院坝中间是一个火塘，可以进行烧篝火、办晚会。

图 4-81　亚者造祖村扒昔加寨民居建筑

来源：自摄

现今亚者造祖村内的传统农户民居大多为这种平面布局形式，因此其建筑平面最具代表性。该民居墙体均为杉木板，建造时间约为 80 年前，住户有夫妻二人及其父母、一个孩子共 5 人（马骏，2018）。

根据现有的建筑特色，绘制出了亚者造祖村扒昔加寨建筑立面图（图 4-82）。

(a) 民居建筑正立面图　　　　　　　　　　　　(b) 民居建筑侧立面图

图 4-82　亚者造祖村扒昔加寨建筑立面图

来源：自绘

5）立面特征及细部装饰

（1）立面特征。

亚者造祖村民居体量适宜，层数较低。虽然有些民居利用地形搭建了最底层的猪圈，在地坪上仍为两层。最高层储物层的层高也较低，与周边环境融为一体。根据立面的组成要素，从台基、屋身、屋顶三方面分析。

a. 台基。

台基是建筑立面的重要组成部分。由于白马藏族聚居区位于山区，地形复杂，台基对住房的重要性不言而喻。通过实地调研发现，虽然住宅建筑是在有坡度或有高度差的地形上建造的，由于平台基础的预平整，住宅建筑物每层的地面基本处于同一标高。台基的找平方式大致分为木架撑平、石块垫平、石木混用垫平三种。

　　木架撑平通常在相对较大的高度差的情况下发生。当宅基地的高度差在半楼层间隔之间时，特别是破碎的山脊或者陡峭的山脊出现时，使用石垫往往耗时费力，而木架撑平的使用，可以利用房屋下面的空间，用来饲养牲畜或者储存物品。它的优点是利用较小的空间扩大了面积，缺点是木材容易被水分腐烂损坏。实地调查中发现，单根柱下的石材被用作柱子的基础，由于施工工艺粗糙，容易造成房屋不稳定，存在一定的安全隐患（图 4-83）。

图 4-83　上游村木架支撑

来源：自绘

　　石块垫平是白马藏族最常见的基础和台基做法。由于房屋建在斜坡上，地形有一定的坡度，因此采用石垫的形式。这种方式的优点是基础稳定，施工相对方便，防潮性好。由于一些坡地的坡度较大，有必要防止沿着坡道的雨水冲刷，因此将房屋及其周围环境整体提高，但是造价相对昂贵（图 4-84）。

图 4-84　亚者造祖村石块地基

来源：自绘

当地形较复杂且高差较大时，简单的木架撑平对木材厚度和长度有要求，较短和较细的木材不足以支撑相对较大的高差，这种情况需要将木材与石材混合使用，即石木混用垫平，先用石头减少相对高度差，然后用木框压平，有时需要用夯土夯实地基（图 4-85）。

(a) 民族村　　　　　　　　　　　　　　　　　(b) 亚者造祖村

图 4-85　石木混合地基

来源：自绘

　　b. 屋身。

虽然台基部分很重要，但由于其位置较低而不常被注意到，房（屋）身才是立面的主要部分，是住宅建筑主体形象的体现。

涪江流域藏族传统民居的下部主要是夯土，即"土墙板房"的土墙，高 3～4m。由于通风和干燥的要求，上部的大部分储存空间由竹墙围合，有些甚至挖空而没有包围，这给人以稳定的印象。立面上，主要是夯土和木材。为了达到保温效果，墙面上的窗户相对较小，整个表面也形成了真实、局部的虚拟效果。立面的前后凹凸，形成了丰富的前后层，丰富了建筑的形状。整体分为几个部分：木制栏杆和屋檐，厚实和突出的夯土墙，平木板，一些建筑物和后面的入口（高塔娜，2014；马骏，2018）。

虽然夯土墙的保温性能优越，但经过风雨，斑驳的墙壁不是很漂亮。绝大多数藏民更喜欢用木板作墙壁，即使是夯土墙，有些外面还是外包一层杉木板进行处理。

　　c. 屋顶。

过去，村落里的传统民居都是榻板房，即"土墙房屋"。薄木板被用作住宅建筑的屋顶，石头压在木板上。这种屋顶有许多缺点，木屋顶的寿命通常不长且不稳定；雨水容易泄漏；一旦发生火灾，木屋顶容易引起蔓延；由于雨后的湿度，木板经常生长一些苔藓植物。从平武到白马的道路于 1973 年修建好后，伴随着经济的发展，白马藏族人在屋顶的铸造上更进一步。白马工匠改善了房屋的屋顶，用瓦片作为屋顶材料，在榻板房屋顶被损坏之后，它也被瓦片覆盖。

亚者造祖村传统民居的屋顶一般为储藏间，存放青稞、腊肉等。由于白马藏族部落的公有制特征，全村人拥有公共晒场，民居的屋顶不需要粮食的晾晒。同时白马地区降水较多，因此形成了人字形的坡屋顶。人字形的屋顶与周边人字形的山峰相映成趣，与周围环境和谐统一。

（2）细部装饰。

涪江流域藏族民居的建筑细部也有其独特性，显示出特有的宗教文化背景和地理环境特色，也体现出了藏族民居与川北民居的结合。

白马藏族对大自然充满尊敬和热爱，夯土和杉木板建造的民居本身就有一种质朴大气的自然之美，只在建筑的局部细节施以自然花卉或鸟兽纹样或几何图形就更漂亮了（图 4-86 和图 4-87）。白马藏族建筑的装饰几乎都是宗教性的，在门梁等处装饰有宗教剪纸"若拉"以展示吉祥，剪纸内容是植物和动物。门口挂着牦牛之类的头骨或曹盖的面具，用来"驱邪"。在颜色方面，红色、黄色、蓝色三原色是宗教色彩，而这些色彩又代表天空、地面、空气，颜色是宇宙和自然的象征。同时，受到汉族地区对联的影响，一些白马藏族家庭将自绘的象形文字作为对联。

(a) 门联

(b) 彩绘

(c) 石雕

(d) 村门上的曹盖装饰、对联

图 4-86　亚者造祖村民居装饰

来源：自摄

(a) 大门门毡　　　　　　　　　　　(b) 房梁座瓜、吊瓜、耍瓜

图 4-87　上游村民居装饰

来源：自绘

6）建筑材料与结构体系

（1）建筑材料。

a. 木材。

涪江流域藏族民居大多以当地材料为基础，反映出强烈的地域性。白马藏族乡亚者造祖村和木座藏族乡民族村所在的山区树木茂密，杉木作为主要树种，自然成为住宅建筑的主要材料。杉木一般用于铺设地板或用于柱子和墙壁的上部，广泛用于室内装饰。近年来，越来越多的墙壁用木板制成，房屋被木板包围，其中一些甚至用木板覆盖剥离的墙壁。

b. 石材。

涪江流域藏族聚居区多为山地，有许多石头。石材坚硬、稳定、耐压，常用于住宅地基处理，也用于院落房屋柱基。

c. 竹子与藤条。

竹子被分成用于编织墙体的竹条，并且藤条用于加强木材的搭接接头。现今随着人均收入的增加，许多居民在平武县城购买房屋，并在寒冷的冬天搬到县城生活，冬季保暖的适用因素已经从过去首先考虑因素而变为次要考虑因素。在白马旅游的发展下，白马藏族居民认为建筑美学要素应排到第一位，美丽的房子能更好地吸引游客。因此，鉴于传统住宅建筑材料的演变，近年来围墙也通常用竹子和藤条编织而成。

（2）结构体系。

涪江流域藏族民居结构体系（图 4-88）为穿斗式，多为 7 柱进深，个别经济条件较好的家庭可为 9 柱甚至 11 柱。墙体下部为夯土，上部为木板或竹土墙，接缝采用藤条加固。房屋之间的距离较小，梁柱通过枋连接，抗震性能更好。同时，墙体下部的厚夯土和上部的轻质杉木板使房屋中心较低，增强了房屋的稳定性（马骏，2018）。

4.2.2.2　羌族民居特色

羌族是我国一个古老的民族，文化底蕴深厚，有属于自己民族的服饰、器具、雕塑等，

(a)　　　　　　　　　　　　　　　　　　　　(b)

图 4-88　藏族民居结构体系

来源：自绘

还有独具民族特色的民居建筑，羌族的碉楼被誉为"世界建筑明珠"和"东方金字塔"。碉楼既吸取了汉族民居的建筑特点，又汲取了藏族建筑的风格，同时还兼顾自身的生活习惯和自然环境。碉楼有一定的保卫作用，一般建筑在交通要道、山顶上或村寨的中央和四角，高达 10 余丈（1 丈≈3.33m），6～7 层，最高的达到 13～14 层，楼体形状为四角、六角或八角，上细下粗，房顶的四周砌有 1 尺多高的矮墙。羌寨碉楼造型各异，技术高超，是中国民居不可缺少的组成部分。

1）寨落环境

（1）羌寨自然环境。

羌族的寨落主要分布于四川省阿坝藏族羌族自治州的汶川县、茂县、松潘县、理县、黑水县等，以及位于绵阳市境内的北川羌族自治县一带（马非，2006），境域内群山环绕，森林繁茂，河谷溪流密集。高山海拔基本在 4000m 以上，即使是河谷一带也在 1500m 左右，气候呈垂直分布，高山上冬季十分寒冷，河谷地带较为温和，温度呈冬暖夏凉的趋势，昼夜温差较大。全年降水量为 400～1300mm，河谷地带为农牧业地区。这些自然环境因素，对羌族民居寨子有显著的影响。大多数寨落位于高山或半山腰地带，有的在公路沿线以及各城镇附近，同时与汉族、藏族、回族等混居。

（2）羌寨人文环境。

羌族被称为"云朵上的民族"，它源于古羌，以牧羊著称，其在中国西部是一个十分古老的民族，是华夏民族的重要组成部分。经历长久历史变迁，古羌对中华民族的发展有着深远的意义。"羌"是古代先人对居住在中国西北部游牧民族的一种泛称，到东周时期，西北部的羌族人迫于秦国的战争等压力进行了向南远距离和大规模的迁徙。宋以后，南迁的西山诸羌和羌人中一部分继续发展，保留羌的族称，成为现在的羌族。羌族使用的语言为羌语，这种语言属于汉藏语系藏缅语族羌语支，包括北部方言和南部方言。

羌寨人不畏艰难，对外敌有很强的反抗精神，整个民族团结友爱，和睦一家。为了抵御外敌，每个寨子几乎都有十分高大坚硬的石碉楼，形状各异，雄伟坚固，十分奇特。

a. 经济。

羌族的主要经济形式为农牧业，高山上有梯田，河谷也会发展农业。

　　b. 文化。

　　在长期的历史文化发展中，羌族文化与汉族文化相互交错，几乎通用汉语和汉字，也使用汉姓。

　　c. 宗教信仰。

　　除了一部分邻近藏族地区的羌族信仰藏传佛教之外，其他的羌族普遍比较信仰原始宗教——万物有灵、多神信仰和祖先崇拜。但是，他们的信仰也受到汉族的影响，如春节习俗贴门神画像等。

　　d. 风水。

　　受风水文化影响，羌族在宅旁处雕刻兽头的石柱"泰山石敢当"等。

　　2）寨落选址与分布

　　羌寨建筑格局受原生态环境的制约显著，沿等高线布局，鳞栉次比，气势壮观（张犇，2010；董文静，2015）。历史上，大部分羌族人从西北河湟地带迁移至岷江上游，村落选址的主要目的是生存，岷江复杂的地理环境，是防御与生存的理想场所。古羌族人对防御安全方面的思考十分严谨，此外还会考虑到生产资料和生活资源索取的便利性。诸多因素使羌族的村寨在选址上延续了以下两个重要的特征。

　　（1）在高山与河谷地带选址。

　　羌族村落周边地理环境复杂，这对村寨的选址有一定的限制。但是羌族人长期以来已经适应了环境，合理进行规划，利用自己的聪明才智设计出既适合居住又拥有防御功能的建筑布局形式。

　　（2）大多数村寨采用集中布局形式。

　　利用有利的地形布局村寨，同时采用集中式布局形式，使全寨居民共同抵御外敌，形成有力的自我保护。在常年适应自然的过程中，羌寨逐步完善村落布局形式，形成了独具特色的村落格局与景观特色（董文静，2015）。

　　对涪江流域传统村落中的羌寨而言，寨落主要分布于北川、平武等地，大多数羌寨寨址位于大大小小的溪流河谷地区。羌族村落的布局特征呈现出不同的原始规划组织群，相互呼应，极具特色，具体可分为河谷、半山以及高半山垂直分布三种。

　　河谷：在涪江流域羌族村落中，河谷底部有冲积平坝和缓坡，土壤肥沃，水源充沛，交通便利，选址于这样优渥的自然条件下，再合理不过（李林卉，2016）。但这种地域的局限性在于安全防卫不利，故有一部分羌民会上山筑寨，在半山腰安居。

　　半山：半山腰开垦的寨落有利于生产生活，对安全防卫起到保障作用。这里环境极好，风景优美，视野开阔，居高临下，对提高防御能力具有有利条件。与此同时，离山顶较近，便于放牧农耕。但是这里距离主要交通要道较远，山地道路崎岖陡峭，远出或者回家通行不便。

　　高半山：在高半山居住的多为较古老的羌族，村落地理位置相对偏僻，距离交通要道较远，山地坡度陡峭、崎岖，凭险据守居高临下，也有大片草地可供放牧农耕。越是山高路远的羌寨，保存的古羌文化习俗就越为纯正。

　　总的来说，羌寨规模大小不一，大到寨落30～50户，甚至上百户，小到十几户、几户。羌寨户数之所以有差别，与附近农耕地段、草地多少、交通运输等生产生活环境相关。除此之外，影响村寨选址的另一个十分重要的因素就是朝向。一般建筑布局都要考虑阳光、风水等，为了争取更多的日照必须要在山坡的向阳面或者没有太多遮挡物的坡顶，朝南或朝东，日出占据"阳山"和视野开阔的地段。

3）寨落形态与空间环境

（1）羌寨建筑的构成形态。

羌寨是从自由灵活、随机生长而自发形成的，事先并无统一规划，都是在选定村落位置后由少至多逐渐发展壮大起来的。但是，村寨的构成并不是人们所想象的那样杂乱无章、随心所欲的布局，而是在主观能动性的作用下遵循客观规律使寨落的形态与自然环境统一协调，和谐融洽。

涪江流域有羌族居住的传统村落总计有 11 个，包括黑水村、上五村、红牌村 3 个中国传统村落；正河村、石椅村、保尔村、大鹏村、黑亭村、金印村、紫荆村、银岭村 8 个省级传统村落。经过对涪江流域传统羌寨村落的研究发现，羌族传统村落的形态类型有散置式、街巷组合式两种（表 4-1）。

表 4-1　涪江流域传统羌寨村落构成形态

散置式	街巷组合式
桃龙藏族乡大鹏村 青片乡正河村 青片乡上五村 马槽乡黑亭村	片口乡保尔村 马槽乡黑水村 曲山镇石椅村 大印镇金印村 豆叩镇紫荆村 豆叩镇银岭村 桑枣镇红牌村

a. 散置式。

寨内的民居各自独立，根据山势、地形随意布置。民居之间缺乏十分紧密的联系；在朝向上也不尽统一；交通道路都是各家各户直接延伸到家中，自由伸展，呈弯曲自由的趋势，不形成街巷格局；寨内的建筑疏密不一，依山而建，使山上的房屋布局错落有致，形成独具特色的布局形式。这样的房屋布局特征为：有些地方密集，有些地方疏远，有的房屋几户相连，有的单家独栋。

b. 街巷组合式。

寨落选址确定后随着村落居民户数逐渐增加，自由散落的村寨会逐步发展为有明显街巷的组合形态。更有甚者会形成集市街巷，但大部分确实有街无市，或者有摊位但并无集市交易等。这种街巷格局的村寨一般都有一条主街式的干道穿越全寨。如果寨子的规模较大，那么交通干道会更加发达，布局形式犹如棋盘式，道路之间交织相连。例如，绵阳市平武县大印镇金印村（图 4-89），村内房屋呈现出密集不规则块体布局形式，每个块体由若干民居连在一起，块体之间形成自由布局的街巷，像棋盘一样，由横巷与纵巷相互交错。这种街巷式布局对于初来乍到的人有一种不明就里的感觉，所以这种形式有利于增加村寨的防卫意图。

图 4-89　金印村村落布局

来源：自绘

（2）羌寨的空间环境特征。

羌寨是典型的山地型防御寨堡式寨落，同时也具有浓厚的民族生活风情。这是历史上古羌人为抵御外来压迫而形成的结果，另外也是羌族人为了适应特殊的环境而致。遥望羌寨，最有特色的要数高耸巍峨的羌寨碉楼，进入寨内，瞬间会被千变万化的村寨空间环境所吸引，也会被热情好客且充满神秘色彩的居民所感动。这里从建筑群体空间艺术的角度分析传统羌寨的空间环境特征，大致可分为以下几类。

a. 雄伟高大的碉楼成为全寨的标志性建筑与构图中心。碉楼几乎是羌族人的代名词，在寨落中主要起防御性的作用，每个羌寨几乎都有大大小小不同的碉楼伫立，甚至有的寨子会多达好几个碉楼，形成碉楼群，这是一种独特的景观形式。碉楼的材质多为石砌，少部分为土筑，石砌碉楼技术十分高超，可达十几层还十分坚固。碉楼可分为八角形、六角形、方形等形式，造型各异，高低错落，犹如城堡。

b. 街巷空间复杂多变、窄长幽深。寨内的空间除了建筑之间的邻里空间外，最具有特色的当属街巷空间，扑朔迷离。各式街楼、寺庙、牌坊、梯道、小桥流水等，既是公共空间又是民宅空间的一部分。

c. 屋面空间连成一片，房屋布置密集。羌寨房屋十分密集，街巷通道较窄，民宅的屋顶多为平顶。在山地中，下层房屋的屋顶为上层房屋的阳台，可用来活动、休憩、晾晒粮食等。同时平屋顶通常还有木板架桥通行，这样全寨的房屋都可连成一片，在空中直接形成交通系统（图 4-90）。

d. 水系空间灵动。羌寨选址十分重视水源及河流，这是人们赖以生存的必要条件。除了直接在河流里面取水外，还有山泉饮水，可利用沟渠或者竹筒直接引入家中。因此，寨中水系的组织，沟渠的布局以及水池、水塘等空间环境，成为羌寨中最有生机的地方。

　　e. 景观绿化。羌寨房屋密集，大多数材质为石材。寨内拥有一定的绿色植物，使得原本生硬枯燥的羌寨空间变得更加多彩而富有生机。除了在寨周围尽量栽植树木外，寨内也要布置更多的灌木花卉，加上古树名木，给寨子增添了几分生机与活力。能够防风固土的植被，加上高低不等的碉楼，使得羌寨更加展现出美妙神奇的动人景色和浓烈的羌族风情，表现出更加神秘多彩的特点。

图 4-90　羌寨屋顶空间联系

来源：自绘

　　4）羌族民居类型

　　羌人在长期与自然环境的互动中逐渐积累经验，发展出了应对环境的特有而精湛的建筑技艺，使得羌族建筑在中国少数民族建筑中确立了独特的地位。羌族分布并不广泛，基本生活在岷江、涪江流域的高山或半高山地带。因此他们对自身生活环境的探索和了解特别充分，能够合理利用地势、地貌、地形，就地取材，施工多取用木材、石材、黏土等。

　　羌族特色的建筑形式主要分为邛笼屋、碉堡、官寨三种。其中，官寨是羌族建筑中最复杂、最讲究的一种住宅类型。羌族官寨从整体到局部、从选址到空间营造，都与当地当时的物质形态和精神形态同步发展，但由于历史因素，现在保留下来的极少。如今的羌族官寨主要以存在于四川省阿坝藏族羌族自治州汶川县的瓦寺土司官寨、茂县的王泰昌官寨和陕西省西安市长安区的侯官寨为代表。但这些官寨均未在涪江流域范围内，因此这里只对在涪江流域传统村落中有所分布和保存的邛笼屋和碉楼进行介绍。

　　（1）邛笼屋。

　　邛笼屋建筑是羌族最常见的住宅类型。在典籍中有所记载，名"邛笼"或"鸡笼"。《后汉书·西南夷列传》："冉駹夷者……众皆依山居止，累石为室，高者十余丈，为邛笼。"

明朝《蜀中广记》引用《寰宇记》记载说："叠石为巢以居……高二三丈者谓之鸡笼，十余丈者谓之碉，亦有板屋土屋者，自汶川以东皆有屋宇不立碉巢。"由此可见这种羌居类型历史悠久（庞金彪，2017）。

　　邛笼屋以土石结构体系为主，属于山地建筑类型。在地势不平的区域，有时候会结合坡地分层筑台，外表则呈阶梯状。整体一般是两到三层，分层设置用途和功能。其中，第一层一般圈养家畜；第二层是主要的居住层，设正房、卧室、灶房等；第三层平屋顶上设"罩楼"，靠后墙建一排廊房，用于生产用房。这种建筑类型层次简洁明确，形象朴实无华，但又有出挑，也不显单调。例如，绵阳市北川羌族自治县曲山镇石椅村的邛笼民居（图4-91），墙体由石头砌成，两到三层，外表稳重大方又不失格调，功能设置也分层有序。

图 4-91　石椅村邛笼民居
来源：自绘

（2）碉楼。

　　羌族碉楼是羌族建筑中最具特色、最有民族地域风格的建筑形式，也是我国建筑艺术史上的奇葩。作为羌族的传统特色建筑，羌碉是千百年来羌族地区居民长期处于战乱环境中及特殊的地理环境和气候条件造就而成的。因此，防御功能成了碉楼最基本的考虑因素。一般碉楼的地理位置都设置在交通要道、山梁之顶、村寨的险要之处或村庄外围。修建时不绘图纸、不吊线，也没有柱架支撑，仅凭借经验目测，就地取材，利用当地的不规则石片和石砖砌成，如绵阳市北川羌族自治县片口乡保尔村的碉楼（图4-92）、重庆市潼南区古溪镇禄沟村的碉楼（图4-93）。

　　根据现有的建筑特色，绘制出了保尔村碉楼和禄沟村碉楼的建筑立面图（图4-94和图4-95）。

　　具体来说，碉楼可以分为防御碉楼和战事碉楼。防御碉楼一般建在村寨中间或者地势较高的地方，属于全村共有资产，也称之为村碉；一般一个村寨有几座这样的建筑，七层左右；平时不住人，用于储存粮食、柴草，战时起到瞭望、观察敌情、传递信息的作用。而战事碉楼一般建在险要的关口，碉堡修建得高大坚固稳定，专用于抗击敌人，甚至可以驻扎军队。

图 4-92　保尔村碉楼

来源：自摄

图 4-93　禄沟村碉楼

来源：自摄

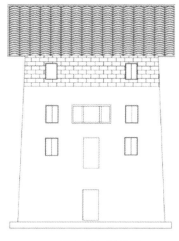

(a) 碉楼建筑正立面图

(b) 碉楼建筑侧立面图

图 4-94　保尔村碉楼建筑立面图

来源：自绘

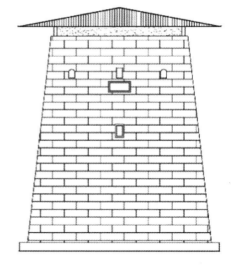

(a) 碉楼建筑正立面图　　　　　　　　　　　　(b) 碉楼建筑侧立面图

图 4-95　禄沟村碉楼建筑立面图

来源：自绘

4.2.2.3　回族民居特色

　　涪江流域特殊的地理环境及多样的民族文化，使该区域内的回族民居建筑在风格上呈现出多样化的特点，在空间布局、装饰艺术、建筑色彩、建筑材料等方面吸收、融合了汉族文化，逐渐形成了合院式布局形式、木构架建筑结构等，既满足实用，又体现出一定的民族审美价值。

　　1）自然环境与聚落分布

　　涪江流域回族民居较少，位于绵阳市东南部的盐亭县大兴回族乡是涪江流域唯一回族聚居的乡村。大兴回族乡位于盐亭县中部，距县城 6km，面积 23.5km^2，人口 0.8 万。该区地貌主要为丘陵，属亚热带湿润季风气候。

　　回族的主要肉食为牛肉、羊肉，并有饮茶习俗。回族以头戴白布圆帽为民族标志；信仰伊斯兰教，建有清真寺；回族的生产、生活、婚嫁、丧葬等习俗均有显著的民族特色。

　　另外，绵阳市盐亭县林山乡青峰村为汉、回混居，建筑为川北民居，没有回族民居，只有一座回族清真寺（图 4-96）。

　　2）回族民居形成机理

　　在涪江流域分布的回族民居也深受汉族民居的影响，但同时又具有自身的回族建筑特色。因不同的地理条件和自然环境因素的制约，在建筑使用功能、建筑形式等方面存在着较大差别。涪江流域的回族民居与汉族民居同时受伊斯兰文化与四川传统汉族文化的熏陶，故民居建筑中展现出了较为一致的建筑审美风格，具有独特的宗教内涵、历史传统和民族文化意蕴。

图 4-96　青峰村回族清真寺

来源：自绘

3）涪江流域回族民居

在建筑环境上，回族讲究清洁卫生，注重干净朴素，大兴回族乡在庭院整洁方面尤为突出。在屋外，运用果木蔬菜、各色花草来装饰美化庭院；在屋内，善于用中国传统山水田园画来装饰房间。为了治病驱邪，有的人家在主房正门上方的横梁处张贴带有阿拉伯书法色彩的"都哇"。在礼拜时，特别布置的衣帽、盖头、拜毯等礼拜用品，不会同其他衣物放在一起，以保持它们的洁净与尊贵。在房屋风水方面，受圣地麦加方位的影响，睡觉时头向西边，床铺也不会迎门而设。在卫生间或庭院厕所的建设上，为了避开克尔白方向，往往建造南北方向的建筑。

4.2.2.4　汉族民居特色

涪江流域现存的汉族传统民居多为明清时期遗留下来的，最大的特点是干栏式布局，为合院、天井与干栏的混合，受到了汉族传统的宗教、伦理、礼法、等级等思想观念的影响，具有中轴对称、左右两厢、向天开敞、木梁承重的特点。巴蜀地区自古以来就是兵家必争之地，每次战争之后都会与中原文化融合、交流，大规模地向川迁移百姓"湖广填四川"，为巴蜀民居注入新鲜血液，汉族传统民居的空间布局得以不断延续和发展。

1）自然环境与聚落分布

涪江流域，汉族民居占据了绝大部分。涪江流域所处的四川盆地属亚热带季风气候，四季较为分明，常年多雨水，湿润闷热，云雾多，太阳光照少。受秦岭和大巴山脉阻挡，对当地居民而言，不像北方寒冷地区如此注重保温，解决夏季隔热成为当务之急。这一点，从传统民居营建技术的实例中可以看出缘由。

该区域降水量较为丰富，平均可达 1000mm，且多为雨雾天气。而汉族民居建筑的平面布局方式常用出檐较远的"四合头"式，如此屋檐相连，能减少雨水天气对居民生活生产的影响，下雨天人们也可在檐下随意走动，这是该设计的显著优点之一。

2）汉族民居形成机理

汉族传统民居的形成发展主要受传统民俗文化的影响，清代四川受移民政策影响"轻礼教，重习俗"也与之相关。随着中原文化流入汉人聚居的涪江流域，中原礼制风俗等流传于各街各坊，移民地区出现客家文化习俗，从而涪江流域"礼俗大包容"现象得以呈现（何龙，2016）。

（1）形成基础——顺应自然。

不同阶段下的不同因素分别影响了汉族传统民居的发展演变。初始阶段，汉族传统民居受自然环境因素的影响较大，多为顺应当地自然地形条件而形成的民居，自然环境条件也成为汉族民居出现的基础。

由于冬季寒冷，建筑的地下空间成为主要居住空间，为达到防寒保暖的作用，再将地上空间部分简单遮盖。随着科技的发展，逐步出现了能够满足抵御严寒要求的厚重墙体，于是居住空间逐渐由地下转到地面。"巢居"最初是为了躲避虫兽，后因南方地形地貌复杂多变，且气候湿热，水系众多，产生了由"巢居"发展而来的干栏式建筑。干栏式建筑采用"楼居"的形式，底层架空，将建筑二层以上设置为居住空间，既能适应地形又能防潮防湿。更为甚者，临水的河谷湿地及丘陵山地还分别出现了"高干栏"建筑和"低干栏"建筑（吕庆月和吴凯，2018）。

（2）发展动力——人口迁移。

汉族民居传播的动力之一为人口大迁移。我国古代的人口迁移主要有两大阶段：第一阶段是汉文化向南扩展的过程，第二阶段则为南方各地区、民族之间的交流、融合。人口迁移流经地区多为各大文化交错区，人口的大规模迁移对这些地区的影响最为突出。受多元文化影响，传统民居类型也呈现出多样化特点。

自古以来，巴蜀地区便是兵家必争之地，成为南北文明推进的"中枢"，每一次战争都使其受到汉文化的浸染。因此，涪江流域既有受到北方汉族民居影响的合院式，又有百越的干栏式，也有为了适应地形的山地合院式。除此之外，清代著名的"湖广填四川"运动也为巴蜀民居的发展添砖加瓦。

（3）演变实质——文化交流。

人口的迁移带来了移民文化与本土文化的碰撞和交流，但这并不会导致一方文化完全取代另一方。文化本身就是一个交流互通的开放体系，文化交流导致移民地区表层文化与底层文化分离，这也是汉族传统民居呈现出多样化类型的实质。

具有通行性和标准性的多个文化圈内共有的文化特征，通常在文化交流中向其他文化扩散，这种文化称为表层文化。而底层文化，是指单一文化圈内特有的文化特征，逐渐萎缩至少量文化圈内。文化的交融碰撞，都会带来各文化圈内部分文化的扩散，扩散开的即为表层文化，沉淀下来的即为底层文化。通常而言，发展较成熟的文化会替代处于弱势的、发展不成熟的文化圈的部分文化。强势文化中替代的那一部分通常演变成可以继续扩散的表层文化，进而成为多个文化圈的共性文化特征；而未被强势文化替代的部分沉淀下来，成为其独特的文化特征。这种文化圈之间动态交流的过程是我国汉族传统民居类型发展的实质。

汉文化的核心地带是中原地区，虽然历史上游牧民族常从北方越过长城侵占中原，但中原地区的经济、政治、文化等方面都优于北方的游牧民族，尤其是在居住方面，汉族的民居显然比游牧民族的毡帐舒适得多。故汉文化作为强势文化，始终作为"表层文化"而存在，汉族传统民居在建筑布局方面也得到了不断的传承和发展。

　　3）涪江流域汉族民居

　　相对于少数民族民居建筑而言，汉族传统民居建筑的最大特点就在于其布局形式——院落式。受到汉文化宗教法理、伦理道德、礼制思想等观念的影响，民居建筑布局呈现出别具特色的中轴对称、左右两厢、向天开敞等特点。根据不同的围合方式，院落式布局又分为"合院式"和"天井式"布局。从空间上看，随着汉族人口不断从北方中原地区向南方迁移，在西南地区形成了由天井、合院以及干栏组成的混合区（吕庆月和吴凯，2018）。

　　（1）绵阳市盐亭县黄甸镇龙台村汉族民居。

　　a. 概况。

　　龙台村位于绵阳市盐亭县黄甸镇东南部，村委会距离镇政府 11km，面积 4.2km^2。整个村落汉族民居建筑传统风貌破坏较小，现代砖混建筑少量杂处其间，而古建筑类型多样，传统工艺独特，农耕文化符号齐全，汉族民俗风貌极具特色。

　　b. 民居特色。

　　龙台村现存穿斗木结构院落 80 余套，依山势而建，错落有致，掩映于丛林之中，透射出古朴典雅。其中最具特色的王氏民居（图 4-97），建于清代，位于龙台村二社木龙湾寨山腰的一层台地上，坐南向北，占地面积 960m^2，保存有一个三合院和一个四合院。三合院厅房前用条石砌成两层台基，一层宽 12.5m、高 2.5m，前置三道石梯踏步，中为七级垂带式踏道，宽 2.4m、高 2.5m，二层台基高 1m，中间垂带式踏道五级，宽 2.3m；正房为穿斗式梁架，单檐两坡顶，覆盖小青瓦，面阔三间，通面阔 15.3m，进深五间，通进深8.8m；左右次间为二层木楼，前用木板、门窗扇作隔墙；左右厢房为三层木楼，面阔五间，

图 4-97　龙台村王氏民居

来源：自绘

通面阔 23m，进深二间，通进深 5m。四合院已不完整，大门被拆除，现尚有正房、东西厢房、前厅房；正房台基用条石砌成，宽 10m、高 1.2m，为穿斗式梁架，单檐悬山式顶，小青瓦覆面，面阔三间，通面阔 10m，进深三间，通进深 7.3m；西厢房面阔六间，通面阔 23.2m，进深 3m，东厢房面阔六间，通面阔 25.2m，进深 5m；前厅房面阔三间，通面阔 9.4m，进深 3m（郑芹和刘灵，2012）。

根据现有的建筑特色，绘制出了龙台村传统村落的建筑轮廓图（图 4-98）。

(a) 民居建筑正立面图　　　　　　　　　　　　(b) 民居建筑侧立面图

图 4-98　龙台村民居建筑立面图

来源：自绘

（2）绵阳市盐亭县巨龙镇五和村汉族民居。

a. 概况。

五和村位于绵阳市盐亭县巨龙镇北面，与场镇接壤，东临金钟村，西接三台县秋林镇，南与五里村接壤，北与通垭村、凤林村相连，面积 2.1km²。由汉人张氏先祖在此聚族而居。村落始建于明代，多建于清代，年代久远，有张氏民居、桑家大院、张氏宗祠、佛宝场等。主要建筑群是按清代官府样式修建的特殊建筑群落，既有川东民居风格，又隐含江南民居韵味。

b. 民居特色。

五和村完整地保存了清代汉族民居的建筑风格。建筑分布对称，既轴线明确、层层递进，又灵活多变、空间高低错落；既达到了建筑群落与自然环境的完美结合，又与汉族文化相契合。其建筑布局和建筑构造具有鲜明的地域特点，是研究四川汉族传统民居的重要实例，是不可多得的历史文化瑰宝。保留至今的张氏民居，作为省级文物保护单位，将汉族民居文化阐述得淋漓尽致。

张氏民居（图 4-99）是清康熙二十一年（1682 年）修建的木结构古建筑，原名张勉行府宅，又名椵杆湾府宅，也称张家大院。据传统村落申报材料所述，张氏民居建筑坐东南，朝西北，背倚元宝山。建筑面积 3200m²，划定保护面积 9482.8m²。张氏民居完整保存了清代汉族民居的建筑原貌，为六道正门径直贯通三层天井坝的多重四合院布局，木结构单檐悬山式屋顶，穿斗抬梁混合式梁架结构。由甬壁、石栿杆、头朝门、第一天井坝、前院、二朝门、第二天井坝、前厅、后堂、左右厢房、配房、廊庑构成，全长 85.6m，宽 35.5m。前厅面阔 20m，进深 10m，通高 9.9m。后堂面阔 23m，进深 10m，通高 10.3m。

图 4-99　五和村张氏民居建筑

来源：自绘

根据现有的建筑特色，绘制出了五和村张氏民居建筑立面图（图 4-100）。

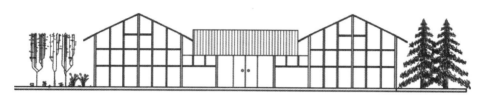

(a) 张氏民居建筑正立面图

(b) 张氏民居建筑侧立面图

图 4-100　五和村张氏民居建筑立面图

来源：自绘

4.3　结构构造及建筑装饰

　　传统民居是古人高超建筑技艺的结晶，除了具有很高的文化和艺术价值之外，在建筑技术方面也有着很大的研究价值。涪江流域传统村落对环境要求较为特殊，民居建筑在设计过程中，采用加大开间、增高墙面、门窗对开、设置明楼等方式，最大限度使用穿斗、卯榫结构设计手法，以增加房屋的空间容量、加速空气对流、方便存储物品，强化了房屋设计中穿斗、卯榫、挑梁的运用。在此基础上，为了彰显民居建筑的优雅韵味，打破房屋构造的单调沉闷，人们对门窗、廊柱、挑头、悬柱等建筑构件进行了精心雕琢和设计，塑造了建筑特色，达到了地方文化宣传目的，发挥了地域历史传承作用。

4.3.1　结构构造与材料

通过实地考察调研，对涪江流域传统民居的结构特点、建造技术、材料地域性等进行了总结和分析。木构架结构在地区传统民居的构造中占有重要地位，由于原材料为树木，是当地盛产的材料之一，使用量大面广，因此都把木构架结构作为常用的建筑结构。

4.3.1.1　构架结构

在涪江流域传统村落中，建筑的结构多种多样。其中，木构架结构的建筑由立柱、横梁、顺檩等主要构件组成，各个构件之间的结点以榫卯相吻合，构成富有弹性的框架。构架制作的尺寸匠作有一种说法为"房不离六，床不离五"。这就是说大木作尺寸尾数要在六寸以上，小木作尺寸尾数要在五寸以上。传统民居的建筑结构主要有穿斗式结构、抬梁式结构、吊脚楼等类型。

1）穿斗式结构

穿斗式结构是我国古代最常见的一种木构架结构，最早出现于汉代，涪江流域传统村落里保存下来的大多是清代的穿斗式建筑。这种构架以柱直接承檩，没有梁，用穿枋、柱子相穿通接斗而成，结构紧密，整体性和稳定性较好，便于施工，最能抗震，但较难建成大型公共建筑，通常用于民居和较小的建筑，如绵阳市涪城区丰谷镇二社区的穿斗式结构建筑（图 4-101）。

图 4-101　二社区穿斗式结构建筑

来源：自绘

　　这种穿斗式木结构（图 4-102），沿房屋的进深方向按檩数立一排柱，每柱上架一檩，檩上布椽，屋面荷载直接由檩传至柱，不用梁。每排柱子靠穿透柱身的穿枋横向贯穿起来，成一榀构架。每两榀构架之间使用斗枋和纤子连接起来，形成一间房间的空间构架（冯远，2011）。柱径一般为 20~30cm；穿枋断面不过 6cm×12cm~10cm×20cm；檩距一般在100cm 以内。

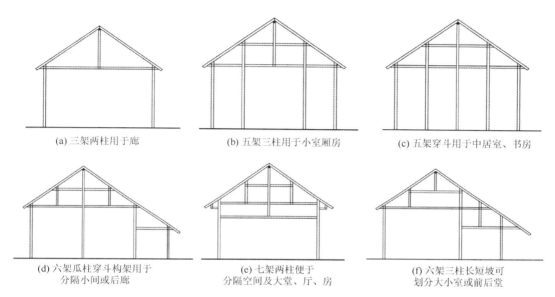

(a) 三架两柱用于廊　　　　　(b) 五架三柱用于小室厢房　　　　(c) 五架穿斗用于中居室、书房

(d) 六架瓜柱穿斗构架用于　　　(e) 七架两柱便于　　　　(f) 六架三柱长短坡可
　分隔小间或后廊　　　　分隔空间及大堂、厅、房　　　划分大小室或前后堂

图 4-102　穿斗式木构架形式结构

来源：《四川民居》

2）抬梁式结构

　　抬梁式又称叠梁式，在柱上抬梁、梁上安柱（短柱）、柱上又抬梁的结构，也是木构架建筑的代表，在春秋时期就已经出现这种建筑结构了。与穿斗式相比，抬梁式不用中柱，其构架的特点是在柱顶或柱网的水平铺作层上，沿房屋进深方向架数层叠架的梁，梁逐层缩短，层间垫短柱或木块，最上层梁中间立小柱或三角撑，形成三角形屋架。相邻屋架间，在各层梁的两端和最上层梁中间小柱（脊瓜柱）上架檩，檩间架椽，构成双坡顶房屋的空间骨架（李凌旭，2016）。这种结构是大型宫殿、寺观、坛庙、王府等建筑物所采取的主要结构，其独有的结构组合会加大建筑物的面阔和进深，达到扩大室内空间的效果，因此这种结构成为庄严、壮丽、豪华建筑物所采取的主要结构，如绵阳市盐亭县黄溪乡马龙村的台梁式结构建筑（图 4-103）。

　　抬梁式结构形式常不用中柱，中间为五架梁，前后为穿斗架。在前后金柱或檐柱上置抬梁，即过担，其上方承檩挂枋欠常用于需拓宽空间的厅堂。抬梁最长用到五架，上为三架梁。五架梁下为加强承载力，有时附加随梁枋，不承重，称为一过担或耍担（祝思英，2013）。在做法上，不同于北方地区梁头搁置于柱头上，梁承檩，四川地区一般是梁头插入柱卯口内，柱承檩。从物理学上分析，四川的这种做法更加简洁稳固，更加科学。

图 4-103　马龙村台梁式结构建筑

来源：自绘

3）吊脚楼

吊脚楼又称为吊楼，因其下部分没有实体基座，而由木柱像"脚"一样支撑起来而得名。吊脚楼在汉族民居中较为常见，也是羌族、苗族、壮族、布依族、侗族、水族、土家族等少数民族的一种建筑形式。吊脚楼一般依山靠河就势而建，呈虎坐形，有"左青龙、右白虎，前朱雀、后玄武"的说法，建筑十分讲究朝向，通常以坐西向东或坐东向西的形式修建（刘少蓓，2014）。吊脚楼形式的建筑基本分布在南方，尤其是潮湿多雨的地区，因为其底空的特殊结构而具有防水功能，同时还可以防止蚊虫、毒蛇、野兽等，如绵阳市北川羌族自治县片口乡保尔村、桃龙藏族乡大鹏村的吊脚楼（图 4-104）。

(a) 保尔村吊脚楼　　　　　　　　　　　　　　　　(b) 大鹏村吊脚楼

图 4-104　吊脚楼

来源：自绘

依山而建的吊脚楼，在平地上用木柱撑起分成上下两层，而如果在地势稍有起伏的地方，也可以调整木柱的长度而保持上层的平衡。吊脚楼下面还可以用来圈养牲口或堆放杂物，有利于节约土地，且造价低廉。楼上有饶楼的曲廊，曲廊还配有栏杆。房屋规模一般人家为一栋 4 排扇 3 间屋或 6 排扇 5 间屋，中等人家 5 柱 2 骑、5 柱 4 骑，大户人家则 7 柱 4 骑、四合天井大院。4 排扇 3 间屋结构者，中间为堂屋，左右两边称为饶间，作居住、做饭之用，饶间以中柱为界分为两半，前面作火炕，后面作卧室。

吊脚楼有单吊式、双吊式、四合水式、二屋吊式、平地起吊式等多种形式（徐艳文，2018）。

（1）单吊式。

单吊式吊脚楼是最普遍的形式，也称为"头吊"或"钥匙头"，它的特点是，只有正屋一边的厢房伸出悬空，下面用木柱相撑（图 4-105）。

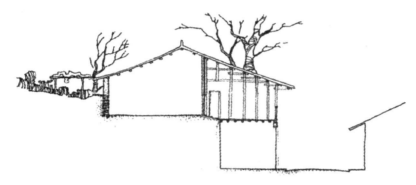

图 4-105　吊脚楼剖面图

来源：《四川民居》

（2）双吊式。

双吊式吊脚楼又称为"双头吊"或"撮箕口"，它是在单吊式的基础上丰富和发展的，具体结构为在正房的两头吊出厢房。单吊式和双吊式通常以居民经济条件和家庭需要程度而确定，地域或环境的影响不占主要因素，甚至两种形式往往因为个人需要而共处一地。

（3）四合水式。

四合水式吊脚楼是在双吊式的基础上发展起来的，正屋两头厢房吊脚楼部分的上部连成一体，形成一个四合院（刘晶晶，2015）。两头厢房楼下就是大门，进大门后上几步台阶即进入正屋。

（4）二屋吊式。

二屋吊式吊脚楼是在单吊和双吊的基础上进一步发展形成的，一般存在形式是在原有的吊脚楼上再加一层，单吊双吊都适用。

（5）平地起吊式。

平地起吊式吊脚楼也是在单吊基础上发展起来的，单吊、双吊皆有。它的主要特征是，建在平坝中，按地形本不需要吊脚，却偏偏将厢房抬起，用木柱支撑。支撑用木柱所落地面和正屋地面平齐，使厢房高于正屋。

4.3.1.2 结构材料

涪江流域传统民居建筑从实际出发，因地制宜，设计独特，与当地气候、地理环境等完美结合，在建造过程中充分利用本土建筑材料，体现了地方特色。随着时间不断变迁，涪江流域民居结构材料可分为土石结构、石墙结构、砖墙结构、木墙结构、土木及砖木混合结构、屋顶结构、出檐结构等类型，不同的结构材料适应不同的地区，丰富了民居的结构材料形式。

1）土石结构

涪江流域传统村落的建造因地制宜，就地取材，利用当地的砂土、石材等材料做墙体用以承重，上面搁置檩条及屋顶。下部为石头做的墙基，可以起到防水的作用。同时，这些土石材料价格低廉甚至不耗成本，因此某些经济条件较差的地区就采用这种建筑结构形式，如绵阳市游仙区东宣乡鱼泉村的土石结构民居（图4-106）。

图 4-106 鱼泉村土石结构民居

来源：自摄

2）石墙结构

墙体用石头材质搭建形成的建筑，造价低廉，且比较具有艺术表现力，稍做加工处理就可以很好体现。其中乱石墙是用形状不规则、大小不一样的石块砌筑的墙，可以勾缝；卵石墙是用河边的鹅卵石堆砌的墙，不过既要保证美观又要保证稳固，难度较大；条石墙是类似于砖块形状的长方体形，只不过尺寸比普通的砖块要大一些。石材表面进行精加工，突显出整齐的各式纹路，四周剔平线脚，比较美观。

3）砖墙结构

砖墙使用的砖大多为火砖，橙色，砖的尺寸一般为 3cm×6cm×9cm 或 2cm×4cm×8cm，常用作山墙、封火墙、前后檐墙或围墙。这种墙一般将砖横着放置，砖与砖之间用水泥连接，稳定性较好，有的还会在表面粉刷，如绵阳市游仙区东宣乡鱼泉村的砖墙结构建筑（图4-107）。

图 4-107　鱼泉村砖墙结构建筑

来源：自摄

4）木墙结构

木墙建筑在民族区域分布比较多，有的是用木板拼接而成的，有的用较细的木柱或木条，通过类似于榫卯结构等物理方法使其稳固，如绵阳市北川羌族自治县片口乡保尔村的羌族建筑、平武县白马藏族乡亚者造祖村的白马藏族建筑的木墙结构（图 4-108）。

(a) 保尔村　　　　　　　　　　　　　　　　　　　　(b) 亚者造祖村

图 4-108　木墙结构

来源：自摄

5）土木及砖木混合结构

土木及砖木混合建筑在山区丘陵地带比较多，是将木制穿斗式的构架结构和土墙或砖墙承重相结合。其中有一些较经济简约的做法：带前檐廊的建筑，室内为土墙结构，廊檐部分为穿斗式木结构；建筑中间是穿斗架，两边是土石墙，并且与后檐的围护土墙连接在一起。而另一些经济宽裕人家的做法是采用砖木混合结构，即用砖代替土石砌墙，有的木构同封火墙相结合，有的用长条的方形石柱代替木柱，或是砖柱代替木柱，这些就相对讲究一点。随着建筑业的发展，混合结构和形式也越来越丰富，如绵阳市盐亭县林山乡青峰村的土木混合结构（图 4-109）。

图 4-109　青峰村土木混合结构

来源：自绘

6）屋顶结构

　　涪江流域传统村落的建筑屋顶大多是小青瓦片的坡屋顶，因为南方雨多，坡屋顶的方式有利于排水。屋顶面常做成内凹的平滑曲线，侧面轮廓流畅，邻近顶处线条偏直，邻近尾处线条偏曲，整体来看比较美观。正常屋面常做成长短坡，前檐比后檐高，有的时候也会将前檐步架缩短一部分，而柱子就可加高，以便显示出正房高大的立面形象。此外，两山的木构架升高，屋脊呈曲线，并且右山不能高于左山，右厢房不能高于左厢房，因为中国古代有"以左为尊"的传统（图 4-110）。

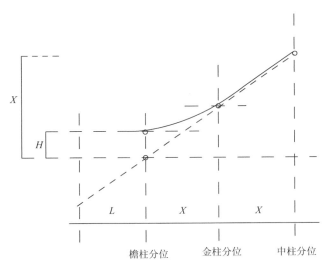

X：举高1/4房屋跨距　　　L：檐柱1-2步架　　　H：檐柱提高数寸

图 4-110　屋顶坡度与曲线图

来源：《四川民居》

7）出檐结构

屋檐的出挑结构是涪江流域传统村落的特色之一，主要有两种出檐类型：一种是悬挑出檐，另一种是转角出檐。

（1）悬挑出檐。

悬挑出檐的方式从物理结构上可分为软挑和硬挑。

a. 软挑。

软挑（图 4-111）就是从檐柱上面挑出扁枋，其后尾压在一梁栿之下，类似于杠杆原理。一般出挑不大，通常一步架，连檐口伸出，可达四五尺（颜虹，2013）。

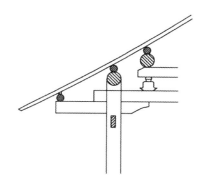

图 4-111 软挑出檐结构

来源：《四川民居》

b. 硬挑。

硬挑（图 4-112 和图 4-113）则是利用穿枋出挑，变化方式多种多样，主要有以下几种。

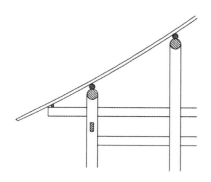

图 4-112 硬挑出檐结构

来源：《四川民居》

单挑出檐。从檐柱到檐檩挑出一步架，挑枋前头较大往上翘，后尾插入金柱，挑头上有时候会加上吊墩或者吊瓜作为装饰。

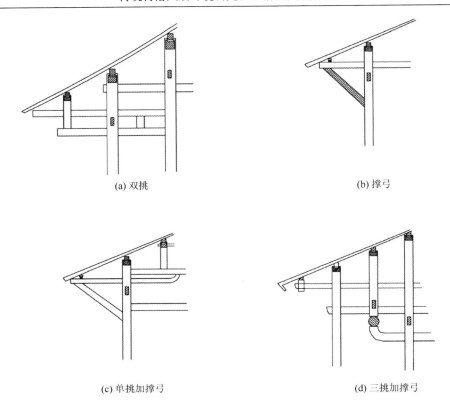

(a) 双挑　　　　　　　　　　　　　　　(b) 撑弓

(c) 单挑加撑弓　　　　　　　　　　　　(d) 三挑加撑弓

图 4-113　硬挑出檐结构形式

来源：《四川民居》

双挑出檐。具有两层挑枋，出挑二步架，高度可达 6～7 尺（1 尺≈0.33m），常用于大门及厢房的出檐，一般不用于正房。双挑又有双挑吊墩和双挑坐墩两种。吊墩，也称吊瓜，即在立撑垂下部分雕刻纹饰图案。坐墩的方式就是在挑枋上坐置带雕饰的方星云墩或小斗。

三挑出檐。为追求更大的出檐，有时会采用三层挑枋出挑三个步架，深度可至 4m。挑枋常用木材弯曲，拱弯向上。同时，为了加强支撑力，有的在最下层增加雀替或贴角木；有的出挑深远，会将挑枋以下的部分伸出，再立短柱，形成四层的组合挑。

撑弓出挑。为形成三角形的稳定结构，使之具有更大的承载力，常常在挑枋下增加一斜撑，称之为撑弓。撑弓有板状和柱状两种。常常在撑弓上贴种类繁多的金漆画用作雕饰。还有一些镂空的雕刻，更加精细，工饰繁复有加，使其失去了原有的物理受力作用而发展为装饰作用。

（2）转角出檐。

转角出檐（图 4-114）也称为翼角出挑，它的屋檐转角处不是平的，而是尾部整体向上弯曲，通常是挑出爪子，其上斜立爪尖子，又称立爪。为支持其稳定性，于两侧夹持顺弯的虾须木，长约三步架连接于挑檐檩上，再于其上平行铺设椽子（刘汀，2011；郭沁等，2016）。南方地区的这种做法与北方的放射状铺法不同。

图 4-114　转角出檐实景图

来源：自绘

4.3.2　装修与装饰艺术

建筑装饰不仅在视觉上能给人们带来美好感觉，还起着房屋承重、美化环境等作用，具有艺术性、实用性。涪江流域传统民居的装饰艺术包括门窗纹样、柱形雕刻、屋檐技艺、屋顶脊饰等，主要有木雕、石雕、彩绘等，造型丰富、技艺精湛，体现了人们对美好生活的期望。传统民居的装饰艺术与周边环境融为一体，展示出建筑、人、自然的和谐统一。

4.3.2.1　装饰重点部位

涪江流域传统民居建筑尽管从外表看风格朴素、简单，但其内涵十分丰富，尤其是在门窗等布局造型上，十分注重细节雕琢，惟妙惟肖。门的样式可分为板门、三关六扇门、格门等；窗户的纹案精美、样式多样，如格子窗、冰裂纹、步步锦等；隔断分为隔扇、罩、博古架，使用比较坚硬的木材制作骨架，多用于客厅、书房。装饰部位运用了浓艳色彩，蕴含了特色的造型艺术，体现了宗教文化信仰。

1）门及隔扇

（1）门楼。

门楼是传统民居与街道间的入口建筑，它使入口不直接开向街道，减少了外界的干扰。门楼也是民居与街道间的连接纽带，并在它们之间形成贯穿的空间（杨润，2014）。门楼是传统村落住宅中具有很高艺术性的小型建筑形式，如遂宁市射洪市洋溪镇楞山社区、绵阳市平武县白马藏族乡亚者造祖村的院门（图4-115）。在装修艺术上比较隆重，较为讲究的做法是把内外图壁设置为平直或八字形，门两侧安设抱鼓石，有的更是立一对石狮，很气派。大门挑标、额枋施以彩绘，门刻古样图案，或乾卦象符号。大门双扇，画有门神图像，甚至用沥粉贴金施绘，气势非凡、气宇轩昂。门楼的造型、装修和细部装饰往往是民居建筑特征的综合表现。

(a) 楞山社区　　　　　　　　　　　　　　　(b) 亚者造祖村

图 4-115　院门

来源：自绘

（2）隔扇。

　　隔扇又称落地窗，通常以偶数出现，常见六扇八扇。涪江流域村落多为二扇八扇，如绵阳市江油市二郎庙镇青林口村的扇门（图4-116）。隔扇有固定扇与开启扇之分。隔扇通常自上而下被分隔成上绦环板、格心、中绦环板、裙板、下绦环板五个部分，称为六抹头隔扇。相对简化的有五抹头隔扇、四抹头隔扇、三抹头隔扇。隔扇可作房间之分隔，以开启扇作为房门。隔扇也可代替外墙，窗扇全部开启时室内外空间完全流通。隔扇的格心部

(a) 三关六扇门　　　　　　　　　　　　　　(b) 格门图案

图 4-116　青林口村扇门

来源：自绘

分为通透的花格或镂空雕刻。绦环板上多作浮雕，少数也有镂空透雕。裙板部分通常是封闭的实木板，少数裙板也作浅浮雕或彩绘装饰（李先逵，2009）。

（3）门。

门的样式可分为板门、三关六扇门、格门、屏门等。板门又称五路锦一面镜形式，或鼓皮式，即单扇门或双扇门的正面门板，背面露出门框五六路，是最简洁而普通的格门，又名格扇门或格子门，用门边及门档装成五路锦式，即清式六抹格扇，上部为窗心，下部做格板，每间可分四扇或六扇（黄汉民，2010；祝思英，2013）。

格门的窗口中心模式非常丰富且不可分割。窗户的风格也很多样，如格子窗、圆窗、钻石窗等，腰板及裙板都有十分精美的浮雕图案。三关六扇门大多用于大厅和花厅的前面，也就是说，将面宽分为三部分，中间是双板门，左右两边是格门，通常打开或关闭板门。这些门可以灵活安装和拆卸，并可在需要时卸载。这种形式的门是四川民居独有的，使用非常普遍（图 4-117），在北方和其他地区是罕见的。

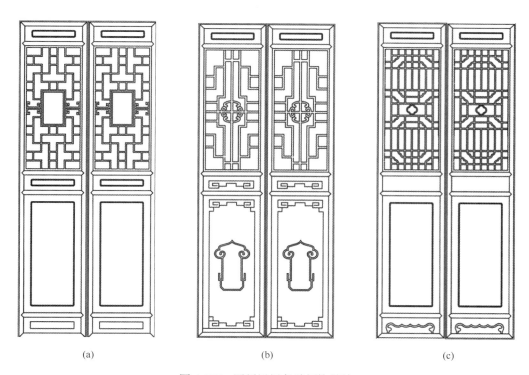

(a)　　　　　　　　　　(b)　　　　　　　　　　(c)

图 4-117　四川民居各种门饰做法

来源：自绘

2）窗

窗的种类丰富多样，是民居装修艺术表现最集中和生动的部位。窗户的装饰不仅丰富了建筑的整体形状，还在一定程度上提高了建筑的文化品质。中国传统窗户的魅力在于结构与装饰的完美结合。传统窗户大多是木结构，木材是一种天然的亲和材料，易于加工。此外，窗饰中还饰有砖雕、石雕、彩绘等传统工艺。窗的装饰结构是由窗框、窗扇、窗套、窗罩、饰页等组成的。

（1）龟背锦。

龟背锦（图4-118）以偏长的八边形为基本形，连续排列组合而成，与龟壳纹理相仿而得名。中国人以龟为长寿神灵，因此龟背锦有"长寿"的寓意，并成为民间建筑常见的窗棂纹样（蓝先琳，2000，2009）。

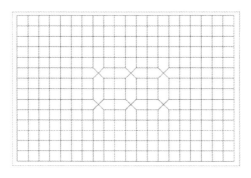

图4-118　龟背锦

来源：自绘

（2）拐子锦。

拐子锦（图4-119）别名拐子、夔纹，它的棂条分布具有横向和竖向两个方向连续转折的特点，构图既严谨又富有变化。一般窗棂上的拐子纹，常饰龙头在棂条端头上，称其为"拐子龙""夔龙"等（王秀彩，2011）；有些饰以凤头的样式，则称之为"凤头拐子"；还有一种类似于蔓草一样连续卷曲的纹样，称之为"花草拐子"。"拐"与"贵"谐音，寓意"富贵"，连续不断的纹样寓意富贵绵长（蓝先琳，2000，2009）。

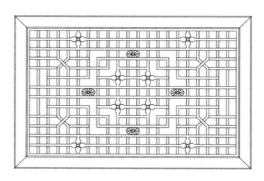

图4-119　心嵌花拐子

来源：自绘

（3）冰裂纹。

冰裂纹（图4-120）模仿自然中的冰面裂痕，用较短的棂条以不同的角度拼接而成，纹样和谐自然，具有形式美感。

图 4-120　冰裂纹窗

来源：自绘

（4）步步锦。

步步锦（图 4-121）别名"步步紧"，用垂直相交的横竖线分割画面，棂条间使用卡子花相衔接，造型简洁，构图均衡。步步锦有"步步锦绣""前程似锦"的吉祥寓意，在民间是百姓们所喜闻乐见的装饰纹样（蓝先琳，2000，2009）。

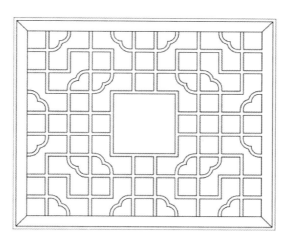

图 4-121　步步锦

来源：自绘

（5）开扇窗。

开扇窗（图 4-122）又称槛窗，下有槛墙，可为砖，也可为板壁，厢房多用。窗的做法类似格门，窗心和下段平盘、裙板都可拆卸，取下后，房间即为敞口厅（方志戎，2012）。

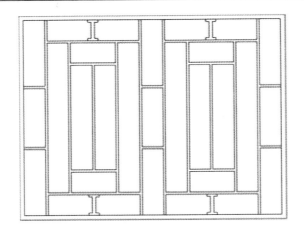

图 4-122　开扇窗

来源：自绘

除此之外，在实地调研过程中，还发现各种不一样的窗户做法与花纹（图 4-123）。

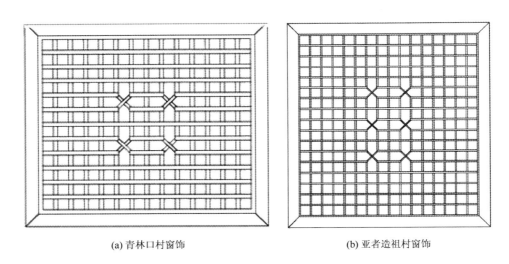

(a) 青林口村窗饰　　　　　　　　　　　　　(b) 亚者造祖村窗饰

图 4-123　各类窗户实景图

来源：自绘

3）隔断

　　传统建筑的隔断分为隔扇、罩、博古架。隔扇又称碧纱橱，大多使用比较坚硬的木材制作骨架，在隔心镶嵌玻璃或裱糊纱纸。裙板多数镂雕图案或以螺钿、玉石、贝壳等做装饰。罩是一种空间分隔物，它附着于柱和梁之间，常用细木制作。用罩分隔空间可以有效增加空间的层次，造成一种有分有合的空间环境。使用博古架这种空间分隔物，既可以带来有效的实用价值，又可以起到装饰并使空间多样化的作用。博古架常用硬木制作，多用于客厅、书房的分割。空间的分离一般是相互分离和相互联系的，如花牙、花盖、悬挂等装饰技术。花牙位于梁柱交界处，纯装饰成分；花牙有多种形式，自由多变，如江油市二郎庙镇青林口村民居的室内隔断（图 4-124）。

图 4-124　青林口村民居室内隔断

来源：自绘

4）外檐

传统民居外檐很有考究，常在檐口刻许多连续的花纹，也有在下面做连续波纹（图 4-125）。檐口瓦头滴水以白灰封口，形成自然连续的弧圈波浪线饰，十分醒目大方。

图 4-125　七曲村七曲山大庙外檐装饰

来源：自绘

撑弓（图 4-126）是四川民居外檐装修中常采用的重点装饰，上施各种图案精工细雕，不少喜作镂空的透雕，尤其是在撑弓上施红黑色油彩涂金雕饰，更为华丽。此外，檐廊的额枋、雀替、梁枋等处施以彩画漆作，廊内有的还设木石栏杆、栏板、"美人靠"等，高雅别致，成为民宅艺术空间处理的重点所在。

图 4-126 七曲村七曲山大庙外檐撑弓

来源：自绘

撑拱（图 4-127）俗称"牛腿"，是一根斜撑木，下端支在柱身上，上端支托住屋檐。这种结构在传统民居建筑中可替代斗拱，所以称它为撑拱。一根撑木，可根据其圆、直态

图 4-127 青林口村民居卷草纹牛腿

来源：自绘

势，相应处理成竹节，或可以加工成各种各样的形式。简单的拱形支撑是使用一些自然光滑的曲线装饰，如卷曲草、灵芝、云卷、拐弯龙等。复杂的支撑拱充满了花草，甚至将整个支撑木雕成龙形或狮形，但它不能破坏结构支撑屋檐的实际功能。

撑拱是一根直径不大的圆木或木板，在它与柱子和屋檐之间总是有一个三角形的空间，为了增强拱门的装饰效果，将木板填充在三角形空间中，然后对木板进行雕刻或涂漆以使其成为花板。最后，它与木投连接形成一个构件，于是棍状的撑拱变成了三角状的牛腿。

牛腿的面积大，可供雕饰的地方就多。于是植物中的卷草、花叶，几何形的花纹、曲纹（图 4-128），器物的博古架、文房四宝，动物中的龙、狮子，人物的文臣武将统统"搬"上了牛腿。当屋顶的出檐能够依靠挑出的梁枋承托时，牛腿就失去了支持屋檐的结构作用，而变成纯粹的装饰性构件。江南的对合式民居中，前后进明间堂屋桷柱上的牛腿，通常雕镂"福、禄、寿、禧""八仙、和合二仙"（齐学军和王宝东，2009；方志戎，2012）。

图 4-128 鱼泉村上方寺雕花装饰
来源：自绘

5）装饰细部处理

涪江流域传统民居十分注重装饰细部处理，技艺精巧，凸显地方特色，主要在屋脊、墙壁、柱础、栏杆等部位体现。装饰细部处理对渲染建筑整体布局、彰显局部建筑构件等起到了很好的点缀作用，也反映了房屋主人的文化内涵、生活态度。

（1）屋顶脊饰。

屋顶上的各种装饰在住宅建筑的外观上是非常显眼的，屋顶艺术表现的生动性在很大程度上取决于屋脊的装饰，这也是涪江流域传统村落住宅地方特色的重要体现。

屋顶艺术表现力的生动性很大程度上依赖于小青瓦的排列肌理和脊饰的装饰作用。林盘民居屋脊的通常做法是用小青瓦堆砌，有的斜置密排，有的砌成空花瓦脊，也有的用青砖叠涩出线脚，称为空花砖漫花筒子脊（方志戎，2012）。还有一种使用泥灰塑脊，在其表面贴上碎瓷片，甚至拼出图形至脊两端起鳌头或鳌尖，又称翘头或老鹰头，使星脊呈一舒展缓起的微曲线，简练美观富有气韵，尤其在屋顶转角处彼此穿插错落，十分生动，如绵阳市平武县白马藏族乡亚者造祖村民居的小青瓦灰塑鳌尖（图4-129）。

图 4-129　亚者造祖村小青瓦灰塑鳌尖
来源：自绘

　　星脊的正中常做中花，也称为腰花。有的简洁，以三叠瓦砌成；有的则塑成高耸的山形空花图饰，贴青花瓷片，非常亮丽别致，为建筑物的天际轮廓线增添了许多活跃气氛，富有强烈的造型和装饰效果（方志戎，2012），如绵阳市盐亭县黄溪乡马龙村民居的通花屋脊（图4-130）。

图 4-130　马龙村民居通花屋脊
来源：自摄

　　硬山房屋的两头山墙直砌到屋顶称为硬山屋脊，如绵阳市盐亭县林山乡青峰村民居的硬山屋脊（图4-131）。架设屋顶的檩子头被封在山墙内侧，所以山墙整面只是一堵砖墙，完全不需要搏风板、悬鱼、慈草之类的构件和装饰。但是古代工匠却不甘心这样的处理，总要在山墙的山花部分进行一些装饰。从各地的硬山房屋实例来看，这种山花装饰见得最多的是仿照悬山山花搏风板和悬薄鱼的形式。

图 4-131　青峰村民居硬山屋脊

来源：自摄

硬山屋顶的封火墙也有各种形状脊饰，不管是直线或曲线的压顶均做成类似屋脊的形式。有的灰塑各种空花图形，有的做成小瓦顶脊。在脊端处也有各种形状的翘头或鳌尖，其花样不逊于星面脊饰。在房屋形象上，高大的封火墙的装饰艺术效果是十分突出的，如绵阳市涪城区丰谷镇二社区（图 3-70）、江油市二郎庙镇青林口村（图 4-132）民居的封火墙。

图 4-132　青林口村民居封火墙

来源：自绘

（2）柱础。

柱础又名磉墩，作为木柱的基础有不同的形状组合，雕饰种类繁多，多为鼓形、扁鼓形，也有方形、六角形、八角形等，甚至把柱础雕成象或麒等动物形象，将木柱驮于背上。

礎又分齐礎和盘礎，一般礎石为齐礎，在礎石上加六方形或圆形平盘石为盘礎。为防潮，礎有加高的发展趋势；为安设地脚枋，有的礎歌侧面开卯口或另凸出两块做成槽状，这种形式称为耳。礎礅的雕饰图案十分丰富，设计花草动植物及人物形象等各种题材。有的宅院柱础多达十几种，样式诸多。用条石做成连续的地脚石承载穿斗构架的柱础，称为连礎，有时外露部分也做成礎礅的形式（祝思英，2013），如绵阳市盐亭县黄溪乡马龙村、林山乡青峰村民居的柱础（图4-133）。

(a) 马龙村柱础　　　　　　　　　　　　　　(b) 青峰村柱础

图 4-133　柱础

来源：自摄

（3）栏杆。

木质栏杆通常用于大厅右侧和左侧及走廊两侧，还用于二层露天阳台。栏杆形式多为木条拼成各种花样；另一种用圆形直棂，旋出各种西洋瓶式花纹，称签子栏杆，为清末从沿海一带传入。较为华丽的栏杆是栏凳，即坐凳加曲木靠背，称"美人靠"或"飞来椅"栏杆。石栏杆做法是用条石横置于小石柱上，简单朴素；讲究的石栏板，施以线刻，也可有复杂的图案雕饰。有的乡间民宅或吊脚楼采用竹栏杆，用粗细竹竿绑扎而成，如绵阳市平武县白马藏族乡亚者造祖村民居的栏杆（图4-134）。

图 4-134　亚者造祖村民居栏杆

来源：自绘

4.3.2.2 装饰工艺特征

民居建筑在装饰手法上，室外装饰有石雕、砖雕、陶雕、灰雕等，室内装饰则多是木雕、彩绘等。

1）木雕

木雕是一种雕饰种类，通常是由雕刻人利用木材进行精雕细琢的，拥有丰富的建筑雕刻形象，多用于门窗、屏罩、梁架、家具等，并根据装饰部位的不同而采用不同的工艺。像屋架等较高远的地方，常采用通雕或空雕法，外表简朴粗犷，适于远观。木雕种类多样，主要包括线雕、浮雕、透雕、嵌雕、贴雕等，如绵阳市盐亭县林山乡青峰村民居的木雕（图 4-135）。

图 4-135　青峰村民居木雕

来源：自摄

2）石雕

石雕是民居中较为常见的一种雕饰。石材质地坚硬耐磨、防水、防潮，因而多作为民居中需要防潮和受力的构件，如门槛、柱础、栏杆、台阶等，这些地方也就成为石雕装饰的重点部位，如绵阳市游仙区太平镇南山村、盐亭县黄溪乡马龙村、平武县虎牙藏族乡上游村的石雕（图 4-136）。

(a) 马龙村石雕　　　　　(b) 上游村石雕镇山石　　　　　(c) 南山村清早期石雕

图 4-136　石雕

来源：自摄

　　3）彩绘

　　彩绘（图 4-137）分为油饰和彩画。凡用于保护建筑构件的油灰地仗、油皮等都统称为"油饰"，其中油灰地仗是由砖灰、麻、布、加工过的猪血等材料包裹在木构件表面形成的灰壳，油皮则是在油灰地仗的表面涂油漆。而用于装饰的各种绘画、图案、色彩等统称为"彩画"，彩画除了具有装饰作用外，还可以防腐。

图 4-137　亚者造祖村彩绘
来源：自摄

4.3.2.3　民居装饰的题材

　　民居的装饰题材和内容丰富多样，包括动物类题材、植物类题材、人物题材等，这些题材大多具有一定的象征意义（图 4-138）。此外，还有一些回纹、几何纹图案装饰，也是民居中最为常见的装饰题材。

(a) 上方寺村动物花木雕　　　　　　　　　　(b) 保尔村植物木雕

(c) 鱼泉村二龙戏珠木雕　　　　　　　　　　(d) 鱼泉村鸟木雕

图 4-138　装饰题材
来源：自摄

杨文璟（2011）对装饰色彩、装饰雕刻、装饰空间布局、装饰材料等做了较为深入的研究，并整理了装饰题材及其象征的吉祥寓意，这些图案元素和装饰符号演绎成了"中国元素"。

1）动物类题材

动物类题材包括凤凰、狮子、鸳鸯、麒麟、鹿、鹤、蝙蝠、喜鹊等。其中，凤凰是传说中的百鸟之王，常用来象征祥瑞；麒麟是传说中的灵兽，寓意着"子孙仁厚贤德"的美好心愿；狮子作为百兽之王，象征权力和富贵；鹿、鹤、蝙蝠在一起表示福、禄、寿；鸳鸯寓意爱情永恒；喜鹊寓意吉祥。

2）植物类题材

植物类题材包括松、梅、菊、竹、兰、百合、芙蓉、牡丹、海棠、水仙、万年青等。其中，四季常青的松被视为百木之长，是长寿的象征；梅、菊、竹、兰合称为"花中四君子"，共同特点是清华其外，淡泊其中；百合寓意百年好合；芙蓉表示纯洁高尚；牡丹代表高贵高洁；海棠寓意富贵高雅；水仙代表吉祥纯洁；万年青则有健康长寿、永葆青春的寓意。

3）人物题材

人物题材包括神仙与名士。神仙有八仙、钟馗、孙悟空、哪吒等；名士有花木兰、岳飞、红拂、关羽、刘备、张飞、赵云、李白、苏轼等。

第5章 传统村落人居环境保护与发展

我国乡村的建设发展历来受到国家重视,现在乡村振兴和新农村建设已经作为我国现代化进程中的一项重大历史任务。《国务院办公厅关于改善农村人居环境的指导意见》(国办发〔2014〕25 号)中提出"以保障农民基本生活条件为底线,以村庄环境整治为重点,以建设宜居村庄为导向,从实际出发,循序渐进,通过长期艰苦努力,全面改善农村生产生活条件"。《中华人民共和国国民经济和社会发展第十三个五年(2016～2020 年)规划纲要》中指出,要"开展生态文明示范村镇建设行动和农村人居环境综合整治行动,加大传统村落和民居、民族特色村镇保护力度,传承乡村文明,建设田园牧歌、秀山丽水、和谐幸福的美丽宜居乡村"。2017 年 10 月中国共产党第十九次全国代表大会上明确提出了"实施乡村振兴战略"。2018 年 9 月中共中央、国务院印发了《乡村振兴战略规划(2018～2022 年)》,具体部署了实施乡村振兴的工作内容。留住乡愁,振兴乡村,就是要留住我们民族文化的根,就是要在发展中保留我们民族本身的特质,使传统与现代交融互补(潘鲁生,2018;赵康健和杨晓霜,2019)。因此,在实施乡村振兴战略的背景下,对传统村落的土地、人口、景观面貌等进行调研考察、分析评估,制定传统村落保护和更新的措施,探索适合传统村落生存与发展的道路,从而使传统村落焕发生机与活力、展现传统村落的价值,显得非常紧迫和重要。

5.1 传统村落人居环境的保护价值及意义

对传统村落价值的认知,决定着其保护发展从微观措施到宏观政策的制定。不能为了保护而保护,不能只知其然而不知其所以然。而且从哲学上讲,联系是普遍存在的,因此传统村落的价值与保护是相互联系的。要对传统村落进行有效、有意义的保护,就要对其存在的价值做出深刻的剖析和理解。

有关传统村落的研究也是近几十年才开始的。具体来说,20 世纪 80 年代以后,传统村落作为一项专门的研究进入人们的视野。传统村落既是历史文化的载体,又是现代社会文明的根脉,更是全世界最宝贵的社会历史文化遗产。近年来,研究人员在对传统村落价值评价进行广泛研究的同时,传统村落也受到了社会各界不同领域学者的高度关注。我国传统村落的价值主要表现在历史文化价值、科学研究价值、建筑美学价值、生态景观价值、社会经济价值五个方面。

涪江流域传统村落的历史文化价值,既表现在传统村落的地域文化传承功能和特定历史进程见证上,又表现了中国不同民族农耕文明的发展,具有承前的作用。而涪江流域传统村落的科学研究价值、建筑美学价值、生态景观价值、社会经济价值,则是以传统村落的历史文化价值为载体,其进一步产生对流域范围内传统村落当前及今后发展的影响,尤其是对社会发展的借鉴意义和对经济增长的促进意义,具有启后的作用。

5.1.1　历史文化价值

涪江流域传统村落的形成和发展是地域文化在历史长河里不断进行延续和创新的映射，生生不息，具有强大的生命力。这些村落的原始居民是以村落内的建筑为载体，栖息在广袤的乡村，世代繁衍生活着，并且他们以传统文化为纽带，将人、村庄、生活乃至自然天地巧妙地融合在一起，孕育出了丰富多彩的文化（夏周青，2015）。在涪江流域传统村落里，不论是看得见的传统民居、祠堂庙宇、农田阡陌，抑或是无形的语言、文学、风俗、习惯、礼仪等产生的历史文化价值，都是通过居民们的妥善保护、口教相传或技艺传承，一代一代流传至今的。总而言之，涪江流域可以保存到今天的传统村落都是我国历史的"见证者"，也是一座座拥有历史记忆和岁月痕迹的重要历史文化遗产博物馆。

世界主流观点认为，历史文化遗产分为物质文化遗产和非物质文化遗产。传统村落因其自身所蕴含的丰富内涵，既有物质文化遗产的特征，又有非物质文化遗产的特征。因此，人们很难以单一的标准来衡量传统村落，它更多的是一种融合体，具有多重特征属性。传统村落作为漫长历史的产物，在岁月的长河中聚积了丰厚的物质文化遗产和非物质文化遗产，历史文化价值对研究当地社会、经济、文化等具有重要意义（王林，2015）。

涪江流域传统村落的非物质文化遗产会受到物质文化遗产的影响，以各自村落的物质文化遗产为载体，进一步提升非物质文化遗产。同时，非物质文化遗产形成的独特文化内涵和思想底蕴也会不断影响物质文化遗产，因此二者之间联系紧密、相辅相成、相互依存。

5.1.1.1　物质文化遗产价值

物质文化遗产，又称"有形文化遗产"，即传统意义上的"文化遗产"，指的是现实中具体存在的、具有历史文化意义的物质性资源。传统村落物质文化遗产的价值可分为两种：一是传统村落在被创造出来的那个时代赋予它的价值；二是以后岁月中因各种历史事件和人类需求变化而遗留的印记所赋予它的价值。

根据《保护世界文化和自然遗产公约》，物质文化遗产包括人类文化遗址、历史文物、历史建筑等。以此界定，涪江流域传统村落的物质文化遗产分为三类，即文物、建筑群、遗址。文物又包括建筑、桥梁、石雕、砖雕、木雕、古井、古墓、古树、农耕器械；建筑群专指从历史、艺术或科学角度看，因其建筑的形式、同一性及其在景观中的地位，具有突出、普遍价值的单独或相互联系的建筑群；遗址是指从历史、美学、人种学或人类学角度看，具有突出、普遍价值的人造工程或人与自然的共同杰作以及考古遗址地带。

1）物质文化遗产的种类

（1）建筑。

涪江流域传统村落历史悠久，文化底蕴丰厚，保存了大量的古建筑，包括宗祠、寺庙、民居建筑等多种类型。例如，绵阳市涪城区丰谷镇二社区的明清建筑（图 3-70

和图 4-37），其悠久的历史形成了深厚的文化积淀，被评定为国家级文物保护单位；盐亭县黄溪乡马龙村是省级文物保护古村落，村中的勾氏宗祠（图 5-1）为清代建筑的典型代表；羌族建筑中最具代表性的是北川羌族自治县片口乡保尔村的碉楼（图 4-92）、青片乡上五村的吊脚楼（图 4-21）；梓潼县文昌镇七曲村的七曲山大庙（图 4-125）为全国重点文物保护单位，是文昌帝君的发祥地；平武县白马藏族乡亚者造祖村的白马藏族民居（图 5-2）现多数已改建成砖房瓦屋，但仍保留了白马传统民居特色，以家族为单位居住在一起，形成连片的山寨。

图 5-1　马龙村勾氏宗祠堂
来源：自绘

图 5-2　亚者造祖村白马藏族民居建筑
来源：自摄

（2）道路（古街巷）。

涪江流域，有些传统村落保存有较为完整的古街巷，这是体现其历史价值的重要元素。村落的街巷空间宽度均在 2m 以内，有的曲折萦回，有的整整齐齐，沿着街巷行走可以看到富有特色的古建筑及墙上的窗户雕花，如遂宁市射洪市洋溪镇楞山社区、重庆市潼南区花岩镇花岩社区的古街巷（图 5-3 和图 5-4）。这些古街巷是涪江流域传统村落传承的见证，也是传统村落风貌的体现，具有厚重的保护价值。

图 5-3　楞山社区古街巷

来源：自摄

图 5-4　花岩社区古街巷

来源：自摄

（3）桥梁。

涪江流域传统村落地势特殊，依山傍水，山清水秀，居民出行跋山涉水、路途遥远，必然少不了桥梁，这些桥梁都是历史的见证物。例如，绵阳市江油市二郎庙镇青林口村的"红军桥"（图 5-5），据传统村落申报材料所述，红军桥始建于距今 200 多年的清朝乾隆时期，古时候称为合益桥，当年红军大部队撤走时，一个女红军滞留老乡家养病，被还乡团抓到桥上杀害，为纪念她，将合益桥改名为红军桥；桥面较为宽阔，无论是步行、骑行、轿撵，还是马车从桥上经过都畅通无阻；1800 年，即嘉庆庚申年春，原桥因白莲教众躲避清朝官军的追杀被火烧毁；战火平息之后，当地百姓集资新建，新建桥为长 23.7m、宽 6.5m、高 7.8m 的三孔石拱桥，桥上石板铺地，有条石做成的栏杆；最具特色的就是桥上的木质廊，廊桥最高处可达 10m，由 24 根木柱共同撑起，木柱共为 6 排，廊下可供居民乘凉休息，也有人在桥下做小生意。又如，绵阳市盐亭县石牛庙乡风华村的古平桥（图 5-6），位于村落的小溪上，由两块长条巨石搭建。再如，绵阳市盐亭县五龙乡龙潭村的古桥（图 5-7），横跨榉清河，被称为最简单的石桥。这些桥梁，无论是否有动人的故事，是否使用昂贵的材料，作为历史的见证物，都能够反映当时经济、文化、生活的遗迹，具有很高的历史价值。

图 5-5　青林口村"红军桥"

来源：自绘

图 5-6　风华村古平桥

来源：自绘

图 5-7　龙潭村古桥

来源：自绘

（4）石雕、木雕。

传统三雕即石雕、木雕、砖雕，是雕刻艺术中较为常见的。雕刻手法形式多样，包含圆雕、浮雕、透雕（镂空雕）、平雕（刻）等形式。雕刻内容丰富，寓意吉祥，以戏剧人物、花草、动物、佛教八宝为题材，将中国传统的福、禄、寿、喜、财等美好期许灌注其中，独具特色。石雕技艺主要运用在柱础、街沿石、记事碑等处；木雕技艺则运用在门、窗、牌位等处，木材多为柏木，材质结构越紧密坚硬越好。

在涪江流域传统村落的建筑环境中，雕刻作品随处可见，且雕刻精美，技艺精湛，艺术价值及保护价值极高，如绵阳市梓潼县双板乡南垭村的石雕技艺（图 5-8）、绵阳市盐亭县林山乡青峰村的屋檐木雕技艺（图 5-9）。

图 5-8　南垭村石雕技艺

来源：https://ss2.baidu.com/6ON1bjeh1BF3odCf/it/u=429240206,
1288024516&fm=15&gp=0.jpg 2020.04.20

图 5-9　青峰村屋檐木雕技艺

来源：自绘

（5）古井、古墓、古树。

涪江流域传统村落多保持着原生状态，古井、古墓、古树保存较多，洋溢着历史的厚重与辉煌，这些都是村落历史的见证者。

绵阳市盐亭县林山乡青峰村的张飞井（图 5-10），传说三国时蜀汉大将张飞奉命镇守阆中，路过此地，用钢鞭掘井，至今犹存。

绵阳市游仙区玉河镇上方寺村的古盐井（图 5-11），据传统村落申报材料所述，《太平寰宇记·剑南东道二》记载："唐武德二年分魏城县置盐泉县，以地有盐井，民得采漉，为四方贾售之地。"玉河境内因盐建县，因县而繁荣，后又因盐业生产衰落，在元代被撤销并入绵州本州，现存盐井 10 处。盐泉县出产的井盐，一条路经柳池、三合、三台、遂宁南下到川南地区，另两条是经魏城往北到梓潼、广元及川东地区，往西南到绵阳、成都及川西地区。

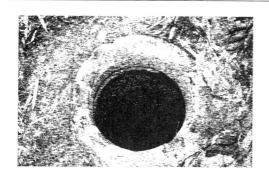

图 5-10　青峰村张飞井
来源：自绘

图 5-11　上方寺村古盐井
来源：自绘

绵阳市盐亭县黄甸镇龙台村的王文圃墓（图 5-12）。据传统村落申报材料所述，该墓冢已被毁，目前尚存清代彭州光绪年间翰林院编修贺维翰撰写的墓碑佐证。王文圃又名王元举，清中后期人，生卒年不详，奉直大夫，直棣州通判，学识渊博，善诗词书画，尤工花鸟，栩栩如生，性格爽朗，乐善好施，乡人称为"乐善好施王文圃先生"。王文圃墓地占地极广，建构恢宏，墓龛、廊柱、雕刻极多，石室素土封山，条石封土，墓室分前后室。后室壁立神主碑，现存残碑及大部分墓志，碑后为墓穴，板石封门；前室为祭室，也称享堂，前有石供桌一张，桌上置香炉；顶正中画太极图，菱形窿井内收第一层四角刻有麒麟图案，其余四层皆刻有如意云纹，两侧壁以石柱相间隔嵌以石板，左右对称刻"孝悌""忠信"四字。碑仿木结构与墓冢相连，四柱三间，双檐五级，花草脊，虎殿顶，两侧有八字形纹槽，下层明间可通前室，左右次间板面各雕人物一尊，为墓主人生前生活场景。王文圃墓形制独特，雕刻精美，做工精细，对研究清代墓葬形制、建筑、石雕、彩绘和当地王氏家族史有着重要意义。

绵阳市盐亭县安家镇鹅溪村的严公古墓（图 5-13）。据传统村落申报材料所述，在 300多亩的鹅溪山中，山上山下、山左山右、山顶山腰山足、墓挨墓、墓重墓的严公古墓，组成了"古墓群"。这些厅堂式的墓室全是用坚硬的青石砌成的，墓碑、墓罩的雕刻工艺精湛，

图 5-12　龙台村王文圃墓
来源：自绘

图 5-13　鹅溪村严公古墓
来源：自绘

多是古代的"孝子图"、"列女传"和"八仙上寿"之类的神话故事以及花草山水图样。多数墓已被毁坏，现仅存的七座严公墓都是被盗过的。盗墓者毁墓时从棺内拿出许多衣、帽、鞋和戏剧中穿戴的袍、帽、玉带、凤冠霞帔，首饰完全相同，而且色彩尚鲜艳。

　　绵阳市游仙区玉河镇上方寺村的古树（图 5-14），有胸径达 2m 的古柏和青木树，树龄上百年，树干高大挺拔粗壮，郁郁葱葱，居民时常在树下乘荫纳凉。

(a) 古柏　　　　　　　　　　　　(b) 青木树

图 5-14　上方寺村的古树

来源：自绘

　　绵阳市平武县白马藏族乡亚者造祖村，据传统村落申报材料所述，村里有一些重要的古树（图 5-15），即扒昔加寨对岸的古柏树、祥述加寨的古柏树及刀切加寨的老柏树。扒昔加寨对岸的古柏树：在扒昔加寨对岸，有一颗古柏树高高矗立，守望着整个寨子。古柏周围环境优美，少女们赶着羊群，在此嬉戏打闹，寨子里的少年与树下的姑娘隔河对唱着情歌。虽然当年的少男少女纷纷老去，但是这棵树对他们来说，是青春的见证，是爱情的见证。祥述加寨的古柏树：传说从前寨子里住着一对夫妻，有一次，丈夫进山打猎，很久未归，妻子每天都在树下眺望，内心无比焦急。为了让丈夫归来时能第一时间看到她，她穿上了最美丽、最鲜艳的衣服，依偎在树旁眺望。一天又一天，终于，她看见丈夫衣衫褴褛，两手空空地回来，她并没有埋怨，而是为他能够平安归来喜极而泣。以后每次丈夫进山打猎，她都在此等候。"望夫树"之名因此得来，之后这棵树就被人们称为可以为上山打猎的人带来好运的神树，是妻子的期盼。刀切加寨的老柏树：传说很久以前，刀切加是亚者造祖村最大的寨子，寨子里有一个欺男霸女的恶人，引起众怒，被老百姓乱石砸死。那人死后，变成了恶鬼，疯狂地报复老百姓，很多人离奇的死亡。幸存者请来了法力最强的白该，在他坟前连续做了三天三夜的法事，并种下了这棵树，用来镇压这个恶鬼。从此，老百姓过上了安宁的日子，这棵树也被老百姓视为神树。

(a) 扒昔加寨对岸的古柏树

(b) 祥述加寨的古柏树

(c) 刀切加寨的老柏树

图 5-15　亚者造祖村的古树

来源：自绘

2）物质文化遗产保护和发展的意义

物质文化遗产，即有形文化遗产。作为人类文明发展的见证，物质文化遗产具有历史意义、艺术审美意义、教育意义。

（1）历史意义。

涪江流域传统村落的古迹众多，房屋高低林立，街巷布局清晰，大多数传统村落的历史风貌和历史格局保存尚好，部分传统村落的村庄肌理也保存较好。许多传统村落至今保留多处古代历史文化遗存，如古遗址、古墓葬、历史名人故居、宗庙祠堂等，很好地反映了传统村落的村容村貌。同时，物质文化遗产具有考古价值，通过对其分析，可以了解历史上某段时期的真实情况，有助于对历史拾遗补阙，帮助人们更全面地了解历史，以史为鉴，为现在及未来造福。

绵阳市游仙区东宣乡飞龙村的飞龙山是当年红四方面军 12 师 34 团曾经驻扎、战斗和生活过的地方，遗留下大量红色历史遗迹，建有红军纪念碑（图 5-16），是重要的红色传统教育基地。

图 5-16　飞龙村的红军纪念碑

来源：自绘

绵阳市游仙区刘家镇曾家垭村，马鞍山麓为一狭长地带，山上松柏苍翠、郁郁葱葱，山下稻麦油绿、生机盎然，魏刘河和柏林河两条河流穿村而过，刘柏路纵贯村落，肥沃的土地、便利的交通、丰富的水源、茂盛的山林成为选址生存的有利自然条件。马鞍山曾是革命时期红军出川宿营地之一，山上古青石盐道至今保存完好。曾家垭村历史悠久，马鞍山麓的马鞍寺（图 5-17）为国家级文物保护单位，建于明代，毁于明末，重建于清乾隆年间，历经清朝、民国，屡有修缮，现遗存格局基本为清代原貌。据传统村落申报材料所述，马鞍寺坐东北朝西南，沿中轴线呈纵向并列布局：乐楼、广场、天王殿、大雄宝殿、观音殿、玉皇殿。两侧厢房用巷道小门与天王殿相连接，将天王殿、大雄宝殿、观音殿组合成一闭合的建筑群体。寺前的乐楼，于清朝同治六年建造，歇山顶抬梁式木穿斗结构建筑，高石础通柱，一楼敞亮，远望之于茂林中若悬空"蜃楼"；乐楼台部向外突出，两耳室内收，面呈"凸"状，造型合理匀称，耳室壁间绘有民间壁画和数则墨书戏班题记，是研究戏曲发展史和传统绘画艺术以及佛教艺术的重要历史资料，具有很高的艺术价值；乐楼结构完整，屋面装饰保留川西北民间风格，是保存较为完整的清代戏楼之一，年节时分会在乐楼进行传统戏剧表演，文化氛围浓厚。大雄宝殿内还有明代檀香木雕文殊菩萨，雕刻精美，神态自然，蔚为奇观。起源于马鞍寺的寺庙民俗文化经过历史的沉淀逐渐成为当地的信义文化，依托于寺庙的民俗活动现今依然活跃于民间，具有较高的历史文化价值。

图 5-17　曾家垭村的马鞍寺

来源：自绘

（2）艺术审美意义。

涪江流域传统村落的物质文化遗产承载了特定历史时期的审美特点和审美取向，从而提供了审美愉悦。传统建筑的美学是一种客观的存在，建筑的造型只有符合客观形式才是美的。对传统村落建筑的研究，可以通过建筑审美的原则去研究审美艺术价值。审美价值的判断依据就是能否给予人或者在多大程度上给予人审美愉悦。换言之，这些物质文化遗产给予人的审美快乐越充分，艺术审美的意义就越大。

（3）教育意义。

涪江流域传统村落的物质文化遗产具有教育文化特征，特别是红色教育文化特征，值得加以保护。例如，绵阳市游仙区太平镇南山村的苏维埃红军纪念碑、江油市二郎庙镇青林口村的红军桥，均是当时红军长征时的停留地，无数革命先烈在此流下鲜血以及红色印记，映射了红军不畏牺牲、顽强战斗的革命精神，是值得人们去学习和歌颂的。这些红色建筑遗址是进行革命传统及爱国主义教育的重要实践基地，也能增强居民及游客的爱国情怀，具有重大的教育意义。

5.1.1.2　非物质文化遗产价值

非物质文化遗产是指非现实实体的物质，包括人们在长期的社会生产实践过程中所创造出来的独有的语言文化、文娱活动形式、风俗习惯、宗族礼制等，这些是只能通过记忆保存在人们大脑中的历史、文化、技艺等非物质文化遗存。非物质文化遗产作为传统村落特色文化展现和传承的重要途径，它记录了村落的发展历史，体现了当地共同的观念和生活生产方式，是传统村落不可分割的组成部分。

涪江流域传统村落蕴含的非物质文化遗产，主要包括特色习俗、民族节日、语言文字、民俗活动、歌舞、手工艺技术等（表 5-1）。

表 5-1　涪江流域村落不同非物质文化遗产项目统计表

分类	非物质文化遗产项目
民间文学	白马藏族乡亚者造祖村：山神叶西纳玛的传说，白鸡毛的传说 虎牙藏族乡上游村：上游村地名由来，天神、山神、土地神、水神的传说，海子传说 含增镇长春村：阎王匾的传说，观音堂，倒挂牌，吊狗岩 重华镇公安社区：肖公制硝打曹操，古镇重华的由来，神秘的三点炮，神奇的石黄豆，犀牛洞传话，重华八景 仙峰乡甘滋村：甘滋寺地名的由来民间传说，陈家河贡米的由来，臭花鱼之说 双板乡南垭村："红军夫妇被杀"故事，"轿子碑"传说 演武乡柏林湾村：李荡大败衙博军民间传说，倒马坎上击川，献忠庙垭战明军传说，"八大王剿四川"民间故事，孔明的"七星山"传说，"张飞柏"的传说，古蜀道的来源，蜀汉古镇演武铺，翠云廊上的古柏 文昌镇七曲村：文昌古籍（市级），评书（市级） 定远乡同心村：同心塔的民间传说 魏城镇铁炉村：窦平山与将军坟的传说，张氏"三块匾"，"铁炉村"名之说及别称，王氏家族的守护神——黑池龙王，儒商涂善人，铁炉人民好书记张勇 东宣乡鱼泉村："白鹤头"地名的传说 刘家镇曾家垭村：马鞍寺建造传说 玉河镇上方寺村：苏易简传说故事 丰谷镇二社区：皮袋井传说 安家镇鹅溪村：观音井由来，文星宫古今，金银碑 柏梓镇龙顾村：刘向的传说，金钟山与韩灵寺，白鹤林的传说，龙顾井的传说 林山乡青峰村：王家坝民间传说 巨龙镇五和村：五和村地名的由来及民间传说，张氏祭祖歌，士柈不孝雷轰死，桅杆湾玉皇宫传说，勉行痛斥"八大王"张献忠 黄溪乡马龙村：马头咀地名的由来及民间传说，"金二伯射黄帝"传说 洗泽乡凤凰村：陈家庵戏楼的传说，张献忠死地之谜及传说 高灯镇阳春村：灯杆山的传说 玉龙镇玉峰村：玉峰情歌，民谣
传统音乐	白马藏族乡亚者造祖村：山歌 木座藏族乡民族村：白马山寨歌会 龙安镇两河堡村：唢呐（国家级），山歌 响岩镇中峰村：民歌 青片乡上五村：唱山歌，羌笛 曲山镇石椅村：口弦，羌笛 双板乡南垭村：民歌

分类	非物质文化遗产项目
传统音乐	文昌镇七曲村：洞经音乐（国家级） 定远乡同心村：锣鼓响器，唢呐，民歌 太平镇南山村：唢呐 徐家镇和阳村：吹唢呐，打大锣 魏城镇铁炉村：锣鼓，唢呐 林山乡青峰村：劳动号子 黄甸镇龙台村：川北号子 黄溪乡马龙村：川剧 五龙乡龙潭村：民歌
传统舞蹈	白马藏族乡亚者造祖村：跳曹盖，圆舞曲 虎牙藏族乡上游村：藏族歌舞，斗牦牛舞 龙安镇两河堡村：舞蹈 大印镇金印村：羌族锅庄 曲山镇石椅村：羌歌羌舞 徐家镇和阳村：跳马灯，舞狮头 东宣乡鱼泉村：狮灯 柏梓镇龙顾村：梓江龙（省级） 塔山镇南池村：响堂湾狮灯
传统美术	龙安镇两河堡村：雕刻 响岩镇中峰村：雕刻 重华镇公安社区：木板年画 仙峰乡甘滋村：进珠寺壁画 演武乡柏林湾村：雕塑 文昌镇七曲村：糖画（市级） 定远乡同心村：雕塑 交泰乡高垭村：雕刻 徐家镇和阳村：雕塑 魏城镇铁炉村：雕塑 东宣乡鱼泉村：雕刻 安家镇鹅溪村：雕塑 巨龙镇五和村：雕塑 黄甸镇龙台村：雕刻 五龙乡龙潭村：雕刻
传统戏剧	二郎庙镇青林口村：高抬戏（国家级） 重华镇公安社区：传统川剧 文昌镇七曲村：马明阳戏（省级），梓潼被单戏（市级） 刘家镇曾家垭村：传统戏剧 玉河镇上方寺村：传统川剧，百姓故事会 林山乡青峰村：打玩意儿
传统医药	中坝附子栽培及炮制工艺，杨氏驱蛇术，民间验方，太极五子衍宗丸制作技艺，中医，治伤秘方，家传秘方治疗颈部淋巴肿大类型技艺，刘氏正骨疗法（三台、涪城），中医诊疗法（罗氏按摩），中医传统制剂方法（文派宋氏金刚酒配制技艺）（来自绵阳市非物质文化中心，并非全是传统村落所有）
传统技艺	白马藏族乡亚者造祖村：白马毡帽擀制技艺，织花腰带 虎牙藏族乡上游村：藏族刺绣及藏族服饰，藏式雕刻和彩绘技艺 豆叩镇银岭村：制茶技艺，羌绣 豆叩镇紫荆村：羌绣 大印镇金印村：造纸术 片口乡保尔村：羌族碉楼营造技术（省级），传统打铁技艺 曲山镇石椅村：羌绣，咂酒，推杆 重华镇公安社区：烟火架，雕刻技术 桑枣镇红牌村：张大包蛋，焦鸭子 双板乡南垭村：石雕，豆腐制作技艺 文昌镇七曲村：长卿彩船（市级），木刻画（省级），片粉（省级），许州凉粉（市级），梓潼田席"十大碗"，梓潼酥饼制作技艺（市级），民间木雕，泥塑（市级），金龙场折席制作技艺（市级）

续表

分类	非物质文化遗产项目
传统技艺	定远乡同心村：手工制琴 魏城镇先锋村：川剧脸谱 魏城镇铁炉村：编雨帽 玉河镇上方寺村：竹编技艺 丰谷镇二社区：罗炳林笔业，鑫田粮艺 林山乡青峰村：民间雕塑，草索杆，回民火烧馍 黄甸镇龙台村：驸马山手工挂面 卓筒井镇关昌村：卓筒井井盐深钻汲制技艺 玉龙镇玉峰村：玉龙五金，玉峰土陶 板桥镇大沟村：陶瓷技艺
传统体育	重华镇公安社区：海灯武术 安家镇鹅溪村：梓江龙（省级）
游艺与杂技	白马藏族乡亚者造祖村：打踺子，摔跤，射箭，扭棍子，赶老牛，犇筋，荡秋千 虎牙藏族乡上游村：荡秋千，拔河 大印镇金印村：上刀山 文昌镇七曲村：文昌出巡（省级）
曲艺	龙安镇两河堡村：知客师 文昌镇七曲村：道情（市级），金钱板（市级） 洗泽乡凤凰村：莲花落
民俗	白马藏族乡亚者造祖村：祭祀活动，神判，火神，白马禁忌，敬烟敬酒，抢帽子定亲和游婚，丧葬 虎牙藏族乡上游村：祭山神，双牛耕地，分五脏肉，藏式婚礼 片口乡保尔村：羌族婚俗（省级），高跷狮灯，上九会龙灯，三月三抢童子，六月十九观音会耍水龙，撵山放狗 青片乡上五村：羌年 桃龙藏族乡大鹏村：三月三抢童子，羌族山歌 二郎庙镇青林口村：烧火龙，桃花节 重华镇公安社区：老君会 桑枣镇红牌村：罗浮山庙会 睢水镇红石村：睢水春社踩桥会 文昌镇七曲村：文昌祭祀（市级），文昌庙会（市级），青岭狮灯（市级） 玉河镇上方寺村：采莲船和狮子灯表演 林山乡青峰村：开斋节 巨龙镇五和村：祭祖活动 黄溪乡马龙村：红白喜事 五龙乡龙潭村：民俗表演 洗泽乡凤凰村：陈家庵庙会 高灯镇阳春村：蚕姑祭祀 仓山镇三江村：二龙抢宝，滚龙抱住，黄龙缠腰，五花盖顶，嫩龙散花，游龙下山

注：①民间文学：当地保留下来的神话、传说、故事、史诗、长诗、谚语、谜语等。②传统音乐：当地一些具有地方特色的音乐、乐器、民谣、山歌、民歌等。③传统舞蹈：当地长期保留下来的生活习俗舞蹈、岁时节令习俗舞蹈、人生礼仪舞蹈、宗教信仰舞蹈、生产习俗舞蹈等。④传统戏剧：当地存在的各种戏剧表演等。⑤曲艺：地方流传下来的曲牌体制的戏曲剧种、板腔体制的戏曲剧种、曲牌综合体制的戏曲剧种、少数民族的戏曲剧种、民间小戏剧种、傩及祭祀仪式性的戏曲剧种、傀儡戏曲剧种等。⑥传统体育、游艺与杂技：包括当地的室内游戏、庭院游戏、智能游戏、助兴游戏、博弈游戏、赛力竞技、技巧竞赛、杂耍（艺）竞技等。⑦传统美术：当地居民画的一些图画作品等。⑧传统技艺：包括工具和机械制作、农畜产品加工、烧造、织染缝纫、金属工艺、编制扎制、髹漆、造纸、印刷和装帧等。⑨传统医药：当地特有的以山间摘的花草治病的医药方面的东西。⑩民俗：当地一些特有的习俗，如诞生、命名、满月、百日、周岁、成年礼、婚礼、寿诞礼、葬礼、汉族节日、少数民族节日等。

1）不同民族的非物质文化遗产

（1）羌族的非物质文化遗产。

绵阳市北川羌族自治县青片乡上五村的羌族非物质文化遗产（图 5-18）的传承和保

护较好，有多位非物质文化遗产传承人。羌族的非物质文化遗产主要有口弦、羌笛、羌年、羌绣等。

(a) 羌笛   (b) 羌年   (c) 羌绣

图 5-18　羌族的非物质文化

来源：网络

口弦：又称口琴、响篾、吹篾、弹篾，历史悠久、形制多样，在羌族地区很流行，可以独奏、齐奏、合奏，或为歌舞伴奏。

羌笛：拥有 2000 多年历史的羌笛，在四川北部羌族居住地流传广泛，是我国最为古老的单簧气鸣乐器。

羌年：又称小年，为羌族传统节日，每年农历十月初一举行。羌年在不同地区又有不一样的风俗习惯。有的羌族需要全寨的成年人在当年没有因病、灾祸等离世才能过羌年，否则就只能过春节。还有的羌族会在农历十一月初一过牛羌，过牛羌是为了祈求牛王爷让耕牛不受瘟疫影响，全年健康。当日人们会杀鸡、宰羊，作为献给牛王爷的祭品；还会在牛角挂上面与麦子做成的日月形的馍馍，作为牛一天的吃食，并给牛一天的自由，让牛好好休息，自由活动。

羌绣：羌族的刺绣手法繁多，除常见的挑花绣外，还有平绣、纤花、链子扣、纳花等手法。这些都是在古羌人挑花刺绣的基础上不断翻新、实验，最终发展而来的。羌族挑绣的图案多种多样，以自然中的花鸟鱼虫、飞禽走兽居多，也有生活习俗类的绣品，十分精美，图案栩栩如生。

（2）藏族的非物质文化遗产。

绵阳市平武县白马藏族乡亚者造祖村拥有民族特色装饰、独特的服饰等非物质文化遗产。

平武县木座藏族乡民族村拥有国家级非物质文化遗产——"跳曹盖"。在"跳曹盖"中，舞者会戴上不同的面具，穿上特制的不同扮相服装。在舞蹈中以夸张的舞姿来展现对自然神的崇拜，祭祀神鬼、驱灾祈福，以这样的祭祀祈求神明，驱赶鬼怪，保一年人畜平安、五谷丰登。

平武县虎牙藏族乡上游村一直保留着富有藏族传统特色的"斗牦牛舞"，亦称"益岷张宰"。在"斗牦牛舞"表演时，可单牛表演或多牛表演，由两人扮演一头牛，分别扮演牛头和牛尾；扮演牛头的人要头戴 20 斤重的牛头面具，通过手来操控牛嘴、牛眼、牛舌，使其不断开合，富有牛的神韵；扮演牛尾的人要与牛头互相配合，一手紧握牛尾，另一只手紧紧抓住牛头扮演者的腰带，展现爬行、卧倒、跳跃、站立等动作；两人身上披有贴满牛毛、重达数十斤的棉毯或毛毯，却可以将牛被驯服、喝水、吃草等动作生灵活现地表演出来，也能表演出牛凶猛的一面，十分不易。同时，会配以传统锣鼓、高亢豪放的耕地牧歌和由人装扮成盘羊穿插其间的万字格舞，表演起来热烈欢快，场面壮观，极具民族特色。

平武县木座藏族乡民族村的白马山寨歌会（图 5-19）始于 1982 年清明节，每年举办从未间断；由当地少数民族自发组织，开展 1~2 天民俗歌舞表演，展示白马藏族风情和原生态民间音乐，弘扬地方民族文化，声名远播。

图 5-19　白马山寨歌会

来源：自绘

2）非物质文化遗产保护和发展的意义

非物质文化遗产是人类无形的文化遗产，是最古老、最鲜活的文化历史传统，是国家、民族文化软实力的重要资源库，也是民族精神、民族情感、民族历史、民族个性、民族气质、民族凝聚力和民族向心力的有机组成和重要表征（胡家豪和胡征一，2012）。同物质文化遗产一样，非物质文化遗产也具有历史意义、艺术审美意义、教育意义。

（1）历史意义。

涪江流域传统村落的非物质文化遗产承载着厚重而斑驳的历史，具有特定历史条件下的时代特征。通过传统村落的非物质文化遗产，可以了解不同历史时期的社会发展水平、生产生活方式、道德习俗等，为研究历史提供更多的依据。非物质文化遗产积蓄了不同历史时代的精粹，保留了最浓缩的民族和地域特色，承载了过去，孕育着未来。人们可以通过有形的文化遗产和无形的文化遗产同遥远的祖先"沟通"，看他们的身影，了解他们的生活状态，体会他们的思想，感受他们的情感和智慧，辨认他们一步一步走过来的脚印（蒲娇，2009）。因此说，非物质文化遗产具有极高的历史意义。

（2）艺术审美意义。

涪江流域传统村落的非物质文化遗产包含丰富的表演艺术、口头文学、生活习俗、服饰礼仪、传统工艺，它们或是纯粹的艺术，或者包含着艺术和美的成分。无论是口头文化、体形文化、口头与体形的综合文化，还是造型文化，都是历史上不同时代、不同民族劳动和智慧的结晶，展示着一个民族或群体的生活风貌、艺术创造力和审美情趣（赵丽苹，2015）。它们历经沧桑岁月，源远流长，传承至今，充分说明非物质文化遗产的艺术审美意义以及创造的能力得到了不同时期不同人们的广泛认同，具有非常高的艺术价值、审美价值，其中有很多优秀的艺术创造，展示出了无可比拟的艺术技巧，更加打动人们的心灵，触动人们对艺术的感触。另外，非物质文化遗产存储了大量的文化艺术创作原型和素材，是进行文化艺术创作的源泉，如绵阳市盐亭县黄甸镇龙台村的雕刻技术、北川羌族自治县的羌族刺绣，以及不同民族的舞蹈和戏剧等表演艺术。这些技艺既有着物质空间形态极高的美学价值，又有着精神文化的内涵，因所处的地理位置不同，各具村落个性，是历代居民对当时条件下生活状态的最好表现形式，丰富了传统艺术界，是独一无二的艺术宝藏，对我国现代艺术审美研究具有极高的意义。

（3）教育意义。

在涪江流域传统村落里，多种多样的精品艺术、传统技艺，各种各样的科学技术、历史文化知识，作为重要的教学资源被学校及社会广泛使用。非物质文化遗产的教育，可以帮助人们更加鲜活、生动地了解优秀的民族文化，增强民族自豪感。非物质文化遗产能够熏陶人的情操、提高人的素质、培养人的能力，具有极高的教育价值。另外，非物质文化遗产传人传授自己宝贵技能的过程，非物质文化遗产研究专家在学校和社会讲授非物质文化遗产的过程，也体现了非物质文化遗产的教育意义。

5.1.2　科学研究价值

涪江流域传统村落的科学研究价值主要表现在村落的整体格局、建筑技术和质量、传统手工技艺等各个方面，同时也包括了物质文化和非物质文化的成分。随着人们研究领域的拓宽，现如今，传统村落的研究已经涵盖人类学、生态景观、经济、哲学等多个领域（王林，2015）。这些研究领域虽然各不相同，但它们之间的相互交融为人们扩宽了传统村落保护的领域及渠道，同时表明传统村落的保护也需要跨学科领域的人才。科学研究价值，是指文化遗产能够给人类提供重要的、有价值的知识和信息。这些技术不一定被记载在书籍中，但依然留存于村落里。例如，众多传统村落中的非物质文化遗产类型的游艺和杂技，充分显示了那个年代居民手工技艺的水平，直到现代在研究器械时仍然具有重要的科技价值。

绵阳市安州区桑枣镇红牌村的飞鸣禅院（图5-20）坐西向东，位于罗浮山前山，背靠的罗浮十二峰如同佛祖照壁。据传统村落申报材料所述，罗浮山腹平坦，边沿蜿蜒曲折，远看犹如佛祖莲台；山有佛像，地旷而又能远观，符合"旷处庙，绝处观"和佛教庙宇的传承风水格局。飞鸣禅院殿宇布局严谨，先后经历了佛—道—佛的变迁，在建筑上传承了佛教的整体风格，在布局上又带有浓厚的道教色彩，体现了中国历史长河中佛教、道教交替繁荣昌盛的宗教史。飞鸣禅院始建于唐武宗时期，当时德山大师飘无定所，为了精研佛法，见罗浮山山势陡峻，林茂树丰，又远离州府，适合潜修便隐入浮山，并筹建大佛殿。宋明两代尊崇道教，宋宣和年间至清顺治年间，飞鸣禅院由佛教场所转变为道教场所。宋宣和年间改为"祥符观"，明永乐二年更名为"玉虚观"，明正德年间被焚毁。明嘉靖、万历、崇祯年间先后修建东岳宫、纯阳阁、铁瓦森罗殿等道教建筑。清政权建立后，尊崇佛教为国教，道教受到抑制。清顺治十六年，恢复飞鸣禅院之名，改建增添了东岳殿、大佛殿、祖师殿、十王殿、耳房等佛教建筑。道教另辟场所，形成了佛、道两家共聚一山的状况。飞鸣禅院是现存规模宏大、历史久远、底蕴厚重、不可多得的文化遗产资源，为省级文物保护单位。红牌村的村落整体布局以及建筑形式、建筑水平对现今的科学研究具有重要价值。

图 5-20　红牌村飞鸣禅院

来源：自绘

　　涪江流域传统村落的科学研究价值主要是指具有科学研究价值的物质文化遗产和非物质文化遗产。涪江流域传统村落大多为明清建筑，风格独特，建筑技术精湛。这些民居建筑、寺庙宗祠、山寨碉楼，川西、川北、川东风格建筑，藏族特色形式建筑、羌族特色形式建筑等无一不体现了当时精湛的传统建筑技术，是中国历史上传统建筑艺术的结晶。此外，对道路、桥梁、农耕器械等的研究，可以从不同角度和侧面反映产生它的那个时代的科学技术和生产力水平，说明那个时代的社会、经济、军事、文化等状况。历代涪江流域传统村落居民通过对以往知识的继承，加上不断的积累实践经验形成的技术，极具科学或潜在的科学价值。在涪江流域传统村落，由于所处地理环境条件不同，且不同民族有各自的民族习性，因此有着不同的生产生活方式，也正是因为这些，在面临种种困难时，居民会产生不一样的解决办法和技术手段，进而就产生了不一样的技术产品。这些产品，如石雕、木雕、砖雕等，在给当地居民带来各种便利的同时，也显示了高超的技术，具有非常重要的科学研究价值。

5.1.3　建筑美学价值

涪江流域传统村落的建筑美学价值主要是针对传统村落的物质文化遗产,包括特色民居、传统建筑及其构造设计和施工水平。我国地域辽阔,民族众多,各地域、各民族建筑风格各异,因此中国建筑有着独特的传统风格,其美学特征也各具特色。涪江流域传统村落居民由藏族、羌族、回族、汉族等多个民族组成,不同民族风格的建筑都有不同的建筑美学价值。如果将每个传统村落比喻为一个人,其中所蕴含的历史文化就是她的精魂,世代生活于村落中的居民则组成了她的血肉,传统建筑构成了她的骨骼框架。这些传统民居建筑,不仅体现了当时的建筑水平、建筑规模,还承载了政治、经济、思想发展的大量信息。

绵阳市北川羌族自治县片口乡保尔村建筑属于羌族特色和川西民居相结合的模式。据传统村落申报材料所述,保尔村房屋建筑全部为木质结构,建筑形式有四合院、吊脚楼等,屋内天楼地正、屋外建有碉楼。街沿巷宽,街道随着地形,随高就高,因地制宜,街面采用本地青石板铺路,外加石梯子。整个村落似船形,由一条主要街道连接,街中有一条明渠贯穿整个村落,常年流水不断,水质清凉。民居建筑(图 5-21)大多为人字形、青瓦屋顶、穿斗木架构;坐北朝南,以中间堂屋为轴线,左右对称,有面阔三间或五间的;堂屋左右为正房,挨正房为转角,小转角称巴壁转,大转角称洪门转;三合院或四合院中左右直下两竖列称厢房,东西厢房各以小堂屋为中心,讲究对称排列,即厢房挨转角一间称小二间,再下为小堂屋,又称横堂屋;四合面,亦称四水归堂,靠下小二间又是转角,挨下转角一间称下小堂屋,中间便是大门和过廊。

图 5-21　保尔村民居建筑

来源：自绘

羌族建筑充分利用了泥土的黏性、石木的坚固性,主要用泥、石、木混合建成。羌族建筑多呈现材质的本色,如石片的青黑色、黄泥土的本色等,在色彩上与周边自然环境和谐，同时展现了古朴、粗狂、厚重的美感，表现了羌族人朴实的民风，也与建筑的白色石头装饰形成反差。

羌碉建于高山绝崖，高耸入云，凸显了气势不凡的粗犷雄浑美。碉楼有四角、六角、八角等形式，其线条棱角分明，丰富了建筑的轮廓线，产生了优美的垂直韵律。碉楼下宽上窄，墙体从下至上逐渐向内倾斜，展现出渐变之美和节奏美感，使得建筑体不至于呆板僵化。

羌族民居石砌房的屋顶为平顶式，形成了空旷自然、豁然开朗的空间美感。石砌房还融入男女有别、尊卑贵贱、亲疏内外等羌族传统伦理观念。在审美上，石砌房则表现出强烈的对称审美观，大门总是两扇，窗户有的左右对称，有的南北、东西相对，在对比中达成统一，蕴含了强烈的空间动感美。

无论碉楼还是民居石砌房，北川羌族建筑均以原始的石片和木料为主要的材料，显现出一种粗犷之美，无矫饰之美，石木相杂于建筑体中，相互辉映，又产生了丰富的意趣、别致之美（鲁炜中，2011）。

5.1.4　生态景观价值

生态景观是一个人与自然共同组成的复合生态网络，是生物的、化学的、物理的、经济的、文化的、社会的、区域的组分在时、空、量、构、序范畴上相互作用的结果。简单来说，生态景观就是社会、经济、自然复合生态系统的多维生态网络，其中包括自然景观、人文景观、经济景观。而涪江流域传统村落众多，大多位于涪江及其支流附近，依山傍水，受到传统社会生产方式、生活水平以及"天人合一"风水思想的影响，人们将村落选在可持续发展的地区，就地取材，因地制宜（王林，2015）。大多数传统村落都能够将自然环境与人文环境巧妙地结合起来，达到人与自然的和谐统一，这对研究涪江流域传统村落人居环境具有重要的生态景观价值。

绵阳市盐亭县柏梓镇龙顾村（图 5-22）四周青山环绕，柏木林立，绿树掩映民居，风光如画。据传统村落申报材料所述，龙顾村各家宅前院后种植有梨树、李子树、苹果树、银杏等，植被保存状态良好，生态环境极佳。山环水抱，村路蜿蜒，自然之美与人居理想

图 5-22　龙顾村村落环境

来源：自绘

得到了淋漓尽致的彰显和完美的统一。还有犬吠、鸡鸣，无不让人产生温馨田园的感受，颇具"开轩面场圃，把酒话桑麻"的诗情画意。村落建筑集中建于缓坡台地上，北面有袁诗尧烈士墓，东面有石刻壁画，山峰环绕村落，形成"U"形的村落边界，西南面以梓江为界。

　　绵阳市梓潼县双板乡南垭村（图 5-23），也是根据自然和生态环境进行村落布局的，传统民居聚落看似随意分散分布在山麓，实质上充满了定居者对环境的思考和利用。从村落的各种要素及呈现的形态看，其并不是偶然形成的；从适宜于人类聚居的生存、生活、生产环境和条件来看，村落的风水环境体现了任氏先人择吉善之地而居的睿智选择。据传统村落申报材料所述，任家河、黄家河绕村蜿蜒流淌，既是风水之势，又有"回龙转案"之形，灌溉了村中的百亩梯田，滋养了居民。南垭村建于丘陵之上，依山势而建，屋舍俨然，阡陌交通，鸡犬相闻，更有小桥流水，桑竹古树之属；有数百亩梯级渐缓的山坡，间以山溪、梯田、坡土、池渠，植被丰茂，光照充足，人居环境方便宜人。

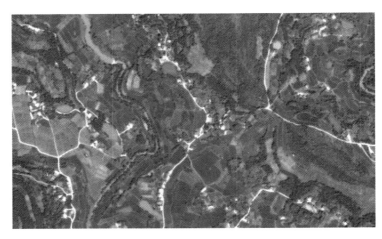

图 5-23　南垭村村落环境

来源：腾讯卫星地图

　　绵阳市盐亭县洗泽乡凤凰村（图 5-24）位于涪江水系与嘉陵江水系的分水岭东侧，平均海拔不足 300m，属川中浅丘地貌，四面环山，核心区位于山脚下。据传统村落申报材料所述，村落四周青山环绕，树木林立，以柏树、桑树、菩提树、银杏树等为主，植被保存状态良好，森林覆盖率达 85%。村落宅院前后种植有梨树、桃树、核桃树、李子树、葡萄等，绿树掩映民居，风光如画。龟子河优美地环绕水稻良田，与周边山脉、森林、村落、道路组合成一幅天人合一的人间美景。村落生态环境极佳，巧妙地将自然景观与人文景观融为一体，体现出生态景观对村落建设的重要之处。

　　这些传统村落的自然景观、生态环境以及村落布局的应用，都体现了景观设计的精髓——天人合一理念。这种生态景观，无论是自然形成的，还是人工产物，所展现出来的特殊魅力和诱人的景色，都是传统村落所具有的生态景观价值。

图 5-24　凤凰村村落环境

来源：自绘

5.1.5　社会经济价值

5.1.5.1　社会价值

在传统村落中最不容忽视的是社会价值。传统村落是整个社会体系最基本的构成单位，也是人类聚集发展最早的形式。中国传统文化从古至今都蕴含了"天人合一"的思想理念，指的是人与自然和谐相处、和谐共生的发展理念，这正好与当前的绿色、可持续发展的理念一致。具体来说，传统村落的社会价值分为三个部分：一是居住容纳作用；二是建筑的借鉴作用；三是对当今建立基层社会治理体系具有借鉴和促进意义。

1）居住容纳作用

从本质上讲，涪江流域传统村落的村落建筑满足当地居民休憩、御寒等居住要求。这是所有村落最基本的功能，传统村落也是如此。这些传统村落不同于文物，不能简单地封闭隔离保护起来，因为还有很多居民生活在其中。

2）建筑的借鉴作用

传统村落的建筑规划，对当前城镇化建设具有重要的借鉴意义。在农耕文明里，河流和田地是极其重要的元素，建筑的修建通常是面临河流、背靠山体，正所谓依山傍水。例如，在平原区域，通常在靠近河流、湖泊、地下水源充沛的地方修房造屋，形成村落；在山地丘陵区域，建筑通常背靠山、面对水形成阳坡面。山、水、树、木等自然元素都被居民的起居生活、生产劳作所依附，这又体现了"天人合一"的哲学思想。现今城镇化发展过程中，也需要修建很多基础建筑，依山、傍水、靠田的思想同样可以演绎到现代规划建设中来，现在很多小区造假山、水池、游泳池等，这就是继承了前人的某些规则和思想。同时，传统建筑的修建规则、装饰、结构、材质等也对现在的建筑学发展具有借鉴意义。以史为鉴，可以帮助现代人少走弯路，更好地发展。建筑结构可以帮助大家了解物理学，修建规则对现代机械的设计有启发作用，装饰材料可以增加人们的审美选择。

3）基层社会治理的借鉴意义

我国封建社会历时较长，影响广泛，由此形成了根深蒂固的宗法制度。考虑到生存安全和子孙后代的繁衍需要，传统村落大多聚族而居，以亲缘关系为纽带，把家庭、家族、宗族连接为若干族群，在传统村落的基层社会形态中形成森严的等级制度和无形的凝聚力。在封建社会中，这种严格的等级制度在一定程度上可以保证社会的稳定和发展，实现传统村落的有效自治，而外在表现形式就是宗族谱系、家训族规、宗祠宗庙等。

随着社会的发展，对于传统的封建文化及思想应该秉持取其精华、去其糟粕的态度，在封建等级制度下形成的睦邻友好、尊老爱幼等优秀的中华民族传统美德以及由家训族规逐渐演变形成的符合现代制度的乡规民俗，对探索当今基层社会治理体系具有极大的借鉴意义。

5.1.5.2　经济价值

传统村落对现在及未来最具有吸引力的就是它的经济价值。经济价值是当前看得见、摸得着，对社会经济发展有实际意义的价值，同时也是对现在人们生活水平有明显促进作用的价值。传统村落的经济价值主要从旅游、技术的传承与开发、文物三个方面来体现。

1）旅游

传统村落是中华民族不可再生的宝贵遗产，同时又是不可多得的旅游资源。传统村落不仅体现了当地的物质文化、建筑水平和村落的整体空间布局，同时彰显了传统村落自身与周围自然环境的和谐关系。可以说，每一座蕴含传统文化的村落，都是活着的文化遗产，体现了一种人与自然和谐相处的文化精髓和空间记忆（程咬金，2017）。涪江流域传统村落具有十分丰富的历史文化遗存，可以以此为依托，在可持续发展观的保护优先原则下，加大力度发展生态文化旅游业。传统村落的保护机制应建立在旅游业发展的根基之上，应按照自然生态环境、民俗风情、宗教文化、历史遗存建筑等旅游资源不同的敏感性建立不同程度上的保护机制。并且，传统村落与城市相隔离，具有与城市不同的历史性和文化性，加之与生态旅游相结合，因此能够吸引大量的城市居民前来旅游。传统村落里的自然资源、文化资源因其不可再生性使它们更加稀有和宝贵。

对于传统村落旅游资源的开发，由于各传统村落的旅游资源不尽相同，应该因地制宜，科学策划，建立一套完整的突出村落特色的旅游资源开发模式。绵阳市平武县豆叩镇银岭村的旅游开发就是一个成功的案例。

银岭村是羌人的聚居村落，古称"银湾堡"，清代中叶后称"银湾里"。村落平均海拔1000多米，四面环山，云雾缭绕，溪沟纵横，瀑布四挂，土地肥沃，出产丰饶，被誉为"四川最美古村落"。来此休闲、居住的游客，置身彩林之中，一睹传统民居之美，探寻历史古迹之妙，感受羌族文化魅力。

（1）标准化茶叶种植观光基地：银岭村茶叶种植历史悠久，气候条件适宜茶叶的种植，产出的茶叶具有茶质纯净、滋味醇和、外形挺秀、无农残、耐冲泡等优质品质。在银岭村银岭社、郭家山社、先锋村连片规范管理培育生态优质标准化茶园；在健全茶园喷灌系统的同时，建设了茶园内的游客观光路，并在路旁修建一些石凳、石椅，供游客休憩；设立宣传牌，图文并茂地介绍茶叶文化、产品优势。

（2）生态立体农业观光基地：对银岭村郭家山社的优质猕猴桃基地进行立体农业培育，加大成片规划建设力度，扩大岭上水果专合组织的作用，强化各类成片水果的种植力度，实现不同季节都有水果的成熟和观赏；开展在高山上大窝茶基地成片间种银杏树、红豆杉树、厚朴等，加大林下养殖业的规模发展；建设观光道路、标示标牌，促进立体农业观光和产品外销；开发高山生态有机茶、竹林鸡、生态羊等特色旅游产品，全力推行"林-禽-沼""林-禽-蔬""林-草-禽-蔬"等循环种植模式，做到"规模养殖、清洁生产、循环利用"，以增加群众收入。

（3）高山生态蔬菜种植观光基地：在银岭村毛家山社、老房社发展生态高山蔬菜，种植白菜、莲花白、萝卜、蒜薹、茄子等，全面实施无公害培育模式，成片规模种植，同时体现观光效果，开展高山蔬菜采摘体验活动，全方位体验蔬菜种植过程中的拌地、播种、浇水、施肥、除草、收获的喜悦。同时可集中流转部分土地，供人租用种植。

（4）"写意古寨"开发：以银岭村老房社大清同治四年的羌族木制民居为中心，对集中的古老民居建筑群进行连片开发打造，采取"企业+农户"的模式经营。铺筑旅游沙石道路，设置集中停车点，铺设寨内青石板人行道路，统一房屋外表装修风格，力图为书画摄影人士进行田园绘画、摄影提供一个优美的乡村基地，为游客提供一个功能设施齐全的集观光、休闲、聚会、避暑、体验等为一体的乡村旅游点。

（5）红豆相思岛开发：银岭村通村公路旁的陈家大院前的山涧小溪中有一个小岛，小岛上有一颗千年红豆树，其溪水清澈、鱼儿嬉游、周边绿树成荫、岩壁陡峭秀美。利用原有自然条件，在小岛的下方设置简易拦水坝形成小水库，构成房、树、水、岩为一体的"八卦图"。采取政府引导、农户与企业或投资个人合作开发的方式，对小岛旁的农户进行整体羌族特色风貌打造，在靠溪的房间开设静室，吸引游客及画家。整治修复人行索桥，建成与自然相融的绿色景观索桥。对千年红豆树进行保护，种植红豆母树，促使千年红豆树开花。人们可在千年古树上悬挂羌红、风铃等，以了相思情。

（6）茶马古道文化恢复：银岭村除了有悠久的采茶制茶历史外，与此联系的茶马古道文化也别具特色。"铃惊翠谷，马帮进茶乡；蹄碎苔痕，牦牛出锁同；竹嵩点波，船翁渡茶客；云涌人面，捎子运茶包"描绘了茶马古道的繁荣。为恢复这一景象，可在银岭村老房社设置马厩，重新建设茶马古道，恢复原溜马场，来往游客可以在茶乡体验茶马古道的文化，感受高山马场骑马赛马的风采。

旅游开发不仅能发掘传统村落自身的旅游价值，还能让外来游客了解传统村落的历史文化，同时带来非常可观的经济收入。

2）技术的传承与开发

涪江流域传统村落除了对历史文化和传统技术的传承以外，还可以对传统技术进行再开发，使其得到进一步的完善，焕发出新的活力，从而为改善当地的社会经济水平做出贡献。例如，涪江流域的绵阳市涪城区丰谷镇二社区、江油市二郎庙镇青林口村、遂宁市射洪市青堤乡光华村等一系列的国家级传统村落中，居民就传承了祖先世代相传的建筑构造、酒类生产以及织造等方面的技艺，当时交通不便、信息交流闭塞、思想保守等情况造成了这些技艺只能在村落里具有直系血缘关系的宗族内部传承。而今天，人们完全可以结合当代科学技术手段使这些能促进人类社会进步的技艺，在原有基础上进行再次创新、改良、推广，让这些具有传承意义的技艺与现代化建设相结合，生产出符合现代人生活需求的产品，而这些技艺将成为过去和未来联系的纽带。涪江流域传统村落也是维持传统农业循环经济特征的关键。中国是世界上农耕文明传承历史最悠久的国家，而土地是传统农业的根本，将传统农业回归到土地上，对大自然的干扰是最小的。传统村落居民可以根据当地的气候，在不同地质、土壤的环境下种植适宜生长的农作物，并与生态旅游产业进行有机结合，种植出来的各种具有当地特色的传统农产品除自用外，还可销售、观赏。这样既能充分利用传统村落里的遗存，进一步提高传统村落的居民收入，也是对传统村落历史文化遗产的另一种保护和发扬。

　　3）文物

　　文物是人类在社会活动中遗留下来的具有历史价值、艺术价值、科学价值的遗物和遗迹，是人类宝贵的历史文化遗产（翟永宏，2019）。文物本身就有价值，是凝结历史遗迹、遗物中的一般人类劳动，是人类智慧的结晶和历史进步的标志，具有明显的双重特性，即有形价值和无形价值，因此文物也能体现出传统村落的经济价值。涪江流域传统村落众多，每个传统村落都有自己特有的文物，这些文物的价值也是传统村落经济价值的体现。应对传统村落文物进行妥善保护，在此基础上挖掘其科研及商业价值。

5.2　涪江流域传统村落人居环境现状及存在的问题

　　传统村落不仅承载着中华民族的历史记忆，也是延续中国传统文化的重要空间载体。然而，在当前推进农业现代化，加快社会主义新农村建设，城乡一体化建设，外来文化的强势入侵的时代背景下，不少传统村落出现了重发展而轻保护，重经济而轻文化的错误倾向，以及因地方政府盲目追求"土地财政"而导致大拆大建，传统民居风貌遭到严重破坏（王全康和冯维波，2017）。因此，需要分析涪江流域传统村落人居环境保护现状及存在的问题，并提出解决问题的策略。

5.2.1　传统村落人居环境保护现状

　　在城镇化进程中，人们向往着过城市生活，开始不断地往城市迁居，造成居住在村落里的农村人口不断减少，这是社会进步的一种表现。因此村落并不是长盛不衰的，村落是社会发展的产物，也必然会随着社会的发展而改变或消失（秦杰，2014）。村落在形成过程中，所需要的三大因素便是天时、地利、人口，它们三者之间是相辅相成、缺一不可的关系。而伴随着整个社会的发展，地利和人口在不断地缺失，目前的传统农业不再能满足农民的多元化需求，村落开始出现衰败的现象，这也是无可厚非的。

随着国内传统村落的消亡速度越来越快，我国开始逐渐意识到传统村落所蕴含的独特历史文化价值，并采取了一系列措施来对传统村落进行保护。从 20 世纪 80 年代起，我国开始针对传统村落遗产开展一系列的保护活动，从最初的只对单体的历史建筑进行保护，逐渐过渡到对整个传统村落历史文化的保护。2011 年 6 月，《中华人民共和国非物质文化遗产法》开始施行，自此我国非物质文化遗产保护工作有法可依（刘培珍，2015）。2012 年 4 月，《住房城乡建设部、文化部、国家文物局、财政部关于开展传统村落调查的通知》发布后（建村〔2012〕58 号），我国开始了传统村落的大规模调查工作（陶帆，2013），表现出我国对传统村落保护工作前所未有的重视和决心。

涪江是嘉陵江的支流，是长江的二级支流，其流域内存在着一批文化底蕴深厚、历史悠久的传统村落。现阶段对这些传统村落的保护情况不容乐观，大多数的传统村落都没有得到应有的保护。有些传统村落仅仅是对村落中的文物保护单位进行了保护，而村落的整体环境保护没有得到足够重视，在发展过程中甚至改变了原有村落格局，导致传统村落特色逐渐消失。

5.2.1.1　基础设施建设现状

21 世纪初，保护与发展之间的平衡问题受到高度重视，基础设施作为村落发展的一个重要因素也得到了广泛的关注。近几年，随着国家及各级政府对传统村落基础设施建设的重视，涪江流域的一些传统村落的基础设施建设相较以前有了很大的改观。但总的来讲，涪江流域传统村落的基础设施还是不够完善，不能满足村落的长远发展，环境综合治理工作任重道远。

绵阳市江油市含增镇长春村的基础设施建设做到了"路通""气通""电通""电视通""电信通"五通。据传统村落申报材料所述，村落道路四通八达，解决了居民的出行问题；天然气通进村里，极大地减小了污染，村里的美丽景色得以保存；从镇上通过架空敷设引进电力线和电信线，保证了生产生活用电，也使得电视等科技产品进入居民生活；水源取自黎家山、韩家山，甘甜可口，清爽怡人；垃圾处理采用填埋，较好地实现了地表的无害化，但也存在着潜在的危害；污水处理采用直排，对环境的污染较大。

绵阳市游仙区徐家镇和阳村，据传统村落申报材料所述，村落基础设施良好，先后建成了提灌站、引水管道及沟渠、山坪塘及蓄水池，加上 20 世纪 90 年代建成的武都引水工程斗渠，保证了全村域灌溉（图 5-25），为人们生活和劳作、粮油生产提供了重要保证。村域道路为一纵两环三出口道路网，基本实现了路面水泥硬化（图 5-26），村内外交通很方便。垃圾集中填埋处理，建有垃圾收集房、垃圾填埋坑，但垃圾箱、桶等随手放置垃圾的设备、秸秆综合利用和人们的卫生习惯还有待完善和提高。缺乏相应的污水处理设施，村落生活污水均随意排放到房前屋后、农田或旱厕，卫生条件较差。

图 5-25　和阳村飞跃水库　　　　　　　　图 5-26　和阳村硬化道路
来源：自绘　　　　　　　　　　　　　　来源：自绘

　　绵阳市北川羌族自治县片口乡保尔村，据传统村落申报材料所述，村落主要道路平整（图 5-27），两侧无暴露垃圾、乱搭乱建、露天粪坑、污水横流的现象，基本做到垃圾定点堆放（图 5-28）。生活垃圾由垃圾清运车集中收集后送至简易垃圾处理场烧毁后填埋，生活垃圾资源化利用率达到 60%。农户污水采用沼气池、化粪池处理后用作还田，厕所大多为旱厕。由于缺乏集中式污水处理设施，生活污水有随意排放现象，加之部分居民随意丢弃生产生活废弃物、在院坝的角落堆放清扫的垃圾和秸秆等，影响了村落人居环境。

图 5-27　保尔村主道路　　　　　　　　图 5-28　保尔村主道路两侧垃圾池
来源：自绘　　　　　　　　　　　　　　来源：自绘

　　1）垃圾处理
　　涪江流域传统村落的垃圾处理设施完善程度不尽一致，相对来说，下游好于中游，中游好于上游。例如，绵阳市平武县白马藏族乡亚者造祖村扒昔加寨正在修建旅游服务中心，沿道路布置了较大的塑料垃圾桶，但并未进行垃圾分类投放，需要将垃圾全部运到垃圾处理厂后再进行分类，后期的环卫人员工作量较大。又如，绵阳市游仙区东宣乡鱼泉村设立了卫生站，方便居民就近就医，但同样村内沿街几乎没有布置公用分类垃圾桶，其他相对应基础服务设施也较为缺乏。再如，绵阳市涪城区丰谷镇二社区，沿街设置了分类垃圾桶，已经开始对垃圾进行分类处理，并且该村落的基础设施较为集中，多位于村落的中部，很大程度上方便了村落里的居民生活。

2）水电设施

还有一些传统村落，在经过保护规划和建设后，拥有电力和通信、网络和电视、污水处理和雨水排放、供水和消防等居民基本生产生活所需的基础设施。例如，绵阳市江油市二郎庙镇青林口村（图 5-29 和图 5-30），山泉水、市政供水是居民主要的生活水源，小型水库、地下水也为居民日常生产生活进行供水；污水管网基本全覆盖，雨水就近排入溪流；设置许多消火栓，使用附近江河水作为消防用水，十分方便。

图 5-29　青林口村沿街消火栓
来源：自摄

图 5-30　青林口村街道雨水（明渠）排放
来源：自摄

5.2.1.2　古树保护现状

每一株古树名木都是自然界所独有的，也是前人为后代留下的珍贵遗产，具有不可替代性和不可再生性。古树是国家的宝贵财富，是林木资源中的瑰宝，是一种风景旅游资源，是活的文物、活的化石，具有重要的科学价值、文化价值、经济价值。古树名木作为传统村落的重要有机组成部分，需要对其进行严格的保护（张庆峰，2010）。涪江流域传统村落有很多历史悠久的古树，这些古树是非常珍贵的自然文化遗产，是当地历史的最好见证。当地相关部门通过设置标牌对古树进行了保护。例如，绵阳市江油市二郎庙镇青林口村的两棵菩提树（图 5-31）有着非常悠久的历史，大的菩提树有 300 多年历史，小的菩提树也有 60 余年的历史；树龄在 20 年以上的树木都会挂着"禁止砍伐"的标语，对 50 年以上的树都是进行挂牌保护，并设文字说明。又如，绵阳市平武县白马藏族乡亚者造祖村的香樟古树（图 5-32），居民视其为"树神"，是居民的信仰之一，当地对古树设立了专门的护栏，以防有人攀爬和折枝。

图 5-31　青林口村古菩提树　　　　　　　图 5-32　亚者造祖村香樟古树
来源：自摄　　　　　　　　　　　　　　　　来源：自摄

5.2.1.3　古建筑保护现状

涪江流域的古建筑，按年代主要为明清建筑，按民族主要为羌族建筑、藏族建筑、汉族建筑。根据地理位置的不同，可以分为上游、中游、下游三部分。涪江上游部分处于深山里，由于自身的封闭性，古建筑的保护性好；涪江中游、下游交通发达，开放性大，保护较差。

涪江上游多为藏族传统建筑，如绵阳市平武县白马藏族乡亚者造祖村、木座藏族乡民族村、虎牙藏族乡上游村，因自身地理位置，分布在相对封闭、经济不够发达的地方，发展对当地建筑的破坏较小，但居民对传统村落的理解及其所蕴含的历史文化底蕴认识不够、对村落建筑缺乏保护意识，把传统村落中具有特色的老旧房子视为贫穷落后的象征，一些具有特殊历史意义的传统民居因破旧、缺乏实用性而渐渐被居民忽略，最后导致被破坏。

位于涪江中下游的传统村落，随着时代的进步，对外交流开始逐渐频繁，村落的发展有了新的动力和方向。现代化的房屋建造方式更加简单和快捷，居住空间的功能以及基本设施的配置更加合理和完善，为满足年轻一代居民对现代化生活方式和质量的基本要求，出现了以"新"代"旧"的建造思想，居民拆建改造了大量老宅，使传统村落的众多乡土建筑遭到普遍的"自主自建性破坏"（毛芸，2016）。

长久以来，传统村落的原始风貌、自然环境因缺乏充分保护而遭到破坏，部分传统村落对自身传统民族文化历史和传统技艺缺乏关注，导致整个传统村落的历史文化价值降低。现阶段随着国家政策的颁布以及旅游业的发展，人们意识到传统村落的古建筑所蕴含的重要性，开始对具有一定历史意义的古建筑进行保护和修缮工作。

　　同样位于涪江上游的北川羌族建筑历经百年变迁逐渐由木制板屋向局部石砌墙体与板屋相结合的建筑形式发展（李明融，2009）。现今羌族原有的民族特性仅在交通不便的高山地区如白什乡、青片乡、片口乡等乡镇得以保留，其他地区与汉族的生活习俗大致相同，且传统民居的建筑结构、形式、类型受到了汉族民居的较大影响（葛亮，2010）。尤其在靠近汉族区域的山谷平坝地区，几乎很难找到一些具有羌族民族文化或标识的建筑。历史上，羌族与汉族融合以及居所的迁移，使位于涪江上游的羌民在生活方式和风俗习惯上都发生了一定程度的变化。特别是北川的一些地区，经历过众多朝代统治者推行的不同政策，汉化程度非常高，导致很多传统村落羌民的居住方式和生活习俗趋于汉化，这一点，在北川的传统村落里羌族传统民居建筑中体现得尤为明显。在涪江流域的羌族聚居地，至今仍然保留着比较典型的羌族碉楼。例如，绵阳市北川羌族自治县青片乡上五村是一个羌族聚居村，除保留有古碉楼外，羌族风俗也得以延续。而在 2008 年的"5•12"汶川大地震之后，传统村落遭到了较大的破坏，因此对羌族民居、羌族文化的研究、保护、发展作为一个较为迫切的任务，引起了各方关注，也得到了高度重视。

　　绵阳市江油市二郎庙镇青林口村，是一个具有红色文化的典型传统村落，现在已经对该村落建筑进行了相关保护。青林口村的火神庙为国家级文物保护单位，保护区面积 611.67m^2，连同建设控制地带合计占地 4928.36m^2。在保护区域和建设控制地带内，禁止实施工程建设以及破坏地表或影响景观的其他活动（图 5-33）。

图 5-33　青林口村火神庙

来源：自摄

5.2.1.4　传统文化保护现状

　　传统文化是一种由文明演化汇聚而成的民族文化，是民族历史上各种思想文化、观念形态的总体表征，反映了民族的特质和风貌。传统文化的内容为历代存在过的种种物质的、制度的、精神的文化实体和文化意识，是对应于当代文化和外来文化的一种称谓。涪江流域传统村落的传统文化大多表现为非物质文化遗产。联合国教育、科学及文化组织《保护非物质文化遗产公约》对非物质文化遗产作了定义，被各群体、团体、有时为个人视为其文化遗产的各种实践、表演、表现形式、知识和技能及其有关的工具、实物、工艺品和文化场所。而《国务院关于加强文化遗产保护的通知》（国发〔2005〕42号）中对非物质文化遗产的定义更为全面，非物质文化遗产是指各种以非物质形态存在的与群众生活密切相关、世代相承的传统文化表现形式，包括口头传统、传统表演艺术、民俗活动和礼仪与节庆、有关自然界和宇宙的民间传统知识和实践、传统手工艺技能等以及与上述传统文化表现形式相关的文化空间。涪江流域传统村落的非物质文化遗产是代代相承的，与群众生活密切相关。例如，绵阳市梓潼县交泰乡高垭村的民歌，其开始于唐朝，始为宫廷音乐，后流转民间，是农村红白喜事、重大庆典及逢年过节的一种主要活动方式。由于流传广泛，老少均可演唱，且在从事劳动生产、茶余饭后及各种庆典活动中可一人或多人演唱，所以至今该文化仍盛行（图5-34）。又如，绵阳市北川羌族自治县片口乡保尔村，传统文化为九会龙灯，又称耍火龙，也是居民就地取材，自己编制龙头、龙尾、龙身，由龙布连接起来。每年农历腊月二十三居民就开始扎龙灯，腊月三十前必须完工，正月初一在参拜神灵后就开始进行龙灯表演，并在正月初九由当地土法制作的一个"花儿"（火药制成）烧掉龙灯，场面相当壮观。上九会烧龙灯这一传统表演作为独特的民间风俗与传统文化保留至今（图5-35）。

图 5-34　高垭村民乐

来源：网络

图 5-35　保尔村九会龙灯

来源：网络

　　涪江流域少数民族的特色文化代表就是白马藏族文化，在白马人心中宗教信仰和对自然神的崇拜十分重要，因此白马藏族的传统节日和日常习俗大多与生产生活和宗教祭祀有关，如敬火神、烤街火、火圈舞、跳曹盖等。白马藏族还有其独特的服饰，最为特别的是五彩的藏袍及鸡毛的毡帽。相传是因白公鸡曾经救过白马人的祖先，因此戴上插有白鸡毛的沙尕帽被当作幸运与平安的象征。白马藏族最具代表性的文化是被称为跳曹盖的祭祀舞，跳舞者会戴上各种各样的具有宗教内涵的人物或动物面具，以扫除邪物祈福，现已被评为国家级非物质文化遗产。白马藏族也有独属于自己的语言，但没有民族文字，因此村落里不少的传统技艺和民间文化都只能以口相传，从长远发展来看，白马藏族民族文化的保存较为困难。缺少文字记载，即是大多数传统民族文化无法完整保存的主要原因。

5.2.2　传统村落人居环境主要问题与分析

通过实地考察、问卷调查和查阅相关文献的方式，调研了涪江流域传统村落的古村容貌、历史建筑、民俗风情等，对传统村落的历史文化发展现状有了基本了解。传统村落的历史、文化、风土人情，展现了敬畏祖先、代代相传的地方人文精神，促进了中国优秀传统文化的传承和发展。随着城市化发展，在生态文明建设和可持续发展理念的影响下，传统村落人居环境得到了改善，但离美丽乡村的愿景还有较大差距，乡村振兴战略实施过程中仍然存在着各种各样的问题，如地表水系遭到污染、传统建筑损坏、新旧建筑风貌不协调、设施配套不完善、文化遗产传承间断等。

涪江流域传统村落存在村落街巷网络逐渐弱化、基础设施杂乱落后等情况。街巷网络逐渐弱化具体表现为对传统街巷保护不够、利用不足，交通承载力不足、设施缺乏，景观节点空间及对细节的处理欠缺等。基础设施杂乱落后具体表现为设施落后、不足以及已经建好的基础设施没有进行较好处理而对村落景观风貌造成了破坏。

在传统村落人居环境保护中存在的问题，就是传统民居很难满足现代化生活的居住需求，居民在对传统民居进行维修改造时，常常会受到现代建筑的影响，只片面地追求其中一方面，从而破坏了村落的传统风貌和建筑传承（阮仪三和袁菲，2010）。因此，需要明确在保护传统建筑的同时，提升传统建筑内部功能的方法，减少居民对村落里的传统民居进行乱改乱建的行为，解决居民提升现代化生活与传统建筑的保护和利用之间的平衡问题，尽可能保存少数民族村寨的原始传统风貌。

5.2.2.1　传统村落人居环境缺乏保护且污染严重

（1）村落的整体环境风貌代表着整个村落的形象，而目前涪江流域传统村落普遍存在的问题除了对传统的历史建筑保护不到位之外，就是环境污染严重。

随着社会的快速发展，各式各样的现代产品不断涌现，自然降解时间长或不能自然降解的垃圾越来越多，这也是环境破坏和污染的主要根源。涪江流域传统村落生态环境优良，没有或较少受到现代工业的污染，整体居住环境很舒适，但地表水系受到了污染。主要原因是这些传统村落民居建筑布局分散且随意，这种布局方式不便于市政设施的建设，污水管道难以布置，使得污水的收集处理不能顺利完成。大多数传统村落没有建设污水处理设施，仅仅利用村落主干道路两侧的排水沟渠进行排放，而那些连沟渠都没有的传统村落，生活污水只能随意排放。这些居民生产生活产生的废水未经无害化处理便直接流入沟塘水库及江河，废水中过量的农药和化肥通过农田及地表径流等方式进入地表水体，引起地表水体严重污染和富营养化。水体长时间受到各种污染，最终变黑发臭，影响了传统村落的村容村貌，降低了传统村落的人居环境品质。因此，在对涪江流域传统村落进行保护和整治时，首先要从改善村落内的生态环境入手；其次要了解村落里的基础服务设施情况，特别是位于涪江流域高海拔地区的传统村落，因其自身的地缘性特点，目前村落基础设施很难满足居民的生活需求；最后要掌握村落中传统建筑的状况，涪江流域传统村落保留下来的传统建筑大多数为明清建筑，其中一些传统建筑年久失修，有不同程度上的损坏，墙体的表面开裂或脱灰，那些常年无人居住的民居建筑普遍存在透风、漏雨、坍塌现象，木门木窗也局部腐朽。例如，绵阳市游仙区部分传统村落的传统建筑使用率较低，保留下来的传统建筑都是一些祠堂及寺庙，这些建筑也存在部分坍塌以及无人保护修缮的现象。

（2）针对相关情况，政府编制了一系列关于传统村落的保护规划办法，但在具体实施过程中，因种种原因导致对村落的保护不到位。

相对来说，我国传统村落开发和保护的法律法规目前还不够完善，对传统村落的历史文化资源的发掘不够深入，且涪江流域不同特性的传统村落数量众多，单一的模式不符合对多样化传统村落的保护和发展，传统村落的开发和保护也缺乏科学的实践指导。另外，由于人们对相关规划的认识较为薄弱，传统村落开发过程中的保护力度不够，相关工作人员也没有遵守有关规则，给开发、保护、管理带来了许多问题。对传统村落的保护是一个长期而又复杂的过程，需要间隔一定时间进行监督和管理，否则很难达到持续发展的状态，因为很多问题在保护规划的编制和实施过程中都没能很好解决。传统村落的开发与保护是一项系统的发展和变革工程，需要着眼于全局。虽然有些村落规划项目有计划，但缺乏科学性、整体性、发展性、可持续性。它们不能将动态管理与静态控制结合起来，也不能协调来自不同利益相关者的多重诉求。例如，绵阳市涪城区丰谷镇二社区、江油市二郎庙镇青林口村，通过调研发现，村落整体风貌存在问题，新老建筑混杂在一起（图 5-36）。

(a) 二社区民居　　　　　　　　　　　　　　　　　(b) 青林口村民居

图 5-36　新老建筑的混合

来源：自摄

（3）涪江流域传统村落建筑年代久远并且曾受到地震的破坏，一些住宅建筑存在严重的安全隐患。

为了安全和改善生活条件，传统村落居民拆除了旧建筑，并用砖石结构重建了新建筑。然而，这些独立的新建筑与其他旧建筑的风格和结构有很大不同，这对传统建筑的风格和外观造成了极大的破坏。涪江流域传统村落曾遭受到 2008 年 "5·12" 汶川大地震的破坏，加之随时间推移房屋老化不可避免，又没有及时维修，有的传统建筑存在安全隐患，如绵阳市盐亭县林山乡青峰村、平武县白马藏族乡亚者造祖村民居建筑的老化现象（图 5-37）。在这种情况下，追求舒适且经济的居民会选择砖石结构来代替原来的木式结构，所以加强村庄规划和建设的指导显得格外重要。

(a) 青峰村民居　　　　　　　　　　(b) 亚者造祖村民居

图 5-37　房屋老化

来源：自摄

5.2.2.2　传统村落所蕴含的保护价值与居民的实际生活之间出现断层

"不识庐山真面目，只缘身在此山中"是目前我国在传统村落的保护过程中遇到的困境。传统村落遗产是典型的活态遗产类型，是居民现今仍在使用、居住的文化遗产，但现实是村落的保护和发展与居民的现代生活存在着一定矛盾（张先庆，2017）。涪江流域传统村落的大多数居民对传统村落本身所蕴含的文化遗产了解不多、认识不够，而且对自身拥有的民族文化自豪感不强烈。由于村落内部经济发展速度缓慢，外出务工人员较多，他们归村后带回的外来文化，对村落建筑和村落本身的传统文化有较大的冲击。居民不能自发地形成保护机制，只想依赖旅游业来拉动当地的经济发展，没有意识到相应体系作为支撑的重要性，过度地开发旅游资源会对村落的整体风貌及其所对应的保护价值造成破坏，这也是居民实际生活与传统村落保护价值之间出现断层的主要原因。对涪江流域传统村落活态无形的遗产保护主要是通过建立居民与村落自身遗产之间的文化联系。但不论是少数民族地区的传统村落，还是汉族地区的传统村落，在居民生活困难时，要让其形成自主保护是一件很困难的事。

5.2.2.3　传统文化的保护力度不够

涪江流域传统村落各具特色的传统文化正在不断消亡。在城市扩张以及第三产业的抨击下，传统村落面临一个日益严重的问题——文化缺失、文化遗产的消亡。有形的物质文化遗产大多被拆除，只留下一些公共建筑类的祠堂、寺庙。无形的非物质文化遗产如传统技艺、传统美术等的传人少之又少，传统手工艺如雕塑、竹编等基本已后继无人，逐渐被机器制造所代替。因为传统村落里的年轻人自愿传承非物质文化遗产的人很少，随着时间的流逝也就导致很多文化遗产的消逝，村落里与文化相关的空间将会不断被其他功能取代。而对传统文化遗产的保护，由于涪江流域传统村落数量众多，各具特色，专家对每个传统村落的了解不够全面，不能对村落进行针对性的长期指导保护，也就导致村落的传统文化正在面临消亡的危机。清代或是之前的传统民居在建造过程中很少会像现在将图纸作为建筑本身的表达，传统工匠们有着前人的经验，对于建筑房屋本身的结构、尺寸，早已铭记于心。相较于传统建造技艺的复杂和耗时长等特点，现代的构建方式和建筑材料都更为便利，导致现阶段的村落新建房屋多是采用现代化的建筑材料和构建方式，以至于传统的建造技艺难以进行传承。例如，绵阳市游仙区魏城镇铁炉村，村落里夯土建筑大多已经废弃，成为危房（图 5-38），只剩下少数的以王家大院为首的几家四合院还保留较为完好（图 5-39）。此外，传统村落中的年轻人很容易受到现代文化的吸引和影响，大多不愿意再学习传统技艺与文化，非物质文化遗产对他们的吸引力较小，因此对非遗传承十分漠视。这最终导致了传统村落中优秀的非遗文化得不到很好的保护、发展与弘扬。

图 5-38　危房——废弃民居

来源：自摄

图 5-39　保护较好的建筑群

来源：自摄

5.2.2.4　传统村落基础服务设施有待完善

一个具有历史文化价值的传统村落，除了一定数量的当地居民外，每年还会吸引不少来自各地的游客。但是，传统村落的基本服务设施不够完善或是大量缺乏，在很大程度上阻碍了村落的保护和发展。部分传统村落缺少商店、休闲广场、文化活动中心等设施，有的小商店没有营业许可证并且货品种类较少、质量参差不齐。例如，绵阳市盐亭县林山乡青峰村的基础服务设施十分欠缺，没有公共卫生间，也没有供游客休憩的地方。同时，由于大部分传统村落远离城市和镇中心，位置较为偏僻，村落都未设置长期有效的医疗服务点，医疗卫生服务能力也迫切需要提高。另外，许多游客提出停车位严重不足、路牌指引不明等问题。对于自驾游的乘客而言没有标志，找不到与村落相关的指引，很难找到村庄的具体位置，即使到了村落，也没有固定的停车位，尤为不方便。这些问题都是目前涪江流域传统村落所面临的共同问题。

5.2.2.5　传统村落保护与发展之间的矛盾突出

近年来，随着传统村落经济的发展和居民收入的提高，一方面，居民们修理了的老房子，建设了新的家园；另一方面，居民们外出工作，抛弃传统文化习俗，产生了对非物质文化遗产继承的威胁。这就使得传统村落物质文化遗产和非物质文化遗产的保护和传承与村庄的开发和建设之间存在着直接的矛盾和冲突。

合理解决矛盾，关乎传统村落的发展。如今，传统村落发展为旅游景区，使一些传统村落经济得以提升，外出居民也大多愿意留在村庄开设饭店、旅店、商店，收入得到保障。但是由于缺乏科学的管理，传统村落出现宰客、卫生不合格等问题，对游客造成了不良印象，使得口碑急剧下降。

5.2.2.6　传统建筑维护与当地文化资源开发有待加强

传统村落具有不可再生性，并且大多年代久远，房屋建筑多以木质结构为主，其本身抵抗自然环境侵蚀的能力相当脆弱，开发旅游后大量游客的涌入更是加速了它的损耗和破坏（丁玲玲和耿喜波，2018）。然而，很多古建筑未进行及时维修、维护、管理，这给后期修复工作增加了难度。传统村落的旅游开发还处于观赏旅游阶段，游客参与式体验感不强。游客只能从导游那里了解当地的历史文化和民俗，游客的体验度还没有达到广阔的视野和丰富的精神水平。此外，传统村落的发展大多停留在风景名胜区的开发和古建筑的保护上，对文化旅游的载体即文化内涵不够重视。旅游项目没能有效地把当地文化融合进去，文化旅游资源的利用效率较低，仅限于静态显示，动态显示缺乏。旅游产业的开发相对单一，无法满足游客多样的消费需求。

5.2.2.7　村落空巢化严重

根据涪江流域传统村落的实地调研，大部分传统村落的常住人口较少，且多是老人和儿童。一般来说，青壮年劳动力应该是传统村落保护和利用的核心和支柱。但是，由于"空巢"问题，传统村落缺乏劳动力，使得传统村落的历史遗产、文化遗产、自然遗产等没有得到很好的保护，极大地影响了传统村落的发展和进步。从长远来看，这必将导致传统村落的不断衰落和经济发展的停滞。

5.3　涪江流域传统村落人居环境保护策略

加强传统村落的保护和利用，维护传统村落风貌，传承优秀历史文化遗产，需强调科学合理规划的作用，应当将传统村落保护纳入城乡建设总体规划，加大对传统村落保护的投入和扶持，建立传统村落保护工作协调机制。传统村落所在地政府应当在传统村落公布后一年内组织编制完成传统村落保护发展规划。传统村落同时为历史文化名村的，保护发展规划应当按照历史文化名村保护规划实施。编制传统村落保护发展规划时，应当征求有关部门、专家和当地居民的意见。传统村落综合了传统建筑与生活生产方式的特色文化空间，是我国独特乡村文化的载体单元（孙曦，2019）。对涪江流域传统村落人居环境的保护，不仅要扎根于本土文化、建筑以及历史环境要素，还要结合非物质文化遗产的保护方法，立足于传统村落风貌和特色建筑的保护，对传统村落人居环境进行整体性保护。根据涪江流域传统村落的传统建筑、历史环境要素、非物质文化遗产三大方面的存续情况，以相关保护理论为基础，因地制宜，制定相应的保护措施。

5.3.1　传统建筑的保护

涪江流域传统村落的传统建筑都有其独特的个性，是传统生态形式的体现。保护好传统建筑的精华及其相应的生态环境，这个传统村落才有从古到今完整的生命体系，才能富有历史文化内涵、富有个性、富有人情味，成为理想的"人居环境"，居民才会有归属感、自豪感。传统村落中的传统建筑物、构筑物是构成村落风貌最主要的元素（杨磊，2018）。因此，传统建筑的保护和延续是传统村落保护和利用的重点。

5.3.1.1　传统建筑保护对象

传统村落具有历史、文化、艺术、科学、社会、经济保护价值，而传统建筑的保护价值也不例外，传统建筑因不同的地域、文化、年代等因素展现出不同的价值。在对传统建筑进行保护时，应首先进行充分的前期调研和分析，根据传统建筑的等级、结构、质量、功能、修建年代的不同，制定不同的保护和改造方案。同时也要注意到建筑文化的传承，就是在修建传统建筑的时候要保留其传统肌理，并将现代建筑的修建技术与传统建筑的建造技艺相互融合、发展，取传统建筑之精华应用到新建的现代民居之中。这样既可以使新建的建筑风貌与村落整体环境协调一致，又可以延续传统建筑的建造技艺和文化。

涪江流域传统村落的传统建筑可以分为文物保护单位、保护建筑、历史建筑、传统风貌建筑、其他建筑等类型，应按照不同类别的传统建筑制定不同的保护策略。这里以绵阳市江油市重华镇公安社区为例，该村落的传统建筑较多（图5-40），简单划分为文物保护单位、保护建筑、历史建筑三大类。

1）文物保护单位

文物保护单位作为了解古代科学、信息、技术的载体，对传统技艺、文化等研究具有重要作用。文物保护单位包括确定纳入保护对象的不可移动的文物及文物本体周边的需要实施重点保护的区域。文物保护单位的保护对象是具有科学价值、历史价值、艺术价值的古建筑、古寺、文化遗址等。根据划定保护级别的单位不同，文物保护单位分为全国重点文物保护单位（由国务院划定保护范围）、省级文物保护单位（由省级政府划定保护范围）、

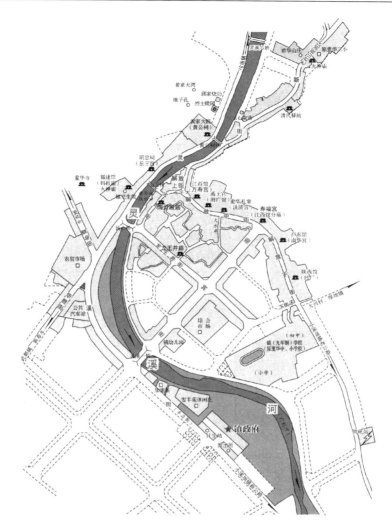

图 5-40　公安社区平面布置图

来源：传统村落申报材料

市县级文物保护单位（由市县级政府划定保护范围）共三级。文物保护单位的作用是对保护范围内的文物设专门的档案进行记录，并在文物保护单位现场设保护标志及文物情况的相关介绍。对文物保护单位等级较高的文物应设专人或机构负责管理，以保证文物保护单位不受破坏。传统村落中的文物保护单位是传统村落中保护级别最高的传统建筑，如江油市重华镇公安社区的黄公祠（图 5-41）和公安桥（图 3-57）。黄公祠见证了历史的变迁，如今作为市级文物保护单位仍在使用中，即是在文物保护单位综合评估后的妥善利用。公安桥俗称"桥楼子"，素有川北"廊桥"之称，作为一处县级文物保护单位，在现代生活中得以继续利用，重现往日的生机。

　　2）保护建筑

　　保护建筑是指历代遗留下来的在建筑发展史上有一定价值并值得保护的建筑。在传统

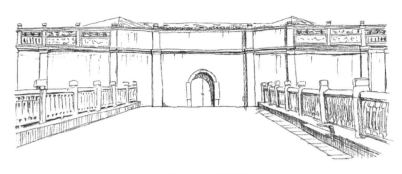

图 5-41　黄公祠
来源：自绘

村落中的保护建筑是指具有极大历史价值、科学价值、艺术价值的，应按照文物保护单位的保护方法进行保护的建筑物、构筑物。根据实地调研发现，江油市重华镇公安社区有重华寺、南华宫、万寿宫、禹王宫、洪济宫、寿福宫等多处保护建筑。下面对这些保护建筑的阐释源自传统村落申报材料。

重华寺（图 5-42）位于重华镇灵溪街（旧称半边街）后西侧，坐西北向东南，约建于明成化（1465～1487 年）年间，占地面积约 6600m^2，建筑面积约 3500m^2，有三级两重大殿及两侧配殿，因主要供奉舜帝重华而名。

南华宫（图 5-43）创建于清乾隆二十三年（1758 年），位于老街东段北侧，坐北向南，呈"回"字形，分为乐楼、正殿、厢房三部分建筑，占地 4000m^2，建筑面积 1800m^2，正殿主供庄子，因广东移民所建而又名广东馆。1920 年利用其厢房办女子学校，1954 年改作食品站，2003 年转让私人，今存大殿及厢房。

图 5-42　重华寺
来源：自绘

图 5-43　南华宫
来源：自绘

万寿宫（图 5-44）位于老街十字口以东约 40m 处北侧，坐北向南，呈"回"字形，占地 4500m^2，建筑面积 3800m^2。宫内供奉有妙应真人、药王孙思邈神像。因江西移民创建亦称江西馆。约建于清乾隆中期，布局结构与火神庙相同。清、民国时期至 20 世纪 50 年代初，重华甲、团、联保办公处均附设此间，1950 年设乡农民协会、乡政府。1952 年改建为供销合作社、区政府，大殿改为会议室，东头为供销社职工伙食团。1999 年供销社解体，房屋荒废。2003 年大殿被拆除，老旧木柱门框墙砖运至青莲场修建陇西院仿古太白堂。

图 5-44　万寿宫遗址

来源：自绘

　　禹王宫（图 5-45）位于老街十字口以东约 70m 处北侧，坐北向南，呈"回"字形，有乐楼、大殿及东、西禅房四部分建筑，占地 7000m²，建筑面积 4000m²，因主要供奉舜帝重华的接班人大禹王而名。又因湖北省、广东省移民所建，内设会馆，也称湖广馆。创建于清乾隆中期。1954 年改作重华区粮站，2000 年粮站撤销，荒废至今。

图 5-45　禹王宫遗址

来源：自绘

　　洪济宫（图 5-46）位于老街大水巷子对面，为张姓家庙，规模较小，60 多平方米，为纪念唐代"安史之乱"中睢阳守将张巡而建，取洪恩普济之意而名。1951 年收为公有，曾作街道居委会办公处和成人夜校，1961 年因修建"重华礼堂"拆除，后在地震中被毁，今仅存遗址。

图 5-46　洪济宫遗址

来源：自绘

寿福宫（图 5-47）位于老街中段，今迎宾街北口，坐北朝南，被老街从中一分为二，北为正殿，宫内主要供奉寿佛，南为乐楼，东西两侧均有厢房，中为石板铺砌的院坝，占地 3600m^2，建筑面积 1800m^2。民国及以前有官属田地 400 多亩。1952 年设乡政府，1956 年将大殿改作区市场管理委员会，1964 年将乐楼两侧厢房改作公社农技站，1983 年拆除乐楼建区农技站新式楼房，1992 年镇工商所从正殿迁出改作公安派出所，2011 年派出所迁出大殿，闲置至今。

图 5-47　寿福宫遗址

来源：自绘

3）历史建筑

历史建筑是指经市、县人民政府确定公布的具有一定保护价值，能够反映历史风貌和地方特色，未公布为文物保护单位，也未登记为不可移动文物的建筑物、构筑物（邸琦，2015）。传统村落中的历史建筑是指具有丰富的历史价值、科学价值、艺术价值的，反映村落历史风貌和地方特色的建筑物、构筑物。江油市重华镇公安社区有较多的历史建筑，如重华民居、重华老邮局、海灯法师故居、陕西馆等历史建筑。下面对这些历史建筑的阐释源自传统村落申报材料。

（1）重华民居。

a. 民居建筑的分布特点：一条发源于老君山的灵溪河蔓延数十里后，自北向南，呈"月牙"状穿过公安社区，民房在河两岸倚势而建，以"月牙"内侧居多。俯瞰社区，古街道与民房的整体建筑布局，大致如道家"太极"的图案。

b. 民居建筑的保存情况：2008 年"5·12"汶川大地震致使民居大面积受损，保护措施和资金等问题导致原有民居建筑有所损失，但整体布局及风貌保存尚好。

c. 民居建筑的主要特点：多为明清建筑风格，又富有川北民居特色。民居主要为土木结构，门柱以石墩为基，门窗注重雕花、镂空等艺术修饰手法，梁柱多选整木，用料考究。

d. 民居建筑的文化内涵：长期受佛教、道教文化影响，加之重华场明清时期曾为"旱码头、戏窝子"，致使商贾云集，全国多地文化交汇，使得民居总体呈现出明清风格，又各有地方特色。特别是民居的总体布局，呈现出道教"太极"之状，反映出道教文化的深远影响，体现了当地居民追求自然、繁荣、和谐的美好向往。

（2）重华老邮局。

清光绪三十二年（1906 年）2 月 25 日，四川邮务分局发文设立梓潼县城和重华场邮寄代办所。1943 年，重华邮寄代办所兼管青龙（马角）、青寿（青林口、厚坝）和文胜三处信柜。1953 年 1 月，重华邮寄代办所划归江油县中坝邮电局，12 月 15 日改设为重华邮政营业处，并将办公地迁址老街大水巷子东侧，由县局拨款 1000 元，将旧穿斗平房改建为 302m² 新房，承担重华、铜星两乡 20 个村信函、包裹、报刊收投业务（图 5-48）。

图 5-48　重华老邮局遗址

来源：自绘

（3）海灯法师故居。

海灯法师故居位于火炮街中段，距离公安桥 10 余米，房屋最初约建于清雍正七年（1729 年）。故居共有房舍三间，早期为土木结构，总面积在 90m² 左右。由于海灯法师一生简朴，仅有其生前诵经、习武及生活用具等物品，房屋内其他陈设寥寥（图 5-49）。

（4）陕西馆。

陕西馆位于老街东段北侧，东距老街口文风楼 30 多米，坐北向南，呈"回"字形，大门位于南侧，由乐楼、正殿和厢房三部分组成，正殿供奉关羽、周仓和关平神抵，占地 4500m²，建筑面积 1500m²，清乾隆中期由陕西陈姓为主的移民创建而名。民国 32 年（1943 年）于馆内开办私营"振民纱厂"。1956 年改建为区粮站库房，2000 年后荒废（图 5-50）。

图 5-49　海灯法师故居
来源：自绘

图 5-50　陕西馆遗址
来源：自绘

5.3.1.2　传统建筑保护原则

为加强江油市重华镇公安社区传统村落文物保护单位、保护建筑、历史建筑的保护管理，根据《中华人民共和国文物保护法》《四川省文物保护管理办法》，结合江油市及重华镇的实际，参考传统村落申报材料、"优秀历史建筑保护的基本原则"（王永维等，2010）、"传统民居类文物建筑的保护利用"（卢远征，2013）、"试论成都文物建筑的保护"（王正明和尹建华，2001）、"自贡市沿滩区仙市镇仙滩社区中国传统村落保护发展规划说明书"（四川省村镇建设发展中心，2014），提出以下保护原则。

1）文物保护单位的保护原则

（1）各级文物保护单位应有保护范围和建设控制地带，保护范围和建设控制地带经文化行政管理部门和规划行政管理部门共同划定后，按国家规定的审批权限办理相关事宜。

（2）在文物保护单位的保护范围或建设控制地带内的基本建设项目的事项，要事前征得文化行政管理部门的同意，由文化行政管理部门参与建设项目选址等有关文物保护设计方案的审核；文物保护和考古调查、勘探以及发掘的经费，列入建设工程投资预算。

（3）不允许私自拆除、改建地面的文物保护单位。在有特殊需要对文物保护单位进行其他建设工程或者爆破、钻探、挖掘等作业时，需获得文物保护单位的政府以及上级文化行政管理部门的同意。

（4）在一些机关、部队等事业单位使用文物保护单位时，应及时做好文物保护单位的维护工作，并且需要在当地文化行政管理部门的指导下使用。维护文物保护单位的工作要时刻遵循不改变文物原状的原则，并且要经过当地文化行政管理部门的同意。

（5）文物保护单位建筑应遵循使用者负责的原则，对文物保护单位建筑进行维修保护时，方案经过当地文化行政管理部门审核同意后，才能按照规定程序报批。

（6）未经批准，任何使用者均不可私自改变文物建筑的原貌，且不可以擅自拆除、移动文物建筑。如确实在建设需要的条件下，需要迁建文物建筑的，应报经政府批准，所需费用由建设单位承担，列入建设工程投资预算。

（7）承担文物建筑维修或迁建工程的施工单位，必须具有相应资质等级，并由文化行政管理部门组织有关部门和专家，依据工程的性质对其承接工程的条件进行确认。施工单位必须严格按照维修或迁建方案施工，接受文化行政管理部门的监督。工程竣工后，由建设行政管理部门会同文化行政管理部门组织验收。

2）保护建筑的保护原则

（1）坚持不改变保护建筑原状原则。

在维修保护过程中，切实保持好建筑的历史信息，保持原有建筑的风貌和特征，最大限度保护文物建筑的真实性。

（2）最少干预原则。

所有维修保护的措施，都要以保护历史信息为主，并且以保证安全为限度，尽量少更换原构件，尽可能多地保留原状原物，能修补者不得更换。

（3）可逆性原则。

所有维修保护加固手段与材料尽可能做到容易拆除，不改变原结构，不损坏原构件，有识别性，不影响后续维修保护措施的实施。

（4）原形制原则。

原形制原则即原材料、原结构、原工艺原则。对倒塌及损坏的建筑按照原形制、原材料、原结构、原工艺科学修复，保存其科学价值、艺术价值和历史价值。对修复还原的地面、壳体和修缮构件，采用当地传统工艺手法、施工方法和传统经验，尽量少采用新的做法，保持技术特色。

（5）更换原则。

对后人修缮更换的构件（形制不规矩的）、用料较小的、影响结构安全的，应给予还原、更换，以保证建筑结构质量，达到维修保护要求。

（6）加固原则。

对受力构件薄弱环节或构造刚度不良的节点，在不影响外观的情况下进行加固。以恢复历史街区风貌为原则，将现代建筑进行立面改造，使其与历史街区风貌统一。

3）历史建筑的保护原则

（1）必要性原则。

历史建筑的每一次加固和修缮，都会对建筑自身所具有的各种价值造成损失，因此，为避免对历史建筑的价值造成损失，需要对历史建筑进行平时的保养，尽量避免对历史建筑的损伤。在不得不实施维修保护历史建筑的时候，对历史建筑都应该尽可能降低到最小的损伤，同时尽可能少更换甚至不换历史建筑的结构和构件。

（2）适应性原则。

在适当开发历史建筑潜质的同时，也要注重历史建筑的遗产价值。在对历史建筑重新规划或者更新时，为促进自身功能的完善，修缮存在材质老化以及建筑功能机制衰退问题的建筑，对历史建筑的功能进行置换。为使历史建筑适应传统村落的发展，达到可持续发展的目标，应该创造并且利用历史建筑的社会价值，从而避免历史建筑在村落发展的洪流中消失。

5.3.1.3　传统建筑保护措施

根据江油市重华镇公安社区传统村落文物保护单位、保护建筑、历史建筑的现状实际，参考传统村落申报材料、"自贡市沿滩区仙市镇仙滩社区中国传统村落保护发展规划说明书"（四川省村镇建设发展中心，2014），提出以下保护措施。

1）文物保护单位的保护措施

制定文物保护单位的保护范围及建设控制地带的保护措施，应根据不同文物的现状进行。以黄公祠为例，黄公祠作为江油市重华镇公安社区唯一的市级文物保护单位，应该对其建筑主体结构进行加固、修缮，重点保护原有构件，补充原有匾额，增加陈列展示设施，对建筑进行定期维护。在此过程中，不允许改变黄公祠立面的原始特征和基础材料，必须使用相同的材料根据原始特征修复这种建筑物的立面。对于原始组件的不安全系数或历史干预条件下形成的互补安全系数，允许对结构进行调整，包括添加、更换少量组件和改善应力条件。

黄公祠的保护范围，以黄公祠的建筑用地范围为边界，向东西南北各延长 3m 的距离作为保护范围。黄公祠的保护范围内不得进行其他建设工程作业。但是，因特殊情况需要在黄公祠的保护范围内进行其他建设工程作业时，必须保证黄公祠的安全，并经核定公布黄公祠为文物保护单位的政府批准，且在批准前应当征得上一级政府文物行政管理部门同意。在黄公祠的保护范围内，不得建设污染黄公祠及其环境的设施，不得进行可能影响黄公祠安全及其环境的活动；对已有的污染黄公祠及其环境的设施，应当限期治理。

建设控制地带主要位于核心保护范围以外，与传统村落范围的边界基本一致，其目的是确保核心保护区格局风貌的特色完整性，重在对新建、改建建筑物以及构筑物在外的高度、立面形式、色彩、体量等方面的控制。同时黄公祠建设控制地带的确定，按照保护文物的实际需要，经政府批准，可以在黄公祠的周围划出一定的建设控制地带，根据《中华人民共和国文物保护法》将黄公祠向东西南北各 30m 设为建设控制地带，并予以公布。在黄公祠的建设控制地带内进行建设工程，不得破坏黄公祠的历史风貌。

2）保护建筑的保护措施

以寿福宫为例，寿福宫作为江油市重华镇公安社区的保护建筑之一，应该采取相应的保护措施。由于寿福宫的外立面采用现代材料改造过，必须整改外立面，努力恢复传统风格和外观，并在装修中采用传统工艺和材料，以达到原有的品味。梳理寿福宫周边环境，清除寿福宫前后杂草及堆积物并且整修地坪。对寿福宫的建筑格局整体进行保护修缮，拆除寿福宫附近的新建建筑，拆除寿福宫内部改造不符合之前原貌的构件，拆除寿福宫内部不符合整体风貌的新装饰，恢复寿福宫之前的传统结构形制，恢复寿福宫原有结构功能及工艺手法。对寿福宫墙体进行保护修缮时，将寿福宫后期改动新开的门窗洞口封堵还原；修补掉灰破损的墙体，按照当地传统手工艺恢复原有的风貌。对寿福宫的木质构件进行保护修缮时，对木构架维修前先治虫，清除虫卵、霉菌，校正歪闪的柱子，复制补齐缺失的柱子；所有增加或修复的新木料需要先火烧工艺做旧处理后再安装，或者均选用旧木料替换维修。对于寿福宫的屋面修缮，可用同质干燥新料更换断裂、霉烂和弯垂的椽子、封檐板等；重新铺设屋面，可以用的旧瓦要保留使用，不足部分按原瓦片的规格更换；屋面铺瓦时要求档匀陇直，天沟底部底衬特制大瓦，坡度曲线流畅，瓦面洁净，瓦陇距可根据实际情况适当调整。在对寿福宫进行保护装修时，外立面做旧处理；对破损的门窗进行拆卸修补整固后重新安装，其余门和窗用榫卯紧固；拆除后改窗户，恢复直棂老窗；门窗、隔断维修时注意依据残留的榫卯痕迹予以复制补配。

3）历史建筑的保护措施

所有历史建筑严禁拆除，应根据其功能进行调整，并按风貌要求进行整体性修缮。对内外设施进行改善，但不能随意改变现状，不得进行任何损害环境、超出日常维护范围的建设、改造及其他工程项目。必要时，应当严格按照原址恢复原样，并且按照《中华人民共和国文化保护法》及其他有关法令法规，对历史建筑的外观、内部结构系统、功能布局以及损坏的部分进行翻新改造，同时需要满足消防要求。

以重华民居为例，重华民居是江油市重华镇公安社区的重要历史建筑。针对重华民居，应重点抢救并修缮部分重点建筑及有代表性的居住建筑。除修复重点建筑外，也要抢救修缮其他民居建筑。对纯居住性建筑内部的居住部分可适当进行内部装修改造，使其能够满足传统村落居民的基本生活需求。可选择具有典型形制的建筑率先改造，作为推介的样板。住宅的样板房应首选现已闲置的、质量较好的、便于操作的（如公产房）空房。对于因建样板房而迁出的住户，要帮助其在新区内妥善重新安居。可选择有代表性的、建筑质量较高的公共建筑作为重华社区历史、民俗、工艺等的展览场地。重华社区内街巷水泥路面，要用原质石块修复。增建公共厕所，通过标志牌进行指引，方便找寻，修建在隐蔽处或利用废弃的老住宅，不影响村落整体风貌，使重华社区整体的商业环境、卫生环境、居住环境、社区面貌有所改善，进而提高重华社区的档次和品位。拆除重华社区内妨碍景观、有碍卫生的临时搭建的房子。铺面店堂的招牌、字号应按传统做法，采用木质材料。临街的广告、招牌的制作和悬挂须考虑与传统村落的风格协调，可在有关部门提出方案后由重华社区管理机构审查。重华社区内部不准沿街乱摆摊设点，不得在重华社区内及路口摆设桌球等娱乐设施。重华社区的核心保护区内所有建筑的修缮、翻新、改建，须先经过政府文物管理机构审查同意，并到环保、消防、文化等部门办理有关手续后方可施工。更换古街内老旧电线，对新线扩容并加套管，拆除钉在老建筑木构件上的电表、电闸等。重华社区的重点保护区要做到三线入地。

5.3.2 历史环境要素的保护

历史环境要素是指村落中古民居建筑、历史文化遗址等具有历史气息区域的空间环境，是村落历史文化空间的延伸，是村落生产生活的重要部分，是传统村落物质与精神文化层面的纽带（陈亮，2018）。在众多传统村落的保护案例中，通常都会因为村落中某一街巷、古树名木、古桥等对其周边环境要素进行重点保护。而在涪江流域传统村落中，每个村落都有各自村落独有的古树名木、古桥、街巷、古井、古道等，这些丰富的历史环境要素在传统村落保护中不容忽视，因此需要对涪江流域传统村落中的历史环境要素进行统一的保护，并施行有针对性的保护措施。

5.3.2.1 街巷的保护

尺度宜人的街巷是传统村落的一个重要组成部分。街巷是涪江流域传统村落中的一种历史环境要素，应进行有效的保护。例如，绵阳市盐亭县五龙乡龙潭村，需要保留村落内现有原生态的街巷格局（图5-51），修整村落里古街巷内的道路铺装，对街巷两侧建筑的墙体进行适当的修正；在对街巷道路进行修整保护时，应铺装同样材质的石板或鹅卵石，且铺砌的形式要与街巷的整体风貌相统一；为逐渐恢复街巷的历史风貌，应拆除与村落古街巷内部不协调的现代形式的彩钢雨棚、广告牌等搭建物；在人流比较集中的地方，结合周围的建筑，对街巷的道路进行适当的加宽，尽可能维持街巷的原生态格局。

图 5-51　龙潭村老街巷

来源：自绘

5.3.2.2 古桥的保护

古桥是涪江流域传统村落中不可缺少的一种历史环境要素，是居民进行对外交流的桥梁媒介。古桥不仅能够表现出传统村落的地域特色、民俗特征、民族心理，还能展示历史韵味与记忆，具有重要的历史文化价值，因此要对古桥进行保护。根据传统村落古桥损坏程度的不同，制定相应的保护、修缮、扩建等措施。处于交通要道但已不再适应社会发展需要的古桥，则予以更新修缮，同时在古桥上立一块介绍古桥历史的石碑。例如，绵阳市游仙区东宣乡鱼泉村的金龙桥（图 3-53），金龙桥属于鱼泉村的主要交通媒介，但因时间洗礼金龙桥已较为破败，且宽度也不能满足当前居民的需求，故而需要对金龙桥进行维修改善；修缮后可以在金龙桥附近立一块石碑，介绍金龙桥的历史及由来。对于不同时期建造、不同材质的古桥，根据其不同的结构特性，分析其受力能力、变形能力，运用数据分析方法保护古桥。最后，毕竟居民是古桥的使用者，也是对古桥造成破坏的群体，因此要提高居民对古桥的保护意识，科普古桥保护知识，让居民自觉地去维护古桥文化、古桥环境，这是古桥保护的重点。

5.3.2.3　古井的保护

涪江流域传统村落中都有大大小小的古井，这些古井也是历史环境要素的组成部分。对于散落在村落中各个地方的古井，应选取具有代表性、依然具有功能性及需求的古井进行保留，严禁填埋、破坏。根据对古井不同功能的划分，在具有观赏意义的古井周围建造围栏，同时做好介绍该古井相关信息的标志牌，保留建造背景或相应的神话传说，形成文物景观，促进旅游资源开发。例如，绵阳市梓潼县定远乡同心村的古井（图 5-52），具有几百年悠久历史，解决了村落祖祖辈辈居民的饮水问题，应制作介绍古井信息的标识牌。

图 5-52　同心村古井
来源：自绘

5.3.2.4　古树名木的保护

古树名木是涪江流域传统村落的又一重要有机组成部分，要对古树名木进行严格的保护。关于传统村落古树的保护措施主要有：对 20 年以上的树木禁止砍伐，对 50 年以上的古树进行挂牌保护，并设文字说明；重要的古树名木要专门设立护栏，禁止攀爬和折枝，更不允许砍伐；及时对古树进行排水、填土、修剪枯枝，定时监测、记录病虫害的侵蚀情

图 5-53　风华村古皂角树

来源：自绘

况；建立古树管养责任制和监督机制，加强病虫病害防治，一旦有虫害，要及时治疗和处理。例如，绵阳市盐亭县石牛庙乡风华村的古皂角树（图 5-53），对这种古树应进行挂牌保护、配文字说明牌等。

5.3.2.5　古道的保护

盐运古道同丝绸之路一样是物资运输通道，是一条以盐运文化为背景的文化线路，主要由水路运输和陆路运输组成（龚丹丹，2019）。涪江流域部分传统村落在古时便肩负盐运古道的作用，例如，绵阳市游仙区玉河镇上方寺村的苏里桥为古盐道（图 5-54）起始地，古时因盐置县，古盐泉县所产的井盐，一路经三台、遂宁往下到川南地区，另两路经魏城往上到梓潼、广元和绵阳、成都等川东、川西地区。现今盐运古道应作为历史文化景观被保护与修复：在恢复和修缮古道时，可以将盐运古道线路上的传统村落进行整体打造；在修复盐运码头后，可以进行码头古时码头场景的重现；在修补陆路运输古道时，可以用同样材质的石板或碎石等材料进行硬质铺装，并在古道的周围添加一些供人们休息的景观平台，同时丰富周围的绿化，最终形成一条完整的盐运古道线路。这样既对盐运古道进行了保护与修复，同时又开发了旅游资源，使其作为历史文化景观继续发挥作用。

图 5-54　上方寺村古盐道

来源：自绘

5.3.3　非物质文化遗产的保护

传统文化是人类文明的瑰宝，是活的文物，需要施行"原真性保护"和"整体性保护"的保护措施。保护传统文化的原生态和完整性，有多种保护形式。例如，可以用文字记录的方式将其保存下来，也可以进行合理的生产性保护，即在可持续发展中传承文化，也可以进行立法保护（龚丹丹，2019）。涪江流域传统村落有着丰富的非物质文化遗产，但有的濒临失传，没有年轻人去学习和继承。因此，需要对传统村落中的非物质文化遗产进行保护，对这些文化资源进行合理利用。非物质文化遗产是村落文化的集中体现，是传统村落保护的重要部分。非物质文化遗产主要包括传统技艺、传统美食、民俗活动等，保护的重点是对非物质文化遗产的传承和发扬，这也是村落活态化保护的体现。

5.3.3.1　非物质文化遗产保护对象

1）非物质文化遗产本身

非物质文化遗产保护工作的重中之重是对非物质文化遗产本身的保护。在涪江流域传统村落中，分布了各种优秀的非物质文化遗产。传统村落中的非物质文化遗产项目有国家级、省级、市县级，种类丰富，涉及的方面各有不同。正是这些不同类型、不同特色的非物质文化遗产项目共同构成了传统村落的特色文化。丰富多彩的非物质文化遗产都有一个共性，就是都承载着各自传统村落的重要历史文化信息，是地方精神文明的重要载体，而这也是加强非物质文化遗产保护的一个重要原因。

2）传统村落文化环境

非物质文化遗产的延续有赖于传统村落中文化环境的留存，将村落传统风貌纳入保护对象，是非物质文化遗产保护工作中一项重要的基础性工作（刘燕，2016）。村落的文化环境包括非物质文化遗产项目的物质空间和传统村落的历史风貌。涪江流域传统村落众多，村落文化环境的完整性保存对非物质文化遗产的保护十分重要。因此，保护传统村落的文化环境是保护村落非物质文化遗产的重要部分。

5.3.3.2　非物质文化遗产保护原则

1）原真性原则

"原真性"这一名词最早是在遗产保护中提出来的，并且多个保护文件都对"原真性"进行了强调。涪江流域传统村落非物质文化遗产的保护要遵循对其本身的真实性保护。对于各种非物质文化遗产项目，要追溯它的历史来源，同时从它的文化传统、加工工艺等多个方面的完整传承来保证非遗本身的真实性及传统性。在非物质文化遗产保护项目中，由于缺乏非遗传承人，从而被各种不纯正的技艺或手法所仿照，加大了保持原真性传承的复杂度，缺失了该项目本有的质朴感、灵性感，导致该非物质文化遗产偏离了原有的历史发展轨迹，甚至造成文化上的错误理解，以及对文化认同感的降低。为坚决抵制在非物质文化遗产保护工作中的造假现象和制假活动，需要在源头上进行原真性保护，以避免非物质文化遗产失去原有的内涵和意义。

2）整体性原则

所谓整体性保护，既是对非物质文化遗产的全部相关内容和形式进行保护，确保其非物质文化遗产的完整性，也是指将非物质文化遗产保护工作放在其环境保护的基础之上，对产生这些非物质文化遗产的自然条件、生态环境、人文背景等进行同等程度的保护（舒诗慧等，2018）。非物质文化遗产的形成不是零零散散拼凑出来的，而是作为一种整体性的文化进行传承发展的，任何一种非物质文化遗产都不能脱离复杂的文化系统。在保护非物质文化遗产时，对于其所属的不同环境、艺术形态和文化内涵，都需要保护其整体形态，以此确保文化整体性在最大程度上的保护。

3）活态性原则

活态保护，也是非物质文化遗产保护的基本原则之一，也称之为"活用"（汪欣，2014）。在进行非物质文化遗产保护时要注重活态性原则，即着重保护非物质文化遗产的衍生、发展、传承，使非物质文化遗产不止存在于静态的记录之中，而且在现代有所发展，恢复非物质文化遗产的活力，并将其传承和发扬。重视活态性保护也是对非物质文化遗产载体传承人的一种重视和扶持。正如润雨公务员的博客[①]所言，无论是英雄史诗和民间传说的叙述者，还是技艺精湛的工艺美术大师，无论是传统庆典的组织者和执行者，还是通过口头传播的表演艺术家，他们身上的技艺传承就是非物质文化遗产保护活态性原则的最好体现。

4）濒危遗产优先保护原则

涪江流域传统村落中，非物质文化遗产丰富多样，但它们现今的保护情况各不相同。有些非物质文化遗产被很好地传承下来，但部分非遗项目因其传统性、复杂性或被现代的机械化生产所取代而濒临失传。因此，需要首先集中力量去守护和传承濒危的非物质文化遗产。有数据显示，随着现代化科学技术的发展，大部分非物质文化遗产随着生存环境的改变而逐渐被埋没，不是失去传人就是缺失核心技术，这些问题对非物质文化遗产的传承来说是非常可怕的。为不造成因抢救或保护不及时而导致非遗失传的遗憾，要坚持濒危遗产保护优先的原则。

5.3.3.3 非物质文化遗产保护措施

1）旅游开发式保护

近年来，世界各地非物质文化遗产的保护方式多样，其中将非物质文化遗产进行相应的商业化和市场化，是最有效、最经济且最能带动周边活力的一种模式，所以对于非物质文化遗产不仅仅只局限于保护和抢救这一条路。从历史文化发展和保护的角度出发，在充满地方特色的地区，完全可以充分利用当地的传统工艺推出特色旅游文化项目以吸引游客，此举既可推广本村的特色文化，又可发展文化的商业价值，实现文化的可持续发展。结合当地民俗文化，全面挖掘和发展传统村落文化旅游项目，有利于继承和发扬传统村落

---

① 润雨公务员. 2012-11-02. 申论范文：活态传承　活在当下. 新浪博客. http://blog.sina.com.cn/s/blog_80caa05301016kif. html.

的历史文化,进一步推进"美丽乡村"建设,实现涪江流域传统村落的振兴和可持续发展。因此,可通过区域非物质文化遗产的整合,形成独具民族、民俗、地域特色的一系列非物质文化产品,结合区域旅游、特色旅游将非物质文化遗产推出去,促进非物质文化遗产的商业化,推动区域经济增长。

2)活化石式保护

活化石式的保护方式是适用性非常广泛的一种非物质文化遗产保护方式。活化石式保护就是保持非物质文化遗产最初的文化形态不变。一些地方艺术家用原初的文本、诗词、歌谣来描述地方文化、重现历史场景,即是活化石式的保护方式。那些既无文化内涵又无严格的传承规则,其历史记录和沿革也模糊不清的文化,就算不上活化石式保护。活化石式的保护方式是一种拥有极高境界的保护方式,也是对文化遗产进行的最有效果的保护方式(孙艳,2007)。

3)教学传承方式

通过学校授课的方式进行非物质文化遗产传承是非常有影响力的,也是十分有意义、有价值的传承方式。有关部门应提倡编写本土的优秀非物质文化遗产教材,并且要注重青少年对非物质文化遗产的情感培养,使更多的年轻人了解非物质文化遗产,从而产生想要继承和发扬的想法。开展多种多样的非物质文化遗产体验活动,找到想要持续学习的人进行重点培养,使他们成为非遗继承人。

4)加大非遗保护的宣传力度

非物质文化遗产是先人智慧的结晶,对非物质文化遗产的保护和传承人人有责,如果大众没有切实参与到非物质文化遗产的保护中去,再多的政策都是徒劳的。所以,修缮和保护非物质文化遗产不仅仅是专业人员的事情,也是大众共同参与、共同维护的事情。只有全民的自觉性与对非遗的保护意识相结合,才能更好、更有效地保护非物质文化遗产。可以通过各种媒体加强宣传力度,也可以通过社区宣传让公众耳濡目染,以调动广大群众的积极性,使人人都懂得保护非物质文化遗产的重要性,明白为什么要保护,以及怎样保护,用实际行动来"保护"非物质文化遗产,并在全社会形成爱护、保护非物质文化遗产的风气,使每一位中华民族成员形成文化自信,为拥有灿烂文化而自豪,从而自觉地珍惜它。

5.4　涪江流域传统村落人居环境更新策略

"更新"在现代汉语词典中是一个动词,释义"旧的去了,新的来到",但是相同的词语用在不同的位置会产生不同的含义。第二次世界大战之后,"更新"(renewal)一词和"城市"(urban)连在一起作为专有名词出现在城市研究领域(王建国,1999)。在 20 世纪 90 年代之前,"旧城改造"即为"更新"。之后,"城市更新"这一专有名词逐渐出现在城市规划领域。吴良镛(1994)在《北京旧城与菊儿胡同》中指出,更新的内容包括改造、改建、再开发、整治、保护。而涪江流域传统村落人居环境的更新,是在不改变原有历史文化状态和保存村落历史风貌的前提下,恢复传统村落的原有功能及价值，进一步促进传统村落原有价值的增长，并在此基础上进行更新发展，从而提升传统村落人居环境的活力。

5.4.1 产业更新

在村落的产业更新中，常用的做法是将村落打造为旅游目的地。乡村旅游规划，是旅游规划的一种。从资源的角度来看，乡村旅游是以村落、郊野、田园等环境为依托，通过对资源的分析、对比，形成一种具有特色的发展方向。根据乡村创新经济学理论，因地制宜，实事求是，利用特有的旅游资源发展乡村旅游业是乡村发展的有效模式之一，因此乡村是比较容易培养出特色经济的。同时，我国的乡村人文历史资源和生态自然资源相当丰富，要充分利用和挖掘这方面的潜力和市场，未来乡村旅游将呈现出更丰富的特点和魅力。涪江流域传统村落各自的自然条件差异悬殊，且生产活动、生活方式、民情风俗、宗教信仰、经济状况各不相同，可根据不同村落的特性来选择不同的产业更新模式，更新不同模式的旅游产业，培育和发展乡村特色旅游产业。

5.4.1.1 田园综合体

田园综合体是集现代农业、休闲旅游、田园社区为一体的乡村综合发展模式，目的是通过旅游助力农业发展，是促进三产融合的一种可持续发展模式。2017 年 2 月，《中共中央　国务院关于深入推进农业供给侧结构性改革　加快培育农业农村发展新动能的若干意见》中指出：支持有条件的乡村建设以农民合作社为主要载体、让农民充分参与和受益，集循环农业、创意农业、农事体验于一体的田园综合体。将传统村落发展为集循环农业、创意农业、农事体验于一体的田园综合体，通过农业综合开发、农村综合改革等渠道开展试点示范（魏铭和李国庆，2019）。涪江流域传统村落可以通过产业更新发展田园综合体，在"美丽乡村"的背景下，以"田园生活"为项目核心，将生态和环保的理念贯穿其中，打造包含现代农业、休闲文旅、田园社区三大板块的田园综合体模式。建设田园综合体旨在打破乡村单一的农业生产模式，通过田园综合体的建设，打造集美丽乡村、特色农业、乡村旅游、民俗体验为一体的产业模式，进而增加农民收入、改善农民生存环境。同时，田园综合体促进了城乡结合，拓展了城乡居民生产生活空间，为城乡居民创造了良好的文化旅游体验。

这里以遂宁市安居区玉峰镇高石村为例，深入了解田园综合体的规划和建设情况。下面阐述一部分源自传统村落申报材料、"遂宁市安居区玉丰镇高石村村规划说明书"（四川省兴发规划建筑设计有限公司，2019）。

1）概况

遂宁市位于四川盆地中部腹心，105°57′E，30°51′N；西连成都，东邻重庆、广安、南充，南接内江、资阳，北靠德阳、绵阳，与成都、重庆呈等距三角。遂宁市是成渝地区双城经济圈的区域性中心城市；以"养心"文化为特色的现代生态花园城市；地处四川城镇化发展主轴，是四川省战略部署建设的"六大都市区"之一。

安居区位于四川盆地中部、遂宁市西南部，距遂宁市城区 27km，介于 105°03′E～

105°44′E，30°10′N～30°35′N；东邻遂宁市船山区，南接资阳市安岳县、重庆市潼南区，西至资阳市乐至县，北靠遂宁市大英县，处于成渝经济走廊的腹心地带；区域东西宽62.5km，南北长4.3km，面积1258.2km²，耕地面积68.71万亩。

玉丰镇地处遂宁市西南部，距遂宁市城区20km。东与西眉接壤，南邻三家，西抵安居，北靠聚贤、保升。镇人民政府驻地上乘寺地理位置为105°31′E，30°22′N。全镇辖24个村、1个居民委员会，面积62.23km²，人口3.12万。G318国道横贯东西，遂宁至简阳公路、遂内高速公路、遂渝高速铁路横穿全境，交通十分便利，有明显的交通区位优势。

高石村位于玉丰镇中部，西侧紧邻安居区城市规划区，东临玉丰镇规划区，北接鹭岛湿地景区，并与双桂村相接，南与湾潮水村为邻。2019年高石村户数为380户，人口为1140人。

2）气候地貌特征

高石村气候温和、四季分明，属亚热带季风气候；无霜期长，热量充足，雨量充沛，湿度大，云雾多，适合大多数农作物种植；主要为丘陵地形，地势较为平坦，水田密布；地层以泥岩为主，有少量薄层砂岩，以红壤土居多。

3）总体规划

结合高石村的地理环境条件以及田园综合体的发展模式，将村落地块划分为不同功能区域；创新性提出"农业+旅游""科技+生态""产业+田园"三种新业态；规划结构为"一心一环三轴五片区"，"一心"即服务中心——酒店，"一环"即道路环道，"三轴"即三条道路轴线，"五片区"指种植、育苗、休闲服务、游乐、养殖。其作为示范性田园综合体，对种植养殖业、旅游业等的发展起到很好的引领作用。

（1）农业旅游发展模式。

"旅游+农业"模式是运用创新理念，结合乡村振兴等政策要求，构建美丽乡村新画卷；利用农作物等，打造休闲体验式农田；融入创新元素，结合拼图，构建美丽乡村景观，增加乡村田园之乐；依托农业种植，开展科普画廊、农作物小讲堂、农产品DIY等活动。"生态+科技"模式是应用现代先进技术手段，实现"南果北种、南花北移"，构建适宜的产业，丰富地域特色性，培育代表性花卉市场，使游玩观光的人品尝到各地特色的蔬菜水果。"产业+田园"模式是三产融合发展的一种创新模式，即结合一产推动二产的发展，利用一二产的成果推动第三产业的发展。例如，根据当地的特色农业、农产品发展状况实现一产的深加工，推动工业的发展，促进农业农村的现代化水平，结合观光、娱乐、体验、购物等推动第三产业的发展，实现农产品的自产自销。

农业旅游发展模式是在分析各个板块的区别和联系的基础上，结合地理环境、地形地貌、政策背景等，实现三种业态与田园综合体的融合规划，达到田园综合体的总体目标要求，切实解决农村、农业、农民问题。

同时，在传统村落中加强公众参与规划的力度，深入挖掘地方特色，结合当代科学技术，促进资源合理化利用，建设真正的集创意农业、农事体验、循环农业为一体的现代田园综合体，为传统村落的发展提供更多可能。

（2）旅游产品分区。

由于基地内部存在较大高差，地形地貌多变，起伏变化较大，在旅游产品分区时应顺应地形，随形就势。利用其蜿蜒的主干道，将主要道路与支路的交叉口作为景观节点进行打造，并将区内旅游产品分为五大板块（表 5-2）。

表 5-2　田园综合体旅游产品分区

旅游产品分区	旅游产品特征
休闲度假区	集入口景观、住宿、停车场、生态农田印象展示等
游乐休闲区	设置儿童游乐设施、成人游乐设施及成人儿童可参与的设施
果蔬种植区	设置蓄水池、特色农舍等可深入体验的旅游功能区
生态种植区	根据地形合理分区、为游人参观提供便利，研发新品种苗木、花卉
生态猪场区	设置可观看生态种猪、小猪保育等特色体验旅游项目

分区措施：打造涵盖"五位一体"的循环经济模式，以农业为基础，以现代化高新技术为契机，以和谐生态休闲为原则，最终形成"民生、生态、经济、旅游、产业"的和谐可持续发展新业态。

a. 酒店接待服务区。

此区域主要分为三个部分：景观广场、酒店公共活动区域、花田景观区，依地势而建，考虑整体景观性进行布局。

b. 游乐园。

这部分主要为儿童游玩区、成人游玩区、休闲运动区、游泳区等。依据现有地形进行功能布置，在高差较大的起伏地区设置水景、瀑布等，增加区域灵动性和活力，并结合游泳区建设相关的基础设施，各游乐区相互协调融合发展。

c. 经济果园种植区。

经济农作物、果蔬栽培区，运用模数理念，对整个种植区域做出合理的区块分区，并在每个区块设置相应的服务设施。在此基础上，增添其他服务功能，打造集旅游观光、采摘娱乐、农业生产、生态循环、经济发展为一体的田园综合体。

d. 花卉植物区。

因地制宜进行布置，中心位置规划适宜本土栽种的花卉植物，供游人观赏，实行方格状路网，增加其可达性。在花卉植物园周边开设商店，将花卉植物零售给游人，也可大批量销售。其余区域环绕布置，将管理区布置在光照较差的区域，靠近主路以方便交通和花卉植物运输。进行专业化管理，配备自控温室、育苗区等。

e. 养猪场。

养猪场应合理规划，充分考虑各功能区之间的联系与干扰，将生产区、消毒区、生活区和行政办公区实行分区分隔设置。污染源应处在下风向，同时应注意养猪场的隔热性、采光性、防疫卫生等。

5.4.1.2　乡村文创园

乡村旅游是全域旅游的重要组成部分，经过多年的发展，乡村旅游模式亟须全面更新。文化创意产业的终极目的是提升软实力和核心竞争力，随着文化创意产业对促进经济发展和增强国家软实力的作用日益增强，乡村旅游与文化创意产业融合成为旅游业的一种创新发展形式，为发展乡村旅游业注入了活力和生机。这种"乡村+文创"的模式，以乡村原有文化内涵、人文景观、自然环境、产业结构等元素为切入点，以农旅文教多产业融合模式为依据，挖掘和提炼存在于各乡村间独特的个性和精神内涵，精准定位乡村建设发展模式，精准定位市场，利用互联网创新传播模式，以低成本、低碳、环保、可行性高的方式多维度带动、开发乡村相关产业链。利用传统村落丰厚的文化底蕴，给乡村旅游带来广阔的旅游发展腹地和巨大的发展空间，最终达到为传统村落居民带来经济收益的同时，也能用市场需求的形式保护乡村、传承文化的目的。

这里以绵阳市游仙区太平镇南山村为例，深入了解乡村文创园的规划和建设情况。下面阐述中的一部分内容源自传统村落申报材料。

1）概况

南山村隶属于四川省绵阳市游仙区太平镇，位于该镇中部，系镇文化交流中心，地理位置为 104°53′E，31°40′N；东临水龙村，西接凤凰镇，南与芦桥村接壤，北与福林村相连；面积 5.1km^2，辖 12 个农业合作社，呈散点和集中结合分布，户数为 1130 户，常住人口为 3800 人；主要发展传统农业和旅游业，水稻制种、蚕桑具有一定规模和效益。

2）气候地貌特征

南山村处于亚热带温润季风气候，年平均气温为 14.7～17.3℃，年均日照 1260h，降水较充沛，年降水量为 825.8～1417mm，有暴雨水灾；无霜期约 315d，霜雾少，霜期短；主导风向为西北风；属于浅丘地貌，海拔 400～600m；地势西北高东南低，最高点梅子坡海拔 600m，最低处唐家坝海拔 420m，相对高差 180m；水文条件较好，有一条主河流，名为芙蓉溪，从北至南从村落穿过。

3）总体规划

南山村的旅游业发展特色不明显，与普通乡村旅游同化。将南山村旅游模式更新为"传统文化与创意产业"相融合的乡村旅游模式，可以活化村落的传统文化资源，同时文化创意植根于体验经济和注意力经济，通过激发和满足多元乡村体验需求，唤起旅游者的情感共鸣，从而引领传统的乡村商品消费向乡村服务消费、乡村情感消费、乡村生活消费等领域拓展，实现乡村旅游消费的规模扩容与满意度提升。

根据南山村的地形气候条件和乡村文创园模式，分别建立文化展示区、农产品采摘区、艺术民宿区以及多处开敞空间节点。

（1）文化展示区。

在南山村建立创意村史馆，将村落传统文化与创意相结合，建设可发挥村落本土特色文化的创意产业设施。村史馆的建设应涵盖南山村的历史沿革、重要人物（如优秀历史人物、道德模范、孝德之星等）、重要事件、民俗风情特色产品等，以反映村落的历史人文底蕴，让游客充分了解南山村。

在文化展示区，以"照片+文字"的形式进行布展。历史沿革的内容主要包括南山村的建制脉络、南山村得名的缘由、南山村的巴蜀第一胜景芙蓉溪、南山村在太平镇的地位、太平镇的历史沿革等。历史重要人物、重要事件，如杨状元、娘娘坟、状元坟，滴米遗迹，苏维埃红军纪念碑等，介绍人物和事件的简况、典故。南山村的民俗风情颇有特色，也是展示的重要方面。南山村均为汉族居民，民性纯良，有非物质文化遗产曲艺唢呐。唢呐是中国民族吹管乐器的一种，由波斯传入，在西晋时期的新疆克孜尔石窟寺的壁画中就已经出现了唢呐演奏的绘画，最晚在16世纪就在中国民间流传了。当地的唢呐乐，是具有川西独特风格的民间音乐，主要流传在太平镇及其附近地区，目前活跃在太平镇的唢呐表演民间艺人达20余人，为老百姓带来了文化和休闲的乐趣。

建设村史馆时，村史馆内部依然保留南山村旧有的木结构，只进行简单的加固，地面铺设与原貌符合的青石板而不是水泥瓷砖，外部围墙也采用村口小河捞上来的石头垒砌，尽可能地保留当地的特色。馆内用展板的形式介绍南山村的概况，用照片墙廊的形式展现一系列的村落沿革、名人乡贤、古迹遗址、新村新貌，每个场景都是一个故事。村史馆大厅陈设具有南山村特色，可将村落的传统锄头、风箱、犁头、锤子等农具错落有致摆放。

随着科技发展，人们生活更加便利，以往居民家里普遍使用的"老物件""老照片"逐渐退出生活舞台，成为"无法触摸到的根脉"。而装满了乡村故事、乡情、历史的村史馆的建立，将成为留给后代的宝贵精神财富，让一代代人重新认识家乡、了解村落的演变，也能够让游客充分了解村落的前世今生、历史人文。

（2）农产品采摘区。

基于文化创意的农产品采摘区，根据地形地貌、气候特征，确定适合南山村种植的水果蔬菜，如柚子、柠檬、西红柿、草莓等。在果园或者大棚内组织游客进行观光采摘活动。游客可游览园貌、采摘、嫁接、修剪、品尝、收获农作物等，让游客体验劳动的艰辛，尽享收获的愉悦。利用蔬菜、水果等特产，吸引外来游客吃农家饭、品农家菜、住农家屋、娱农家乐、购农家物等，设置温室草莓采摘游、柚子采摘节、西红柿采摘节、葡萄采摘节等多项活动，这种亲近自然、回归自然的特色旅游模式，春、夏、秋三季均可，适于久居城市的市民以及以家庭为小团体的出游者。同时也可以将村落的农田与创意产业相结合，如将稻田做成大熊猫的形状，吸引游客们的注意，让游客感受到南山村的创意氛围。

（3）艺术民宿区。

更新乡村旅游的发展模式，各种创意旅游模式更加吸引游客，民宿作为旅游的重要一环也应当被重点设计。民宿的设计要考虑与传统村落风貌相结合，在南山村的传统四合院空间中引入现代居住生活方式，打造艺术民宿区。在村落的传统建筑区域内，设计要尊重院落的原始空间格局，保留以前的空间格局，如长着青苔的石板路、土得掉渣的夯土墙，同时将其改造成为适合现代人生活方式的居住空间。因地制宜，结合周围大片的绿色有机农田，通过大开窗的设计将绿色引入室内，使共生和生态在民宿中得到很好体现。保留原始的瓦片屋顶和横梁，外墙刷上一层大地色的涂料。室内房间设计，将白墙与木质材料结合，空间变得自然纯粹，配以现代化简约的装饰，以黄铜材质家具为点缀，映射出低调与雅奢，提升室内的整体气质。塑造室内空间与原有山体的空间关系，在动线梳理上将所有房间采用单独进入的方式，最大限度保留房间的私密性。这样的艺术民宿，可以使游客在南山村有更好的旅游观光体验。

5.4.1.3　立体农业园

立体农业不仅是传统农业与现代农业科技相结合的新发展,还是传统农业的精华优化组合。究其根本,立体农业是空间结构上的各种生物种类(植物、动物、微生物)相互作用联系的生态群体。这种立体农业的发展模式可以通过发掘土地、太阳能、水资源的潜力去提高农业的生产率,同时可以缓解人与土地、粮食与经济作物之间的矛盾,从而达到提高资源利用率的目的。因此,根据立体农业的发展模式,依托山区村落的地形变化大、气候垂直变化大的状况,可以在村落内建设立体农业园,实行多种生物结构有机结合的方式。充分利用空间和时间,通过间作、套作、混作等立体种养、混养等立体模式,较大幅度提高单位面积的作物产量,提高土地利用率。同时,提高化肥、农药等人工辅助产品的利用率,缓解残留化肥、农药等对土壤环境、水环境的压力,坚持环境与发展"双赢",建立经济与环境融合观(曹建生,2004)。涪江流域传统村落大多处于山地丘陵地带,因此可以更新农业发展模式,将传统农业发展为立体农业,即可在现有产业的基础上进一步发展特色农业,在加快乡村旅游产业发展的同时,形成"一三"互动的产业发展模式,从而带动整个村落经济的快速发展。

这里以绵阳市游仙区徐家镇和阳村为例,深入了解立体农业园的规划和建设情况。下面阐述中的一部分源自传统村落申报材料。

1)概况

和阳村隶属于四川省绵阳市游仙区徐家镇,位于该镇西北部,距离镇政府驻地 7.3km,距离绵阳城区 42km;地理位置为 105°00′E,31°36′N;东与响水村毗邻,南与白鹤村连接,西与柏林镇、魏城镇接壤,北与鸿禧村相连;面积 5.4km²,辖 18 个农业合作社,户数为572 户,总人口为 2408 人,农村劳动力 1653 人,耕地面积 2947 亩。和阳村依山傍水,山清水秀,土壤肥沃,是名副其实的"鱼米之乡"。

2)气候地貌特征

和阳村属亚热带季风气候,光照适宜,降水相对集中,雨热同季,四季分明。多年平均气温为 15.6℃,年平均日照时数为 2412h,无霜期为 213d,年总降水量为 968mm左右。

和阳村属于丘陵地区,海拔为 497~596m,东有南瓜寨大山、西有马鞍山、北有金盘垭环抱。小(Ⅰ)型飞跃水库、小(Ⅱ)型安家湾水库和 32 口塘堰是生产、生活的主要水源,不足水源由武引魏城分支渠提供。新桥河由北向南从村域中间直穿而下,汇入徐东河。河上有一座公路桥,是连接东西两岸 2000 余人的必经之道,似有"小桥流水人家"之佳境。

3)总体规划

根据和阳村的地形地貌以及海拔高差,结合种植、养殖的第一产业,实行立体农业的模式。山坡位置,耕种易发生水土流失,以发展林业及草地为主;缓坡和平坦的谷地,土层深厚,不易发生水土流失,适宜发展耕种业;地势低位处,易积水,呈现洪涝,适合养鱼。由山顶至山谷依次为"用材林—经济林或毛竹—果园或人工草地—农田—鱼塘"。这种"丘上林草丘间塘,缓坡沟谷果鱼粮"的立体农业布局和以林果为主的土地利用结构,是一种建立在生态良性循环基础上的生态农业。

在和阳村地势最高的山坡上，种植柠檬、柚子等果树，充分发挥地形地貌的特征，种植果树不仅可以起到山顶绿化的效果，还给村落带来经济收入。同时，基于果树的林业发展进行养殖业模式的改变，利用现有的植被森林资源，建立新的林下生产方式与健康有机养殖技术系统，最终达到高附加值的土地利用、绿色禽畜和有机水果共存的目的。利用果树林下的土地资源和林荫优势，用围栏的形式饲养菜鸡，林下圈养奶山羊，这种模式投资少、见效快、易管理。在平缓的谷地种植小麦、玉米、油菜等农作物，进行集约化耕种，改良土壤。在地势较低的地方开挖鱼塘积水发展渔业，养殖团鱼、鲤鱼、草鱼、鲫鱼、鲢鱼、鳙鱼、鳝鱼等鱼类，同时挖出来的土还可再次利用，从而达到环境与发展共生的目的。

5.4.2　社会结构更新

社会结构的概念有广义和狭义之分，广义上的社会结构是指社会经济生活中，各个领域活动中相互影响、相互制约的结构状态，是一种社会结构基本属性的静态概况；狭义上的社会结构是指在社会分化的条件下所形成的各个群体之间的相互分化又彼此联系的状态（仲金玲，2017）。涪江流域传统村落的社会结构是指种群数量结构以及群体组合结构，这里的种群数量结构主要是指村落中的常住人口数量和总人口数量。根据实地调研发现，涪江流域传统村落大多有一个现象，即村落居住者多为老年人，老龄化现象严重，中青年人大量流失，多外出打工，由此导致村落的人口结构发生了变化，大部分村落变成了"空心村"，如重庆市潼南区古溪镇禄沟村、遂宁市射洪市楼山镇楼山社区等。而各个群体之间的相互分化又彼此联系的状态在这里是指一个村落内有两个或以上不同民族的居民，如绵阳市盐亭县林山乡青峰村便是多民族聚居，有汉族和回族，他们之间的文化、信仰以及语言不同，难免会产生摩擦，但长时间的共同生活也使他们的思想、文化产生了一定的融合。因此，对于这种不同民族之间存在文化、传统等差异的村落，如何使居民相处得更加和谐，各民族不同的文化、传统都得到尊重与传承，是值得去思考和分析的。

5.4.2.1　空心村更新策略

随着科学技术的发展和社会经济水平的提高，农村的中青年人走向城市打拼的概率逐年增加。在对涪江流域传统村落实地调研后发现，近些年来，一些年轻人在城里通过不断地拼搏都找到了自己的事业，并将新家建在城里，造成了传统村落的民居建筑人去屋空，几乎每个村落都有这样的情况存在。加上村落里大多只剩下孤寡老人，人口逐年递减，导致村落"空心化"现象严重。例如，绵阳市北川羌族自治县马槽乡黑水村、绵阳市盐亭县五龙乡龙潭村、德阳市中江县仓山镇三江村等都是这种村落内无青壮人的"空心村"。根据传统村落"空心化"的原因分析，提出如下四点更新措施。

（1）改变农业产业的弱势地位是解决"空心村"的关键。中青年劳动力的流失是利益差别而引起的，农业经济收入的低下促使年轻人远离村落走向城镇。只有创造在村落的就业机会，改变农业产业结构，才能减少城乡就业收入的差距。因此，要更新村落的产业模式，改变城乡二元经济结构，将第一产业与第二产业相结合，使得村落资源在第一产业与第二产业之间进行合理配置，实现两个产业之间的人口、土地、技术、资金等要素的重新整合，从而达到效率和收益的最大化。用现代化的手段提高农业生产能力，提升农业在整个产业中的竞争力，增加农民的经济收入。通过建立村落集中规划建设体制，进一步改善居住环境以及生态环境，在实现产业可持续发展的同时带动居民收入提高，促使更多的年轻人回乡奋斗，为自己的家乡建设做出贡献，安居乐业，减少"空心村"现象的发生。

（2）政府应加强对村落农业发展的政策支持、扶持的力度，进一步弥补市场机制对农业资源配置的不足，巩固国民经济基础，这既保证了村落居民经济收入，又是治理"空心村"现象的有效措施。这些"空心村"要实现农业的长期稳定发展，需要政府投入资金扶持建设农业基础设施，提高农业的生产产值。同时，当地政府也应对"空心村"村落的地理位置、气候环境进行分析，改良土质，开展技术指导，提出科学化养殖、种植方案建议；加大投资力度，减轻居民的负担，提高居民的生产积极性，吸引外出务工青年返还家乡。

（3）针对区位优势明显、产业基础较好、文化底蕴深厚、旅游资源丰富的"空心村"，通过补旧建新、农宅置换等方式，结合传统村落人居环境整治、乡村振兴等项目，分析评估建筑的危险等级，对可修复的传统建筑进行原貌加固、修复。同时在传统村落中建设小广场、小游园、小菜园等，发展休闲农业、乡村旅游、农村电商等新产业新业态，带动群众致富。

（4）国家应加大统筹城乡改革力度，突破城乡二元户籍制度限制，建立符合市场经济规律的人口自由流动机制，既能让"村民进城"，又应允许"市民下乡"（徐小明等，2018）。目前，针对农村"空心化"这一现象，国家对部分地区出台了"市民下乡"或"能人返乡"的各种政策，推进城乡统筹发展，增加了对农村的财力投入，改善了农村的基础设施，同时也为传统村落的发展创造了有利条件。

5.4.2.2　居民参与更新策略

传统村落是居民生产生活的地方，鼓励当地居民积极参与到家乡建设中来，也是传统村落更新的重点。以绵阳市盐亭县林山乡青峰村为例，青峰村为汉族及回族混居，是由两个民族聚集起来的村落。由于居民的宗教、信仰、文化的不同，在日常生活中必然会产生各种误会。如何减少各民族之间的冲突？如何促使各民族和谐相处？这是值得思考的问题。为了解决这一矛盾，民族之间的邻里交流颇为重要，这里提出以下几点建议。

1）使少数民族干部成为向少数民族宣传的主体

在宣传方针政策时，首先必须解决好让少数民族容易接受、乐于接受的问题。在青峰村的宣传活动中，少数民族干部作为民族政策宣传的主体，不仅使少数民族群众可以在语言上更好地交流，还可以使他们在心理感情上接受宣传，听得更加透彻明白。同时，通过宣传，民族干部能更好地融入群众，进一步拉近了干群关系，使少数民族干部真正成为各项方针政策的传播者、实践者。

2）用好让群众听得明的宣传载体——民族语言

在青峰村，有部分回族群众的日常用语仍然是回语，因此需要组建民族语言宣讲队。

工作人员在宣讲方针政策时，不仅要把理论性的语言换种方式解说给群众，还要把"普通话"转化为"地方话"。每当重大会议召开、重大政策出台后，都要及时安排民族语言宣讲队进村入户，把"地方话"传达到各户每人。宣讲队与少数民族群众面对面交流，深入浅出进行讲解传授，使宣传接地气，人们更易接受。

3）利用好民族节日这个促进人们感情的展示平台

青峰村内回族众多，民族节日也多，而少数民族的节日具有参与面广、互动性强、人员集中等特点。利用好民族节日这种机会，广泛开展民族团结进步教育，增进汉回两族居民友谊，使他们同心同德、同心同向。每年的民族节日，不管是回族节日，还是汉族节日，都不仅是本民族的欢庆佳节，还是全村两族居民共同庆贺的节日。在共庆民族节日中呈现汉回民族共同团结奋斗、繁荣发展的生动局面。在重大民族节庆期间，举办突出民族特色的主题活动，宣传各项方针政策，让宣传教育看得见、摸得着。利用民族节日平台，促进民族团结、弘扬民族文化、加快经济发展、推动社会进步。

4）用好民族文化表演这种表现形式

理论方针政策的宣传，必须注重尊重、保护、传承、弘扬优秀民族文化的方式方法，把各项路线方针政策与民族文化有效地结合起来，发挥民族文化表演不可替代的优势。在青峰村，要以民族文化为力量凝聚人心，向民众展现更多具有代表性的民族文化作品，文艺作品的创作编排应把理论方针政策与民族文化融为一体，深入村寨演出，使各项方针政策在浓郁的民族文化氛围中被各族群众接受、理解。

5.4.3 物质空间环境更新

涪江流域传统村落的物质空间环境应该包括村落建筑、村落道路、村落景观节点以及村落的基础设施。而传统村落的物质空间环境更新就是将已不适应村落发展的民居建筑、道路、景观节点空间、基础设施等进行循序渐进式的改造，延长或重新构建其机能，保证村落的正常运转。

5.4.3.1 村落建筑更新

传统村落的建筑类型作为村落最重要的单元组成细胞，蕴含了当地居民的美好记忆，这些记忆又能够使居民产生对美好生活的期待，如众所周知的北京四合院及北京胡同、上海石库门建筑及里弄街巷的肌理都是由建筑实体形成的。这是基于历史遗留下来的传统模式而形成的一种肌理，并且承载了各代人的生活模式以及当地的文化传统，代表了一种具有传统特色的居住模式。村落是一种保持着世代相传特点的乡村生活空间，由于村落内居民的活动范围较小，受限于区域，村落内的人口流动相对较小，村落居民的价值观相对一致，因与外界产生隔离，村落具有强烈的地域特色。民居建筑在建造和更新的时候，需要建筑工匠们根据当地的自然环境、生活习惯、风土人情、历史经验等来进行。这些民居建筑具有很大的相似性，民居建筑的建筑质量及形式大体相同，同时村落肌理的整体空间关系具有连续性，且保留了当地地域特色的建筑形式。例如，重庆市大足区雍溪镇红星社区民居建筑的布局及构架体现了川东民居的特色（图 4-51 和图 4-52）；绵阳市梓潼县仙峰乡甘滋村的民居建筑具有强烈的地方特色，一字形、三合院、四合院的运用，展现了浓厚的川北民居特色（图 5-55）；绵阳市北川羌族自治县青片乡正河村民居建筑的穿斗结构、挑檐、檐角、墙体等展现出川西民居的特色（图 5-56）。

图 5-55　甘滋村一字形民居建筑

来源：自绘

图 5-56　正河村民居建筑

来源：自绘

综合各方面情况，以绵阳市梓潼县文昌镇七曲村为例，提出如下村落建筑更新的措施。

七曲村的民居建筑颇具特色。在平面布局上，由于丘陵山地条件，院落组合多为小规模的三合院或四合院；在空间形态上，少有敞厅、穿堂、周围廊等，屋檐高度也较低矮一些，出檐也稍短，建筑空间显得不甚高敞；在结构构造上，多采用土板筑墙或土培砖石墙承重，土墙一般围护房屋后部及两山面，高度至檐口下，上面露出穿斗木构架，正面仍为木板壁门窗；在建筑形制风格上，多为一字形、曲尺形或小型三合院、四合院，结合山地地形，变化自由灵活，形体生动活泼。对于民居建筑更新，应根据不同情况采取不同的对策。村落内有一些无人居住的土木结构的民居建筑，与村落的整体风貌不冲突，将它进行保留且保持现状尚可；改善不影响村落整体布局的房屋建筑，不可以对民居建筑进行大拆大建；对于那些质量较好但外观与村落的整体布局不协调的民居建筑，应进行重建处理；拆除质量差、简陋破损的危房以及违背村落整体格局风貌的民居建筑，从而提高村落人居环境质量。

村落民居建筑在整体形态上应基于村落的整体布局、居民生活习惯、传统文化、地形地貌条件等因素的影响，明确村落的建筑风格和建筑布局，对村落原有的建筑肌理进行可持续更新发展。新造建筑时，应该考虑新造建筑的布局形式与原有建筑在整体风貌上要协调统一，且尽可能地使用当地建筑材质，避免形成简易的现代建筑风格，以便于建造具有鲜明特征的地方特色建筑。

5.4.3.2　村落道路更新

在涪江流域传统村落中，一些村落的道路路网密度大、路幅宽度较小，道路的承载能力较弱。这些村落道路的设计之初是以步行出行方式为主的，道路的宽度有限且道路空间的扩张能力不强。大多数情况下，人们对一个村落的感知首先来自进入村落的道路。村落整体道路串联着一些具有特色的地标、节点等意象元素，能够使人们强化对地段的认知，从而产生精神上的归属（马非，2006）。

更新时，在传统村落的原有道路上进行更新改造，不仅要保留传统村落的道路肌理，还要显示出该村落的文化底蕴。通过实地调研发现，涪江流域传统村落的道路存在各种各样的问题。例如，重庆市潼南区古溪镇禄沟村的主要道路随着地势地形的走向而连通，有明显的丘陵特征，但村落内的道路从镇到禄沟村并不连贯，甚至需要从楼房中上下穿行，对居民的生活来说十分不便。又如，重庆市潼南区花岩镇花岩社区的主干道路通常被临街商铺以及各种流动的摊贩所占用，挤压减窄了道路的宽度，降低了道路使用率，形成了人与车相互侵占的现象，存在极大的安全隐患。村落道路不仅承担了交通运输功能，同时还是居民生产生活的场所，因此道路周围都是树木及灌木丛，创造了良好的自然环境。然而，村落道路大多是水泥路面、碎石路面，且路面并不平整；一些村落道路在更新设计的时候只考虑了交通运输功能方面的因素，只是单纯地将道路扩宽、硬化，没有考虑到道路与周围自然环境的协调，这些问题是村落道路更新需要解决的问题。

综合各方面情况，以重庆市潼南区古溪镇禄沟村为例，提出如下村落道路更新的措施。

根据村落道路等级分别进行更新设计研究。对于主干道，将其更新设计为以交通为主导的主干道，拓宽道路横断面，以满足机动车、非机动车以及居民的通行要求；将不同的车道分别做好交通标识，以便于识别；道路两侧进行丰富的绿化建设，加大道路的绿化率，为居民提供舒适的步行与交往的空间环境。在道路交叉口的地段，可以设置标志性的景观节点。丰富民居的宅前路，平整其道路路面，将其更新设计为一个宅前缓冲空间，这种空间可以为行人提供舒适和安全的休憩空间；邻近宅前进行减速带的布置，提高道路的安全性。村落街巷道路更新为以步行为主导的道路，禁止各种机动车通行，对于非机动车进行适当的车速控制，根据村落特色风貌进行街巷空间的特色设计，并提供居民休憩的座椅。

道路是村落交通运输的载体，同时也是居民进行物质生活的交往空间，因此在更新设计的同时不能简单地模仿城市道路更新的设计思路，而是要因地制宜，根据村落的功能布局，在满足交通运输、居民需求以及保护村落景观风貌的条件下，对村落道路进行合理的更新设计。

5.4.3.3　村落景观节点更新

节点是区域重要的组成部分，也是人们视线的聚集点（陈佳暄，2012）。节点的形式多样，它可以是道路交叉点，也可以是转角点，主要在空间转换的地方设置；节点也可以是因某些特定功能而设置的空间节点，即各种活动场所空间。传统村落道路的交叉处形成了很多交叉点，这些点可以作为村落节点进行打造。根据村落居民的活动需求以及村落的发展情况，将村落节点与旅游、服务业结合，促进了村落的经济发展，同时也增加了居民之间相互交往的空间。村落节点可以使居民产生心灵上的归属感和获得感，这些节点承载着重要的公共活动空间的功能（徐丹，2007）。在对村落节点的设置与更新过程中，要结合村落的特色和居民的内心需求，利用村落现有的自然资源，打造有人气、有活力的魅力村落，展现村落的人文风采。

涪江流域传统村落普遍存在缺乏村落节点或村落节点有待更新的情况。以前村落居民喜欢在古树、古井旁或者祠堂前的空地上、道路两旁活动交流，但是随着时间的流逝，这些空间的功能慢慢消失，居民的活动范围也越来越小，村落缺乏有效的节点空间供大家使用，因此传统村落的节点更新变得尤为重要。

综合各方面情况，以绵阳市盐亭县五龙乡龙潭村为例，提出如下村落节点更新的措施。

对于龙潭村，村落节点的更新应以保护为主，不要破坏村落原有的肌理和自然环境；考虑到村落没有重要节点和居民活动场所的现状，在村口处设置活动中心或村委会，使其成为居民集会的主要场所，居民商量讨论重大事情的集中地；在村落道路交叉口的位置设置景观节点，结合展示栏、文化墙等文化宣传手段展示村落的人文特色；节点更新要丰富村落的景观，重塑村落的节点功能，提升居民的生活质量和村落的整体风貌。

1）村落公共空间节点打造

对于传统村落来说，居民之间的相互交往很重要，居民对生活品质的要求越来越高，村落相应地也要进行更新与发展。如今国家提出了乡村振兴战略，目的就是提高农民的经济收入，改善农民的生活水平。因此，传统村落要因地制宜打造居民活动的公共空间，通过节点的设置激活村落的活力，提升村落的人居环境。

2）原有节点的更新与重塑

传统村落里，存在一些过去人们在生产生活中经常活动的节点，如村口、桥边、古树旁等，这些节点承载着居民淳朴的民风和心灵的归属感。对传统村落节点的更新，要重塑原有村落节点的功能，恢复其原有的精神价值，保存村落的历史记忆，提升居民的幸福感。

3）突出特色文化节点

不同民族的传统村落有不同的文化习俗，传统村落节点的更新要遵循村落原有的历史文脉，突出村落的特色文化，体现浓厚的传统村落人文气息和乡土氛围，尊重村落的本土文化与风俗民情并应用于传统村落节点的更新中，这样的节点才能充分发挥其功能与价值，展示村落的特色（朱霞和谢小玲，2007）。

5.5　涪江流域传统村落人居环境发展策略

为了传统村落能够和谐可持续发展，政府、社会、居民、游客必须共同努力。坚持把农村全面振兴作为传统村落保护发展的立足点和着力点，抓住重点，弥补不足，加强薄弱环节，实现传统村落产业、文化、生态、组织的"四个振兴"。传统村落的发展，使居民在乡村振兴中有了更多的幸福感和安全感。传统村落的保护与发展并不是一对矛盾，而是相互促进的关系。为了使人居环境得到改善，居民生活品质得到提高，需要在严格保护村落传统资源的基础上，采取切实可行的措施，积极发挥各项传统资源的价值。在实地调研和分析的基础上，从改善生态环境、发展多元产业、完善基础服务设施三个方面，提出涪江流域传统村落的具体发展措施，从而提高传统村落人居环境的质量。

　　传统村落人居环境建设应以和谐人居为发展内涵，建设一种富足而富有诗意、自足而开放的人居环境，实现乡村振兴。改善传统村落人居环境，应积极加强制度建设，建立传统村落人居环境评价机制，坚持传统村落保护与人居环境建设并举，与新农村建设相协调，把传统村落人居环境建设纳入村镇建设规划之中，合理安排土地利用，推动新民居建设、人居环境建设、传统村落保护的统筹协调。建立切实有效的公众参与机制，争取政府、社会各界人士、居民的积极参与和配合。

5.5.1　生态重构发展

　　涪江流域传统村落自然环境优美，生态环境要素包括气候、地形地貌以及山体、绿植等。这里生态重构发展主要针对山水环境发展而言。规划先行，是"既要金山银山，又要绿水青山"的前提，也是让"绿水青山变成金山银山"的顶层设计。2017 年 10 月，中国共产党第十九次全国代表大会报告中指出：坚持人与自然和谐共生，必须树立和践行"绿水青山就是金山银山"的理念，坚持节约资源和保护环境的基本国策。近年来，重视区域规划问题，强化主体功能定位，优化国土空间开发格局，护好绿水青山、做大金山银山，不断丰富发展经济和保护生态之间的辩证关系，在实践中将"绿水青山就是金山银山"化为生动的现实，成为千万群众的自觉行动。涪江流域传统村落，可以依靠四川盆地的各种山坡丘陵、众多河流，进行生态重构，在发展好经济的同时，加强生态环境恢复性研究，进行传统村落生态环境的保护、修复和建设。

　　生态环境资源作为人类生产生活的重要基础，人类的生产要着力于长远发展目标，实现人与自然和谐发展、可持续发展，不能以牺牲生态环境来换取经济的发展。因此，为了确保社会经济发展与生态环境的和谐统一，必须摒弃传统的生态环境保护方法，创新生态环境保护建设机制。第一，生态环境保护部门要与地方政府做好沟通和协调，形成有效的合作机制，利用政府的公信力调动个人、企业参与到生态环境保护建设中来，确保生态环境保护建设有坚强的群众、企业基础，以更好地开展生态环境保护建设工作。第二，生态环境保护部门要发挥好自身的职能作用，督促相关企业科学进行技术改造，优化产业结构，减少污染排放，同时政府部门要鼓励企业进行新能源改造，加强扶持力度，这样才能有效地构建生态环境保护建设机制，促进生态环境保护建设工作的顺利进行。

5.5.1.1　水体环境恢复发展

　　水体作为人类生产生活必不可缺的元素，对人类的繁衍发展起着至关重要的作用。涪江流域传统村落是人们依涪江河畔及各支流休憩定居而逐渐演变过来的。涪江作为这些传统村落的母亲河，哺育了河畔一代又一代的朴实居民。在现存的传统村落中，基本上每个村落都有涪江或者涪江的支流川流而过，村落周边散落着零散的水塘，村落内有水质较好的地下深层水。随着经济的快速发展，居民的生活水平不断提高，村落的排水设施已经跟不上人们的生活节奏，原有排水设施的弊端也日益凸显出来，造成了水体污染。例如，绵阳市三台县塔山镇南池村，村落的排水方式为直排式，生活污水直接通过明沟暗渠流入附近水体。又如，绵阳市梓潼县定远乡同心村缺乏相应的污水处理设施，村落生活污水均随意排放到房前屋后或农田。水是生命之源，要从源头保护水资源，需针对村落的水系来源进行研究，并提出相应的水体环境恢复发展措施。

1）小流域治理措施

小流域治理是以小流域为单元的水土综合治理，即在全面规划的基础上，合理安排农林牧渔各业用地，布置各种水土保持措施，使之互相协调、互相促进，形成综合的防治措施体系。小流域治理的目的在于防治水土流失，保护、改良与合理利用水土资源，充分发挥小流域水土资源的经济效益和社会效益（陆雄文，2013）。例如，绵阳市游仙区观太乡卢家坪村，以小流域为单元进行分块细致规划，对山地、水体、田地、林区、路段进行综合规划治理。根据此小流域的地域特征，采取相应的改善水土措施，如在坡面上开辟分层梯田、针对性种植经济树种、增加地面绿化、沟渠内加以设置淤地坝等，利用人工措施增加生物涵养功能，同时在保证耕种不受影响的情况下，各种设施作用与生态功能相互补充、相辅相成。

对于小流域的整体规划，利用不同措施进行分层分级，有效地遏制水土流失，涵养小流域地块内的水土资源。在此基础上，地块可以充分利用天然降水，增加地块内土壤湿润度，减少裸露水体的冲击，从而化解水体危机、涵养土地，形成“水不出境，泥不越界”的生态局面，达到恢复原有的生态水利环境的目的。

2）生态湿地建设措施

生态湿地建设的初衷就是保护自然、防止生态污染，高效率多步骤利用水资源，建立自然生态的湿地环境，发挥水体环境的自身改善力，净化污染物，保证各类水体的安全性。例如，绵阳市三台县西平镇柑子园村，可在村落内打造一块大面积的生态湿地，通过湿地自主挥发出大量的水分，提高村落空气润度，降低原有土壤水分的挥发，同时提高局部地区降水率，改善土壤湿润度，涵养地下生态水源。

生态湿地的设立，改善了局部地区的小气候和生态结构空间，优化了生态环境，这对防水固土、减少风沙扬尘、调节土壤干湿度等十分有效。还可以在生态湿地水体内种植相应的水生植物，利用水生植物自身的特性，吸收水体中的外界污染物，分解有害物质，达到净化水源、治理环境污染的效果，从而进一步提高村落的生态环境。

3）水处理及利用措施

改造传统村落的排水设施，采用雨污分流制排水系统，分开铺造雨水管网和污水管网，分别收集、输送雨水和污水。雨水通过雨水管网直接排往河流。污水需要通过污水管网收集后，送到污水处理厂进行处理，水质达标后再排放水体。污水经过不同程度的处理，还可以回用于农业、工业和市政，其中市政杂用水的用途广泛，如消防、绿化、厕所、洗车、空调、景观用水以及回灌地下等。因此，应在村落内规划建设污水处理厂，从源头进行污水的控制。

4）地下水保护措施

地下水资源是水资源的重要类型，是人类赖以生存的无所替代的物质资源，加强地下水资源管理是生态环境保护的重中之重。同时应加强对居民的宣传教育力度，培养、提高居民对水资源的保护意识，营造一种从内心对水资源保护的责任。按照传统村落所在的市，进行全市范围内的地下水监控。根据实地调研发现，涪江流域传统村落地下水资源保护尚存在诸多问题。例如，绵阳市三台县塔山镇南池村，由于没有污水收集处理系统，各类污水随意排放，造成浅水层倒灌的污染，因此需要进行完善的配套设施建设，以确保地下水资源的安全。

5.5.1.2　生态化空间布局发展

适宜的生态化空间布局主要从村落的"外界形象、区域范围、道路体系、生态绿廊、空间整体"五个方面入手。关注传统村落的原生态布局空间与人工后期修建空间的和谐共生关系，打造以生态为主的综合性功能空间：第一，在村落的出行节点设置生态绿地构架，构造生态型"外界形象"，更深层次优化生态优先的主要功能；第二，边缘地段开发避免单一地划定地域界限，应适地适宜依托现有的地形、生态因素，提升村落与相近生态地段的多层次多维度界限，为居民与生态空间的多面接触提供更宽广的接触地域；第三，利用便捷的道路体系布局，提升保护村落中的公共绿地环境，依托多层次的生态绿色空间，保持原有的生态景观线条，建立村落空间的绿色通道系统；第四，利用现有的道路体系选取合适视域通廊空间，打造生态绿廊，将村落中不同功能分区连接起来；第五，利用规划设计手法构建村落生态系统体系，将村落空间与耕地、林地、湿地、水体、山川等相连接，打造多维度多样性的生态村落空间，合理改善居民生活。

5.5.1.3　山水格局发展

涪江流域传统村落在选址布局时往往都会注重村落本身与周边山水的联系，并在村落的营建过程中不断强化二者之间的关系。因此，山水格局不仅仅单纯地指山水与村落之间的相对位置关系，还应该包括村落形态中与周围山水间形成的视线通廊以及在村落营建时按照风水要求对山水环境的进一步完善。

涪江流域山水格局的保护包括两个方面：一方面是山水环境的本体不被破坏，填河开路、开山采石、植被践踏、环境污染等是不被允许的。例如，绵阳市平武县白马藏族乡亚者造祖村的五个寨子南北两端都有各个寨子的男女神山，如扒昔加寨南侧的阿贝所日女神山与北侧的阿里麦牟男神山。神山是白马人崇圣的对象，不能为了发展经济就去开山采石，亵渎山神，这样会给村子带来灾祸，这从另一种角度上来讲也是对山体和植被的保护。另一方面是村落形态与周围山水间形成的视线通廊不被遮挡或破坏，即不被高层建筑遮挡或是景观范围内有极不协调的建筑等。在村落规划建设的现有管理体系中，村落的土地利用规划主要涉及对山体和水系的开发利用。因此，在对村落山水格局保护中，可以通过与村落土地利用规划的结合，将山体、水体、耕地等需要被保护的自然环境要素强制性纳入土地资源保护中，防止被破坏；对视线通廊的保护可以利用视线分析的方法，通过对标志性景观、眺望景观、自然环境之间的视线分析，开辟一定的视廊，对视廊范围内的建设行为进行规划控制。

5.5.1.4　自然景观发展

城镇特色的构成要素中，环境是必不可少的重要因素之一。人工环境是可以通过人为模仿和建造出来的，如建筑、小品、雕塑等一系列人造环境。而特定的地域环境是很难被模仿和营造出来的，如山地、丘陵、瀑布等自然环境条件，它们都各自具有独特的魅力。因此，涪江流域传统村落要将河道沿岸以及村落的自然环境作为建设考虑的主要因素，营造出村落与环境和谐相处、人与自然共生的村落生态系统。例如，遂宁市射洪市洋溪镇楞山社区，紧临涪江，为了重新构建一个全面性的生态景观风貌，应该坚持发展自然景观的理念，进行以下两个方面的改进：一是要加强对生态基础设施的建设，如保护河道沿岸的植被缓冲带、推进滨水公园的建设、严格按照山林保护区的相关保护规定进行保护和开发；二是要对现在已经被破坏的生态进行修复，如一些菜地、果园以及滨水植被的恢复和保护。

5.5.1.5　人文生态发展

人文生态同样是城镇特色的重要构成因素，在对传统村落进行改造或更新时，继承和延续当地传统乡土文化元素是发展人文生态的关键。传统乡土文化元素的延续应该注重公共交往空间的保留和重塑，同时需强化空间形态的人文性。例如，重庆市潼南区古溪镇禄沟村，首先对禄沟村的资源条件和地域特点进行全面的评价和了解，然后通过调研评价对村落的空间环境和人文环境进行分类指导式的修复激活，主要分为以下两点。

1）对人文环境的生态空间的改造激活

在尊重村落原有形态的前提下，将居民需求、传统文化、历史、自然因素都列入空间更新维度。将构建村落建筑的传统乡土材料通过现代更新的手法，使其与原有建筑更为自然地融合在一起。这样居民对村域范围、流线组织、空间组织三个方面会更加认可，更具归属感。

2）对人文生态活动的恢复激活

村落内部空间的文化民俗活动是村落特色因素之一，在对人文生态活动进行改造时，这一因素的继承和保留要契合人文生态活动保护主题。在禄沟村的更新改造中，滨水道路的建设对当地风景区吸引力的增强只是其中一方面，此外还要依靠沿岸自然风光美景的保护，并结合本土特色文化、生活习俗、生态环境来吸引游客。可以对当地的特色农产业进行现代化提升，再结合城市发展对乡村生态服务功能的需求，推动传统的乡土产业转型。例如，以禄沟村柚子为代表的特色农产品生产方式，通过在公共场合或开放空间开展特色民俗活动，并鼓励游客参与一起互动，营造良好的氛围。这种体验式的旅游文化，结合了乡村人文气息，为后续的产业结构以及村落人居环境可持续发展提供了有力支撑。

5.5.2　三产融合发展

涪江流域传统村落以第一产业为主，如种植水稻、小麦、红苕等农作物的农业，土陶制作、木器制作等手工业，养殖生猪、山羊、小家禽等的畜牧业。通过对传统村落产业的现状梳理发现，各产业都非常单薄，产业之间的联系也十分欠缺，同时无法构成规模。这就需要思考如何将产业之间进行有效的融合，协同发展，相互促进，使不同村落的产业在发展过程中可以发挥其更大的价值。

旅游业作为当今十分繁荣的产业，包含多种类型，主要有历史文化类型、生态风景类型、民俗表演类型等。旅游业结合第一产业，可以有多种选择的旅游类型，如农业观光、农业体验、农业教育等。涪江流域传统村落中许多村落的第一产业，其发展还停留在单纯农业种植上。农业教育对高素质人才培养具有十分重要的现实意义，要合理开发农业文化遗产，大力推进农耕文化教育进校园，统筹利用现有资源建设农业教育和社会实践基地，引导公众特别是中小学生参与农业科普和农事体验，因此将农业与教育结合是一种极具价值的发展模式。例如，遂宁市射洪市洋溪镇楞山社区，不但有农业种植，并且离洋溪镇特别近，可以引导镇上学校的学生去农田里体验生活，同时给他们宣讲农业知识，进行农业知识教育，使学生从小就对农业有深刻的认识。另外，结合村落旅游发展，通过旅游带动特色农产品销售，解决一定的就业问题，提供创业空间，增加居民收入。

与此同时，不可忽视的是，旅游的内在动力在于不同的物质文化，这是对人们旅游心理诉求的极大满足。但是，如果在旅游开发过程中都大同小异，都是在修古建、卖各地都可见的工艺品，那么其旅游价值就会被大大削弱，很多村落旅游开发失败的原因即在于此。文化差异是传统村落最核心的价值，涪江流域的许多传统村落都有其丰富的传统文化。传统村落中还有很多优秀的非物质文化遗产，如剪纸、陶艺以及琉璃制作工艺，通过游客的宣传，会有更多的人来认识其工艺的精美。因此，对于非物质文化资源丰富的传统村落，可以利用其文化元素大力发展作为第二产业的加工制造业，加快对传统工艺和手艺的开发和传承。例如，绵阳市平武县虎牙藏族乡上游村的虎牙藏族刺绣，据传统村落申报材料所述，虎牙藏族刺绣不但继承了传统藏族编织、挑花刺绣的工艺，更是融合了羌绣、汉族刺绣的特色，针法不受经纬限制，适宜绣花草纹样，刺绣工艺用于藏族服装的装饰，由各种直线和几何形状组成的纹样简洁美观，使藏服具有特别的韵味，村落里也随处可见居民身着带有漂亮刺绣图案的藏族服饰。除此之外，上游村还有石雕、木雕两种雕刻技艺，其可以追溯到明朝初期，石雕主要用于碑文镌刻、标识标记，常用的石雕材料主要为花岗石、大理石、青石等，此类石材质地坚硬耐风化，保存年代久远，木雕和彩绘主要用于装饰房屋、摆件、桌椅等，具有较高的美学观赏价值。通过对第一产业发展模式的探索，同时加大刺激第二产业的发展，以此来推动第三产业的蓬勃发展。这就给当地居民带来一定的收入，此手工艺的匠人们也可以有更多的资金来继续传承优秀的文化遗产。而且当传统村落的旅游达到一定规模时，必然需要作为第三产业的服务业的支撑，如民宿、餐饮等，会逐渐形成有一定规模的产业集群。在涪江流域发展较好的一些传统村落中，游客的住宿及餐饮需求并没有受到很高的重视，这在一定程度上会阻碍其自身发展，因此要加强对第三产业的规划和建设。

在涪江流域，还有着一定数量的农业资源丰富的传统村落。依托村落丰富的农业资源，将资本、技术以及资源要素跨界集约化配置，引进新型农业经营主体，即专业大户、家庭农场、农民合作社、农业产业化龙头企业，通过创建农业产业化示范基地，完善配套服务体系，逐渐形成一、二、三产业深度融合的现代园区＋特色产业＋产业融合主题＋县域电商＋特色村落＋特色旅游＋三农服务的发展链条。其中，在互联网高速发展的今天，电商的兴起有其必然性，因此要有效利用这一平台，扩大对农产品的销售范围。同时在"互联网＋"思维的引导下，将电子信息技术与农畜产品加工业融合，不断提升农畜产业化经营水平，使企业和农畜民之间的利益联结日渐紧密，促进当地经济的发展。例如，绵阳市游仙区魏城镇铁炉村，确立了"建设幸福美丽乡村、率先实现小康目标"的发展目标，主要产业集中在芦笋种植、中药材种植、庭院经济、山村旅游等，主要文化建设集中在传统农耕文化、民俗文化、精神文化等，由此建立了电子信息技术与农畜产品加工业融合模式。

通过对涪江流域传统村落的调查研究，发现有不少传统村落中存在着宅基地闲置、土地闲置等现象。因此，可通过村落闲置宅基地整理、土地整治等来新增耕地和建设用地，并将其优先用于村落产业融合发展，创建农业产业化示范基地和现代农业示范区。对农业发展较好的传统村落要完善其配套服务体系，形成农产品集散中心、物流配送中心、展销中心，这一举措可以连带周边地区共同实施，做到公共基础设施共享，促进协调发展。同时加快培育村落手工艺品和土特产品品牌，推进村落农产品品牌建设。

三产融合只有找准产业融合点才能有生命力，要坚持把工业理念、互联网理念用于现代农业，推进农业与休闲旅游、产品加工、文化创意等产业的深度融合。当前，涪江流域传统村落的农业经营主体发展缺乏，自我发展能力及市场竞争力较弱，带动力也不强。对于产业融合应坚持区域共同发展，发挥各自优势，取长补短。同时，要推动乡村振兴，鼓励引导城市的工商资本参与建设，促进工商农协作发展。三产融合是新生事物，离不开政府的支持。目前政府正在全面深化行政体制改革，深入推进农业农村改革，在农村发展上不断优化政策支持，为三产融合带来了前所未有的契机。此外，产业融合发展的背后是相关利益的联结。在对农业基础较好的传统村落进行产业融合时，在推进一、二、三产业融合发展中，居民是融合发展的出发点、落脚点，不能把居民抛在一边，要按照兼顾各方利益、保障居民权益的原则，建立联结密切的分配机制，合理分配由产业融合发展带来的红利。

5.5.3　基础设施建设与完善

涪江流域传统村落的基础设施现状不尽如人意，现代化基础设施配套不均衡、较薄弱，人居环境总体水平存在较大差异。因此，涪江流域传统村落的基础设施需要进行一定的完善，需要结合现有的建筑和道路进行合理布局，需要在不影响传统建筑格局和村落整体风貌的前提下进行基础设施的建设，避免新建的基础设施与传统村落原有风貌不协调、发生冲突。

5.5.3.1　基础设施建设现状分析

随着城镇化的快速发展，居民现代化生活方式发生转变，传统村落现有的基础设施很难满足现代人的日常需求，基础设施水平亟须提升。当前，基础设施的建设品质应该如何保证，基础设施建设后如何保证后期的运行效果，是需要讨论和研究的问题。

在居民生活水平不断提高的同时，供水便利性及水质安全的要求逐年提高，相应的污水量随之增加，并且污水成分趋于复杂，因此需要加强传统村落的污水处理设施的建设。随着资源化利用模式的改变，粪便不再用于农业生产，大部分村落还是旱厕形式的厕所，需要改变厕所模式，将旱厕改为水冲厕所。村落的生活垃圾成分变得复杂，垃圾量大大增加，处理难度激增。涪江流域传统村落的污水处理设施和垃圾处理设施都缺乏运营和维护资金；排水设施不健全，污水管网配套滞后和维护不足，导致污水处理设施运转率低；垃圾无法实现精细分类和焚烧的预处理，加剧了焚烧过程的环境污染。

5.5.3.2　基础设施规划建设

通过实地调研发现，基础设施相对较差的村落都有一个共性的现象，就是亟待解决水资源的使用及处理问题，即供水、排水、环卫问题，如绵阳市梓潼县定远乡同心村、盐亭县黄甸镇龙台村等。针对涪江流域传统村落的地形地貌特征，结合问题导向，本着经济适用的原则，进行合理的基础设施规划和建设。

1）供水设施配置

有些传统村落的居民点较为分散，集中供水比较困难，供水设施的质量无法保证，加之供水管网漏损情况较为严重，影响了供水的保障率。针对这些问题，经过分析研究，特提出以下两种供水模式策略。

（1）分散供水型。

分散供水型针对居住相对分散，地形复杂，人口少，管网建设难度大、建设成本高的村落，如重庆市潼南区古溪镇禄沟村。建设策略：保留原有的分散供水模式，并加强对设施的升级改造，统一升级管网，同时建设标准的蓄水池、消毒设施，改善管网水平，降低管网漏损。

（2）规模化集中供水型。

规模化集中供水型是针对地势相对开阔，人口较为聚集，有条件建设规模化集中供水厂的乡镇，如遂宁市射洪市洋溪镇楞山社区。建设策略：在村落的所在乡镇新建集中供水厂，根据地形地貌条件及人口划定服务的范围，实行规模化集中供水模式，提升管网配置水平，提高供水保证率。

2）排水设施配置

在对涪江流域传统村落调研时还发现，少部分经济较发达村落采用管道排水，如绵阳市游仙区太平镇南山村；大多数村落依然采用沟渠排水的方式，且排水方式为雨污合流、直排，对环境污染较大，如绵阳市游仙区徐家镇和阳村、盐亭县林山乡青峰村等。原有的排水系统不被重视，年久失修，如今接近荒废，而现代化排水设施不能全覆盖，新旧排水系统衔接断层，内涝现象时有发生；污水处理设施滞后导致村落污水直接排入就近河流，对自然环境构成潜在威胁。排水设施的规划布局，应在充分考虑地形地貌特征、水系关系的基础上，因地制宜，选择经济高效、绿色生态的农村排水模式。涪江流域传统村落多围绕着河流、水体布局，并不断建设和完善。根据这些村落与河流水系的关系，划分为三种排水设施建设模式，分别为集中模式、集中分散结合模式、分散模式。

（1）集中模式。

排水体制及管网建设：近水村落优先选择分流制排水系统，统一规划污水处理设施，生活污水通过管道收集，雨水采用明渠等排水设施收集排放。人口较少的村落可选择截流式分流制或合流制排水体制，如绵阳市平武县白马藏族乡上游村。

污水处理技术：优先选择建设污水集中处理设施，处理技术优先选择人工湿地、稳定塘、土地处理、生态沟渠等生态处理技术。人口较多的村落可选择厌氧生物膜反应池、生物接触氧化池等生化处理技术，污水经处理就近排入河流。

（2）集中分散结合模式。

排水体制及管网建设：由于傍水村落呈带状分布，宜采取集中与分散相结合的方式，统一建设三格式化粪池，初级处理后的污水排入分区建设污水管道，最后流入集中污水处理设施进行处理，雨水通过明渠收集后直接排放。

污水处理技术：优先选择预处理设施与集中处理设施相结合的模式，处理技术优先选择三格式化粪池、沼气净化池等预处理工艺以及人工湿地、土地处理等生态处理技术，污水经片区处理设施处理后分别直接排入河流。

（3）分散模式。

排水体制及管网建设：由于跨水村落居民普遍紧邻水系居住，因此不必统一规划建设污水管道，通过梳理修整现有排水网络进行排水，污水处理优先选择建设以户为单位的分散式污水处理设施，污水经处理直接排入河流。

污水处理技术：优先选择建设以单户或多户为单位的分散式污水处理设施，处理技术优先选择三格式化粪池、沼气净化池等预处理工艺，污水经处理直接排入河流。

3）环卫设施配置

涪江流域传统村落的垃圾处理设施布局相对完善，分别建有垃圾处理厂、小型垃圾焚烧炉、简易垃圾填埋场等。但也暴露出来一些问题，如垃圾处理设施以小型焚烧炉为主，焚烧产生的废气、废水、废渣没有得到相应的处理，存在污染风险；各乡镇垃圾处置场多为自建自用，不但规模小、建设标准低，而且不便于管理；其他简易垃圾填埋场，无法达到卫生填埋标准；部分地区环保观念不强，存在垃圾直扔河道现象。因此，需要建立城乡统筹、资源循环垃圾处理模式：优化垃圾转运节点，城乡一体化处理，分别建立一级转运站、片区压缩转运站、乡镇收集站、标准化填埋场，实行资源循环、"互联网+回收"的模式。

（1）强化垃圾源头分类。

推进垃圾资源化利用，必须强化垃圾源头分类。垃圾宜采用简单的分类方法，即分为可回收垃圾、可腐烂垃圾、不可腐烂垃圾等。采取垃圾分类积分奖励等措施，刺激居民积极响应垃圾分类。

（2）建立"互联网＋回收"新模式。

建立"互联网＋回收"新模式，可以提高资源利用效率，完善政策支撑体系。通过鼓励企业利用互联网、大数据等手段，提升回收企业组织水平，降低交易成本。优化再生资源回收、拆解，通过利用产业链，依托转运站，设立垃圾回收利用收购点，避免居民再度陷入"找不到回收站"的尴尬境地，提高资源回收效率。

第6章 涪江流域传统村落概况总览

中华文化博大精深,传统村落作为中国农耕文明的见证者,在族群部落聚居的基础上,按照生产生活需求不断发展、演变为具有一定规模并且相对稳定的基本社会单元。涪江流域传统村落作为本书研究的对象,是以传统村落为基本单元,对其人居环境进行调查和分析,挖掘涪江流域传统村落的文化内涵和历史价值,使传统村落文化和民族文化更好地保持其本真性并不断延续和传承下去。涪江流域传统村落有其自身特有的村落形态和建筑特色,不同地域不同民族的传统村落有着不同的特点,村落风俗民情和居民生产生活方式也各有不同,自然地理条件决定了人居环境和村落建筑文化形态。

6.1 涪江流域传统村落研究概要

本书在对涪江流域传统村落开展全面调查的基础上,基于人居环境的视角,进行了多方位的深入剖析、归纳和总结。第 1 章从涪江流域传统村落的概念入手,从历史印象、建筑艺术、乡村振兴三个视角,分别阐述了传统村落的内涵、传统村落人居环境的基本思想、传统村落人居环境、自然环境、人文环境的研究背景。第 2 章主要介绍涪江流域传统村落体系,首先介绍了涪江流域传统村落概况,然后分析了涪江流域传统村落分布选址与类型,归纳总结出涪江流域传统村落分布选址与类型,并且将涪江流域传统村落形态类型分为聚居型和散点状两大类,同时研究了涪江流域传统村落不同民族宗教建筑、不同类型居住建筑以及其他地域特色建筑的空间分布,涪江流域传统村落体系的层级与网络。第 3 章详细介绍了涪江流域传统村落的构成,即涪江流域传统村落的特征与差异、空间形态、生态环境、景观形象以及公共建筑与布局。第 4 章主要研究涪江流域传统村落的建筑营造,首先将涪江流域传统村落民居建筑类型进行分类,然后分析了不同地域以及不同民族民居建筑的特色,最后论述了民居结构构造与建筑装饰。第 5 章的主要内容是传统村落人居环境的保护与发展,首先阐述了传统村落人居环境的保护价值及意义,然后分析了涪江流域传统村落人居环境现状及存在的问题,最后提出涪江流域传统村落人居环境保护、更新、发展策略。第 6 章涪江流域传统村落概况总览,其中,涪江流域 86 个传统村落的基本情况详见附录。

本书通过实地调研、现场访谈、文献搜集、分析归纳等方式对涪江流域传统村落进行了全面的分析与研究,以发现问题—分析问题—解决问题的思路,提出保护和发展涪江流域传统村落及其人居环境,传承历史文脉,走可持续发展道路的策略。

6.2 涪江流域传统村落基本信息来源

为了更好地了解每个传统村落的基本情况,本章将 86 个涪江流域传统村落分别以"传统村落基本信息"表格形式进行立档，以更清晰、直观、详细地呈现每个传统村落的概况和特色。村落基本信息表主要展示了传统村落的名称、村落属性、地理信息、村落形成年代、村域面积、地形地貌、常住人口、产值较高的主要产业、主要民族、传统建筑形式、主要传统资源、村落简介。这些内容涵盖了涪江流域传统村落的地理位置、历史属性、规模、产业、建筑、传统资源等方面，是涪江流域传统村落"档案库"，方便随时获取村落信息。关于涪江流域传统村落基本信息表（见附录），有如下几点需要说明。

（1）涪江流域传统村落基本信息表的基本信息来源于现场实地调研、传统村落申报材料以及地理卫星地图、网络资料等，数据具有准确性和真实性，但是由于一些资料年份较早，传统村落发展较快，时效性有待进一步加强。

（2）传统村落的形成是一个渐进的过程，包含了若干年代，有的跨度较大，但这里标注的是村落最初形成的年代，之后年代修造的建筑自然在内，更具准确性。

（3）有关面积、人口、位置、海拔、全年平均气温、年降水量等数据来源于传统村落申报材料，取自一定的年度，可能与当下实时更新的数据存在出入。

（4）表格内有一栏数据为村域面积，而村落简介内容会提及村落面积，这里的村域面积和村落简介中的面积含义相同，即数值相同。

（5）涪江流域传统村落空间形态类型主要呈聚居型和散点状，周边环境复杂，地形地貌多变，其地形地貌主要参考传统村落的平均海拔高度来判定，由于有些村域范围较大、边界不够明确，附录中确定的地形地貌或许存在不太准确的情况。

（6）产业是村落发展的经济支撑，附录中认定的传统村落主要产业具有相对稳定性，但随着社会的发展，新的产业会不断出现。

（7）传统建筑形式是根据材料、结构等不同特征而确定的，附录中所列的建筑形式具有一定的代表性，为传统村落的主要传统建筑形式。

（8）传统村落资源丰富，种类繁多，无法一一列举，附录统计的是村落中最具有特色和代表性的主要传统资源。

6.3　涪江流域传统村落基本信息一览

涪江流域范围广阔，地理环境复杂，人文底蕴深厚。随着国家的政策支持、居民意识的觉醒、社会各界的关注，传统村落历史文化不断传承延续。深层次、全方位地挖掘传统村落特色，传统村落的保护和发展并重，传统村落的独特魅力必定展现在人们的视野中。走进涪江流域，走进传统村落，86 个传统村落就是 86 幅"画"，让每一幅画更加绚丽多彩。

参 考 文 献

（北魏）郦道元. 1983. 水经注校[M]. 王国维校. 上海：上海人民出版社.

（晋）常璩. 1987. 华阳国志校补图注[M]. 任乃强校注. 上海：上海古籍出版社.

（梁）沈约. 1974. 宋书[M]. 北京：中华书局（第一版）.

（清）乐史. 979. 太平寰宇记[M]. 清光绪金陵书局.

[美]凯文·林奇. 2002. 城市意象[M]. 方益萍，何晓军，译. 北京：华夏出版社.

[日]芦原义信. 1985. 外部空间设计[M]. 尹培桐，译. 北京：中国建筑工业出版社.

[日]原广司. 2003. 世界聚落的教示 100[M]. 于天玮，刘淑梅，马千里，译. 北京：中国建筑工业出版社.

Doxiadis C A. 1969. Ekistics，an Introduction to the Science of Human Settlements[M]. London：Hutchinsons.

Doxiadis C A. 1970. Man's movement and his settlements?[J]. International Journal of Environmental Studies，
    1（1-4）：19-30.

蔡继林. 2018-07-02. 乡村振兴战略的实施与评价[N]. 金融时报.

曹建生. 2004-05-20. 立体农业与环境安全效应分析[C]. 全国立体农业、庭院经济学术讨论会.

曹迎春，张玉坤. 2013. "中国传统村落"评选及分布探析[J]. 建筑学报，（12）：44-49.

柴林，王江波，苟爱萍. 2017. 中国传统村落防洪方法研究[J]. 小城镇建设，（1）：17-18.

常清明. 2003. 寻找神秘的氐族后裔田[J]. 旅游，（11）：28-31.

陈彬. 2013. 复杂地质环境下高速公路地质选线研究——以绵阳至九寨沟高速公路为例[D]. 西安：长
    安大学.

陈桂权. 2019a. 江油青林口村[Z]. 绵阳市政协文化文史和学习委员会.

陈桂权. 2019b. 平武亚者造祖村[Z]. 绵阳市政协文化文史和学习委员会.

陈桂权. 2020a. 北川青片上五村[Z]. 绵阳市政协文化文史和学习委员会.

陈桂权. 2020b. 平武虎牙上游村[Z]. 绵阳市政协文化文史和学习委员会.

陈佳暄. 2012. 广州城中村改造中的村庄肌理保护与更新研究——以广州市荔湾区茶滘村更新改造为
    例[D]. 广州：华南理工大学.

陈君子，刘大均，周勇，等. 2018. 嘉陵江流域传统村落空间分布及成因分析[J]. 经济地理，（2）：148-153.

陈丽佳. 2019. 传统村落保护与旅游开发策略研究——以福建省北墘村为例[J]. 工业设计，（2）：111-113.

陈亮. 2018. 旅游联动发展视角下的传统村落保护与发展研究——以新化县为例[D]. 绵阳：西南科技
    大学.

陈玲. 2017-10-18. 坚持"一国两制" 推进祖国统一[EB/OL]. 资讯贵阳. http://www.myzaker.com/article/
    59e72d561bc8e0432c0003e6/.

陈蔚，胡斌，张兴国. 2011. 清代四川城镇聚落结构与"移民会馆"——人文地理学视野下的会馆建筑分
    布与选址研究[J]. 建筑学报，（S1）：44-49.

陈蔚，胡斌. 2011. 明清"湖广填川"移民会馆与清代四川城镇聚落结构演变的人类学研究[C]. 中国建筑
    学会建筑史学分会，中国科学技术史学会建筑史专业委员会，兰州理工大学设计艺术学院. 建筑历
    史与理论第十一辑（2011 年中国建筑史学学术年会论文集-兰州理工大学学报第 37 卷）.

陈晓华，程佳. 2018. 文化传承视角下我国传统村落保护发展研究述评[J]. 淮北师范大学学报（哲学社会
    科学版），39（2）：112-120.

成斌. 2004. 川西北乡土建筑的生态特征初探[J]. 四川建筑, (5): 17-18.

程茜, 熊英伟, 何云晓. 2017. 青林口古村落民居建筑风貌特色研究[J]. 绿色环保建材, (2): 189-192.

程咬金. 2017. 中国传统村落系列: 郭亮村[J]. 今日重庆, (14): 92-96.

楚浩然, 顾彬玉. 2016. 略论川东北传统民居的特点与价值[J]. 经贸实践, (21): 312.

邱琦. 2015. 城市特色塑造视角下的历史街区再生设计研究——以宁夏中卫市高庙历史街区为例[D]. 天津: 河北工业大学.

丁玲玲, 耿喜波. 2018. 活化历史文化遗产加强古镇文化建设——以泉州洛阳镇为个案[J]. 兰州教育学院学报, 34 (7): 91-94.

董芦笛, 樊亚妮, 刘加平. 2013. 绿色基础设施的传统智慧: 气候适宜性传统聚落环境空间单元模式分析[J]. 中国园林, 29 (3): 27-30.

董文静. 2015. 重庆地区传统村落空间格局动态监测指标体系研究[D]. 重庆: 重庆大学.

段威, 雷楠. 2014. 浙江天台张家桐村: 基于微介入策略的传统村落保护与更新[J]. 北京规划建设, (5): 50-57.

俄军, 班睿. 2012. 白马藏族民俗调查及族源分析[C]. 中国博物馆协会民族博物馆专业委员会 2012 年年会.

方赞山. 2016. 海南传统村落空间形态与布局[D]. 海口: 海南大学.

方志戎. 2012. 川西林盘文化要义[D]. 重庆: 重庆大学.

费孝通. 2012. 乡土中国[M]. 北京: 北京大学出版社.

冯远. 2011. 汉代岭南地区陶制建筑明器研究[D]. 广州: 中山大学.

高塔娜. 2014. 自然环境对农村聚落空间布局的影响[D]. 成都: 西南交通大学.

高源. 2014. 西部湿热湿冷地区山地农村民居适宜性生态建筑模式研究[D]. 西安: 西安建筑科技大学.

葛亮. 2010. 北川羌族传统民居的保护与传承[D]. 西安: 西安建筑科技大学.

龚丹丹. 2019. 基于盐运文化背景下的川南传统村落更新研究[D]. 绵阳: 西南科技大学.

龚永兵. 2009. 人居环境科学研究中的思想论和方法论思考[J]. 中国高新技术企业, (4): 134-135.

芶玉娟. 2007. 白马藏族入赘婚浅析——以四川省平武县木座藏族乡木座寨为例[J]. 天府新论, (12): 71-74.

郭萍. 2019. 赣南传统村落人居环境的规划启示[J]. 新余学院学报, (1): 23-28.

郭沁, 郦大方, 钱云. 2016. 川北民居建筑特征解读及"菜单式"改造构想——以西充农宅改造为例[J]. 建筑与文化, (2): 101-103.

郭秋月. 2018. 美丽乡村建设背景下的村庄环境治理研究[D]. 西安: 西北农林科技大学.

郭文豪. 2019. 非物质文化遗产博物馆建筑设计研究[D]. 北京: 北京建筑大学.

韩卫成, 王金平. 2015. 中国传统村落人文环境营造研究[J]. 建筑工程技术与设计, (10): 350-350, 182.

何光岳. 2000. 氐羌源流史[M]. 南昌: 江西教育出版社.

何龙. 2016. 四川汉族地区传统民居木作营建特点研究[D]. 成都: 西南交通大学.

胡家豪, 胡征一. 2012. 民族民俗博物馆陈列中的非物质文化遗产运用[C]. 中国博物馆协会民族博物馆专业委员会 2012 年年会.

胡灵锐, 符娟林. 2018. 绵阳市传统村落的空间分布及影响因素研究[J]. 安徽农业科学, 46 (3): 229-233.

黄汉民. 2010. 门窗艺术 (上册) [M]. 北京: 中国建筑工业出版社.

黄梓珊. 2013. 川西民居、邛笼建筑与岭南建筑[J]. 环境教育, (7): 23-25.

吉少雯, 林琢. 2017. 徽州地区传统村落建筑艺术分析与传承——以黄村进士第为例[J]. 小城镇建设, 36 (S1): 30-36.

季诚迁. 2011. 古村落非物质文化遗产保护研究[D]. 北京: 中央民族大学.

赖武, 喻磊. 2010. 四川古镇[M]. 成都: 四川人民出版社.

赖奕堆. 2012. 传统聚落东林村地域性空间研究及其发展策略[D]. 广州: 华南理工大学.

蓝先琳. 2000. 中国传统窗形式初探[J]. 饰，（1）：32-34.

蓝先琳. 2009. 中国民间建筑——窗[J]. 中国美术馆，（2）：108-110.

蓝先琳. 2011. 中国砖雕[J]. 国学，（3）：72-73.

李和平. 2004. 重庆历史建成环境保护研究[D]. 重庆：重庆大学.

李景欣，王巍，张红松. 2015. 徽州古民居村落街巷空间景观意蕴再现[J]. 艺术教育，（10）：118-119.

李林卉. 2016. 羌族建筑形态适应性研究[D]. 绵阳：西南科技大学.

李凌旭. 2016. 地域特色背景下的冀中民居材料与构造研究[D]. 天津：河北工业大学.

李明融. 2009. 北川现代羌族建筑的发展策略——北川地区灾后重建的思考[J]. 四川建筑科学研究，
　　　35（05）：281-283.

李先逵. 2009. 四川民居[M]. 北京：中国建筑工业出版社.

李先逵. 2016. 四川藏族民居地域特色探源[J]. 建筑，（16）：56-60.

栗笑寒. 2017. 川西地区汉族传统古村落空间形态与文化艺术研究[D]. 西安：西安建筑科技大学.

连玉峦. 2005. 现代化进程中白马藏族的社会变迁研究[D]. 成都：四川大学.

联合国教育、科学及文化组织. 1972. 保护世界文化和自然遗产公约[Z]. 联合国教育、科学及文化组织第
　　　十七届会议，巴黎.

联合国教育、科学及文化组织. 2003. 保护非物质文化遗产公约[Z]. 联合国教育、科学及文化组织第 32
　　　届会议，巴黎.

廖波. 2018. 泛涪江流域地方文献资源建设思考[J]. 河南图书馆学刊，38（7）：102-104.

林升文. 2019-10-28. 研讨"新时代乡村振兴与传统村落保护发展"[N]. 福建日报.

凌璇. 2015. 徽州传统村落空间形态特征及保护策略研究[D]. 西安：长安大学.

刘欢. 2012-12-20. 第一批中国传统村落名录公布 646 个村落列入[EB/OL]. 中国新闻网. http://www.chinanews.
　　　com/cul/2012/12-20/4423691.shtml.

刘晶晶. 2015. 重庆吊脚楼建筑与文化研究[D]. 重庆：重庆大学.

刘培珍. 2015. 传统村落保护专项标准体系构建研究[D]. 哈尔滨：东北林业大学.

刘沛林. 1995. 传统村落选址的意象研究[J]. 中国历史地理论丛，（1）：119-128.

刘沛林. 1998. 古村落——独特的人居文化空间[J]. 人文地理，13（1）：34-37.

刘少蓓. 2014. 土家吊脚楼[J]. 作文世界（小学版），（12）：30.

刘汀. 2011. 传统庭院建筑的商业再利用——以成都宽窄巷子为例[D]. 成都：西南交通大学.

刘燕. 2016. 非物质文化遗产在传统村落保护中的传承研究[D]. 北京：北京建筑大学.

楼庆西. 2012. 乡土景观十讲[M]. 北京：生活、读书、新知三联书店.

卢远征. 2013. 传统民居类文物建筑的保护利用[A]. 中国文物学会传统建筑园林委员会第十九届年会.

鲁炜中. 2011. 北川羌族传统建筑美学研究[D]. 成都：四川师范大学.

鲁西奇. 2013. 散村与集村：传统中国的乡村聚落形态及其演变[J]. 华中师范大学学报（人文社会科学
　　　版），52（4）：113-130.

陆雄文. 2013. 管理学大辞典[M]. 上海：上海辞书出版社.

罗晓光. 2010. 凤凰古城与西南地区吊脚楼建筑特征比较研究[J]. 包装学报，2（2）：77-81.

吕庆月，吴凯. 2018. 汉族传统民居的时空演变及形成机理研究[J]. 工业设计，（7）：87-88.

马非. 2006. 城市肌理在福州旧城保护与更新中的应用研究[D]. 厦门：厦门大学.

马骏. 2018. 基于文化旅游的白马藏族传统村落保护与发展研究——以四川平武亚者造祖村为例[D].
　　　西安：西安建筑科技大学.

毛芸. 2016. 四川平武白马藏族村落——亚者造祖村村落的演变、传承与保护[D]. 雅安：四川农业大学.

闵书，杨春燕. 2003. 古镇青林口规划及建筑特色分析[J]. 四川建筑，（S1）：14-15.

潘鲁生. 2018-03-21. 乡村文化振兴是篇大文章[EB/OL]. 大众网. http://paper.dzwww.com/dzrb/content/

20180321/ Articel14003MT.htm.

潘熙. 2013. 移民背景下的四川宗祠建筑研究[D]. 成都：西南交通大学.

庞金彪. 2017. 岷江上游泥石流胁迫下山区建筑物易损性评价[D]. 绵阳：西南科技大学.

彭鹏，高力强，宋恒玲. 2019. 历史村落的保护与传承——多维多国的视角[J]. 建筑与文化，（4）：139-141.

彭清娥，刘兴年，黄尔，等. 2019. 山区流域强降雨情况产流模式研究——以涪江平通河流域为例[J]. 工程科学与技术，51（3）：123-129.

彭杨莹，孟祥庄. 2019. 徽派民居建筑的地域特征及形成原因[J]. 绿色科技，（10）：227-228.

蒲娇. 2009. 从"活态保护"论非物质文化遗产观的转变[D]. 天津：天津大学.

蒲向明. 2011. 论陇南白马藏族滩舞戏的文化层累现象[J]. 中南民族大学学报（人文社会科学版），31（2）：69-73.

齐学军，王宝东. 2009. 中国传统建筑梁、柱装饰艺术[M]. 北京：机械工业出版社.

乔龙飞，毛刚. 2008. 川东丘陵区城市滨水岸线景观空间格局设计思路——以遂宁安居琼江岸线景观规划为例[J]. 四川建筑，（6）：17-19.

秦安华，王淑华. 2010. 村落景观环境形象更新设计研究[J]. 山西建筑，36（32）：48-49.

秦鹤洋，杨阳，赵健. 2015. 基于空间意象的传统村落空间设计方法探讨[J]. 城市建筑，（29）：38，41.

秦杰. 2014. 新型城镇化背景下传统村落保护研究[D]. 金华：浙江师范大学.

任凌奇，吴琳，徐硕含，等. 2015. 基于历史印象与现实遗存的传统村落个性解读——以松阳县"滨水古商埠"雅溪口村为例[A]. 中国城市规划学会，贵阳市人民政府. 新常态：传承与变革——2015 中国城市规划年会论文集（14 乡村规划）[C]：1283-1291.

阮仪三，邵甬. 1999. 精益求精返璞归真——周庄古镇保护规划[J]. 城市规划，（7）：53-56.

阮仪三，袁菲. 2010. 迈向新江南水乡时代——江南水乡古镇的保护与合理发展[J]. 城市规划学刊，（2）：35-40.

沈啸. 2018-09-27. 发展乡村旅游和特色产业推动文化、旅游与其他产业深度融合[N]. 中国旅游报.

史琛灿. 2018. 白马河流域藏族民居的营建智慧与更新策略研究[D]. 西安：西安建筑科技大学.

舒诗慧，李嘉，陶蓝. 2018. 非物质文化遗产在传统村落保护中的传承研究[J]. 卷宗，（22）：268-269.

四川省村镇建设发展中心. 2014. 自贡市沿滩区仙市镇仙滩社区中国传统村落保护发展规划说明书[Z].

四川省地方志编纂委员会. 1996. 四川省志[地理志]下册[M]. 成都：成都地图出版社.

四川省兴发规划建筑设计有限公司. 2019. 遂宁市安居区玉丰镇高石村村规划说明书[Z].

宋锟，高松花. 2017. 川北传统乡土民居特点及现状研究[J]. 中外建筑，（8）：53-56.

宋霄雯. 2013. 江南村落景观文化营造[D]. 金华：浙江师范大学.

孙蒙蒙. 2018-03-05. 乡村振兴战略合作 惠阳牵手碧桂园、华侨城[EB/OL]. 新华网. http://www.xinhuanet.com/house/2018-03-05/c_1122487885.htm.

孙鹏达. 2019. 新郑市农村人居环境整治中政府职能研究[D]. 郑州：郑州大学.

孙曦. 2019. 非遗视角下北京传统村落人居环境保护策略研究[D]. 北京：北京建筑大学.

孙艳. 2007. 中国西北地区特色文化资源的信息化保护策略[D]. 北京：中国科学技术信息研究所.

唐淼，等. 2015. 吉林省集安市果树村历史文化遗产与现代民居的"交融式"空间关系分析——大遗址保护与旅游融合高峰论坛暨国家考古遗址公园联盟第五届联席会[A].

陶帆. 2013. 以档案之名留存中国传统村落之美[J]. 城建档案，（8）：7-8.

陶琼. 2016. 刍议我国古村落的保护与旅游开发[J]. 广西广播电视大学学报，27（3）：89-92.

田家兴. 2013. 传统村落的区域保护与发展探索研究——以昆明市传统村落为例[C]. 青岛：中国城市规划年会：829-837.

涂强. 2011. 西南传统民居建筑文化在现代商业空间设计中的应用[J]. 重庆教育学院学报，24（6）：158-160.

汪溟. 2005. 中国传统风水理论与园林景观[D]. 长沙：中南林学院.

汪欣. 2014. 传统村落与非物质文化遗产保护研究：以徽州传统村落为个案[M]. 北京：知识产权出版社.

王建国. 1999. 城市设计[M]. 南京：东南大学出版社.

王林. 2015. 传统村落的价值分析及保护探究——以安阳县渔洋村为例[D]. 郑州：郑州大学.

王倩. 2019. 基于人居环境视角的传统村落空间形态研究[J]. 建筑与文化，（8）：69-70.

王勤熙，薛林平，王鑫. 2015. 太谷县北洸村传统民居空间形态浅析[J]. 华中建筑，（11）：161-166.

王全康，冯维波. 2017. 人居环境科学视角下传统村落的保护与发展——以重庆市龙塘村为例[J]. 重庆第
　　二师范学院学报，30（2）：16-19，25，127.

王树声. 2006. 黄河晋陕沿岸历史城市人居环境营造研究[D]. 西安：西安建筑科技大学.

王秀彩. 2011. 中国传统窗元素在现代室内设计中的应用[D]. 南京：东南大学.

王绚. 2004. 传统堡寨聚落研究[D]. 天津：天津大学.

王盈. 2014. 海南传统火山村落的保护与利用—以海口博学村为例[J]. 南方建筑，（5）：77-81.

王永乐. 2018-01-02. 乡村振兴战略系列政策将出台 重塑城乡关系等成重点[N]. 经济参考报.

王永维，罗苓隆，吴体，等. 2010. 优秀历史建筑保护的基本原则[J]. 四川建筑科学研究，36（3）：1-4.

王远见，谢蔚，王婷，等. 2016. 小浪底水库库区支流拦门沙形成的主因分析[J]. 泥沙研究，（6）：51-58.

王允双，贾玉芳，张隆. 2019. 传统村落的保护策略与复兴发展研究——以上河自然村为例[J]. 建筑与文
　　化，（5）：178-179.

王正明，尹建华. 2001. 试论成都文物建筑的保护[J]. 四川文物，（2）：46-48.

韦唯. 2013. 川西平原新农村民居环境模式探究[D]. 重庆：西南大学.

韦伊. 2015. 旅游开发过程中的传统村落保护研究——以贵州省传统村落为例[D]. 贵阳：贵州大学.

魏铭，李国庆. 2019. 智慧田园综合体规划建设[J]. 智能建筑与智慧城市，（5）：136-137，140.

温天蓉，吴宁，俞婷. 2015. 传统村落空间形态的参数化规划方法初探[J]. 建筑与文化，（12）：112-113.

文在军，郑继成. 2016. "台高"方能"高抬"——"青林口高抬戏"文化生态建设思考[J]. 四川戏
　　剧，（6）：159-161.

周亭汐. 2019-08-30. 深山故宫平武报恩寺[EB/OL]. 华西都市报. http://e.thecover.cn/shtml/hxdsb/
　　20190830/114286.shtml.

吴良镛. 1994. 北京旧城与菊儿胡同[M]. 北京：中国建筑工业出版社.

吴良镛. 2001. 人居环境科学导论[M]. 北京：中国建筑工业出版社.

吴晓琴，等. 2002. 世界文化遗产——皖南古村落规划保护方案保护方法研究[M]. 北京：中国建筑工
　　业出版社.

夏周青. 2015. 中国传统村落的价值及可持续发展探析[J]. 中共福建省委党校学报，（10）：62-67.

向远木. 2017. 平武白马藏族文化[N]. 绵阳市政协文化和文史资料委员会.

肖竞. 2015. 西南山地历史城镇文化景观演进过程及其动力机制研究[D]. 重庆：重庆大学.

肖佑兴. 2010. 工业化背景下的古村落旅游开发研究——以国家历史文化名村广州大岭村为例[J]. 旅游
　　研究，2（4）：16-21.

熊飞. 2017. 传统村落的保护与利用——以平武县上游村为例[D]. 绵阳：西南科技大学.

徐丹. 2007. 论城市肌理——城市人文精神复兴的重要议题[J]. 城市规划，（2）：23-32.

徐辉. 2012. 巴蜀传统民居院落空间特色研究[D]. 重庆：重庆大学.

徐小明，宗同堂，聂亚珍. 2018. 从乡村"空心化"到乡村振兴——以黄石市为例[J]. 消费导刊，（16）：
　　117-119.

徐学书，喇明英. 2009. 羌族族源及其文化多样性成因研究[J]. 西南民族大学学报（人文社科版），（12）：
　　51-56.

徐艳文. 2018. 西江苗寨的吊脚楼[J]. 资源与人居环境，（11）：54-59.

许诺. 2018. 湖南滨水传统村落空间组合研究[D]. 长沙：湖南大学.

薛力. 2001. 城市化背景下的"空心村"现象及其对策探讨——以江苏省为例[J]. 城市规划, 25（6）：7-12.

薛林平. 2011. 悬空古村[M]. 北京：中国建筑工业出版社.

颜虹. 2013. 重庆明代木构建筑营造特征初探[D]. 重庆：重庆大学.

杨定海. 2013. 海南岛传统聚落与建筑空间形态研究[D]. 广州：华南理工大学.

杨磊. 2018. 延续性视角下的传统村落保护与利用研究——以诸暨市十四都传统村落为例[D]. 杭州：浙江农林大学.

杨力. 2016. 基因表达视角下传统村落的延续与新生[D]. 重庆：重庆大学.

杨青. 2014. 川北客家民居的特色研究——以仪陇县几处典型民居为例[D]. 重庆：重庆大学.

杨润. 2014. 承德隆化温泉乡住宅民俗风情特色设计研究[D]. 保定：河北大学.

杨文璟. 2011. 探究徽派建筑在现代装饰设计中的传承与运用[J]. 山东文学（下半月），（6）：107-108.

杨玉瑶. 2018. 青林口古镇空间格局解析[J]. 建筑工程技术与设计，（33）：5117.

杨悦. 2017. 传统村落人居环境评价——以蔚县宋家庄镇为例[D]. 石家庄：河北师范大学.

叶红. 2015. 珠三角村庄规划编制体系研究[D]. 广州：华南理工大学.

俞清源. 2017. 平遥县汾河以西村落构成与庙会空间研究[D]. 深圳：深圳大学.

喻琴. 2002. 徽州传统民居群落文化生态环境要素的分析及发展思考[D]. 武汉：武汉理工大学.

喻琴. 2012. 中国传统民居生态环境因素的美学价值与整体保护[J]. 齐鲁艺苑，（4）：4-7.

袁冬颜，闫慧，徐森森. 2018. 古村落的防御性分析——以郏县临沣寨为例[J]. 安徽建筑，24（4）：50-51，67.

袁媛，肖大威，黄家平，等. 2014. 传统村落边界空间保护初探[J]. 南方建筑，（6）：48-51.

翟逸波. 2014. 重庆地区传统民居光环境优化设计策略研究[D]. 重庆：重庆大学.

翟永宏. 2019. 辽宁省博物馆品牌形象设计策略[J]. 艺术科技，32（11）：11-12.

张犇. 2010. 羌族村落选址与布局特征谈[J]. 国际博物馆（中文版），62（3）：76-84.

张大玉. 2014. 传统村落风貌特色保护传承与再生研究——以北京密云古北水镇民宿区为例[J]. 北京建筑大学学报，30（3）：1-8.

张大玉，甘振坤. 2018. 北京地区传统村落风貌特征概述[J]. 古建园林技术，（3）：82-89.

张迪妮，李佳利. 2018. 民俗文化在传统村落保护发展中的地位与作用——以河北省蔚县古镇为例[J]. 河北建筑工程学院学报，36（2）：51-54.

张东. 2015. 中原地区传统村落空间形态研究[D]. 广州：华南理工大学.

张东锋. 2017-12-12. 保护传统村落需要更多国家行动[N]. 南方日报.

张茜. 2014. 在共同体视阈下寻找有效的村民自治单元[J]. 华南农业大学学报（社会科学版），13（3）：130-136.

张庆峰. 2010. 古树名木保护中存在的问题与对策[J]. 河北农业科学，14（5）：26-28.

张玮. 2015. 特色民居 筑梦天下[J]. 中国减灾，（21）：26-29.

张先庆. 2017. 四川省民族地区传统村落保护方法研究[D]. 绵阳：西南科技大学.

张雪莲. 2018. 基于价值评价的传统村落保护发展规划[D]. 绵阳：绵阳师范学院.

张杨. 2014. 川东传统民居特色在农村建设的继承与应用[D]. 绵阳：西南科技大学.

张懿. 2018. 乡土材料在川东传统民居保护与传承中的再利用研究——以重庆北碚金刚碑古镇为例[D]. 重庆：四川美术学院.

张迎春. 2011. 川北民居建筑特色刍议[J]. 中华建设，（7）：146-147.

赵康健，杨晓霜. 2019. 乡村振兴视角下古村落的开发和保护研究[J]. 广西广播电视大学学报，30（2）：87-90.

赵丽苹. 2015. 非物质文化遗产的当代价值分析[J]. 大众文艺，（16）：3.

赵兴武. 2020. 北川羌族文化[A]. 绵阳市政协文化文史和学习委员会，绵阳市社会科学界联合会.

赵义元，曾吕林. 1992. 江油红军桥[J]. 四川文物，（4）：72.

郑芹，刘灵. 2012. 松茂古道沿线聚落探析[J]. 四川建筑，32（3）：19-21.

郑鑫. 2014. 传统村落保护研究[D]. 北京：北京建筑大学.

中共绵阳市宣传部，绵阳市社会科学联合会，绵阳市地方志办公室. 2015. 绵阳史话[M]. 北京：社会科学文献出版社.

仲金玲. 2017. 基于社会结构重组的传统村落空间更新策略研究[D]. 北京：北京建筑大学.

周玲丽. 2010. 四川字库塔的文化遗产价值与保护修复研究[D]. 成都：西南交通大学.

周润健. 2012-09-28. 冯骥才：中国传统村落保护工作已经启动[EB/OL]. 人民网. http://culture.people.com.cn/n/2012/0929/c172318-19156227.html.

周学红. 2012. 嘉陵江流域人居环境建设研究[D]. 重庆：重庆大学.

周钰. 2012. 街道界面形态的量化研究[D]. 天津：天津大学.

朱霞，谢小玲. 2007. 新农村建设中的村庄肌理保护与更新研究[J]. 华中建筑，7（25）：142-144.

朱雪梅，等. 2010. 粤北韶关地区古村落普查及保护利用研究[A]. 第二届岭南建筑与文化学术研讨会.

朱余博. 2012. 京郊传统村落水环境空间探析[D]. 北京：北京建筑工程学院.

祝思英. 2013. 川西传统民居建筑装饰语汇在现代乡村度假酒店中的运用研究[D]. 成都：西南交通大学.

庄春地. 1999. 保护与发展推进城市化进程[J]. 小城镇建设，（1）：25-26.

附　录

传统村落基本信息（1）

村落名称	丰河村	村落属性	☑行政村□自然村
地理信息	经度：东经 104°09′	村落形成年代	□元代以前☑明代 □清代□民国时期 □新中国成立后
	纬度：北纬 32°36′		
村域面积	19km²	地形地貌	山地
常住人口	828 人		
主要民族	汉族、藏族、羌族、回族	产值较高的主要产业	种植业、养殖业、工矿业
传统建筑形式	木结构，砖木结构，穿斗结构建筑，川西北民居		
主要传统资源	石砌城墙，传统民居建筑		
村落简介	丰河村隶属于四川省阿坝藏族羌族自治州松潘县小河乡，位于小河乡北部，是乡政府所在地。西距松潘县城 120km，东距平武县城 72km。涪江从村庄西侧由北至南流淌。有小学、卫生院等较完善的公共服务设施，供电、通信、电视均通。有住户 175 户，常住人口 828 人。现状建设用地 8.62hm²，其中居住用地为 4.98hm²，占建设总用地的 58%，人均居住用地达 60.14m²。交通方便，平松公路从村庄中部由北至南通过。 　　丰河村居民住宅多为砖木或土木结构的建筑，保留了四川民居小青瓦、斜屋面、穿斗结构的建筑形式。公共建筑都为 1～3 层砖混结构形式		

传统村落基本信息（2）

村落名称	亚者造祖村	村落属性	☑行政村□自然村
地理信息	经度：东经 104°11′	村落形成年代	□元代以前☑明代 □清代□民国时期 □新中国成立后
	纬度：北纬 32°50′		
村域面积	130km²	地形地貌	山地、峡谷
常住人口	350 人		
主要民族	藏族	产值较高的主要产业	种植业、养殖业、旅游业
传统建筑形式	一字形，组合式，院落式，砖木结构，白马藏族寨子，川北民居		
主要传统资源	藏寨，古树		
村落简介	亚者造祖村隶属于四川省绵阳市平武县白马藏族乡，位于该乡西北部，距离乡政府 20km。东临九寨沟，西接王朗国家级自然保护区，南与黄龙接壤，北与厄哩村相连。面积 130km²，辖 5 个农村社（组），分别是扒昔加寨、色如加寨、祥述加寨、色腊路寨、刀切加寨，总户数 113 户，总人口 459 人。 　　亚者造祖村地势西北高、东南低，海拔 2300～2800m。水资源丰富，涪江源头"火溪河"流经全境，是一级水源保护地，拦河而成的天母湖，湖面宽阔，水质清澈。属高寒地区，土质肥沃，日照时间长，昼夜温差大，年积温低，少虫害，适宜发展绿色种植业。土豆、荞麦是主要作物，莲花白、水白菜等蔬菜香甜可口，还有大黄、赤芍、猪苓等高山中药材，车厘子、红心李子等高山水果		

传统村落基本信息（3）

村落名称	民族村	村落属性	☑行政村□自然村
地理信息	经度：东经 104°27′	村落形成年代	□元代以前☑明代 □清代□民国时期 □新中国成立后
	纬度：北纬 32°40′		
村域面积	220km²	地形地貌	山地、峡谷
常住人口	450 人		
主要民族	藏族	产值较高的主要产业	种植业、养殖业
传统建筑形式	瓦屋顶，组合式，院落式，穿斗木结构式建筑，川北民居		
主要传统资源	千年铁甲松，神鱼洞，七郎土地庙，清代及民国时期民居建筑		
村落简介	民族村隶属于四川省绵阳市平武县木座藏族乡，位于该乡西北部，距离乡政府 8.5km。西北可至白马藏族乡、王朗国家级自然保护区和九寨沟景区，东南可至木皮藏族乡、平武县城。面积220km²，村庄占地面积8.9km²，辖 3 个社，户数 150 户，总人口 558 人。 　　民族村依山傍水，土壤肥沃，盛产土豆、玉米、中药材等。火溪河由西北向东南穿流而下，河里产青鱼、石扒子等鱼类。属亚热带季风气候，光照适宜，降水集中，雨热同季，四季分明，气候相对温和。全年平均气温 12.7℃，无霜期 210d，年总降水量 500mm。 　　民族村的老寨子位于海拔 2200～2500m，在白马"十八寨"中，被称为"木座寨"，是白马藏族保存最为完好的古寨子。木座寨民居建筑样式有四类，即为转角楼、十一柱三间、九柱三间、七柱三间的房屋		

传统村落基本信息（4）

村落名称	上游村	村落属性	☑行政村□自然村
地理信息	经度：东经 104°32′	村落形成年代	☑元代以前□明代 □清代□民国时期 □新中国成立后
	纬度：北纬 32°32′		
村域面积	24km²	地形地貌	山地
常住人口	735 人		
主要民族	藏族	产值较高的主要产业	种植业、养殖业
传统建筑形式	木楞子房屋，藏式老寨房，木板穿斗房，川北民居		
主要传统资源	王氏祠堂，茶马古道，传统集市和驿站遗址，喇嘛寺，古寨墙，王氏家族墓群，大龙口瀑布，古神树，云母石，兑窝，藏式织布机，石磨		
村落简介	上游村地处涪江源头，紧邻国家级自然保护区雪宝顶，隶属于四川省绵阳市平武县虎牙藏族乡，距离乡政府 3km。东临虎丰村，西接高山堡村，南与虎丰村接壤，北与占口村相连。面积24km²，辖 5 个农村社，呈散点状分布，户数 220 户，总人口 835 人，藏族人口占95%以上，农村劳动力 435 人，耕地约 74.8hm²。 　　上游村依山傍水，四大院落地势分布开阔平缓，村域沿边四周山峰险峻、造型各异，多为悬崖峭壁，地质构造奇特，水流长年不断，清澈见底，从西向东穿过，形成大小瀑布20 余处。民族风情浓郁，古村落保存完整，非物质文化遗产传承良好，具有明显的地域和民族民俗特色		

传统村落基本信息（5）

村落名称	曙光村	村落属性	☑行政村□自然村
地理信息	经度：东经 104°14′	村落形成年代	□元代以前☑明代 □清代□民国时期 □新中国成立后
	纬度：北纬 32°33′		
村域面积	19km²	地形地貌	山地
常住人口	542 人		
主要民族	藏族	产值较高的主要产业	种植业、养殖业
传统建筑形式	三合院，转角楼，穿斗木结构式建筑，川西民居		
主要传统资源	土司衙门，红军墓，黄羊关界石，天然林，走马转角楼		
村落简介	曙光村隶属于四川省绵阳市平武县黄羊关藏族乡，为乡政府所在地，距县城55km。辖区面积19km²，耕地面积1053亩（1亩≈666.7m²），林地面积2.3万亩。下辖3个农业合作小组，共有住户128户，在籍人口453人，常住人口542人，其中藏族占总人口的58%。 　　曙光村东与平武县水晶镇水柏沟山脉相连，南与平武县水晶镇交界，西连神仙宝，北与白马王朗山峰横切。属北亚热带山地湿润季风气候，年平均气温12℃左右，全年无霜期230d左右，日照时数1300～1400h，太阳辐射总量88～92cal/m²，年降水量900～1800mm，全年降水近70%集中在6～9月，相对湿度80%～85%。土地以山地片石石砂土为主，呈微酸性。气候温和，降水丰沛，日照充足，四季分明，具有云多、雾少、阴天多的特点。植被种类丰富，森林植被常见优势树种23科、37属、78种。药材资源种类众多、质量好，列入药典的药材共计100多种；人均种植三木药材10亩以上，科学移栽高山名贵药材累计680亩。粮食作物以玉米、土豆、黄豆为主。居民收入以种植业为主，剩余劳动力外出务工为辅		

传统村落基本信息（6）

村落名称	两河堡村	村落属性	☑行政村□自然村
地理信息	经度：东经 104°32′	村落形成年代	□元代以前☑明代 □清代□民国时期 □新中国成立后
	纬度：北纬 32°39′		
村域面积	19.92km²	地形地貌	山地
常住人口	724 人		
主要民族	汉族	产值较高的主要产业	种植业、养殖业
传统建筑形式	穿斗木架青石板房，川北民居		
主要传统资源	清代古墓群，古栈道，2处碉堡遗址，10棵古树名木，苏维埃遗址		
村落简介	两河堡村隶属于四川省绵阳市平武县龙安镇，位于县城西北部，其东面与县城相依，村委会所在地距县城3km，故有西出县城第一村之称。面积19.92km²，辖8个农业合作社，分布在涪江两岸，涪江左岸6个社，涪江右岸2个社，户数336户，总人口1006人，农村劳动力556人。总耕地面积1930.7亩，其中退耕还林1227亩，现实有耕种面积703.7亩。 　　两河堡村属北亚热带山地湿润季风气候，夏无酷暑，冬无严寒，气候温和，降水丰沛，日照充足，四季分明。年平均气温14.7℃，无霜期252d，降水量866.5mm。海拔在900～1400m，其中，村委会海拔908.76m，羊肠山海拔1353.11m		

传统村落基本信息（7）

村落名称	银岭村	村落属性	□行政村 ☑自然村
地理信息	经度：东经 104°37′	村落形成年代	☑元代以前 □明代 □清代 □民国时期 □新中国成立后
	纬度：北纬 32°08′		
村域面积	10.07km²	地形地貌	山地
常住人口	625 人		
主要民族	羌族	产值较高的主要产业	种植业
传统建筑形式	吊脚楼，川北民居		
主要传统资源	张氏祠堂，吊脚楼民居，张家古墓，多处石阶，"天地君官师位"牌匾，多处水缸、古井，石磨，古石锁，石窑洞，喇嘛庙		
村落简介	银岭村，古称"银湾堡"，早在周、秦时期即为"氐羌地"，清中叶后称"银湾里"。隶属于四川省绵阳市平武县豆叩镇，距该场镇 3km。东邻平南羌族乡新民村，南靠平南高坪山，西接平通镇益泉村，北连先锋村。面积 10.07km²，户数 175 户，常住人口 625 人，羌族占总人口 98%以上，是典型的羌族村落。 银岭村全境为山地，平均海拔 1000m。林地 12000 余亩，耕地 2247 亩。土壤多为黑砂泥，土质肥沃，出产丰饶，被誉为"粮仓"。森林覆盖率高达 80%，林业资源十分丰富。气候条件适宜茶树生长，茶业在当地经济中占有重要地位，有老式茶园 2200 多亩，新式茶园 1400 多亩，生态观光茶园 300 多亩		

传统村落基本信息（8）

村落名称	紫荆村	村落属性	☑行政村 □自然村
地理信息	经度：东经 104°32′	村落形成年代	□元代以前 □明代 ☑清代 □民国时期 □新中国成立后
	纬度：北纬 32°13′		
村域面积	8.5km²	地形地貌	山地
常住人口	523 人		
主要民族	羌族	产值较高的主要产业	种植业
传统建筑形式	木板房，吊脚楼，穿斗木结构，川北民居		
主要传统资源	杨家古墓 1 处，风车多处，石砌阶梯多处，县衙赐文林郎匾牌 1 处，神案子 1 处，风雨廊桥 1 处，石磨，彩绘家神"白马杨氏" 1 处，祭祀塔 1 处		
村落简介	紫荆村隶属于四川省绵阳市平武县豆叩镇，面积 8.5km²，村庄占地面积 117.45 亩，户籍人口 523 人，常住人口 523 人，主要聚居着羌族居民。 紫荆村植被丰富，空气清新，有清漪江穿越而过。分布有老式茶园及厚朴。就历史环境要素来看，在村落选址上注重山势、水源、树木和公共空间。河谷地带的民居依傍徐塘河，高山和半山的民居都有山泉汇成的溪流，杨家大院掘有水井，保证了人畜饮水和农业灌溉。溪流自上而下，沿山沟自然形成水网，水质清澈，味道甘甜。 紫荆村严格选择建房的地形、地势，考虑水源、耕地、向阳、避风等因素，寻找能压住"脉气"的地方。讲究房屋的朝向，大门多朝向垭口或开阔地，面向河谷最佳，忌讳大门朝向山梁、岩包和黑湾。最佳屋场的形制是"左青龙，右白虎，前朱雀，后玄武"		

传统村落基本信息（9）

村落名称	金印村	村落属性	☑行政村□自然村
地理信息	经度：东经 104°31′	村落形成年代	☑元代以前□明代 □清代□民国时期 □新中国成立后
	纬度：北纬 32°14′		
村域面积	14.5km²	地形地貌	山地
常住人口	960 人		
主要民族	羌族	产值较高的主要产业	种植业
传统建筑形式	四合院，吊脚楼，羌乡民居，川北民居		
主要传统资源	百年烽火墙，老楼门，老石阶，吞口，柱脚，石磨，古墓，古石桥，古牌匾		
村落简介	金印村隶属于四川省绵阳市平武县大印镇，位于场镇所在地，东临前提村，西接锁江羌族乡，南与黄坪村接壤，北与铧嘴村相连。面积 14.5km²，辖 9 个社，各社呈散点状分布，户数 325 户，总人口 999 人，常住人口 960 人，农村劳动力 610 人。 　　金印村为山地地貌，海拔 850m。属亚热带季风气候，全年平均气温 12.5℃，无霜期 210d，常年降水量 800mm 左右。水文条件较好，村内有 2 条河流，分别为清漪江和马家河。耕地约 1860 亩，森林近 9000 亩，其中竹林约 500 亩，森林覆盖率约为 80%		

传统村落基本信息（10）

村落名称	中峰村	村落属性	☑行政村□自然村
地理信息	经度：东经 104°43′	村落形成年代	□元代以前☑明代 □清代□民国时期 □新中国成立后
	纬度：北纬 32°06′		
村域面积	9.47km²	地形地貌	山地
常住人口	360 人		
主要民族	汉族	产值较高的主要产业	种植业
传统建筑形式	一字形，院落式，穿斗木结构，川西北民居		
主要传统资源	1 处古井，9 处古墓，3 棵古银杏，1 棵古茶树，2 棵古核桃树，1 棵古桂花树，1 棵古千年矮树，1 棵古楠木树，观音庙		
村落简介	中峰村隶属于四川省绵阳市平武县响岩镇，位于该镇西北部，距离镇政府 4km。村域面积 9.47km²，辖 6 个农业合作社，户数 156 户，总人口 480 人，常住人口 360 人，农村劳动力 280 人，耕地面积 1818 亩。 　　中峰村依山傍水，山清水秀，土壤肥沃，盛产核桃、玉米、厚朴、芍药等。属北亚热带山地湿润季风气候，气候温和，降水丰沛，日照充足，四季分明，具有云多、雾少、阴天多的特点。年平均气温 14.7℃，年平均降水量 866.5mm，年平均日照时间 1376h，年平均无霜期 252d。 　　中峰村民居像群星撒落般坐落在依山倾斜、起伏向上的缓坡上，或星罗棋布，或稠密集中，或在高山悬崖上，或在河坝绿茵间，不时炊烟袅袅，烟云缭绕，摇摇晃晃，若幻若真，真可谓"别有天地非人间"		

传统村落基本信息（11）

村落名称	双凤村	村落属性	☑行政村□自然村
地理信息	经度：东经 104°47′	村落形成年代	□元代以前□明代 ☑清代□民国时期 □新中国成立后
	纬度：北纬 32°02′		
村域面积	19.58km²	地形地貌	山地
常住人口	150 人		
主要民族	汉族	产值较高的主要产业	种植业
传统建筑形式	一字形，二合头，院落式，穿斗式结构，川西北民居		
主要传统资源	阴平古道，4 处溶洞群，张家祖屋，2 处喇嘛庙，火神庙，古石径，2 棵古树，牧羊场，5 处古墓		
村落简介	双凤村隶属于四川省绵阳市平武县响岩镇，位于该镇南部，距离镇政府 10km。面积 19.58km²，村域面积 19.58km²，辖 8 个农业合作社，户数 83 户，总人口 248 人，常住人口 150 人，农村劳动力 148 人。涪江干流自北向南蜿蜒穿越芳春峡、飞瀑峡、青云峡、烟云峡、六龙峡、画屏峡（有一半属江油市白石乡）六大峡谷，流入江油市境内。自 2006 年武引库区拦坝蓄水，村境内形成上千公顷水面，展现出"高峡出平湖"的胜景。 　　双凤村奇峰连绵，植被丰茂，湖平如镜，水映青山，溶洞神秘，钟乳绚美。山顶密林深处，岩羊、青麂、野猪、鹞鹰、红腹锦鸡等野生动物自由徜徉。山腰盛产果药，雨润青林，风送花香，秀美如画。山脚坡地土壤肥沃，出产玉米、小麦、油菜等农作物。铅锌等矿产资源十分丰富。涪江大河里出产沙金，古时有"王租只贡金"的传统，也出产大鲵、细鳞鱼、雅鲤等珍稀鱼类。居民世世代代栖居白云深处，远离尘世喧嚣，过着"自然得天真"的自在生活		

传统村落基本信息（12）

村落名称	保尔村	村落属性	☑行政村□自然村
地理信息	经度：东经 104°07′	村落形成年代	□元代以前☑明代 □清代□民国时期 □新中国成立后
	纬度：北纬 32°09′		
村域面积	3.36km²	地形地貌	山地
常住人口	1256 人		
主要民族	羌族	产值较高的主要产业	种植业、酿酒业
传统建筑形式	一字形，院落式，碉楼，川西民居		
主要传统资源	碉楼，天主教堂，2 处古墓，石刻，2 座石磨，三清庙，地藏庙，观音庙，地主张志诚故居，传统手工打铁技艺，传统古法养蜂		
村落简介	保尔村隶属于四川省绵阳市北川羌族自治县片口乡，位于该乡场镇，村委会距离乡政府 500m。面积 3.36km²，辖 7 个居民小组，呈集中连片分布，户数 365 户，总人口 1360 人，常住人口 1256 人，农村劳动力 824 人。 　　保尔村属高山区，村落依山傍水，前靠白草河、后靠尖尖山。全年霜冻期长，无霜期只有 200d 左右，正常年份降水量 780mm 左右，雨期分布不均匀，主要集中在夏秋季的 6～9 月四个月。耕地面积 716.7 亩，人均耕地 0.57 亩，退耕还林 348.5 亩。 　　保尔村于 1313 年由白草羌人从阿坝州松潘县迁移来之后建成。村落属于羌族特色和川西民居相结合的模式，房屋建筑全部为木质结构，四合院、吊脚楼等屋内天楼地正、屋外一碉一座		

传统村落基本信息（13）

村落名称	正河村	村落属性	☑行政村□自然村
地理信息	经度：东经 103°59′	村落形成年代	□元代以前☑明代 □清代□民国时期 □新中国成立后
	纬度：北纬 32°03′		
村域面积	147.6km²	地形地貌	山地、峡谷
常住人口	484 人		
主要民族	羌族	产值较高的主要产业	种植业、旅游业
传统建筑形式	石雕房，吊脚楼，川西民居		
主要传统资源	石碉房，大寨子遗迹，古树，古河道，2 处古墓		
村落简介	正河村隶属于四川省绵阳市北川羌族自治县青片乡，位于该乡西北部，距离乡政府 4.734km。面积 147.6km²，辖 5 个居民小组，户数 114 户，人口 484 人，农村劳动力 320 人，耕地面积 326 亩，退耕还林 605 亩。 　　正河村属于高山村落，处于亚热带地区，夏、秋两季降水分明，水资源丰富，位于涪江源头的正河、鸡湾两河流贯穿全村。河上四座拱桥，连接河流两岸 400 余人的必经之道，似有"小桥流水人家"之佳境。依山傍水，山清水秀，土壤肥沃，盛产玉米、荞麦等农作物，高山种有 30 余种羌药，正河河里产石巴子、白鱼等鱼类。居民世代代休养生息，过着"世外桃源"般的生活		

传统村落基本信息（14）

村落名称	上五村	村落属性	□行政村☑自然村
地理信息	经度：东经 103°55′	村落形成年代	□元代以前☑明代 □清代□民国时期 □新中国成立后
	纬度：北纬 32°00′		
村域面积	153.6km²	地形地貌	山地、峡谷
常住人口	633 人		
主要民族	羌族	产值较高的主要产业	种植业、旅游业
传统建筑形式	碉房，吊脚楼，川西民居		
主要传统资源	大寨子碉房遗迹，古河道，古树，2 口古井，祭祀楼		
村落简介	上五村隶属于四川省绵阳市北川羌族自治县青片乡，位于高山峡谷地带。面积 153.6km²，户数 154 户，常住人口 633 人。有非物质文化遗产传承人 5 人。保留着很多羌族文化传统，除口弦外，还有羌笛、羌年的传统习俗等。 　　上五村处于高山峡地，建筑还保留着古老的风貌，是羌族传统农耕生活保留得最完整的村寨之一。碉房、吊脚楼是羌族建筑最典型的代表，随着现代文明的发展，很多羌族民居都融入了一些现代气息。保存有古碉楼群遗址。吊脚楼绝大多数是石木结构，还有一栋有 60～70 年历史的钝形吊脚楼，是按照最古老的羌族风格建造的。此外，还保存有较为完善的古河道、祭祀楼等		

传统村落基本信息（15）

村落名称	大鹏村	村落属性	☑行政村□自然村
地理信息	经度：东经 104°08′ 纬度：北纬 31°59′	村落形成年代	□元代以前☑明代 □清代□民国时期 □新中国成立后
村域面积	10.4km²	地形地貌	山地、峡谷
常住人口	868 人		
主要民族	藏族、羌族	产值较高的主要产业	种植业
传统建筑形式	院落式，吊脚楼（样式有单吊式、双吊式、四合水式），川西民居		
主要传统资源	观音庙，龙王庙，川主庙，2 处古墓，烈士纪念碑		
村落简介	大鹏村隶属于四川省绵阳市北川羌族自治县桃龙藏族乡，地处该乡门户，距离乡政府 6km。东临小坝乡大包村，西接铁红村，南与小坝乡照德村接壤，北靠铁龙村。面积 10.4km²，农村社（组）呈散点状分布，户数 239 户，总人口 889 人，常住人口 868 人，农村劳动力 552 人，耕地面积 3280 亩。 　　大鹏村山高谷深，沟壑纵横，地质构造以西南、东北走向为主山区，人居集中于山脚和山腰。属亚热带湿润季风气候，大陆性季风气候特点显著，气候温和，四季分明，雨量充沛，年平均气温 16.3～18℃，年均日照时数 1379.2h。降水充足，年降水量约 1300mm		

传统村落基本信息（16）

村落名称	黑水村	村落属性	☑行政村□自然村
地理信息	经度：东经 104°03′ 纬度：北纬 31°54′	村落形成年代	□元代以前☑明代 □清代□民国时期 □新中国成立后
村域面积	42km²	地形地貌	山地
常住人口	536 人		
主要民族	羌族	产值较高的主要产业	种植业、养殖业、旅游业
传统建筑形式	吊脚楼，川西民居		
主要传统资源	古羌吊脚楼，清代古墓，玉皇庙，古建筑群，古木奇树群		
村落简介	黑水村隶属于四川省绵阳市北川羌族自治县马槽乡，是典型的羌族聚居区，距离县政府驻地 103km。面积 42km²，辖 6 个居民小组，户数 117 户，人口 536 人。有很多独一无二的"珍宝"，如清代光绪年间皇亲墓地；还有多处寺庙，其中以玉皇庙尤为著名，居民经常去祈求平安福祉。高山森林中有很多珍稀动植物，如珙桐、红豆杉、锦鸡、羚羊等。 　　黑水村也被称为"云朵上"的羌寨。古羌吊脚楼、清代古墓、古建筑群、古木奇树群等保存完好，2013 年黑水村成功入选"中国传统村落"名录。古朴而灿烂的羌族文化和风情习俗让外人赞叹，吸引着外来游客		

传统村落基本信息（17）

村落名称	黑亭村	村落属性	☑行政村□自然村
地理信息	经度：东经 104°07′	村落形成年代	□元代以前□明代 ☑清代□民国时期 □新中国成立后
	纬度：北纬 31°53′		
村域面积	7.93km²	地形地貌	山地、峡谷
常住人口	122 人		
主要民族	羌族	产值较高的主要产业	种植业、养殖业
传统建筑形式	吊脚楼，川西民居		
主要传统资源	邱家大院，红四方面军总医院旧址		
村落简介	黑亭村隶属于四川省绵阳市北川羌族自治县马槽乡，位于该乡东南面，距乡政府驻地 3.5km，距县城 80km，距绵阳 128km，距省会成都 210km。面积 7.93km²，耕地面积 429 亩，林地面积 4449.6 亩，其中退耕还林面积 197.7 亩，森林覆盖率达 90%以上。植被保护完好，为常绿落叶混交林。 　　黑亭村地处高山峡谷，属亚热带湿润季风气候，常年雨量充沛，气候温和，既无严寒，又无酷暑。地质地貌属后龙门山褶皱带，土壤多为壤土，酸碱度适中，有机质含量高，适合多种作物生长。 　　黑亭村野生动物资源丰富，有红腹锦鸡、金丝猴等珍稀动物，家养动物有猪、牛、羊、鸡等。主要产业为高山缓季节蔬菜种植和传统畜牧养殖。房屋依山而建，多为穿斗结构、吊脚楼，建筑面积达 2.6 万 m²		

传统村落基本信息（18）

村落名称	石椅村	村落属性	□行政村☑自然村
地理信息	经度：东经 104°27′	村落形成年代	□元代以前☑明代 □清代□民国时期 □新中国成立后
	纬度：北纬 31°49′		
村域面积	3.5km²	地形地貌	山地
常住人口	350 人		
主要民族	羌族、汉族	产值较高的主要产业	种植业、旅游业
传统建筑形式	吊脚楼，川西民居		
主要传统资源	20 世纪 50～60 年代建筑 19 套，明清建筑 3 套（吊脚楼 1 套，百年老屋 2 间）		
村落简介	石椅村隶属于四川省绵阳市北川羌族自治县曲山镇，又称石椅羌寨，羌语称"拿巴日格"，是明代形成的自然村。位于北川老县城东，紧邻地震遗址纪念馆和唐家山堰塞湖，距北川新县城 23km，距绵阳 51km。面积 3.5km²，村庄占地面积 180 亩，户籍人口 345 人，常住人口 350 人。居民主要为羌、汉两族。主要经济作物为枇杷、李子、猕猴桃。 　　石椅村交通便捷、环境优美、村容整洁、民风淳朴。自然景观丰富，天然的喀斯特地质造就了关门石、风洞岩、牛角洞、龙王井、土地庙、老鹰岩等景观。民风淳朴，继承了祖先大禹的坚韧，人们以悠远的羌笛、铮铮的口弦和热情洋溢的沙朗表达对爱和幸福的向往。云朵上的羌寨——石椅羌寨，茶香果甜，是夏天纳凉避暑的好去处		

传统村落基本信息（19）

村落名称	青林口村	村落属性	☑行政村□自然村
地理信息	经度：东经 105°07′	村落形成年代	□元代以前☑明代 □清代□民国时期 □新中国成立后
	纬度：北纬 32°01′		
村域面积	23km²	地形地貌	丘陵、山地
常住人口	1949 人		
主要民族	汉族	产值较高的主要产业	旅游业、商贸业、种植业
传统建筑形式	一字形，四合院，川北民居		
主要传统资源	禹王宫（湖广会馆），万寿宫（江西会馆），忠义宫（陕西会馆），广福宫（广东会馆），火神庙，红军桥，黄家大院（黄宫祠），符家大院		
村落简介	青林口村隶属于四川省绵阳市江油市二郎庙镇，地处梓潼、剑阁、江油交界处。村域面积23km²，常住人口 1949 人。 　　青林口村始建于元末明初，兴盛于明清时期，约有 2200 年历史，兴盛于明代中期。自明清以来，青林口就是丝绸、铸锅、酿造、榨油等行业的贸易地，曾有俗语赞之"买不尽的青林口"，陕西、江西、广东等地的客商相继在此进行交易买卖，不同地区的会馆也因此建成，成为中国各地建筑文化的荟萃之地。此外，还有活佛、黄鹤、辛戴、菁华四大寺观，以及文昌宫（文昌帝居住于此，后建立此宫）、禹王宫、南华宫等名胜古迹。建于清代及民国时期的民居依然保存完好，会馆、古桥、古戏台等建筑也得以保存。除了这些历史建筑外，"高台戏"也是当地一大特色文化		

传统村落基本信息（20）

村落名称	长春村	村落属性	☑行政村□自然村
地理信息	经度：东经 104°33′	村落形成年代	□元代以前□明代 ☑清代□民国时期 □新中国成立后
	纬度：北纬 31°44′		
村域面积	11km²	地形地貌	山地、丘陵
常住人口	889 人		
主要民族	汉族	产值较高的主要产业	种植业、养殖业
传统建筑形式	一字形，丁字形，院落式，穿斗或土木结构，川西北民居		
主要传统资源	观音堂，宁家四房小天井		
村落简介	长春村，原名"麻柳村"，隶属于四川省绵阳市江油市含增镇，位于该镇的北部，距离镇政府12km。东临太平镇青光村，西接乾元山村，南与安湾村接壤，北与大康镇旱丰村相连。面积11km²，辖 7 个农村社，呈集中分布，常住人口 889 人。现有居民为祖籍从湖广填川时代迁来。 　　长春村为喀斯特地貌。海拔 1000～1450m，地势较高。属亚热带湿润季风气候，年平均气温约 16.3℃，年均日照时数 900h，降水适中。无霜期约 300d，霜雾少，霜期短。主导风向为西北风。植被种类多样，以阔叶林居多。动物资源丰富，以野猪居多，黑熊、青羊时有发现		

传统村落基本信息（21）

村落名称	公安社区	村落属性	□行政村☑自然村
地理信息	经度：东经 104°54′	村落形成年代	☑元代以前□明代 □清代□民国时期 □新中国成立后
	纬度：北纬 31°47′		
村域面积	1.2km²	地形地貌	丘陵、平坝
常住人口	6000 人		
主要民族	汉族	产值较高的主要产业	商贸业、旅游业
传统建筑形式	川北民居		
主要传统资源	重华寺，福寿宫，火神庙，龙王井庙，黄公祠，南华宫（广东馆），万寿宫（江西馆），禹王宫（湖广馆），洪济宫，陕西馆，天后宫（福建馆），海灯法师故居		
村落简介	公安社区隶属于四川省绵阳市江油市重华镇，位于该镇南部，距离镇政府 1km。东临集体村，西接华红村，南与双河村接壤，北与星顺村相连。面积 1.2km²，辖 3 个居民小组，呈集中连片分布，常住人口 6000 人。地势北高南低，属亚热带湿润季风气候区，气候较温和，四季分明。年均降水量 1143mm。为旅游集镇，其主导产业为商贸。 　　重华镇历史悠久，人文底蕴厚重，明清时期作为火药原材料的"硝"出产于老君山古硝洞遗址群，旧时各省市纷纷前来设置办事机构，将"硝"销往全国各地		

传统村落基本信息（22）

村落名称	红牌村	村落属性	☑行政村□自然村
地理信息	经度：东经 104°36′	村落形成年代	☑元代以前□明代 □清代□民国时期 □新中国成立后
	纬度：北纬 31°60′		
村域面积	6.16km²	地形地貌	平坝、丘陵
常住人口	3900 人		
主要民族	汉族、羌族	产值较高的主要产业	旅游业、种植业
传统建筑形式	川西民居		
村域主要传统资源	飞鸣禅院，羌王城，何家大院，李家大院，刘家庄子，罗浮十二峰，茶坪河，古树，古墓，古桅杆，文昌宫，古道，石火药坑		
村落简介	红牌村隶属于四川省绵阳市安州区桑枣镇，位于平坦肥沃的桑枣坝子，是镇政府驻地。面积 6.16km²，辖 13 个居民小组，户籍人口 3736 人，常住人口 3900 人。 　　红牌村以平坝为主，海拔 620~861.5m，最高点罗浮山凌霄峰海拔 861.5m，最低点茶坪河河谷 620m，相对高差 241.5m。发源于千佛山深处的茶坪河由西南向东北傍村径流而下，汇入安昌河。森林覆盖率为 46.8%，植被种类丰富，以针叶树居多，保护树种有金丝楠木、珙桐、银杏等。村内的罗浮山属喀斯特地貌，由 12 座不同特色的山峰组成，面积约 3km²，地势险要，景色优美。 　　红牌村物质文化遗产丰富，有秦汉以前就有羌人经营的古羌王城，有建于唐代的飞鸣禅院，建于清代的徐家城，有清末民初庄园式建筑何家大院、李家大院、刘家庄子等川西民居院落。传统建筑远承汉唐，近纳明清，古典气派，恢宏大气		

传统村落基本信息（23）

村落名称	天池村	村落属性	☑行政村□自然村
地理信息	经度：东经 104°19′	村落形成年代	□元代以前☑明代 □清代□民国时期 □新中国成立后
	纬度：北纬 31°59′		
村域面积	20km²	地形地貌	山地
常住人口	460 人		
主要民族	汉族	产值较高的主要产业	林业、种植业、矿业
传统建筑形式	穿斗式木楼，川西北民居		
主要传统资源	两座木质牌房，鹰嘴岩地震遗址，玉皇观		
村落简介	天池村隶属于四川省绵阳市安州区高川乡，位于该乡西北方，毗邻绵竹清平乡，距乡场镇 6km，距花荄县城 53km。共有 7 个居民小组，户数 186 户，总人口 542 人。村域面积 20km²，总林地面积 28676 亩。建立中药材种植专业合作社 1 个，种植黄连 1 万余亩，种植厚朴、黄檗、杜仲"三木药材"3600 余亩，种植重楼 8000 余亩，草乌 3000 余亩。民居房屋为穿斗式木楼，独具特色。 　　天池村系大山地貌，村委会驻地瓦窑湾海拔 1250m，最高海拔鹰嘴岩 2084m。有鹰嘴岩地震遗址。主要产业为林业、矿产、中药材种植		

传统村落基本信息（24）

村落名称	红石村	村落属性	☑行政村□自然村
地理信息	经度：东经 104°25′	村落形成年代	☑元代以前□明代 □清代□民国时期 □新中国成立后
	纬度：北纬 31°50′		
村域面积	7.5km²	地形地貌	丘陵
常住人口	1900 人		
主要民族	汉族	产值较高的主要产业	种植业、旅游业
传统建筑形式	川西北民居		
主要传统资源	太平桥，卧佛寺		
村落简介	红石村隶属于四川省绵阳市安州区睢水镇，西邻金华村、南接邓家碾。面积 7.5km²，常住人口 1900 人。具有丰富的历史文化和民俗文化，周边拥有罗浮山、羌王城、龙泉砾宫、环湖碧荷园、飞鸣禅院、文星塔、姊妹桥等景区景点，拥有安州泥塑、张包蛋制作技艺、特色饮食制作工艺、纸扎技艺、蛾蛾舞、焰火制作、婚嫁习俗等民俗文化，拥有安州油茶、红酥、焦鸭子、米粉、包盐蛋、张包蛋、花荄牛肉等特产。 　　睢水镇，1940 年置睢水乡，1959 年改公社，1983 年复置乡，1992 年建镇。位于区境西部，距区政府所在地花荄镇 23km。镇域面积 75km²，人口 1.9 万。睢（水）绵（竹）路、秀（水）高（川）路在此交会。辖教场、光明、宝元、东林、青云、白河、金华、红石、罐滩、道喜 10 个村委会和睢水镇街道居委会。乡镇企业有建材厂、水电厂。主产水稻、小麦、玉米、油菜籽。睢水镇是著名作家沙汀的故乡。太平桥，是一座大拱桥，因一年一度的"踩桥"活动而闻名川西北，成为"四川省文物保护单位"和省级非物质文化遗产		

传统村落基本信息（25）

村落名称	双林村	村落属性	☑行政村□自然村
地理信息	经度：东经 104°39′ 纬度：北纬 31°47′	村落形成年代	☑元代以前□明代 □清代□民国时期 □新中国成立后
村域面积	6km²	地形地貌	丘陵、平坝
常住人口	1980 人		
主要民族	汉族	产值较高的主要产业	种植业、养殖业
传统建筑形式	川西北民居		
主要传统资源	李家坟园，李家院子		
村落简介	双林村隶属于四川省绵阳市安州区塔水镇，与神泉村、白庵村、春林村、白塔村相邻。面积 6km²，常住人口 1980 人。茂林成荫，山明水秀，人杰地灵。 　　塔水镇，1946 年置塔水乡，1953 年建兴塔镇，1986 年更名塔水镇，为省小城镇建设试点镇。位于区境南部，距区政府所在地花荄镇 20km。面积 68km²，人口 34982 人（2017 年）。安（州）罗（江）、秀（水）谭（家坝）公路在此交会。辖蚕丝、油房、开禧、联盟、安塘、高观、七里、龙桥、双堎、柑子、青安、浮萍、团结、神泉、白庵、双林、白塔、三泉、春林、裕丰、明星、新征、幸福、正觉、峨眉、金竹 26 个村委会和以序数命名的 8 个居委会。乡镇企业有红砖、陶瓷、缫丝等厂。主产水稻、玉米、小麦、油菜籽，养殖业以猪、蚕、淡水鱼为主		

传统村落基本信息（26）

村落名称	大沙村	村落属性	☑行政村□自然村
地理信息	经度：东经 104°45′ 纬度：北纬 31°42′	村落形成年代	☑元代以前□明代 □清代□民国时期 □新中国成立后
村域面积	5.3km²	地形地貌	平原
常住人口	1815 人		
主要民族	汉族	产值较高的主要产业	种植业、养殖业、旅游业
传统建筑形式	一字形，三合院，四合院，穿斗木结构建筑，川西北民居		
主要传统资源	李调元墓，龙神堂，醒园，杨世俊墓，李调元故居		
村落简介	大沙村隶属于四川省绵阳市安州区宝林镇，位于该镇东南部，距离镇政府 1.2km。东临秀塔河、龙溪村，西接调元社区、乌龙村，南与印盒村接壤，北与秀塔河相连。面积 5.3km²，辖 9 个居民小组，呈集中连片分布，户数 831 户，总人口 2010 人，常住人口 1815 人，农村劳动力 1120 人。主导产业为种植业、养殖业，号称"粮仓"。 　　大沙村为平原地貌，海拔 350～365m，地势平坦，土地肥沃。属亚热带温润季风气候，年平均气温 16.4～17.0℃，年均日照时数 2400h，降水充沛，年降水量 840mm，无暴雨水灾。无霜期约 290d，霜雾少，霜期短。主导风向为西北风		

传统村落基本信息（27）

村落名称	安罗村	村落属性	☑行政村□自然村
地理信息	经度：东经 104°25′ 纬度：北纬 31°23′	村落形成年代	□元代以前□明代 ☑清代□民国时期 □新中国成立后
村域面积	2.4km²	地形地貌	丘陵
常住人口	1125 人		
主要民族	汉族	产值较高的主要产业	种植业、旅游业
传统建筑形式	院落式，川西北民居		
主要传统资源	王家大桥，陈家大桥，李家石桅杆，河岸文化		
村落简介	安罗村隶属于四川省绵阳市安州区永河镇，位于安州区南，是安州区南大门。西接德阳绵竹市，南与德阳罗江区隔河相望。面积 2.4km²，常住人口 1125 人。干河子、垒水河绕村而过。垒水河清澈见底，鱼儿畅游，水面野生鸭、白鹭相互依。 　　安罗村发展特色旅游，有溪中漫漂、乘坐竹筏、观赏万寿菊。举办水上乐园嬉水节、特色美食节、抓鱼节、文化艺术节等，同时开展农家乐		

传统村落基本信息（28）

村落名称	甘滋村	村落属性	☑行政村□自然村
地理信息	经度：东经 157°08′ 纬度：北纬 31°54′	村落形成年代	□元代以前☑明代 □清代□民国时期 □新中国成立后
村域面积	3.442km²	地形地貌	丘陵
常住人口	807 人		
主要民族	汉族	产值较高的主要产业	种植业
传统建筑形式	一字形，院落式，穿斗式建筑，川北民居		
主要传统资源	进珠寺，灵官庙		
村落简介	甘滋村隶属于四川省绵阳市梓潼县仙峰乡，明代建，张氏家族湖广填四川，在此定居。辖 7 个农业合作社，面积 3.442km²，常住人口 807 人。该村二组 19 号为乡政府驻地。 　　甘滋村属亚热带温润季风气候，光照适宜，降水集中，雨热同季，四季分明，多年平均气温 16.5℃，年平均日照时数为 1368.4h，无霜期 230d，年总降水量 980mm。 　　甘滋村依山傍水，山清水秀，土壤肥沃，盛产水稻、玉米等农作物，潼江河里产团鱼、鲫鱼、石花鱼、鳜鱼、鲢鱼、鳝鱼等，是名副其实的"鱼米之乡"。居民世代休养生息，过着"世外桃源"般的生活		

传统村落基本信息（29）

村落名称	南垭村	村落属性	☑行政村□自然村
地理信息	经度：东经 105°08′	村落形成年代	□元代以前□明代 ☑清代□民国时期 □新中国成立后
	纬度：北纬 31°84′		
村域面积	1.5km²	地形地貌	丘陵
常住人口	850 人		
主要民族	汉族	产值较高的主要产业	种植业
传统建筑形式	一字形，台院式，院落式，穿斗式，川北民居		
主要传统资源	南华宫，腾龙庙，任家大厅，红军纪念碑		
村落简介	南垭村隶属于四川省绵阳市梓潼县双板乡，位于该乡东北部，距离乡政府 1km。东临高寨村，西接德胜村，南与石桥社区接壤，北与青益村相连。辖 9 个农村组，呈散点分布，面积 1.5km²，常住人口 850 人，为省级环境优美示范村。 　　南垭村属于丘陵地貌，海拔 563～599m，最高点南垭六组海拔 599m，最低处南垭八组海拔 563m，相对高差 36m，地势较为平坦。主要种植水稻、玉米。植被种类丰富，以阔叶树居多，包括桉树、柏树，珍贵树种有国家一级保护树种 1 株、二级以上保护树种 2 株。动物资源单一，以白鹤居多		

传统村落基本信息（30）

村落名称	柏林湾村	村落属性	□行政村☑自然村
地理信息	经度：东经 105°12′	村落形成年代	□元代以前☑明代 □清代□民国时期 □新中国成立后
	纬度：北纬 31°50′		
村域面积	2km²	地形地貌	丘陵、平坝
常住人口	106 人		
主要民族	汉族	产值较高的主要产业	种植业
传统建筑形式	一字形，三合院，四合院，川北民居		
主要传统资源	古巷子，古墓，古蜀道，史氏宗祠，古石桥，古银杏树，古柏王，翠云廊，石狮，袁文张庄园，纪念白求恩石碑		
村落简介	柏林湾村隶属于四川省绵阳市梓潼县演武乡，位于该乡西南部，距离乡政府 3km。面积 2km²，户数 106 户，总人口 284 人，常住人口 106 人，农村劳动力 147 人。耕地面积 400 余亩。一条小河由北向南直穿而下，流入大通江河。河上有一座人工小桥，似有"小桥流水人家"之佳境。依山傍水，山清水秀，土壤肥沃，种植水稻、小麦、玉米、油菜等农作物，河里产团鱼、鲫鱼、鳙鱼、鳝鱼等鱼类，是名副其实的"鱼米之乡"。居民休养生息，过着"世外桃源"般的生活。 　　柏林湾村属亚热带季风气候，光照适宜，降水集中，雨热同季，四季分明。多年平均气温 16.5℃，年平均日照时数为 2405.2h，无霜期 264d，年总降水量 902.4mm。古村落民居建筑群位于山腰，海拔在 600～800m。但整个村落传统风貌破坏较大，主要为现代砖混建筑。农耕文化深厚，整体民俗面貌颇具特色		

传统村落基本信息（31）

村落名称	七曲村	村落属性	☑行政村□自然村
地理信息	经度：东经 104°44′	村落形成年代	□元代以前□明代 ☑清代□民国时期 □新中国成立后
	纬度：北纬 31°27′		
村域面积	7.5km²	地形地貌	丘陵、山地
常住人口	1137 人		
主要民族	汉族	产值较高的主要产业	种植业、养殖业、旅游业
传统建筑形式	一字形，院落式，川北民居		
主要传统资源	七曲山大庙，送险亭，剑泉		
村落简介	七曲村隶属于四川省绵阳市梓潼县文昌镇，位于该镇西部。东临又一村，西接宏仁乡，南与双金村接壤，北与豢龙乡相连。面积 7.5km²，常住人口 1137 人。 　　七曲村地处七曲山脉，为剑门山余脉，地貌以盆中深丘地貌为主，海拔 500~892m，相对高差约 400m，坡大、长而较缓。属北亚热带季风性气候，四季分明，冬暖夏热。全年降水充沛，但年降水分配不均，一般冬春少雨，夏常伏旱，秋多霪雨。潼江环绕而过，为梓潼县第一大河，涪江一级支流。 　　七曲村以种养业为主、旅游收入为辅，是七曲山景区的重要组成部分。有非物质文化遗产，分别为：国家级，洞经古乐；省级，文昌出巡表演、马鸣阳戏表演；市级，长卿彩船、文昌祭祀、文昌庙会、文昌古籍、道情、糖画、青岭狮灯、评书、梓潼被单戏、金钱板表演、饮食片粉、许州凉粉、梓潼"田席"十大碗、梓潼酥饼制作技艺		

传统村落基本信息（32）

村落名称	同心村	村落属性	□行政村☑自然村
地理信息	经度：东经 105°14′	村落形成年代	□元代以前☑明代 □清代□民国时期 □新中国成立后
	纬度：北纬 31°28′		
村域面积	5km²	地形地貌	丘陵、平坝
常住人口	478 人		
主要民族	汉族	产值较高的主要产业	种植业、养殖业
传统建筑形式	台院式，土木结构，川东北民居		
主要传统资源	同心塔，观音庙，海通庵庙，古井		
村落简介	同心村隶属于四川省绵阳市梓潼县定远乡，位于该乡西南面，距乡场镇 10km，与盐亭县剑河乡相邻，距梓潼县城 35km。面积 5km²，耕地面积 1650 亩，退耕还林面积 62 亩，林地面积 4570 亩。辖 8 个社，户数 326 户，总人口 971 人，外出务工 508 人，常住人口 478 人。 　　同心村以种养殖业为主，种植海椒、花生、水稻、油菜、玉米等，养殖生猪、小家禽等。 　　同心村属于边远高山村社，有村社道路 16km，有一处容 9 万 m³ 的小二型水库		

传统村落基本信息（33）

村落名称	高垭村	村落属性	□行政村☑自然村
地理信息	经度：东经 105°11′	村落形成年代	☑元代以前□明代 □清代□民国时期 □新中国成立后
	纬度：北纬 31°27′		
村域面积	3.8km²	地形地貌	丘陵
常住人口	580 人		
主要民族	汉族	产值较高的主要产业	种植业
传统建筑形式	一字形，院落式，川北民居		
主要传统资源	文昌庙，清建庵，石华盖，三元桥，石狮子，武状元墓碑，九院五所旧址		
村落简介	高垭村隶属于四川省绵阳市梓潼县交泰乡，位于该乡东部，紧挨龙台村、梓盐村、土垭村、后山村。面积 3.8km²，常住人口 580 人。 　　高垭村人杰地灵，物产丰富，风景秀丽。有来龙山、高垭子山，位于村落东部和东南部。有一条小河流，自北向南贯穿全村。地形以丘陵为主。 　　高垭村资源丰富，以动植物资源为主，植物有柏树、松树、干果核桃等树木，还有多种国家一类及二类保护树种，包括一级保护树种的铁甲松、银杏等，二级保护树种黄连、香樟等。另外，有文昌庙、清家庵 2 处风景名胜，位于本村一社内		

传统村落基本信息（34）

村落名称	木龙村	村落属性	☑行政村□自然村
地理信息	经度：东经 104°52′	村落形成年代	□元代以前☑明代 □清代□民国时期 □新中国成立后
	纬度：北纬 31°39′		
村域面积	3km²	地形地貌	丘陵
常住人口	1200 人		
主要民族	汉族	产值较高的主要产业	种植业
传统建筑形式	院落式，川西民居		
主要传统资源	木龙观，重修赵侯庙捐资残碑，道光丁亥王魁元书"王氏重建木龙观记"残碑，《新建登云亭序》碑，嘉庆二十四年《木龙观记》石碑，石椅，石像，殷王塔字库残件，马鞍水库，文家大院，文昌石庙		
村落简介	木龙村隶属于四川省绵阳市游仙区凤凰乡，位于该乡南侧，北邻永清村、马鞍村，南接龙角村。面积 3km²，常住人口 1200 人。 　　木龙村属亚热带季风气候。马鞍水库的年蓄水量 25 万 m³，主要灌溉木龙村和相邻的忠兴镇龙角村。 　　木龙村传统资源丰富，有明成化年间所建木龙观，有文家大院、文昌石庙，有清代石碑数座，还有石椅、石像		

传统村落基本信息（35）

村落名称	南山村	村落属性	☑行政村□自然村
地理信息	经度：东经 104°53′	村落形成年代	☑元代以前□明代 □清代□民国时期 □新中国成立后
	纬度：北纬 31°40′		
村域面积	5.1km²	地形地貌	丘陵
常住人口	1985 人		
主要民族	汉族	产值较高的主要产业	种植业、养殖业、旅游业
传统建筑形式	四合院，川西民居		
主要传统资源	南山寺，太平楼，过街牌坊，楼子坝，文家大院，火神庙，唐代古庙，戏楼，水观音，古井，古墓，苏维埃红军纪念碑		
村落简介	南山村隶属于四川省绵阳市游仙区太平镇，位于该镇中部，系镇文化交流中心。东临水龙村，西接凤凰镇，南与芦桥村接壤，北与福林村相连。面积 5.1km²，辖 12 个农业合作社，呈散点和集中结合分布，户数 1130 户，常住人口 1985 人。主导产业为水稻制种、土地托管、蚕桑、旅游。 　　南山村属于浅丘地貌，海拔 400~600m。地势西北高东南低，最高点梅子坡海拔 600m，最低处唐家坝海拔 420m，相对高差 180m。水文条件较好，有一条主河流，名为芙蓉溪，还有多条支流汇聚，从北至南从村落穿过		

传统村落基本信息（36）

村落名称	石龙村	村落属性	☑行政村□自然村
地理信息	经度：东经 105°01′	村落形成年代	□元代以前□明代 □清代□民国时期 ☑新中国成立后
	纬度：北纬 31°40′		
村域面积	3km²	地形地貌	丘陵
常住人口	584 人		
主要民族	汉族	产值较高的主要产业	种植业、养殖业
传统建筑形式	四合院，川西北民居		
主要传统资源	石龙院，板凳寺，锁水寺，土地庙		
村落简介	石龙村隶属于四川省绵阳市游仙区朝真乡，位于该乡东面，距离乡场镇 4km。村域面积为 3km²，村庄占地面积 630 亩，总户数 260 户，总人口 845 人，总耕地 1365 亩，其中退耕还林面积 331 亩，下辖 6 个居民小组。民居房屋大多依山而建，在村部最为集中，有商店、应急避难场所、老年日间照料中心、车站等配套设施，人口较为集聚，自然形成小集市。 　　石龙村为浅丘地带，地质结构稳定，地形起伏，地势平缓，沟内土地平旷，土壤肥沃。属亚热带湿润型季风气候，常年气候温润，四季分明，无霜期为 275d，年平均气温 16.4℃。每年 1 月最冷，平均气温为 5.2℃；8 月最高，平均气温为 26.2℃		

传统村落基本信息（37）

村落名称	洛水村	村落属性	☑行政村□自然村
地理信息	经度：东经 104°58′	村落形成年代	□元代以前□明代 ☑清代□民国时期 □新中国成立后
	纬度：北纬 31°38′		
村域面积	3.9km²	地形地貌	丘陵
常住人口	878 人		
主要民族	汉族	产值较高的主要产业	种植业、旅游业
传统建筑形式	院落式，哥特式，川西北民居		
主要传统资源	络水寺，柏林天主教堂，邓家大院		
村落简介	洛水村隶属于四川省绵阳市游仙区柏林镇，与孟津村、五德村、柏桃村、四云村同乡。面积 3.9km²，常住人口 878 人。 　　洛水村历史悠久，有明代已经存在的络水寺，有初建于贞观六年、重建于嘉庆二年、扩建于 1952 年的络水堰，有省级文物保护单位柏林天主教堂，有以邓家大院为代表的洛水新居。 　　洛水村属亚热带季风性湿润气候，气候温和，空气清新。有四川省现代农业特色示范园区——洛水生态葡萄园。依托历史文化资源和特色产业，建设现代农业主题公园，形成"游百年教堂、品洛水明珠、赏浪漫玫瑰、住祥瑞氧吧"的特色乡村旅游线路		

传统村落基本信息（38）

村落名称	和阳村	村落属性	☑行政村□自然村
地理信息	经度：东经 105°00′	村落形成年代	□元代以前□明代 ☑清代□民国时期 □新中国成立后
	纬度：北纬 31°36′		
村域面积	5.4km²	地形地貌	丘陵、平坝
常住人口	2269 人		
主要民族	汉族	产值较高的主要产业	种植业
传统建筑形式	一字形，院落式，枪拐子，穿斗木结构，川东民居		
主要传统资源	观音庙，天生寨，黑虎寨，九龙池，蛮洞子，南瓜寨		
村落简介	和阳村隶属于四川省绵阳市游仙区徐家镇，位于该镇西北部，距离镇政府驻地 7.3km，距离绵阳城区 42km。东与响水村毗邻，南与白鹤村连接，西与柏林镇、魏城镇接壤，北与鸿禧村相连。面积 5.4km²，辖 18 个农业合作社，户数 572 户，总人口 2408 人，常住人口 2269 人，农村劳动力 1653 人，耕地面积 2947 亩。 　　和阳村东有南瓜寨大山、西有马鞍山、北有金盘垭环抱。小（一）型飞跃水库、小（二）型安家湾水库和 32 口塘堰是生产、生活的主要水源，不足水源由武引魏城分支渠提供。新桥河由北向南从村域中间直穿而下，汇入徐东河。河上有一座公路桥，连接东西两岸 2000 余人的必经之道，似有"小桥流水人家"之佳境。 　　和阳村依山傍水，山清水秀，土壤肥沃，盛产水稻、小麦、玉米、油菜等农作物，河里产团鱼、鲤鱼、草鱼、鲫鱼、鲢鱼、鳙鱼、鳝鱼等鱼类，是名副其实的"鱼米之乡"。居民休养生息，过着"世外桃源"般的幸福生活		

传统村落基本信息（39）

村落名称	绣山村	村落属性	□行政村☑自然村
地理信息	经度：东经 104°56′	村落形成年代	☑元代以前□明代 □清代□民国时期 □新中国成立后
	纬度：北纬 31°32′		
村域面积	4.07km²	地形地貌	丘陵
常住人口	1505 人		
主要民族	汉族	产值较高的主要产业	种植业、旅游业
传统建筑形式	院落式，川北民居		
主要传统资源	石堂院石刻题记及唐代摩崖造像，郭家大院，清代三教院，东乡饼子，汾阳王宗支碑，古盐道		
村落简介	绣山村，古地名赵渠沟，隶属于四川省绵阳市游仙区魏城镇，位于场镇南 3km。村域面积 4.07km²，下辖 10 个居民小组，户数 470 户，常住人口 1505 人。 　　绣山村依托石堂院、清代三教院等文物古迹和得天独厚的地理条件，经历史变迁自然形成。其中坐落在岷峨岭下的石堂院石刻题记及摩崖佛教造像，有唐代石刻 3 方，宋代石刻 5 方，清及现代石刻若干，七块悬石与寺庙合一，形成悬空寺。石堂院于 1985 年被列为县级文保单位，2012 年被列为省级文物保护单位。修缮了唐朝大将郭子仪第 42 代孙、清举人郭锦仪的郭家大院，发掘"汾阳寿宴"，并对石堂院 1km² 的石刻题记进行保护修缮。境内还有三处汉墓，清代三教院遗址，非物质文化遗产"东乡饼子"闻名于世		

传统村落基本信息（40）

村落名称	先锋村	村落属性	☑行政村□自然村
地理信息	经度：东经 104°58′	村落形成年代	□元代以前□明代 ☑清代□民国时期 □新中国成立后
	纬度：北纬 31°33′		
村域面积	4.5km²	地形地貌	丘陵
常住人口	1765 人		
主要民族	汉族	产值较高的主要产业	种植业、旅游业
传统建筑形式	四合院，川北民居		
主要传统资源	古遗址 3 处（北山院、玉皇观、大佛寺），古摩崖石刻 1 处，黑虎寨寨子城墙遗址，凉水古井，石岩古井		
村落简介	先锋村隶属于四川省绵阳市游仙区魏城镇，是清代形成的行政村。面积 4.5km²，村庄占地面积 6750 亩，户籍人口 1765 人，常住人口 1765 人，主要民族为汉族。 　　先锋村村域主要传统建筑有北山院、玉皇观、大佛寺古遗址 3 处，古摩崖石刻 1 处，还有黑虎寨寨子城墙遗址、凉水古井、石岩古井。 　　先锋村落民居依山而建，体现古人"择水而居"选址理念，负山带水。借自然之山水、森林，配合自身的村居建设，构筑了一个青山绿水的村庄格局		

传统村落基本信息（41）

村落名称	铁炉村	村落属性	☑行政村□自然村
地理信息	经度：东经 105°00′	村落形成年代	□元代以前□明代 ☑清代□民国时期 □新中国成立后
	纬度：北纬 31°32′		
村域面积	4.8km²	地形地貌	丘陵
常住人口	720 人		
主要民族	汉族	产值较高的2~3个主要产业	种植业、旅游业
传统建筑形式	全木建筑，砖木建筑，四合院，小独院，长三间挂两厦，长三间挂一厦，川北民居		
主要传统资源	牛王庙，送子观音庙，9 处土地庙，10 处古墓，古石桥，贾氏宗支碑，圣泉院，涂家院子，张家院子，王家院子，古桊子树		
村落简介	铁炉村隶属于四川省绵阳市游仙区魏城镇，地处游仙经济开发区东区，紧临绵梓经济产业带。距魏城场镇3km，距绵阳城区27km。面积4.8km²，辖8个农村社，户数321人，户籍人口988人，常住人口720人。 　　武引斗渠从村西北角王家垭下穿山而出，与国家大型引水工程"武引工程"相连，每年 5月、6 月引武都水库水入村，与村内张家大堰（铁炉水库）、涂家大堰、泉水湾水库、灵角堰等大小 20 处水体一道浇灌 3000 亩良田。自北向南的小河流和绕村 3km 的中型排灌沟直通魏刘河，为排洪提供了保障。 　　俯瞰铁炉村，整个村庄似铁炉状，又仿佛一把圈椅。椅背是北面的窦平山，山顶呈品字展开，是魏城、东宣、徐家三乡（镇）交界处，相传因当年三国窦平将军在此驻守而得名		

传统村落基本信息（42）

村落名称	鱼泉村	村落属性	□行政村☑自然村
地理信息	经度：东经 105°00′	村落形成年代	☑元代以前□明代 □清代□民国时期 □新中国成立后
	纬度：北纬 31°28′		
村域面积	5.03km²	地形地貌	丘陵
常住人口	960 人		
主要民族	汉族	产值较高的主要产业	种植业
传统建筑形式	院落式，川西民居		
主要传统资源	鱼泉寺，清代雍家老宅，郭家老宅，清代合院 2 处，清代守墓祠，镇西将军府，金龙桥，鱼泉古井 2 处，古碑 15 处，汉崖墓 1 处，古树 4 种 15 棵		
村落简介	鱼泉村隶属于四川省绵阳市游仙区东宣乡，位于该乡东北部，距离乡政府 7.5km。东临健康村，西接石板镇，南与刘家镇接壤，北与魏城镇相连。面积5.03km²，辖8个农村社（组），户数483户，总人口1498人，常住人口960人。主导产业为农业。地势较为平坦，魏刘河从北至南穿村而过，最高点云尖寺海拔489m，最低处魏刘河海拔370m，相对高差119m。森林覆盖率约为63.6%，动植物资源丰富。 　　鱼泉村形成于汉代，村落选址于桃园坝，因明代鱼泉寺而得名。空气清新，环境优美，历史文化底蕴深厚。民居建筑背山面水，以三合院、四合院居多。属亚热带季风气候，年平均气温为16.5℃，年均日照时数 1298h，无霜期 280d 以上，年平均降水量约990mm，降水多集中在每年 6~9 月。夏季多为偏南风，冬季多为偏北风。夏无酷暑，冬无严寒，四季分明，雨热同季，终年风小，无霜期长为区境气候的主要特征		

传统村落基本信息（43）

村落名称	飞龙村	村落属性	□行政村 ☑自然村
地理信息	经度：东经 105°03′	村落形成年代	□元代以前 ☑明代 □清代 □民国时期 □新中国成立后
	纬度：北纬 31°29′		
村域面积	4km²	地形地貌	丘陵、山地
常住人口	863 人		
主要民族	汉族	产值较高的主要产业	种植业、养殖业、旅游业
传统建筑形式	川北民居		
主要传统资源	古遗址 6 处（飞龙庙宇道观、任氏宗祠、李曹弯老宅、后头弯老宅、对河梁碑林、清代碑林），古井 1 口（八角古井），红军纪念碑		
村落简介	飞龙村隶属于四川省绵阳市游仙区东宣乡，原名汪家坝，公元 1644 年间明末全国战乱，当时八大王剿四川后剿杀汪姓绝灭，由湖南任姓迁移到此，改名为任家坝。面积 4km²，村庄占地面积 4622 亩，户籍人口 1150 人，常住人口 863 人。 　　飞龙村为汉族聚居地。主要产业是蚕桑、水稻。传统资源丰富，村域主要传统资源有飞龙庙宇道观、任氏宗祠、李曹弯老宅、后头弯老宅、对河梁碑林、清代碑林古遗址 6 处，还有古井 1 口。 　　飞龙村地势平坦，最高点飞龙山山顶海拔 775.3m，最低处村西南部海拔 492.4m，相对高差 282.9m。徐家河从北至南缓缓流过。森林覆盖率较高，达 63%，动植物资源十分丰富		

传统村落基本信息（44）

村落名称	白马村	村落属性	☑行政村 □自然村
地理信息	经度：东经 104°58′	村落形成年代	□元代以前 □明代 ☑清代 □民国时期 □新中国成立后
	纬度：北纬 31°28′		
村域面积	1.5km²	地形地貌	丘陵
常住人口	1769 人		
主要民族	汉族	产值较高的主要产业	商业、农业、工业
传统建筑形式	四合院，长三间挂两厦，川北民居		
主要传统资源	白马观，抬文昌，九龙寨遗址，涂德堂老房子，董柱君老房子，叶氏老房子，长灵寺，马王庙，观音庙		
村落简介	白马村隶属于四川省绵阳市游仙区石板镇，位于该镇东部，距离镇政府 3.5km。面积 1.5km²，辖 9 个农村社，呈梅花状分布，户数 505 户，户籍人口 1543 人，常住人口 1769 人。 　　白马村主导产业为传统农业、工业、商业。地势北高南低，石刘河由西至东从村中穿过，最高点九龙寨海拔 580m，最低处石刘河海拔 500m，相对高差 80m。森林覆盖率约为 90%，动植物资源丰富，动物以牛羊居多。 　　白马村有涂德堂老房子、董柱君老房子、白马观等传统建筑，还有石雕技艺及抬文昌活动。 　　白马村属亚热带气候，年平均气温 22～26℃，年均日照时数 7200h，降水充沛，年降水量 800mm，有暴雨水灾。无霜期约 300d，霜雾少，霜期短。主导风向为西北风		

传统村落基本信息（45）

村落名称	卢家坪村	村落属性	□行政村☑自然村
地理信息	经度：东经 104°56′	村落形成年代	□元代以前☑明代 □清代□民国时期 □新中国成立后
	纬度：北纬 31°26′		
村域面积	6.8km²	地形地貌	丘陵
常住人口	3215 人		
主要民族	汉族	产值较高的主要产业	种植业、养殖业
传统建筑形式	川北民居		
主要传统资源	古战壕、寨门、石河堰、东升桥、倒石桥、卢氏祠堂、玉皇观古塔等古遗址 12 处，高登寺八角井等古井 2 口，古墓群 6 处，古摩崖石刻 2 处，古寺庙、火神庙 9 处		
村落简介	卢家坪村隶属于四川省绵阳市游仙区观太乡，属于自然村落，村落形成于明代。面积6.8km²，村庄占地面积 210 亩，户籍人口 3319 人，常住人口 3215 人。 　　卢家坪村主要产业为蚕桑、水稻、油菜。村域主要传统资源有古战壕、寨门、石河堰、东升桥、倒石桥、卢氏祠堂、玉皇观古塔等古遗址 12 处，高登寺八角井等古井 2 口，古墓群 6 处，古摩崖石刻 2 处，古寺庙、火神庙 9 处。 　　卢家坪村错落有致的村落在星罗棋布的农田中显得十分协调。2014 年被授予绵阳市生态村，2012 年被授予四川省环境优美示范村		

传统村落基本信息（46）

村落名称	曾家垭村	村落属性	☑行政村□自然村
地理信息	经度：东经 105°02′	村落形成年代	□元代以前☑明代 □清代□民国时期 □新中国成立后
	纬度：北纬 31°28′		
村域面积	9.6km²	地形地貌	丘陵
常住人口	1411 人		
主要民族	汉族	产值较高的主要产业	种植业、养殖业
传统建筑形式	穿斗木结构，川西北民居		
主要传统资源	古井，马鞍寺，紫荆堂，马鞍寺乐楼		
村落简介	曾家垭村，古地名指路碑，隶属于四川省绵阳市游仙区刘家镇，位于该镇北 1.5km，西距绵阳市区 49km，东临梓潼 10km，南接三台 40km，北至江油 45km。面积 9.6km²，辖 12 个居民小组，户数 459 户，户籍人口 1411 人，常住人口 1411 人，劳动力 709 人。耕地面积 1773 亩，其中水田 1053 亩，旱地 720 亩。 　　曾家垭村为丘区地貌，属四川盆地中亚热带湿润季风气候，四季分明，气候温润，日照充足，无霜期长。水清山秀，土地肥沃，森林植被占 50% 以上。主要发展经济为种养业，主要农产品为水稻、油菜、蚕桑等。 　　曾家垭村历史悠久，有国家级文物保护单位——马鞍山麓的马鞍寺，其是现存规模较大、历史久远、底蕴厚重、不可多得的文化遗产资源		

传统村落基本信息（47）

村落名称	上方寺村	村落属性	☑行政村□自然村
地理信息	经度：东经 105°03′	村落形成年代	☑元代以前□明代 □清代□民国时期 □新中国成立后
	纬度：北纬 31°24′		
村域面积	1.8km²	地形地貌	丘陵
常住人口	1640 人		
主要民族	汉族	产值较高的主要产业	种植业、养殖业
传统建筑形式	四合院，川北民居		
主要传统资源	10 处古盐井，2 处乡村博物馆，上方寺古庙，盐泉县县衙遗址，状元纪念馆，一品夫人墓，石狮		
村落简介	上方寺村隶属于四川省绵阳市游仙区玉河镇，位于该镇的西南部，距离镇政府 3km。东临雍家湾和烧坊湾，南与卢家沟接壤，北与干坝子相连。面积 1.8km²，辖 12 个农村组，整体呈散点状分布，户数 550 户，总人口 1640 人。 　　村落的选址与其山水格局、周边地形地貌息息相关，具体表现为村落四面夹山，青山环绕，绿树掩映，形成了"聚宝盆状"的整体村落分布格局。村庄内外的山体轮廓线蜿蜒曲折，既是村庄天然的背景，又是聚落内外空间联系呼应的天然纽带。内外山体轮廓线的连续性和完整性、山与山视觉走廊的开敞性，使村落更加具有源于中国哲学的美学意境		

传统村落基本信息（48）

村落名称	二社区	村落属性	☑行政村□自然村
地理信息	经度：东经 104°45′	村落形成年代	☑元代以前□明代 □清代□民国时期 □新中国成立后
	纬度：北纬 31°19′		
村域面积	0.3km²	地形地貌	丘陵
常住人口	1200 人		
主要民族	汉族	产值较高的主要产业	工业、酿酒业
传统建筑形式	穿斗式建筑，川北民居		
主要传统资源	丰乐书院，华严寺，狮子龙门，陶家大院，党家大院，天佑烧坊，绣楼，龙升号，皮袋井遗址		
村落简介	二社区隶属于四川省绵阳市涪城区丰谷镇，地处绵阳市南郊，位于涪江之畔，距城市中心 15km，被列入第四批中国传统村落，是一个历史悠久、距今已有 2000 多年历史、具有丰富历史文化底蕴的古老村落。面积 0.3km²，呈集中连片分布，户数 350 户，户籍人口 800 人，常住人口 1200 人。 　　二社区以工业为主导产业，有丰谷制丝厂、丰谷酒业、金工机械厂等工业企业。现存传统建筑集中于北街，沿涪江呈带状分布。悠久的历史形成了深厚的文化积淀，保存有大量明清建筑，民居建筑样式丰富，建筑结构大多为青瓦屋顶、穿斗抬梁，有着典型的四川民居特点。有华严寺、基督教堂、古码头、绣楼、风火墙等文物古迹，有江西馆、广西馆、广东馆、陕西馆、天佑烧坊（丰谷酒业）等遗迹，有酿酒、制丝、毛笔制作、粮艺、抓油饼子、杆杆秤等技艺传承，有涪江号子、狮子龙灯、茶楼川剧等文化古韵		

传统村落基本信息（49）

村落名称	风华村	村落属性	☑行政村□自然村
地理信息	经度：东经 105°47′	村落形成年代	□元代以前☑明代 □清代□民国时期 □新中国成立后
	纬度：北纬 31°45′		
村域面积	5.25km²	地形地貌	丘陵、山地
常住人口	1061 人		
主要民族	汉族	产值较高的主要产业	种植业、养殖业
传统建筑形式	三合院，四合院，土木结构，川北民居		
主要传统资源	金龟庙，县级保护文物石伞，石桅杆，蒙文通故居，冯家大院，蜀林大院，双龙古石桥，靴子岩，唐代摩崖石刻，红军纪念碑		
村落简介	风华村隶属于四川省绵阳市盐亭县石牛庙乡，位于该乡北部，距离乡政府 8km。东临新田村，西接梓潼县大新乡，南与石印村、红陵村接壤，北与南部县桐柏乡分水村相连。面积 5.25km²，辖 10 个农村社（组），呈集中连片分布，户数 397 户，总人口 1137 人，常住人口 1061 人，农村劳动力 786 人。主导产业为种植粮食、养殖生猪、山羊、小家禽。 　　地形地貌：属于峰谷相间深丘低山地貌，海拔 512.3～741.2m。地势西高东低，最高点粉子山海拔 741.2m，最低处杨家坪河下海拔 512.3m，相对高差 228.9m。 　　气候：地处亚热带温润季风气候区，多年平均气温 16.65℃，年均日照时数 1175h，降水一般，年降水量 1073mm，时有暴雨水灾。无霜期约 300d，霜雾少，霜期短。主导风向为西北风		

传统村落基本信息（50）

村落名称	鹅溪村	村落属性	☑行政村□自然村
地理信息	经度：东经 105°16′	村落形成年代	□元代以前☑明代 □清代□民国时期 □新中国成立后
	纬度：北纬 31°23′		
村域面积	6.5km²	地形地貌	丘陵
常住人口	680 人		
主要民族	汉族、回族	产值较高的主要产业	种植业、养殖业
传统建筑形式	一字形，院落式，川西北民居		
村域主要传统资源	文星庙，鹅溪寺，樊家大院，五圣宫，灵泉寺，严公古墓		
村落简介	鹅溪村隶属于四川省绵阳市盐亭县安家镇，位于该镇东北部，距离镇政府 5.4km，梓江河依山呈"S"状流经镇域中部。面积 6.5km²，常住人口 680 人。 　　鹅溪村属北亚热带季风气候，冬温夏热，四季分明，降水丰沛，季节分配比较均匀。地处四川盆地外围丘陵地区，四面环山，西北部临水，依山傍水，山清水秀，土壤肥沃。 　　鹅溪村民居建筑主要分布在 2 社、5 社、6 社。古村落整体建筑与风貌保存良好，传统民居分布在海拔 420～510m，传统建筑的类型多种多样，还可以看出农耕文化的遗存，具有较好的民俗价值		

传统村落基本信息（51）

村落名称	龙顾村	村落属性	☑行政村□自然村
地理信息	经度：东经 105°17′	村落形成年代	□元代以前□明代 ☑清代□民国时期 □新中国成立后
	纬度：北纬 31°20′		
村域面积	8km²	地形地貌	丘陵、山地
常住人口	606 人		
主要民族	汉族	产值较高的主要产业	种植业
传统建筑形式	院落式，川北民居		
主要传统资源	龙顾井摩崖石刻，袁诗荛烈士墓，袁焕仙先生故居		
村落简介	龙顾村隶属于四川省绵阳市盐亭县柏梓镇，位于该镇西南部，距离镇政府 7km。面积 8km²，常住人口 606 人，辖 11 个农业合作社。梓江河从旁而过，流入涪江汇入长江。 　　龙顾村属亚热带季风气候，光照适宜，降水集中，雨热同季，四季分明。多年平均气温 16.8℃，年平均日照时数为 1205h，无霜期 305d。依山傍水，山清水秀，土壤肥沃，梓江河里鱼类众多，是名副其实的"鱼米之乡"。 　　龙顾村是当时川北地区重要的地方治理地点，梓潼至三台、射洪一带的重要水陆口岸。现在依然保持传统村落原有风貌，67 套穿斗式木质结构的院落依山而建，包括 20 世纪 70~80 年代的 48 套、明清建筑 19 套。更是佛学大师袁焕仙、革命英烈袁诗荛的故居。村落建筑形式多种多样，具有十分重要的研究参考价值		

传统村落基本信息（52）

村落名称	青峰村	村落属性	□行政村☑自然村
地理信息	经度：东经 105°46′	村落形成年代	☑元代以前□明代 □清代□民国时期 □新中国成立后
	纬度：北纬 31°28′		
村域面积	3.15km²	地形地貌	丘陵
常住人口	620 人		
主要民族	汉族、回族	产值较高的主要产业	种植业、养殖业
传统建筑形式	一字形，L 形，三合院，四合院，川北民居		
主要传统资源	正方湾王氏民居，回族清真寺，洞口湾王家大院，高灵道观，王家坝老屋，敬氏祠堂，王家坝二房头，古碑，青石桥，古蜀道，张飞井，石碾，石磨，石砌围墙，牌匾		
村落简介	青峰村隶属于四川省绵阳市盐亭县林山乡，位于盐亭县北部、林山乡西部，回汉杂居，因境内青山林立而得名。村域面积 3.15km²，户籍人口 783 人，常住人口 620 人。 　　青峰村交通便利，省道 101 线从南面穿村而过，是北接巴中、东达重庆、南通成都的交通要道。地形以丘陵为主，南高北低，一条小河由南向北注入弥江河。属亚热带季风气候，光照适宜，降水集中，雨热同季，四季分明。 　　青峰村连片传统建筑分布于尖子山东面山脚的两湾一坝上，即 3 社、4 社、5 社的洞口湾、正方湾、王家坝，其中以王家坝村落规模、格局、建筑保存最为完整。被列为县级文物保护单位的民居建筑有 4 处，即王家坝的老屋和二房头、洞口湾的王家大院、正方湾的王氏民居。森林密布，果树遍野，山湾环抱村落，绿树掩映民居，良田分布于房前屋后。农耕文化在此得到了十分充分的展现，自然资源得到了充分的利用，自然与建筑相映成趣，完美统一		

传统村落基本信息（53）

村落名称	凤林村	村落属性	☑行政村□自然村
地理信息	经度：东经 105°34′	村落形成年代	□元代以前□明代 ☑清代□民国时期 □新中国成立后
	纬度：北纬 31°17′		
村域面积	4.3km²	地形地貌	丘陵
常住人口	1274 人		
主要民族	汉族	产值较高的主要产业	种植业、养殖业
传统建筑形式	院落式，川东民居		
主要传统资源	桑家大院，张氏民居，张氏宗堂，何家为故居，孙氏宗祠，凤林宫，玉皇宫，佛宝场		
村落简介	凤林村隶属于四川省绵阳市盐亭县巨龙镇，与枫林村、湖滨村、团山村等同乡。面积 4.3km²，常住人口 1274 人。 　　凤林村山清水秀，人杰地灵，空气清新。村落形成年代为清代。清康熙二十年，桑氏先祖随女、婿入川，在此开荒置业，栽桑养蚕，修塘筑堰，植树造林，修建府宅，遂形成此村落。 　　凤林村主要建筑群是少有的按清代官府样式修建的，既有川东民居风格，又富有江南民居韵味的特殊建筑群落，年代久远，历史文化底蕴深厚		

传统村落基本信息（54）

村落名称	五和村	村落属性	□行政村☑自然村
地理信息	经度：东经 105°34′	村落形成年代	□元代以前□明代 ☑清代□民国时期 □新中国成立后
	纬度：北纬 31°16′		
村域面积	2.1km²	地形地貌	丘陵
常住人口	1033 人		
主要民族	汉族	产值较高的主要产业	种植业、养殖业
传统建筑形式	一字形，院落式，L 形，穿斗式木结构建筑，川东北民居		
主要传统资源	桅杆湾张氏民居，桑家大院，孝节坊，佛宝寺，文昌塔		
村落简介	五和村隶属于四川省绵阳市盐亭县巨龙镇，位于该镇北面，与场镇接壤。东临金钟村，西接三台县秋林镇，南与五里村接壤，北与通垭村、凤林村相连。面积 2.1km²，常住人口 1033 人。 　　五和村属于中丘陵小盆地地貌，境内地势四周高、村内低，海拔 410～628m，最高点三合寨海拔 628m，最低处巨龙场镇口海拔 410m，相对高差 218m。地处亚热带温润季风气候区，春早，夏热，秋短，冬温，气候温和，热量充沛。主导风向为西北风。水文条件较差，无主要河流经过境内，原主要靠山泉水和人工蓄水，现在主要靠武都水库引水灌溉渠引水灌溉，武引渠从村西进入，向北、东绕村庄一圈，从南面流入金钟村境内。 　　五和村动植物资源丰富。植物以针叶树为主，包括柏树、松树、香樟、青冈树等，国家二级以上保护树种有银杏、香樟、杜仲等。五禾生态农业观光园是四川省首批省级示范休闲农庄，是"宜居、宜业、宜养（游）"的好地方		

传统村落基本信息（55）

村落名称	龙台村	村落属性	☑行政村□自然村
地理信息	经度：东经 105°52′	村落形成年代	□元代以前☑明代 □清代□民国时期 □新中国成立后
	纬度：北纬 31°15′		
村域面积	4.2km²	地形地貌	丘陵
常住人口	1486 人		
主要民族	汉族	产值较高的主要产业	种植业
传统建筑形式	穿斗式建筑，川北民居		
主要传统资源	龙台寺，木龙湾王氏民居，剑清故里，王文圃故居，王文圃墓，真常道观，黄阁府		
村落简介	龙台村隶属于四川省绵阳市盐亭县黄甸镇，位于该镇东南部，距离镇政府 11km。面积 4.2km²，常住人口 1486 人。居民多为王姓，为典型的宗族聚居地。 　　龙台村处于群山之间，风景秀丽，土壤肥沃。主要农产品为油菜、小麦、玉米。属亚热带湿润气候，光照适宜，降水集中，雨热同季，四季分明。多年平均气温 16℃，年平均日照时数为 1354h，年无霜期 294d 以上，多年平均降水量 850mm。主导风向为东北风		

传统村落基本信息（56）

村落名称	马龙村	村落属性	□行政村☑自然村
地理信息	经度：东经 104°44′	村落形成年代	□元代以前☑明代 □清代□民国时期 □新中国成立后
	纬度：北纬 31°27′		
村域面积	6.8km²	地形地貌	丘陵、平坝
常住人口	980 人		
主要民族	汉族	产值较高的主要产业	种植业
传统建筑形式	一字形，院落式，L 形，川北民居		
主要传统资源	勾氏宗祠，嫘祖殿，迎禄桥		
村落简介	马龙村隶属于四川省绵阳市盐亭县黄溪乡，位于该乡场镇北部，距离乡政府 4km。面积 6.8km²，常住人口 980 人。属亚热带季风气候，光照适宜，降水集中，雨热同季，四季分明。 　　马龙村有水系迎禄沟，发源于马头咀，由北向南流入黄溪河，终汇入梓江河。迎禄河中盛产团鱼、鳝鱼等鱼类。迎禄沟上有一座廊桥，名曰迎禄桥，除了桥本身的功能，这里还是居民们日常交往的地方。景色优美，依山傍水，土壤肥沃，居民生活悠闲惬意		

传统村落基本信息（57）

村落名称	龙潭村	村落属性	☑行政村□自然村
地理信息	经度：东经 105°54′	村落形成年代	□元代以前☑明代 □清代□民国时期 □新中国成立后
	纬度：北纬 31°11′		
村域面积	5km²	地形地貌	丘陵、平坝
常住人口	1530 人		
主要民族	汉族	产值较高的主要产业	种植业、养殖业
传统建筑形式	一字形，院落式，L 形，川北民居		
主要传统资源	龙潭老街，龙冠寺，杜氏旧居，龙潭书院，龙潭古笔塔，民主斗争纪念馆		
村落简介	龙潭村隶属于四川省绵阳市盐亭县五龙乡，位于该乡之西南，距离乡场镇 3.5km，距离县城 31km。面积 5km²，常住人口 1530 人。 　　榉溪河由东向西纵贯全村，并将钟山、卧虎山山脉与米高山、西山坪、来龙山山脉分割开后形成神奇的龙潭半岛，有宽敞的官仓坝，雄伟的西山坪，秀美的烧香咀，幽静的杜家洞、大水墨、邓家沟、赵家沟。 　　龙潭村地处秀丽奇特的多元地质带，集风景名胜、文化基地、革命传统于一身。享有文化之乡、文化发源地、文化摇篮之美称		

传统村落基本信息（58）

村落名称	凤凰村	村落属性	□行政村☑自然村
地理信息	经度：东经 105°64′	村落形成年代	□元代以前☑明代 □清代□民国时期 □新中国成立后
	纬度：北纬 31°14′		
村域面积	2.4km²	地形地貌	丘陵、平坝
常住人口	893 人		
主要民族	汉族	产值较高的主要产业	种植业
传统建筑形式	三合院，四合院，穿斗式结构建筑，川北民居		
主要传统资源	陈家庵，陈家场惜字宫，陈家大院，凤凰山庙		
村落简介	凤凰村隶属于四川省绵阳市盐亭县洗泽乡，位于该乡西部。面积 2.4km²，总人口 1070 人，常住人口 893 人，耕地面积 1188 亩。 　　村名以山脉主峰凤凰山为名，左有青龙咀，右有白虎嘴，西方位遥对西鹿山，一条龟子河在沟坝中由南向北直穿而过，再往东流入嘉陵江支流西河。龟子河上有古石桥数座，似有"小桥流水人家"之美感，河两岸水田棋布，微风习习，青苗点点，大有"两岸秀叶拥山翠，一沟秧苗裹田青"之佳境。 　　凤凰村依山傍水，土肥地沃，盛产水稻、玉米、小麦，人们世居于斯，日出而作，日落而息，过着悠然自得的农家田园生活。 　　凤凰村居民，以陈氏为主，自湖广麻城填川而来，克勤克俭，世居此地 600 余年，瓜瓞绵绵，耕读传家，赖地灵人杰，世代缙绅		

传统村落基本信息（59）

村落名称	阳春村	村落属性	□行政村 ☑自然村
地理信息	经度：东经 105°34′	村落形成年代	□元代以前 ☑明代 □清代 □民国时期 □新中国成立后
	纬度：北纬 31°06′		
村域面积	5.2km²	地形地貌	丘陵
常住人口	1755 人		
主要民族	汉族	产值较高的主要产业	种植业、养殖业
传统建筑形式	一字形，院落式，L 形，川北民居		
主要传统资源	莲池寺字库塔，赵氏宗祠，报恩堂，嫘祖宫，宝范寺		
村落简介	阳春村隶属于四川省绵阳市盐亭县高灯镇，位于该镇东北部，距离镇政府 4.3km。辖 15 个农业合作社，户数 580 户，常住人口 1775 人，农村劳动力 1097 人，耕地面积 1930 亩。龙居湖、土地河由南向北直穿而下，流入榉溪河。 阳春村物产丰富，有"鱼米之乡"的称号。农作物主要为水稻、玉米等。还有丰富的水产，包括草鱼、鲫鱼等各种鱼类。 阳春村在明代湖广填四川形成。传统村落位于本村 2 社，小地名为院场湾，村落内居住约 70 户。基本为土木结构传统建筑，整体风貌破坏较小，风貌协调。有市级文物莲池寺字库塔一座，县级文物字库塔一座，100 余处古墓、古用具等		

传统村落基本信息（60）

村落名称	南池村	村落属性	☑行政村 □自然村
地理信息	经度：东经 105°08′	村落形成年代	□元代以前 ☑明代 □清代 □民国时期 □新中国成立后
	纬度：北纬 31°16′		
村域面积	4km²	地形地貌	丘陵
常住人口	506 人		
主要民族	汉族	产值较高的主要产业	种植业、养殖业
传统建筑形式	川西民居		
主要传统资源	蓝池庙，东岳大殿祠堂		
村落简介	南池村隶属于四川省绵阳市三台县塔山镇，位于该镇东南部，距离镇政府 7km。邻青柏村、金鼓村、宏狮村。面积 4km²，下辖 6 个居民小组，呈带状分布，户数 288 户，总人口 924 人，农村劳动力 624 人。主导产业为种植业、养殖业。 南池村属于浅丘地貌，海拔 483m。境内地势西高东低，最高点王母山海拔 493m，最低处冬宫寺海拔 443m，相对高差 50m。 南池村地处北亚热带气候区，年平均气温约 16.7℃，年均日照时数 1376h，降水充沛，年降水量 882～1134mm。无霜期约 283d，霜雾少，霜期短。主导风向为西北风。动物资源单一，以家禽居多		

传统村落基本信息（61）

村落名称	柑子园村	村落属性	☑行政村□自然村
地理信息	经度：东经 104°52′	村落形成年代	□元代以前□明代 ☑清代□民国时期 □新中国成立后
	纬度：北纬 31°02′		
村域面积	5.4km²	地形地貌	丘陵、平坝
常住人口	1067 人		
主要民族	汉族	产值较高的主要产业	种植业、旅游业
传统建筑形式	四合院，川西民居		
主要传统资源	城墙，城门 6 座，广东、福建、湖广（湖南、湖北）、江西四大会馆，戏楼		
村落简介	柑子园村隶属于四川省绵阳市三台县西平镇，地处西平场镇北大门。原辖 11 个社，1 社至 5 社环绕西平场镇，6 社至 11 社分布于西平到三台县城方向的公路沿线，因 5 社种植大片的柑子树，并且位于村的中心位置，故命名为柑子园村。随着西平城镇化建设的快速发展，柑子园村的 1 社至 5 社已扩建为场镇，柑子园村现辖 6 个社组，总户数 360 户，总人口 1067 人，耕地面积 780 亩。 　　柑子园村为客家古村，西平古街的主体在柑子园村，村内明清时代的古建筑保留较为完整，街道以多个"十"字形排列，保存尚完好的 7 条古街道原来都是用石板铺成的，现保存有 300 余米。街道两旁的房屋均是木制厢房，后面大多设有四合院。 　　西平镇被誉为"四川最美古镇"，位于三台县西部、凯江河畔，山清水秀、人杰地灵		

传统村落基本信息（62）

村落名称	罗汉村	村落属性	☑行政村□自然村
地理信息	经度：东经 104°64′	村落形成年代	□元代以前☑明代 □清代□民国时期 □新中国成立后
	纬度：北纬 31°24′		
村域面积	3km²	地形地貌	丘陵
常住人口	2000 人		
主要民族	汉族	产值较高的主要产业	种植业、旅游业
传统建筑形式	川西民居		
主要传统资源	罗汉寺，罗汉桥		
村落简介	罗汉村隶属于四川省德阳市罗江区新盛镇，位于该镇南部。面积 3km²，常住人口 2000 人。 　　罗汉场依山傍水，场中老街背靠莲花山，整个罗汉场街道如同一个"几"字形把莲花山围在其中。最老的古迹罗汉寺和罗汉桥位于场口向东的老街中。 　　罗汉寺始建于明万历年间，至今已有 400 年的历史，一年四季香火旺盛，每年农历三月初三和六月二十四会有节会童子会和雷神会在此举办。罗汉寺以东的百步溪上，有我国现存最短的廊桥，仅 2.2m 的罗汉桥		

传统村落基本信息（63）

村落名称	响石村	村落属性	☑行政村□自然村
地理信息	经度：东经 104°55′	村落形成年代	□元代以前□明代 ☑清代□民国时期 □新中国成立后
	纬度：北纬 31°22′		
村域面积	4.5km²	地形地貌	丘陵、平坝
常住人口	2450 人		
主要民族	汉族	产值较高的主要产业	种植业、旅游业
传统建筑形式	客家民居，川西民居		
主要传统资源	范家大院		
村落简介	响石村隶属于四川省德阳市罗江区御营镇，位于该镇西北部，是"全国文明村"。面积 4.5km²，常住人口 2450 人。 　　响石村有德阳境内保存最为完好且规模最大的清代民居"范家大院"，范家大院距今已有 300 余年的历史，是北宋名臣范仲淹后世的居所，同时范家大院也是客家院落的代表。 　　响石村还创建了罗江区第一家土地合作社		

传统村落基本信息（64）

村落名称	白马村	村落属性	□行政村☑自然村
地理信息	经度：东经 104°47′	村落形成年代	□元代以前□明代 ☑清代□民国时期 □新中国成立后
	纬度：北纬 31°29′		
村域面积	4.8km²	地形地貌	丘陵、平原
常住人口	1445 人		
主要民族	汉族	产值较高的主要产业	旅游业、种植业
传统建筑形式	徽派民居		
村域主要传统资源	石砌（庞统祠），白马雄关，万佛寺		
村落简介	白马村隶属于四川省德阳市罗江区白马关镇，位于该镇西北部，是保存比较完整的古村落之一。面积 4.8km²，常住人口 1445 人。村落历史悠久，文化积淀深厚，具有多方面的文物研究价值。 　　古村落形成于清代，选址于元宝山，因成都到陕西的古驿道就在此，交通便利，加之庞统骑白马在落凤坡中伏而亡，人们为了怀念他，故在此建房成形，随后不断发展，形成至今的村落格局。 　　古村落的选址与其整体山水格局、周边地形地貌息息相关，具体表现为：倒湾位于陈家山下，背靠大山，古驿道从其侧边穿过，正面有一山坪塘。村落形态呈"品"字形，村落内有大统巷、弹琴巷等重要街巷，以及广场等公共场所，它们构成了村落的空间格局		

传统村落基本信息（65）

村落名称	新店村	村落属性	☑行政村□自然村
地理信息	经度：东经 104°68′	村落形成年代	□元代以前□明代 ☑清代□民国时期 □新中国成立后
	纬度：北纬 31°16′		
村域面积	4.2km²	地形地貌	丘陵
常住人口	1706 人		
主要民族	汉族	产值较高的主要产业	种植业、养殖业
传统建筑形式	川西民居		
主要传统资源	南易氏宅，北易氏宅，蓝氏宅，彭氏宅		
村落简介	新店村隶属于四川省德阳市中江县永太镇，位于该镇北部。面积 4.2km²，常住人口 1706 人。风景秀丽，气候宜人，天蓝山清水秀。主要农产品有芥菜苗、阳桃、番石榴等。传统资源有中江县不可移动文物名录中的清代古建筑——南易氏宅、北易氏宅、蓝氏宅、彭氏宅。 　　永太镇位于中江县城北，南距县城 11km，北距绵阳市区 37km，西距德阳市区 33km。省道罗桂路（罗江—桂花园）纵跨南北，县道芦德路（芦溪—德阳）横跨东西，交通十分便利。地处龙泉山脉尾端，地势北高南低，属浅丘陵区。面积 48km²，辖 19 个行政村，总人口 32416 人。栽植苹果 10000 余亩，做大苹果产业。大力发展以牛、羊、猪、鸡、兔为主的养殖业。发展烤烟生产专业户，推进烤烟生产上台阶		

传统村落基本信息（66）

村落名称	汉卿村	村落属性	☑行政村□自然村
地理信息	经度：东经 104°55′	村落形成年代	□元代以前□明代 ☑清代□民国时期 □新中国成立后
	纬度：北纬 31°09′		
村域面积	4.6km²	地形地貌	丘陵
常住人口	1500 人		
主要民族	汉族	产值较高的主要产业	种植业、养殖业
传统建筑形式	四合院，川西民居		
主要传统资源	汉卿字库塔，龙、凤形院刘氏宅		
村落简介	汉卿村隶属于四川省德阳市中江县富兴镇，位于该镇西北部。面积 4.6km²，常住人口 1500 人。 　　汉卿字库塔位于"龙形院子"右侧，始建于清代，为六面体七级楼阁式石塔，中空，通高 7m。各层塔檐均六角翘起，圆雕瓦垅，塔顶为六角攒尖宝珠顶。系刘汉卿等为倡导儒家文化，敬文惜字，佑启后人而建。 　　富兴镇位于中江县城西北部，地处龙泉山脉尾端，距德阳 25km，中江 14km。高等级的德中公路纵贯全镇，交通十分方便。属浅丘陵山区，面积 84.3km²，辖 18 个村，人口 27376 人（2017 年），耕地 24471 亩		

传统村落基本信息（67）

村落名称	人和村	村落属性	☑行政村□自然村
地理信息	经度：东经 104°45′	村落形成年代	□元代以前☑明代 □清代□民国时期 □新中国成立后
	纬度：北纬 31°04′		
村域面积	0.3km²	地形地貌	丘陵
常住人口	800 人		
主要民族	汉族	产值较高的主要产业	种植业、养殖业
传统建筑形式	合院式，川西民居		
主要传统资源	吕氏祠堂，东汉古墓葬人行山崖墓群，清代戴家湾戴氏墓群		
村落简介	人和村隶属于四川省德阳市中江县通济镇，位于该镇北部。村域面积 0.3km²，常住人口 800 人。 　　人和村的吕氏老宅占地 5 亩，建于两个世纪前，一共有大小 32 间房，为合院式建筑，布局整齐，院落中还搭有古戏台，窗上雕花精美，地上铺有石地板砖，可以看出当年吕氏家族的风貌。现已被吕氏后人改成"留守儿童之家"。 　　通济镇位于中江县东部，距县城 10km。面积 52.26km²，辖 1 个农村社区、18 个行政村，总人口 31547 人（2017 年）。属丘陵地区，耕地面积 2 万余亩，气候温和，空气温度较大，主要农作物为红苕、水稻、玉米等		

传统村落基本信息（68）

村落名称	狮龙村	村落属性	☑行政村□自然村
地理信息	经度：东经 104°45′	村落形成年代	□元代以前□明代 ☑清代□民国时期 □新中国成立后
	纬度：北纬 31°03′		
村域面积	2.7km²	地形地貌	丘陵
常住人口	1600 人		
主要民族	汉族	产值较高的主要产业	种植业、养殖业
传统建筑形式	穿斗式建筑，川西民居		
主要传统资源	钟氏祠堂，谢氏宅		
村落简介	狮龙村隶属于四川省德阳市中江县通济镇，位于该镇东南部，是两个村子合并的新名称，之前为双狮村和龙头村。面积 2.7km²，常住人口 1600 人。 　　狮龙村为丘陵地形，环境优美。产值较高的主要产业是枣树种植业。传统建筑形式为穿斗式结构建筑。有清代墓葬群林氏墓群及狮子湾墓群、清代古建筑钟氏祠堂及谢氏宅。 　　通济镇位于中江县东部，距县城 10km 左右。面积 52.26km²，辖 1 个农村社区、18 个行政村，总人口 31547 人（2017 年）。属丘陵地区，耕地 2 万余亩，气候温和，空气温度较大，主要农作物为红苕、水稻、玉米等		

传统村落基本信息（69）

村落名称	双寨村	村落属性	☑行政村□自然村
地理信息	经度：东经 104°77′	村落形成年代	☑元代以前□明代 □清代□民国时期 □新中国成立后
	纬度：北纬 31°02′		
村域面积	2.5km²	地形地貌	丘陵
常住人口	1881 人		
主要民族	汉族	产值较高的主要产业	种植业、养殖业
传统建筑形式	川西民居		
主要传统资源	传统民居		
村落简介	双寨村隶属于四川省德阳市中江县回龙镇。村域面积 2.5km²，常住人口 1881 人。为浅丘地貌，主要经济收入来源于农业。 　　回龙镇地处中江县东部，距县城 7km。共辖 29 个行政村，面积 72.34km²，总人口 37760 人（2017 年）。地势西北高、东南低，为浅丘、平坝、低山，海拔 500～600m。属亚热带湿润性季风气候，气候温和湿润，四季分明，日照较为充足，雨量适中，无霜期长，年平均气温 16.5℃。位于凯江河下游，涉及河道全长 8.5km，有小型Ⅱ水库 2 处、三平塘 391 口、石河堰 88 节。有耕地 38935.2 亩。土壤以中壤砂、泥土为主，质地适中，水气协调，耕作性良好，酸碱性适中。经济收入以种植、养殖、劳务为主，常年种植水稻、玉米、油菜、大豆、蔬菜等		

传统村落基本信息（70）

村落名称	三江村	村落属性	☑行政村□自然村
地理信息	经度：东经 105°02′	村落形成年代	□元代以前□明代 ☑清代□民国时期 □新中国成立后
	纬度：北纬 31°14′		
村域面积	3.1km²	地形地貌	丘陵
常住人口	2132 人		
主要民族	汉族	产值较高的主要产业	种植业、旅游业
传统建筑形式	穿斗式建筑，川西民居		
主要传统资源	禹王宫，帝主庙，仓山书院		
村落简介	三江村隶属于四川省德阳市中江县仓山镇，是镇政府所在地。面积 3.1km²，常住人口 2132 人。四季分明，山清水秀。历史文化厚重，传统资源丰富。产业发达，旅游业蓬勃发展。 　　仓山镇，作为原飞乌县县址所在地，古迹、古建筑众多。古迹有大旺寺唐代石刻、飞乌县遗址、走马岭古道、龙怀寺、摇亭碑、佛山寺摩崖石刻、观音寨摩崖造像等，古建筑有禹王宫、帝主庙、城隍庙、朝龙寺、仓山书院等，还有长久流传的仓山大乐、太婆龙等民间文艺和传统风俗。仓山大乐相传起源于周代，因为年代久远而被誉为"音乐活化石"。仓山太婆龙因为舞龙者均为女性，不同于其他的舞者为男子而独具特色。仓山老街的古民房保存较好，更给仓山增加了浓郁的古风古韵		

传统村落基本信息（71）

村落名称	杨家坝村	村落属性	☑行政村☐自然村
地理信息	经度：东经 105°11′	村落形成年代	☐元代以前☐明代 ☑清代☐民国时期 ☐新中国成立后
	纬度：北纬 31°02′		
村域面积	4.3km²	地形地貌	丘陵
常住人口	1216 人		
主要民族	汉族	产值较高的主要产业	种植业、养殖业
传统建筑形式	砖木结构，川东民居		
主要传统资源	老码头，古树		
村落简介	杨家坝村隶属于四川省遂宁市射洪市香山镇，位于该镇北面，是镇政府所在地。面积 4.3km²，常住人口 1216 人。 　　杨家坝村过去是著名的水码头，有着悠久的历史。原有杨家祠堂、江西会馆和古戏楼等古建筑，均已拆除，只剩下遗址。现多为新建的民居，但古树被很好地保留下来。传统村落不仅只有古建筑才能代表，古树、老码头也是传统村落的一种表现，杨家坝村也正是古树和老码头反映出了它的特色。 　　香山镇，因驻地香山寺而得名，位于射洪市城北端 36.8km，东连潼射镇，南接金华镇，西与三台县中新镇相邻，北与三台县百顷镇接壤。下辖香山 1 个社区和 15 个行政村，总人口 19460 人。涪江、桃花河由北向南穿镇而过。主要农副产品有水稻、小麦、油菜、大蒜、玉米、红苕、蔬菜、麦冬、生猪、家禽、禽蛋、蚕桑等		

传统村落基本信息（72）

村落名称	牖壁村	村落属性	☑行政村☐自然村
地理信息	经度：东经 105°27′	村落形成年代	☐元代以前☑明代 ☐清代☐民国时期 ☐新中国成立后
	纬度：北纬 30°46′		
村域面积	4km²	地形地貌	丘陵
常住人口	672 人		
主要民族	汉族	产值较高的主要产业	种植业
传统建筑形式	四合院，穿斗式建筑，川东民居		
主要传统资源	牖壁宫		
村落简介	牖壁村隶属于四川省遂宁市射洪市洋溪镇，位于该镇东部。面积 4km²，常住人口 672 人。 　　牖壁村，其实就是原来的牖壁宫所在的村。根据住在村里的老人讲，牖壁宫分前后两院，最早属于蒲千岁，后来主人是李雨生，新中国成立后属于集体，最后分给了村民。牖壁宫正门对着楞严山，楞严山形如一条青龙，当时风水先生说牖壁宫的大门不能正对龙背，必须修一面墙挡住，所以过去牖壁宫前还修有一面两层楼高的墙，但后来墙被推倒改为道路，现在高墙的痕迹已经不见。 　　洋溪镇位于射洪市东部，距市区 14km。东接金鹤乡、官升镇，南连青堤乡，西接瞿河乡、柳树镇，北邻大榆镇。辖 14 行政村、2 个社区，面积 69.78km²，总人口 10759 人（2017 年）。洋溪古镇有千余年历史文化底蕴，对了解、研究中国西部古代历史文化具有重要价值		

传统村落基本信息（73）

村落名称	楞山社区	村落属性	☑行政村□自然村
地理信息	经度：东经 104°33′	村落形成年代	□元代以前□明代 ☑清代□民国时期 □新中国成立后
	纬度：北纬 31°44′		
村域面积	0.67km²	地形地貌	丘陵
常住人口	2685 人		
主要民族	汉族	产值较高的主要产业	种植业、养殖业
传统建筑形式	四合院，川东民居		
主要传统资源	楞严阁，三元宫，古戏楼，古桥		
村落简介	楞山社区隶属于四川省遂宁市射洪市洋溪镇，位于该镇东部，东接金鹤乡、官升镇，南连青堤乡，西接瞿河乡、柳树镇，北邻大榆镇。面积 0.67km²，常住人口 2685 人。 　　楞山社区很多历史建筑保存尚好，柳林街、思南街、渠县街还保留着过去的历史格局和历史风貌。古戏楼只剩下遗址，但从占地面积还可看出当年的繁荣。有三座桥，其中之一的板板桥横跨涪江水。 　　洋溪镇位于射洪市东部，距市区 14km。东接金鹤乡、官升镇，南连青堤乡，西接瞿河乡、柳树镇，北邻大榆镇。辖 14 行政村、2 个社区，面积 69.78km²，总人口 10759 人（2017 年）。洋溪古镇有千余年历史文化底蕴，对了解、研究中国西部古代历史文化具有重要价值		

传统村落基本信息（74）

村落名称	光华村	村落属性	☑行政村□自然村
地理信息	经度：东经 105°28′	村落形成年代	☑元代以前□明代 □清代□民国时期 □新中国成立后
	纬度：北纬 30°44′		
村域面积	2.7km²	地形地貌	丘陵、平坝
常住人口	800 人		
主要民族	汉族	产值较高的主要产业	种植业
传统建筑形式	川北民居		
主要传统资源	目连寺，唐圣僧目连故里石碑，青堤古渡义渡碑		
村落简介	光华村隶属于四川省遂宁市射洪市青堤乡，东接蓬溪县天福镇的桥亭村，南邻蓬溪县天福镇的长岭村，西抵涪江，与川酒名镇沱牌镇隔江相望，北连高坎村。面积 2.7km²，常住人口 800 人。 　　光华村空气清新，风景秀丽，物华天宝。主要农产品有青椒、葱、豆瓣菜、草莓等。村落依水而建，山环水绕，古桥、古井、古树穿插其间。 　　历史上，青堤乡是繁荣一时的盐关重镇，南朝梁以前，坐落在光华村境内的青堤古渡是川西北至川东地区的重要渡口之一。有非物质文化遗产目连戏、铁水花火龙		

传统村落基本信息（75）

村落名称	关昌村	村落属性	☑行政村□自然村
地理信息	经度：东经 105°11′	村落形成年代	☑元代以前□明代 □清代□民国时期 □新中国成立后
	纬度：北纬 30°34′		
村域面积	1.3km²	地形地貌	丘陵、平坝
常住人口	1470 人		
主要民族	汉族	产值较高的主要产业	种植业、养殖业、旅游业
传统建筑形式	四合院，穿斗式建筑，川东民居		
主要传统资源	三圣宫，卓筒井		
村落简介	关昌村隶属于四川省遂宁市大英县卓筒井镇，位于该镇西北部。面积 1.3km²，户数 502 户，常住人口 1470 人，耕地面积 893 亩。 　　关昌村属亚热带季风气候，四季分明，夏季多雨，冬季干燥。有九宫十八庙的遗存三圣宫，一直香火旺盛，每年都要举行隆重的庙会和宗教活动。整个九宫十八庙遗存为一片复四合院小青瓦斜山式清代建筑群。 　　卓筒井及制盐技术，已被列为省级重点文物保护单位和国家非物质文化遗产，现正申报国家级重点文物保护单位和世界文化遗产单位、建设卓筒井国际旅游观光区		

传统村落基本信息（76）

村落名称	毗庐寺村	村落属性	☑行政村□自然村
地理信息	经度：东经 105°16′	村落形成年代	□元代以前☑明代 □清代□民国时期 □新中国成立后
	纬度：北纬 30°25′		
村域面积	0.3km²	地形地貌	丘陵
常住人口	800 人		
主要民族	汉族	产值较高的主要产业	种植业、养殖业、旅游业
传统建筑形式	石结构，砖结构，川东民居		
主要传统资源	毗庐寺，神仙洞		
村落简介	毗庐寺村隶属于四川省遂宁市安居区白马镇，位于该镇以西 5.9km 处，因毗庐寺得名。面积 0.3km²，常住人口 800 人。 　　毗庐寺村主导产业为种植业，辅以养殖业。毗庐寺村旅游资源丰富，不仅有被列为第七批省级文物保护单位的毗庐寺，有毗庐寺前的白安河，有白安河边充满神秘色彩的神仙洞，更有面积达 12000 亩的麻子滩水库，库区两岸山清水秀，森林茂密，鸟语花香，果树成林。主导产业为种植业，辅以养殖业		

传统村落基本信息（77）

村落名称	高石村	村落属性	☑行政村□自然村
地理信息	经度：东经 105°31′	村落形成年代	☑元代以前□明代 □清代□民国时期 □新中国成立后
	纬度：北纬 30°22′		
村域面积	2.3km²	地形地貌	丘陵
常住人口	1140 人		
主要民族	汉族	产值较高的主要产业	种植业、旅游业
传统建筑形式	川东民居		
主要传统资源	鸡头寺，黄娥古镇		
村落简介	高石村隶属于四川省遂宁市安居区玉丰镇，位于该镇中部，西侧紧邻安居城市规划区，东临玉丰镇规划区，北接鹭岛湿地景区，并与双桂村相接，南与潮水村为邻。面积 2.3km²，常住人口 1140 人。农村劳动力 491 人，常年外出务工 380 人，占比 77%。老龄化、空心化较严重，60 岁以上人口 412 人，占比 36%。 　　高石村气候温和，四季分明，属亚热带季风气候。无霜期长，热量充足，雨量充沛，湿度大，云雾多。地势较为平坦，坡地、水田密布。地层以泥岩为主，个别坡顶有薄层砂岩，以红壤土居多。柠檬种植有一定规模，还有玉米、油菜、水稻等农作物。另有建材厂、粮油加工厂等地方企业，总产值 7200 万元。农民人均纯收入 1.17 万元		

传统村落基本信息（78）

村落名称	哨楼村	村落属性	☑行政村□自然村
地理信息	经度：东经 105°34′	村落形成年代	□元代以前☑明代 □清代□民国时期 □新中国成立后
	纬度：北纬 30°49′		
村域面积	2.5km²	地形地貌	丘陵
常住人口	765 人		
主要民族	汉族	产值较高的主要产业	种植业
传统建筑形式	一字形，碉楼，川东民居		
主要传统资源	庄家大院，草房沟戏楼		
村落简介	哨楼村隶属于四川省遂宁市蓬溪县槐花乡，位于该乡西北部，距离乡政府 3.2km。面积 2.5km²，常住人口 765 人。 　　哨楼村的雕刻技艺精妙绝伦。石雕技艺主要运用在柱础、街沿石、记事碑等方面，木雕技艺则运用在门、窗、牌位等方面。雕刻手法形式多样，包含圆雕、浮雕、透雕、平雕等形式。雕刻内容丰富，寓意吉祥，以戏剧人物、花草、动物、佛教八宝为题材，将中国传统的福、禄、寿、喜、财等美好期许灌注其中，独具特色。 　　哨楼村的庄家大院池塘外有一条小溪，溪上建有一座石拱桥，人们称其为庄家桥，是槐花乡通往青岗镇的一条必经之路。 　　哨楼村的碉堡位于村中制高点，为明朝初期所建，在清末仍因破败而残留的石头，因 20 世纪 60～70 年代的"改土改田"运动，石料被用来修建水池和圈舍，现原址已长满高大树木，只有年老之人尚知碉堡曾经的历史		

传统村落基本信息（79）

村落名称	宝梵村	村落属性	□行政村 ☑自然村
地理信息	经度：东经 105°65′	村落形成年代	☑元代以前 □明代 □清代 □民国时期 □新中国成立后
	纬度：北纬 30°72′		
村域面积	4.7km²	地形地貌	丘陵
常住人口	2614 人		
主要民族	汉族	产值较高的主要产业	种植业、养殖业
传统建筑形式	三合院，四合院，人字水，青瓦屋顶，穿斗式木结构建筑，川东民居		
主要传统资源	宝梵寺		
村落简介	宝梵村隶属于四川省遂宁市蓬溪县宝梵镇，距离镇政府 6km，距离县城 15km，因当地历史悠久的古迹宝梵寺而得名。面积 4.7km²，常住人口 2614 人。 　　宝梵村、宝梵寺均始建于北宋。宝梵寺，又称罗汉院，由宋英宗赵曙赐名，意为"佛中之圣，梵中之宝"。随着历史的推移，开荒种地，经济逐步发展，人口增多，聚落建修也逐渐开始。清道光年间，开发盐井，开始制盐，当地的经济得到一定程度的发展。 　　宝梵村的民居建筑样式有三合院、四合院等，大多为人字水、青瓦屋顶、穿斗木架构。其建筑选址重视风水，顺应天然，又不拘泥于形式，格局依山就势，自然飘逸，整体风格与地形地貌、自然环境和谐统一，体现出了自然与人文融合的环境观和生态观		

传统村落基本信息（80）

村落名称	雷洞山村	村落属性	☑行政村 □自然村
地理信息	经度：东经 105°67′	村落形成年代	□元代以前 ☑明代 □清代 □民国时期 □新中国成立后
	纬度：北纬 30°63′		
村域面积	2km²	地形地貌	丘陵
常住人口	800 人		
主要民族	汉族	产值较高的主要产业	种植业
传统建筑形式	川东民居		
主要传统资源	雷洞山寨，石雕		
村落简介	雷洞山村隶属于四川省遂宁市蓬溪县大石镇，位于该镇东南部，距离镇政府 5km。东临林水村，西接天宫堂村，南与凤凰嘴村接壤，北与长坡村相连。面积 2km²，常住人口 800 人。主导产业为仙桃、莲藕、水稻。 　　雷洞山村三面环山，核心区位于缓坡台地上。村落西北面为茶叶山，西南面为铁林城所在地大寨沟，东面为云雾山脉，三山环绕村落，形成"V"形的村落边界。青山为屏，绿水环绕，果树林立，绿树掩映民居，风光如画，在山腰的观景平台可以俯瞰整个村落。 　　雷洞山村的舞龙舞狮、武术、石雕等传统技艺需要整体的、真实的、可持续的保护与活态传承，同时还需改善居民的生活水平与人居环境，实现保护与发展的相互促进和良性循环，使传统资源得到有效保护与传承		

传统村落基本信息（81）

村落名称	花岩社区	村落属性	☑行政村□自然村
地理信息	经度：东经 105°38′	村落形成年代	□元代以前□明代 ☑清代□民国时期 □新中国成立后
	纬度：北纬 30°15′		
村域面积	5.06km²	地形地貌	丘陵
常住人口	2700 人		
主要民族	汉族	产值较高的主要产业	种植业、旅游业
传统建筑形式	店宅式，院落式，川东民居		
主要传统资源	祠堂，清代民居建筑，观音寺，百年黄桷树		
村落简介	花岩社区隶属于重庆市潼南区花岩镇，是镇政府所在地，由村、组建制调整前的花岩村、谢坪村两个行政村合并而成。面积 5.06km²，常住人口 2700 人。 　　花岩社区形成于清代初期，花岩老街上依然有居民居住，传统民居为合院式，距今已有 200 余年历史，可居住的建筑基本保持完整，对于了解清代民俗风貌与建筑形式有很好的价值		

传统村落基本信息（82）

村落名称	金龙村	村落属性	☑行政村□自然村
地理信息	经度：东经 105°44′	村落形成年代	□元代以前□明代 ☑清代□民国时期 □新中国成立后
	纬度：北纬 30°13′		
村域面积	5.6km²	地形地貌	丘陵、平坝
常住人口	220 人		
主要民族	汉族	产值较高的主要产业	旅游业、种植业
传统建筑形式	四合院，川东民居		
主要传统资源	四知堂，国民党陆军机械化学校旧址		
村落简介	金龙村隶属于重庆市潼南区双江镇。面积 5.6km²，常住人口 220 人。气候宜人，物产丰富。主要农产品有芦笋、小包菜、西洋菜、大葱、沙果、桑椹、绿苹果等。 　　金龙村最有名的清代民居建筑"四知堂"，也被称为"长滩子大院"。大院总占地面积为 10000m² 左右，其中建筑面积为 2400m²，包括了 39 间房屋。大院中随处可见精美的雕花与巧妙的构思，被称为"古代民居建筑瑰宝"		

传统村落基本信息（83）

村落名称	禄沟村	村落属性	☑行政村□自然村
地理信息	经度：东经 105°53′	村落形成年代	□元代以前□明代 □清代☑民国时期 □新中国成立后
	纬度：北纬 30°24′		
村域面积	4.78km²	地形地貌	丘陵
常住人口	2400 人		
主要民族	汉族	产值较高的主要产业	种植业、养殖业
传统建筑形式	院落式，碉楼，川东民居		
主要传统资源	鸭舌嘴碉楼		
村落简介	禄沟村隶属于重庆市潼南区古溪镇，位于该镇北面，距离镇政府 12km。村名的由来是因全村形状如葫芦，1949 年以前取名为葫芦沟，1986 年取其音命名为禄沟村，2002 年由原禄沟村、岩洞村合并组建成现在的禄沟村。面积 4.78km²，常住人口 2400 人。 　　禄沟村拥有大量的碉楼群，多数碉楼始建于民国期间，具有一定的历史价值和研究价值		

传统村落基本信息（84）

村落名称	红星社区	村落属性	☑行政村□自然村
地理信息	经度：东经 105°59′	村落形成年代	☑元代以前□明代 □清代□民国时期 □新中国成立后
	纬度：北纬 29°44′		
村域面积	1.5km²	地形地貌	丘陵
常住人口	2500 人		
主要民族	汉族	产值较高的主要产业	农业、工业、旅游业
传统建筑形式	穿斗式木结构建筑，川东民居		
村域主要传统资源	古戏楼，魁星楼遗址，田俊德店，城隍庙		
村落简介	红星社区隶属于重庆市大足区雍溪镇，位于该镇南部，由丁家坝、彭家坝、邓家坝等组合而成。面积 1.5km²，常住人口 2500 人。 　　红星社区始建于南宋，距今已有上千年历史，历史文化积淀厚重，传统资源丰富。属亚热带季风气候，气候温和，雨量充沛，无霜期长，四季分明。地貌为浅丘带坝，土壤肥沃，光照时间长。 　　雍溪曾被称为"瓮溪庙"，在民间也有"小香港"之称，瓮溪庙的繁华就是因为雍溪的老街。有 1841 年建造的老大桥，桥呈 3 个桥拱，桥身 24m，桥宽 5.5m，《中洞题记》记载当时修建桥的有近百名工匠		

传统村落基本信息（85）

村落名称	玉峰村	村落属性	☑行政村□自然村
地理信息	经度：东经 105°51′	村落形成年代	□元代以前□明代 ☑清代□民国时期 □新中国成立后
	纬度：北纬 29°33′		
村域面积	0.3km²	地形地貌	山地、丘陵
常住人口	800 人		
主要民族	汉族	产值较高的主要产业	茶叶种植业
传统建筑形式	穿斗式建筑，川东民居		
主要传统资源	玉龙老街，古井，古桥，古石板路，古寨门，古关隘，古石刻		
村落简介	玉峰村隶属于重庆市大足区玉龙镇，位于该镇东南部，距离镇政府 3km。面积 0.3km²，常住人口 800 人。 玉峰村系 300 多年前清代初期，徐氏族人从湖广移民此地而形成的。村落坐落于玉龙山旁，景色宜人。后建场，因有"玉峰寺"与"龙头岩"而得名。历史悠久，文化底蕴深厚，有众多物质和非物质遗产保留下来，包括古井、寨门、石刻、玉峰情歌、陶器、铁器等。 玉峰村的"鱼口坳"与龙林村、永玻村、云龙村相邻。作为大足区的"十景"，是进出大足区的必经之路，也是三个区县的交界点，古时无论是经商还是货物运输都要在此处经过、休息		

传统村落基本信息（86）

村落名称	大沟村	村落属性	☑行政村□自然村
地理信息	经度：东经 105°57′	村落形成年代	□元代以前□明代 ☑清代□民国时期 □新中国成立后
	纬度：北纬 29°31′		
村域面积	0.14km²	地形地貌	丘陵、山地
常住人口	2900 人		
主要民族	汉族	产值较高的主要产业	种植业、旅游业
传统建筑形式	穿斗式建筑，"风雨走廊"，川东民居		
主要传统资源	板桥老街		
村落简介	大沟村隶属于重庆市永川区板桥镇，位于该镇中心地带。面积 0.14km²，常住人口 2900 人。传统老街道商业中心区，始建于清康熙年间，迄今近 300 年历史，积淀了丰厚的文化底蕴。长 800m 的老街建筑为穿斗式的"风雨走廊"，街上还保留着百年的铁匠铺、榨油坊等巴渝最具民族特色的传统手工艺。 大沟村在 2017 年中国都市景观大赛中，荣获"美丽乡村营建优胜奖"第二名。 板桥镇位于永川区北部，与铜梁区接壤，面积 70.7km²，耕地面积 1790hm²，退耕还林面积 560hm²。辖 12 个村、1 个社区居委会，总面积 700350m²，总户数 12426 户，总人口 39892 人。柳溪河、小安溪河贯穿全境。属亚热带季风性气候，气候温和，雨量充沛，无霜期长，土壤肥沃，水资源丰富		

后　记

传统村落承载着民族的历史记忆、地域特色和文化艺术，更是农家儿女寄托乡愁的重要故土。涪江是川渝地区的一条重要河流，在城乡发展、生产生活、通航和农业灌溉等方面都发挥着不可替代的作用。涪江流域有着众多特色鲜明的传统村落，其独特的地理环境、民居建筑、多民族文化和村落景观格局对研究我国西部特色地域村落人居环境有着重要的学术价值。探索传统村落的保护与发展问题，促进传统村落人居环境的可持续发展，是吾辈责无旁贷的责任。

本书采用文献搜集查阅、现场访谈调研、实测与类比分析相结合的方法。团队成员不畏灼灼夏日岁暮天寒，探寻田野深山中的秘密，踏足涪江流域的传统村落，搜集当地乡土资料，问询居民历史故事，交流分析探讨总结。历经千辛万苦，终于定稿付梓。

本书的撰写，在一定程度上体现了传统村落与人居环境的理论和方法，集聚了前沿研究成果，反映了最新研究动态。感谢老一辈学者长期不懈的思考与探索，他们的研究为进一步探索奠定了框架基础，确立了指导思想。

本书参考和引用了相关书籍和文献资料，在此向参考文献作者表示衷心的感谢！

特别感谢重庆市住房和城乡建设委员会、四川省住房和城乡建设厅、绵阳市自然资源和规划局、绵阳市城乡规划协会、绵阳市国土资源学会，以及各区（市、县）、乡（镇）、村的领导和同仁给予的大力支持和帮助。

整个编写过程中，团队成员从资料查阅、实地调研、数据分析、图纸绘制到文稿整理都投入了大量的时间和精力。参与初稿编写的西南科技大学研究生有：第 1 章冯雪、蒋楠茜，第 2 章蒋楠茜、张琦，第 3 章聂凤楠、时哲明，第 4 章曾磊、余奇峰，第 5 章李沛、赵苑斯，第 6 章蒋楠茜、聂凤楠。图纸绘制由西南科技大学研究生唐琦负责，参与绘图的本科生有绵阳师范学院兰晓静、吕芮、陶然、王艺歆、刘聪、何晋州及西南科技大学谈利霞、周春。西南科技大学研究生易冬雪、林万成、王柳也做了部分工作。感谢他们！

最后，感谢科学出版社的各位编辑，正是他（她）们的不辞辛劳，才使本书能够及时出版。他（她）们为本书出版颇费心力。

作　者
2021 年秋